우리는
어떻게
태어나는가

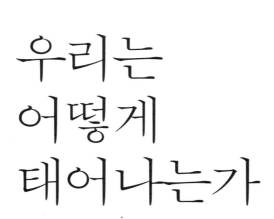

우리는
어떻게
태어나는가

사랑하기 전에 알아야 할 신비로운 성과학 이야기

로버트 마틴 | 김홍표 옮김

궁리
KungRee

어진 엄마이자

이 책의 정당한 주인인

나의 평생 친구,

앤 엘리스에게

차례

머리말 · 9

1
정자와 난자 :
모든 이야기는 성세포에서 시작되었다 ⋯⋯⋯⋯⋯⋯⋯ 15

2
생리 주기와 계절성 :
봄이 돌아오면 젊은이들은 사랑에 빠진다? ⋯⋯⋯⋯ 67

3
짝짓기에서 임신까지 :
정말 한 달 중 며칠 동안에만 임신이 가능할까? ⋯⋯⋯ 97

4
기나긴 임신과 출산의 어려움 :
자궁에서 아홉 달, 생명이 자라다 ⋯⋯⋯⋯⋯⋯⋯⋯ 151

큰 뇌 키우기 : 5

197 ·············· 인간의 출산은 왜 이렇게 힘든 일이 되었을까?

수유 : 6

235 ·············· 모유 수유의 자연사

아기 돌보기 : 7

283 ·············· 엄마 품에 잠든 아기

인간 생식의 미래 : 8

311 ·············· 나의 가족계획 그림 그리기

감사의 말 · 363 ㅣ 용어설명 · 369 ㅣ 참고문헌 · 381
옮긴이의 말 · 417 ㅣ 찾아보기 · 423

첫 아기를 가진 엄마와 아빠는 새로운 종류의 감정이 흘러넘치면서 이전과 전혀 다른 종류의 사랑에 휩싸인다. 앞으로 몇 주 혹은 몇 달 동안 무슨 일을 겪게 될지 모른다 해도, 지금 그들은 생명의 기적을 몸소 느끼고 있을 것이다. 그들 모두에게 이 순간은 인류가 지나온 역사의 매우 독특한 현현에 다름 아니다. 이 순간에 이르기까지 단순히 아홉 달이 걸린 것만은 아니다. 사실 여기에는 그들 선조들이 경험해온 수백만 년이 녹아들어 있는 것이다. 산모가 경험한 것은 무엇인가? 임신과 엄마가 되어가는 경험을 통해 그녀는 어떻게 변해가고 있는가? 남성의 역할은 무엇인가? 이렇듯 작고 무력한 아기가 점차 자라서 어떻게 완숙한 성인이 되는가 하는 문제는 그 아이 하나의 성장에 국한된 협소함을 훌쩍 넘어선다. 그 과정은 인류가 지금껏 스스로를 재생산해온 자연사自然史이기도 한 것이다.

인간의 생식은 그 자체로 매우 장엄한 역사이다. 따라서 인류가 계보를 유지하면서 간직해온 생물학적 적응은 언제나 관심을 기울여야 하는 사안이다. 그렇지만 인간 생식의 진화적 배경에 대한 연구가 심도 있게 진행된 것 같지는 않다. 성공적인 교배가 진화에 필수적이라는 사실을 감안하면 이런 사실은 괴이쩍기까지 하다.

게다가 아이를 갖거나 키우는 일은 자연스러울수록 좋다는 통념에도 불구하고 그 누구도 진정한 "자연스러움"에 관해 묻지 않는다. 우리는 어떻게 생식하고 아이를 키울 수 있게 진화되었을까? 이 질문에 답하기 위해서 우리는 지난 수백만 년을 깊이 들여다보아야 한다. 척추동물과 유인원 조상이 진화해온 바탕 위에 우리 인간의 생식생물학이 자리하고 있다. 예를 들면, 생식기관의 기본구조나 체내 수정, 수유, 아이의 양육법이 그런 것들이다. 어떤 환경 하에서 어떤 방식을 통해 이런 특성들이 진화되었는가를 이해하는 것은 우리뿐만 아니라 우리 자손들의 건강과 복지를 보증하는 생식 결정을 내리는 데도 필수적이다.

그렇지만 이 책은 원시적인 삶의 방식으로 돌아가자고 주장하지는 않는다. 오늘날 세계에서 과거 유인원 조상이나 수렵 채집인 선조들이 살았던 식으로 회귀하자는 말은 터무니없을 뿐이다. 성 행동에 관해 현재 횡행하고 있는 잘못된 개념을 탈피하여 인간생물학을 자연스럽게 이해하고 이를 성실하게 반영하는 기술이나 기법을 장려하는 것이 오히려 현실적인 대안이 될 수 있을 것이다. 예를 들면 피임약의 올바른 사용 같은 것 말이다. 또는 대부분의 사람들이 무심결에 갖고 있는 모유 수유, 산아제한의 갖가지 방식에 대한 두려움, 혹은 아이에 대한 과도한 애착에서 드러나는 일종의 강박에 대해서도 편안한 마음을 갖도록 도울 수 있을 것이다. 성의 신비스러움을 과학적으로 파헤쳐가는 과정을 통해 나는 독자들이 피임을 한다거나 출산을 계획하는 등 생식에 관한 판단을 할 때 작게나마 보탬이 되었으면 한다. 욕심을 낸다면, 이 책을 통해 잘 디자인된 영장류인 호모 사피엔스의 전 역사를 살핌으로써 우리 인류가 취할 자연스럽고 풍부한 성적 경험을 고양시키는 계기를 만들 수 있었으면 참 좋겠다. 이것은 나의 궁극적인 목표이기도 하다.

모든 것은 성과 함께 시작했다. 따라서 우리의 이야기도 여기에서 시작한다. 1장에서 나는 인간 성세포의 진화를 살펴보고 왜 정자와 난자가 서로 다른 크기를 갖게 되었는지 설명할 것이다. 단 한 개의 난자를 수정시키기 위해 왜 2억 개가 넘는 정자가 필요한가? 비스페놀A와 같이 남성의 정자 수를 급감시키는 오염물질의 농도가 전 세계적으로 올라가고 있는 상황에서 우리는 반드시 이에 관한 답을 구해야 한다. 성의 주기와 계절성에 관한 내용은 2장에서 다룰 것이다. 대개의 포유동물은 그렇지 않은데 왜 원숭이나 대형 유인원 암컷, 인간 여성은 주기적으로 생리를 하는가? 생리 주기의 며칠 동안에만 여성은 임신이 가능한 것인가? 여기에 덧붙여 나는 임신과 출산의 계절적 패턴이 암시하는 바도 살펴볼 것이다. 여기에는 우리의 생체시계와 현대의 인공 불빛 간의 부조화에 관한 내용이 포함된다.

3장과 4장에서는 성적 교배와 그에 따른 임신에 관해 언급할 것이다. 일부일처, 일부다처 혹은 다부다처 중 가장 자연스러운 인간의 짝짓기 방식은 무엇일까? 우리의 생식기관은 다른 남성의 정자와 경쟁하도록 고안되었을까? 임신과 출산을 다루는 항목에서 나는 입덧의 원인을 진화적 시각에서 살펴볼 예정이다. 헛구역질과 구토는 산모가 먹는 음식으로부터 태아를 보호하기 위해 진화했을까? 아울러 인간의 출산은 왜 산파의 도움 없이는 거의 불가능할 정도로 위험한 행위가 되었는지도 살펴볼 것이다.

5장은 발생 쪽으로 자리를 옮겨서 인간의 뇌에 관한 필수적인 주제들, 즉 어떻게 인간의 뇌가 커졌고 그와 함께 우리의 생식과 육아 전략이 어떻게 수정되었는지에 초점을 맞추겠다. 왜 인간의 아이는 상대적으로 덜 성숙한 채로 태어나 보호의 손길을 많이 필요로 하는가? 6장은 수유의 자연사를 다룰 것이다. 모든 현대 여성에게 필수적인 요구 사항은 아니겠지만 나는 모유 수유가 젖병 수유에 비해 아이와 산모에게 도움이 된다는 사실을 지적하고 싶다. 7장에서는 스스로 걷지 못하는 유아를 데리고 다니는 일, 즉 아기를 운반하는 일을 포함하여 아이를 돌보는 문제로 논의를 넓혀보겠다. 8,000만 년 전 자식을 돌보던 영장류의 초기 적응 방식이 인류에게 고스란히 전해졌다. 인간의 아기는 허기질 때마다 엄마의 젖을 찾게 되었고 자연스럽게 이루어지는 육체적 접촉을 통해 산모-아기 간의 *끈끈한* 유대가 더욱 강화되었다. 마지막으로 8장에서 나는 인류의 생식에 관해 현재까지 우리가 이해한 것을 폭넓게 적용하여 산아제한을 하거나 반대로 출산을 촉진하는 방법에 대해 서술할 것이다.

인간 진화에 관해 대중 강연을 할 때마다 나는 인류의 미래에 관한 질문을 받는다. 그 정수에 있어 진화생물학은 대체로 역사 과학이라고 할 수 있다. 따라서 장차 무슨 진화적 사건이 일어날지 예측하는 것은 쉽지 않다. 그렇지만 매우 다양한 의학적 치료 방법이 자연선택의 힘을 약화시키거나 심지어 억눌러온 것도 사실이다. 과거에는 자연선택을 통해 제거되었던 유전적 형질이 이제는 버젓이 살아남기도 한다. 생식 과정을 돕는 불임 치료를 통해 우리가 자연선택의 그물망을 피해갈 수 있게 된 것은 그 한 예이다. 자연 상태라면 그러지 못했을 아이가 멀쩡하게 태어나 불임을 초래할 수도 있었던 유전적 결함을 무력화시킨다. 실험실에서 단 한 개의 정자로 한 개의 난자를 인공 수정시키는 방법은 자연선택을 피해가는 좋은 예이다. 생식에 관한 기술은 엄청나게 발전해서 이제는 불임, 미숙아의 탄생 혹은 분만에 관한 대부분의 생식적 결함을 수습할 수 있을 정도가 되었다. 그러나 이런 성공적인 시도에 안주하고 기뻐한 나머지 우리의 먼 미래에 관한 기본적인 질문이 묻히는 경향이 팽배한 것도 사실이다.

이 책은 과거 50년 전에 처음 씨를 뿌려 발아하고 가지를 키웠던 과학자들의 노력에 뿌리를 두고 있다. 그렇지만 이런 노력은 진화적 시간에 비하면 새 발의 피도 못 된다. 지구상에 생명이 태어난 지는 30억 년도 넘었다. 따라서 너무 긴 시간을 여행하는 것에 대해 좀 양해를 구해야 할 듯싶다. 어쨌든 나는 성세포에서부터 젖을 떼기까지 포괄적으로 섭렵하기를 기대한다. 또 우리의 지난 유전적 과거를 재정립하고 우리의 현재와 미래에 관한 보다 나은 기초를 제공할 수 있기를 바란다.

나는 독자들이 내가 제기한 어떤 문제에 관해 정해진 답변을 구하기보다는 인간의 진화 혹은 기원에 대한 이론이 제시된 후 150년도 더 지난 지금 인간 생식의 저변에 깔려 있는 본질적 배경에 관한 이해가 어떤 도정을 밟아왔는지 알았으면 싶다. 여태껏 내가 자연계에서 배운 것이 있다면 지난 수백만 년 아니 수십억 년 동안 진화해온 복잡한 시스템에 관한 무한한 감격과 존경이었다. 이 책을 통해 나는 이 세상 어디에나, 예나 지금도 그렇지만 미래에도 어김없이 존재하고 있을 모든 부모들과 그 감격을 공유하고 싶다.

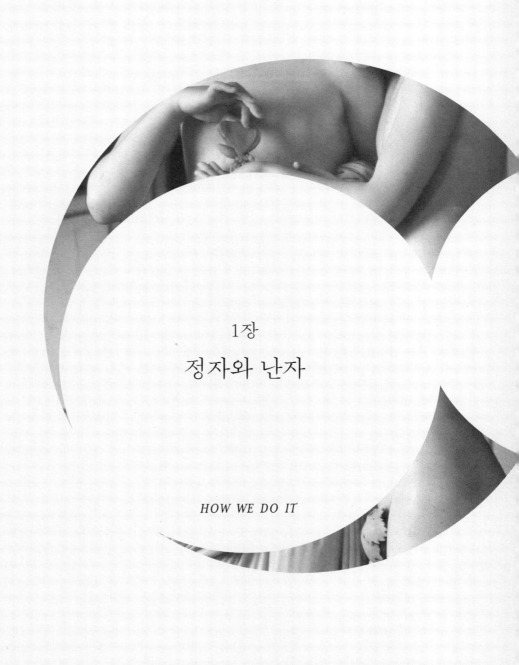

1장

정자와 난자

HOW WE DO IT

"애기는 어디서 나와?" 대다수 부모들은 아이들의 천진한 질문에 진지하게 답하지 않는다. 대신 황새가 물어왔다는 둥 구스베리 덤불에서 주워왔다는 둥[1] 하면서 멈칫거린다. 그렇지만 300년 전까지는 아이 탄생에 관한 그 어떤 답변도 기실 우화에 지나지 않았다. 옛날 사람들에게 임신이란 정액과 생리혈을 섞은 결과에 지나지 않았기 때문이다. 서양인을 처음 만날 당시 호주의 아룬타 족이나 트로브리앤드 제도 원주민들은 성교가 임신과 직접적인 관련이 있다고 여기지 않았다는 기록이 있다. 그러나 서양인들과 접한 트로브리앤드 제도 사람들도 나중에는 임신이 정액과 생리혈을 섞은 것이라고 믿게 되었다. 우리는 사람들이 언제 어떤 방식으로 성교와 임신이 관련된다는 사실을 처음 알게 되었는지 모른다. 그렇지만 그렇게 오래되지는 않았을 것이다. 약 1만 년 전부터 포유동물을 사육하게 되면서 뭔가 성에 관한 얘깃거리가 등장했을 성싶다. 아마 동물을 사육하는 과정에서 부산물로 생식생물학에 관한 기본적인 감은 잡았을 것이다.

---

1 |　황새는 스웨덴 전설에서 부활의 의미를 갖는다고 한다. 그래서 새로 태어난 아기와 황새가 연관된 이야기는 많다. 황새를 뜻하는 영어 단어 stork를 사용하면 이런 표현도 가능하다. Look what the stork brought!(우리 아기 좀 보세요.) 아이들과 성에 관해 얘기를 나누는 방법에 관한 책이 있는데 제목이 『Sex, Stork and Gooseberry bushes』이다. 우리말에 '다리 밑에서 주워왔다' 정도의 의미인 것 같다.

수컷의 야생성을 줄이기 위해 시행했던 거세 과정을 통해 부가적인 통찰을 얻었을 수도 있다. 어쨌든 임신에서 출산에 걸리는 시간은 인간의 경우 아홉 달이 떨어져 있고 그 두 시기를 연결할 만한 그럴싸한 설명이 필요했다. 그 뒤로 생식 기전에 관한 이론이 정립되기까지는 오랜 시간이 걸렸다.

임신의 필수적 요소인 성세포의 발견이 이루어진 것은 17세기였다. 네덜란드의 상인이자 과학자인 안톤 판 레이우엔훅Anton van Leeuwenhoek이 현미경 아래에서 정자를 관찰한 것은 1667년이다. 처음에 그는 그 자그마한 기생충이 정액을 오염시킨 것이라고 착각했다. 레이우엔훅과 당대의 선각자들이 현미경을 개발하기 전까지 맨눈으로 포유동물의 정자를 볼 수 있는 사람은 하나도 없었기 때문에 정자가 임신하는 데 어떤 역할을 하는지 알기는 어려웠을 것이다. 포유동물의 난자는 정자보다 직경이 30배나 더 크기 때문에 맨눈으로도 볼 수 있을 정도였지만[2] 그 존재가 알려진 건 훨씬 뒤였다. 배아발생학의 선구자인 독일의 생물학자인 카를 에른스트 폰 베어Karl Ernst von Baer가 인간과 기타 포유동물의 난자에 관해 논문을 발표한 해는 1827년이다. 같은 해에 정자, 즉 spermatozoon이라는 용어를 사용한 것도 베어였다. 이 말은 그리스어로 씨를 뜻하는 'sperma'와 생명체를 뜻하는 'zōon'의 합성어였다.

이런 성세포가 무슨 일을 하는지 밝혀지기까지 또 한참 시간이 흘렀다. 오랜 세월 동안 사람들은 생명이 자연 발생을 통해 무생물에서 생겨났다고 믿었다. 그래서 한동안 굼벵이가 썩은 시체에서 탄생한다는 것은 상식이었다. 18세기 이탈리아 성직자이자 자연과학자였던 라차로 스팔란차니

---

2 | 문장 끝 마침표 정도의 크기이다.

Lazzaro Spallanzani의 독특한 실험을 통해 자연발생설의 성벽에 금이 가기 시작했고 난자를 수정시키는 데 정자가 필요하다는 사실을 알게 되었다. 1760년대 스팔란차니는 올이 촘촘한 면으로 수컷 개구리를 격리시킨 다음 이들이 알 주변의 물에 정자를 뿌려대지 않는다면 개구리 알이 올챙이로 부화되지 못한다는 것을 보여주었다. 아마도 이것이 불투과성 장벽을 이용한 피임법의 시초가 아닐까 생각된다. 격리되어 있었던 수컷의 정액을 알의 주변에 뿌려준 경우에만 올챙이가 나타났기 때문에 이 실험은 또한 최초의 인공 수정의 예가 될 것이다.

성을 매개로 하는 생식의 기전이 발견된 것은 인류의 역사에서 최근의 일이다. 이제 우리는 아이를 만드는 것에 관해 많은 것을 알고 있지만 왜 그런 방식으로 작동하는지에 관해서는 실상 모르는 것도 매우 많다. 모든 질문의 난해함은 기본적으로 인간의 성과 성세포에서부터 유래한다. 우선 왜 성을 매개로 하는 생식이 등장했는지 여태껏 명쾌한 설명이 없다. 자연계에는 자기복제라는 훨씬 단순하고 혼란스럽지 않은 믿을 만한 방법이 분명히 존재한다. 또 왜 인간은 남성과 여성의 성세포라는 매우 특징적인 두 가지 세포를 만드는 것일까?

이런 질문에 답하기 위해 우리는 우리의 시각을 좀 넓힐 필요가 있다. 그것은 우리 조상들이 성적 생식을 어떻게 그리고 왜 진화시켰는지 살펴보는 것이다. 우리는 인간과 다른 영장류들을 비교할 것이지만 필요하다면 지질학적으로 먼 과거에 일어난 초기 동물 진화의 기본적인 생식 특성도 살펴볼 것이다. 이 장에서 나는 인간의 성세포를 이해하기 위해 최초의 생명이 진화한 먼 과거를 여행해보려고 한다.

진화생물학자들이 아직도 머리를 싸매고 있는 가장 기초적인 문제는 왜 성세포가 존재하는가이다. 유성 생식은 우리에게 익숙한 생명체들 사이에서 널리 퍼져 있지만 최초로 그것이 어떻게 진화해왔는지 잘 모른다. 이분법이나 출아에 의해 성이 없는 상태로 생명체를 복제할 수 있다면 모든 자손은 동일한 유전자를 가지고 있어야 할 것이다. 반면 성을 매개로 하는 생식에서 자손 각각은 부계에서 반, 모계에서 반 뒤섞인 유전 물질을 가지게 된다. 그러므로 뭔가 중요한 이점이 있어서 양쪽에서 반쪽의 유전 물질을 받아 자손을 생산하는 비용을 상쇄하지 않는다면 유성 생식은 자연선택의 엄정한 잣대를 통과하지 못했을 것이다. 그러나 동물계를 통틀어 유성 생식이 빈번하게 관찰되기 때문에 우리는 여기에 뭔가 강력하고 체계적인 이점이 있으리라 생각할 수 있을 것이다. 그리고 그 생각은 옳다. 유성 생식의 보편성은 각기 다른 개체에서 유래한 성세포를 합치고 유전자를 섞어서 다양성을 확보한다는 점에 있다. 다양성은 삶의 고명이 아니라 정수이다. 그것이 없다면 자연선택이 작동하지 않을 것이다. 변이가 없다면 진화 자체가 가능하지 않다. 복제라고 부르는, 성이 없는 교배는 결정적인 약점이 있다. 유전자를 뒤섞는 수정이라는 과정 없이 오직 돌연변이에 의해서만 변화가 일어난다면 생명의 진화 속도는 매우 느릴 것이다. 문제는 유성 생식이 제공하는 변이의 이점이 성적 배우자로부터 유전자를 반씩 부여받는 방식의 단점을 상쇄할 수 있느냐는 점이다. 단순한 생명체에서 수행된 다양한 실험으로 유성 생식이 실제 효과가 있음이 밝혀졌다. 유성 생식은 변화하는 환경에 따라 생긴 새로운 선택 압력 하에서 보다 빠른 반응을 가능하게 한다. 다른 말로 하면, 외부의 변화에 훨씬 순조롭게 적응하도록 한다. 이런 적응력이 없었다면 인간이라는 종 자체가 아예 출현하지 못했을 것이다.

유전자를 섞는 것은 다른 생명체의 위협에 맞서는 능력을 높이는 데 매우 중요하다. 예를 들면 먹잇감을 쫓는 포식자가 빠르게 달리는 능력을 자연선택이 선호한다면[3] 또한 이것은 빠르게 도망쳐 포식을 피하는 능력을 발달시킨 피식자의 진화를 추동할 것이다. 진화생물학자 리 밴밸런Leigh Van Valen은 서로 경쟁하는 종 사이의 무기 경쟁, 지금은 붉은 여왕 원칙이라 불리는 현상이 진행된다는 점을 알게 되었다. 루이스 캐럴의 동화 『거울 나라의 앨리스Through the Looking-Glass』에서 붉은 여왕은 앨리스에게 이렇게 말한다. "같은 장소에 계속 있기 위해 네가 할 수 있는 최선은 계속해서 뛰는 것뿐이야." 다시 말하면 급격히 변화하는 자연 환경에 대응하여 자신의 생태 지위를 유지하기 위해서는 모든 종은 유성 생식을 통해 종종 빠르게 진화해야만 한다. 매우 단순하다. 학생들에게 존경받는 시카고 대학의 밴밸런은 붉은 여왕 원칙을 설명하는 논문을 출간하는 데 상당한 어려움을 겪었다. 그가 스스로 발간한 논문집인 《진화 이론Evolutionary Theory》에서 그의 논문은 "새로운 진화 법칙"이라는 제목 하에 1973년 출판되었다. 출판할 수 없다는 평을 받았던 그의 논문은 다시 동료 심사를 거쳤고 이제는 진화생물학의 중요한 원칙으로 자리 잡았다.

그렇지만 어쨌든 유성 생식은 진화되었고 살아 있는 생명체의 보편적 원칙으로 자리 잡았다. 이는 특히 척추를 가진 모든 동물, 물고기, 양서류, 파충류, 조류, 포유류에서 극명하게 드러난다. 따라서 5억 년 전에 등장한 이들 동물의 공통 조상들이 유성 생식을 했다고 결론 내리는 것은 별다른

---

3 | 생존과 종족 번식에 관해서라면 자연선택은 상황을 타개할 수 있는 어떤 형질이건 받아들일 준비가 되어 있다고 보아야 한다. 그렇기에 진화는 정해진 방향이 없다.

문제가 없을 것이다. 그러나 육상으로 옮겨와 사는 파충류, 조류, 포유류가 진화하면서 이들은 새로운 혁신을 이루어냈다. 체내 수정이 바로 그것이다. 물고기와 양서류는 단순히 알을 낳고 알이 있는 물 주변에 정자를 흩뿌려댄다. 따라서 수정은 생명체의 몸 밖에서 일어난다. 그와 대조적으로 육상 척추동물의 공통 조상은 체내 수정을 발달시켰다. 물에서 뭍으로 이동하면서 적응을 이뤄낸 결과이다. 발생 중인 자손을 보호하기 위한 적응도 땅으로 이동하면서 역시 불가피해졌다. 대부분의 파충류, 조류, 단공류(오리너구리, 바늘두더지)의 알은 배아의 건조를 막기 위한 껍질을 가지고 있다(난생^{oviparity}). 유대류와 태반 포유류는 한 단계 더 나아가 체내 발생을 하면서 태생^{viviparity}을 한다.

성세포의 진화를 이해하기 위해서는 시간을 한참 거슬러 올라가야 한다. 약 15억 년 전 핵을 가진 단세포가 출현한 것은 진화사의 혁신적인 사건이었다. 핵 안에는 염색체가 있고 데옥시리보핵산(DNA) 형태로 대부분의 유전 물질을 함유하고 있다. 핵을 가진 세포가 진화하면서 한때 자유 생활을 하던 세균이 이들 주변에 영구적으로 포진하게 되었다. 이들이 먼 훗날 동물과 식물의 진화를 이끌어냈다.

시간이 지나면서 세포에 거주하던 세균은 미토콘드리아가 되었고 그것은 에너지 대사에서 직접적인 역할을 담당하기 때문에 세포의 발전소라 불린다. 미토콘드리아의 DNA를 조사한 결과 흥미롭게도 그것은 인간에게 발진티푸스를 일으키는 리케차^{rickettsia}의 유전체와 흡사하다는 것을 알게 되었다. 우리는 미토콘드리아가 처음부터 숙주 세포와 서로 협동관계였는지 아니면 그저 단순하게 숙주에 잡혔다가 노예처럼 붙박이로 살게 되었는지 모른다. 우리가 확실하게 아는 것이 있다면 그것은 숙주 세포가 숙소와 음식물을 제공하고 보호하는 대가로 미토콘드리아는 쉬지 않고 에너지를 만들어낸다는 점이다. 이들 모든 세균은 자유를 담보로 잡혔다.

미토콘드리아는 한 꺼풀 벗겨진 세균이다. 한때 자유로운 생활을 영위했던 미토콘드리아는 자신만의 독자적인 고리 모양 유전체를 가지고 있다. 따라서 인간처럼 핵을 가진 세포는 두 종류의 유전자 집합을 자손에게 전달한다. 핵의 유전체와 미토콘드리아의 유전체 두 가지다. 이 두 가지 경우 대부분의 개별적인 유전자는 특별한 단백질을 암호화하고 있다. 그렇지만 핵을 가진 숙주 세포에서 수억 년을 지나는 동안 미토콘드리아가 가지고 있던 유전자는 대부분 소실되었다. 예를 들면 원래 자신이 갖고 있던 50여 개의 유전자 대부분을 잃고 현재 포유동물의 미토콘드리아는 단백질을 암호화하는 유전자 13개만을 가지고 있다.[4] 이들 유전자에 의해 발현되는 단백질은 모두 에너지 전환에 관여하는 효소들이고 바로 그 때문에 미토콘드리아가 세포의 발전소 역할을 할 수 있는 것이다.

동물이나 식물의 생식을 가능케 한 또 다른 혁신은 다세포로 이루어진 신체를 구비한 것이다. 이런 사건이 일어난 것은 약 6억 년 전이다. 이들 신체를 구성하는 다양한 세포들 사이에서 노동의 분업이 일어났다. 서로 다른 세포는 서로 다른 일을 한다. 인간은 별개의 성세포를 위시한 약 200 종류의 서로 다른 세포로 구성되어 있다. 예를 들어 척추를 가진 생명체는 결코 소멸되지 않는 창시자 세포(생식세포germ line)가 각각의 성세포로 발달

---

4 | 기생세균인 리케차의 유전체가 해독된 것은 1998년이고 그 결과는 《네이처》에 실렸다. 리케차의 총 유전자 수는 834개이다. 리케차 혹은 알파 프로테오박터는 다 미토콘드리아의 전신으로 알려진 세균이다. 원래 이들이 가지고 있던 유전자 대부분은 진핵세포의 핵으로 흡수되었고 미토콘드리아에 남은 것은 공통적으로 50개 정도였다("네이처 유전학 종설", 2004년). 동물 진화 과정에서 이 숫자는 13개로 줄어들었다.

한다. 이들 성세포는 세대를 거듭하며 지속되고 각 세대에서 생식이라는 기본적인 임무를 부여받는다. 따라서 진화생물학은 고리타분한 수수께끼에 대해 명쾌한 답을 제공한다. "알이 먼저냐, 닭이 먼저냐?" 물론 답은 알이다. 인간과 마찬가지로 닭은 한 개의 알을 다음 세대의 알로 전달하는 도구일 뿐이다.

성세포의 기원과 관련해서 더 나아가면 전부는 아니지만 대부분 다세포 생명체에서 암컷은 난자를 생산하고 수컷은 정자를 생산하는 성적 분화를 이뤄냈다. 자웅동체에 속하는 일부 종에서는 한 개체가 난소와 정자를 동시에 만들어내기도 한다. 반면 인간은 표준적인 모델에 속하며 여성은 난자를 만들고 남성은 정자를 방출한다. 이런 기본적인 차이로부터 양성 간의 생리학적이고 해부학적인 차이가 생긴다.

정자는 작지만 많은 수가 만들어지고 난자는 세포의 크기가 크지만 적은 양이 만들어진다는 것을 우리는 잘 알고 있다. 남성은 자신의 신체에서 가장 작은 세포인 정자를 많이 만들고 여성은 생리 주기를 거듭하면서 보통 자신의 세포 중 가장 큰 하나의 세포를 방출한다. 남성이 한 번에 방출하는 정액의 양은 차 숟가락 반 정도의 양이며 약 2억 5,000개의 정자를 포함하고 있다. 여기에 인간 생식에서 아직까지 풀지 못한 오묘한 질문이 숨어 있다. 오직 한 개의 난자를 수정시키기 위해 수억 개에 이르는 많은 정자가 필요한 이유는 무엇일까? 농담조로 답변을 하면 이렇다. "어떤 정자도 자신의 길을 포기하지 않기 때문이다." 만들어지는 난자와 정자의 수가 왜 이렇게 큰 차이가 나는지는 아직도 잘 모른다. 아마도 유성 생식은 크기가 비슷한 두 개의 생명체가 서로 융합하고 분열하면서 시작되었을 것이다. 그러나 다세포 생명체는 왜 많은 수의 정자와 적은 수의 난자를 만들어내는 것일까? 이런 문제는 진화생물학자를 오랫동안 괴롭혀왔지만 아직도 만족할 만한 답이 없다. 수정할 때 유전적 복권 역할을 할 수 있기 때문에 정자가 무더기로 만들어지는 형질을 자연선택이 선호했을는지도 모른다. 그렇지만 두 성의 생명체가 다 같이 작고 많은 성세포를 만들어냈다면 두 종류의 세포가 만나 수정하기 어려웠을지도 모른다. 생물학적 "문제"를 해결하는 가장 적절한 해법은 아마도 큰 난자 세포가 자리 잡고 있으면서 작고 많은 세포의 표적이 되는 것이었을 것이다. 생식의 결과 만들어지는 자손들의 숫자도 자연선택의 압력 하에 있었을 것이다. 따라서 적은 수의 난자를 만드는 것은 교미의 결과를 결정짓는 효과적인 수단이 되었음에 틀림없다. 주변에 이용 가능한 자원의 분배가 자연선택의 방향을 결정하기 때문이다.

하지만 그것은 진화하였고 성공적인 인간의 수정을 위해서는 절대적으로 많은 수의 정자가 필요하다. 1950년대 수행된 불임클리닉 연구에 따르면 한 번 사정에 7,000만 개보다 적은 수의 정자를 방출하는 경우 임신을 할 수 없다고 한다. 그렇지만 특정한 수 이상이면 정자의 수는 임신과 크게 관련이 없다. 내분비학자인 에드워드 타일러Edward Tyler에 의해 수행된 1953년 연구는, 정자의 수가 7,000만 개에서 2억 개까지는 정자의 수에 비례하여 임신 가능성이 점차 증가하지만 그 이상이면 거의 차이가 없다는 점을 밝혀냈다. 최근의 연구도 이런 사실을 뒷받침하고 있다. 1998년 공중보건 전문가인 옌스피터 보네Jens-Peter Bonde는 임신을 계획하고 있는 400명의 여성을 대상으로 정액의 질과 생리 주기당 임신 가능성 사이의 상관관계를 조사했다. 총 정자의 수가 1억 2,500만 개로 증가하는 동안 임신율은 0에서 25퍼센트 증가했지만 정자의 수가 그보다 많아지면 더 이상의 증가세는 보이지 않았다. 그 뒤로 2002년 공중보건 연구사 레미 슬라마Rémy Slama는 유럽 도시의 약 1,000쌍 부부를 대상으로 정자의 수와 임신에 이르는 시간 사이의 관계를 조사했다. 정자의 수가 2억 개 근처에서 임신율은 매우 가파르게 증가했다. 이런 결과를 보충하는 자료는 남성병학자인 트레버 쿠퍼Trevor Cooper와 동료들이 14개 국가의 5,000명이 넘는 남성을 대상으로 하는 연구에서 나왔고 그 결과는 향후 세계보건기구의 기초 자료가 되었다. 일 년 안에 임신이 되기 위해서 필요한 정자의 수는 한 번 사정에 최소 6,000만 개는 되어야 한다고 알려졌다. 정상적인 임신을 위해서라면 정자의 수는 일반적으로 6,000만 개에서 2억 개 사이에 있어야 한다. 왜 그런지 그 이유는 잘 알지 못하지만 많은 수의 정자가 필요하다는 점은 확실하다. 다른 포유동물도 그런 경향성을 보인다. 정상적인 교미를 통해 양이 임신하기 위해서 필요한 정자의 수는 최소 6,000만 개이다. 이 정도의 숫자보다 적으면 95퍼센트에서 30퍼센트로 임신율이 크게 떨어진다.

어떻게 정자는 난자에 도달해서 수정에 이르는 것일까? 여기서도 포유동물 사촌을 살펴보는 것이 도움이 된다. 포유동물의 생식기관에는 인간에게는 존재하지 않는 음경골이 있다.[5] 음경에 있는 뼈는 두 가지 점에서 매우 독특하다. 종에 따라 뼈의 크기와 형태는 매우 다양하다. 그리고 그것은 신체 내부의 다른 어떤 뼈하고도 연결되어 있지 않다. 대부분의 영장

---

5 | 　인간의 음경에는 뼈가 없지만 그에 필적하는 해면체가 있어서 혈액이 차오르면 단단함을 유지할 수 있다. 그러나 그 시간은 그리 오래 가지 않는다.

류, 박쥐, 벌레를 잡아먹는 식충류, 설치류는 음경골을 가지고 있다. 이 뼈는 특히 육식 포유동물에서 도드라진다. 큰 개의 음경골은 길이가 10센티미터에 이른다. 그러나 최고 기록은 바다코끼리가 가지고 있다. 이들의 음경골은 길이가 70센티미터에 육박한다. 알래스카에서 우식^{oosik}으로 알려진 이 경이로운 뼈는 고기를 썰 때 혹은 제의 도구로 널리 사용된다. 제의에 관해 말하면 이 뼈는 상징적인 의미에서 모두 남자로만 구성된 런던의 사지동물四肢動物협회(여성의 가입 여부를 투표할 자격을 부여받을 정도로 나도 오래된 회원이다)의 의사봉으로 쓰인다. 아주 작은 크기인 너구리의 음경골은 최소한 미국에서는 인터넷에서 쉽게 구할 수 있다. "산 사나이의 이쑤시개"라고 쳐보라.

그러나 모든 포유동물이 음경골을 가진 것은 아니다. 유대류, 토끼, 나무두더지, 코끼리, 바다소, 우제류, 돌고래, 고래 및 인간은 이런 특징적인 양상을 보이지 않는다. 어떤 포유동물은 가지고 있지만 그렇지 않은 것들도 있기 때문에 음경골의 진화 역사는 확실하지 않다. 아마도 포유동물의 공통 조상은 음경골을 가지고 있었지만 그 뒤로 여러 계통에서 이 구조물을 잃어버렸거나 아니면 태반 포유류 다섯 그룹 혹은 그 이상에서 독립적으로 진화했을 것이다. 영장류에서도 음경골의 분포가 들쭉날쭉하기 때문에 상황은 더욱 혼돈스럽다. 하등 영장류는 음경골이 있다. 여우원숭이와 로리스원숭이는 매우 큰 음경골을 갖지만 안경원숭이는 음경골이 없다. 대부분의 고등 영장류는 음경골이 있으나 신세계원숭이와 인간은 여기서 예외이다. 구세계원숭이와 대형 유인원은 종에 따라 크고 작은 음경골이 있다.

비록 일부에서 그 크기가 줄어들기는 했지만 초기 원시 영장류는 음경골을 가지고 있던 것으로 보이며 지금껏 유지하고 있다. 개코원숭이류나 일부 짧은꼬리원숭이와 같은 구세계원숭이들에게는 매우 큰 음경골이 있으며 아마 이차적인 발생을 거쳐 과거로 회귀한 것으로 보고 있다. 짧은꼬리원숭이속 동물의 음경골 크기는 변이가 매우 크다. 이것은 아마도 동물 종 간 교미 행동의 차이에서 비롯된 것으로 보인다. 모든 대형 유인원의 음경골이 매우 작고 인간에 이르러 그 축소 과정이 종료된 것으로 보아 이 형질의 진화는 현재 진행형으로 보인다. 박쥐 음경골 전문가인 호주의 동료와 나는 이 구조물의 존재가 진화적 수수께끼라는 얘기를 나누었다. 그의 답은 간단했다. "내 생각은 좀 다른데요."

영장류 전문가인 앨런 딕슨Alan Dixson은 음경골의 크기가 대체로 교미 시간과 관련된다는 점을 밝혀냈다. 따라서 큰 음경골을 가졌던 초기 영장류는 현생 영장류보다 교미 시간이 길었으리라 추측할 수 있다. 교미 시간이 짧아지면서 음경골의 크기는 점차 줄다가 인간 계통에 이르러 완전히 사라졌다. 다시 말하면 자연선택은 상대적으로 짧은 교미 시간을 선호했다. 사실 2005년 신경학자 마르셀 발딩어Marcel Waldinger와 동료가 수행한 대규모 다국적 공동연구는 인간의 평균 교접 시간은 5분 정도이고 아무리 길어도 45분을 넘지 않는다고 밝혔다.

음경골의 부재는 인간 성행위 진화에 대한 암시를 제공할 뿐 아니라 이브의 창조에 관한 성서의 내용이 어떻게 기원했는가에 대한 새로운 해석의 준거 틀로도 사용된다. 아담의 늑골을 빼서 이브를 만들었다는 것은 물론 비유적이지만 2001년 논문에서 생물학자 스콧 길버트Scott Gilbert와 성서학자인 지오니 제비트Ziony Zevit는 새로운 시각으로 이 문제에 접근했다. 히브리어로 tzela는 영어판 성서에서 늑골로 번역되지만 실제 이 말은 지지

하는 구조물이라는 뜻을 포함하여 여러 가지 의미를 가지고 있다. 길버트와 제비트는 tzela가 아마도 실제 인간에 존재하지 않는 음경골을 의미할 것이라고 보았다. 반면 빼냈다고는 하지만 늑골은 지금도 존재하고 남성의 골격을 구성한다. 그러나 성서를 쓴 사람이 음경골이 없다는 점에서 인간이 매우 예외적인 존재라는 사실을 알았을지는 미지수다. 가축 중에서는 모든 우제류 포유동물이 음경골을 가지고 있지 않다. 앞에서 살펴보았듯이 개의 음경골은 선명하지만 고양이는 음경골이 매우 작다. 따라서 인간에게 음경골이 없다는 말은 개와 비교한 뒤 나온 말일 것이다.

모든 포유동물 수컷은 음경을 가지고 있고 체내 수정을 위한 교미를 하는 동안 강직도를 유지하면서 수백만 개의 작은 정자를 암컷의 생식관에 방출해야 한다. 인간 생식의 특징이기도 한 이 두 가지 특성은 약 2억 년 전 원시 포유동물까지 그 기원이 소급된다. 정자의 생산이나 정자의 구조는 그 기원이 더 오래전까지 올라간다. 예를 들면 척추를 가진 다른 동물처럼 포유동물도 정자를 생산하는 관을 포함하는 고환을 한 쌍 갖는다. 사정하는 동안 방출될 때까지 정자는 빈틈없이 꼬여 있는 관인 부고환의 끝에 보관되어 있다. 쭉 펼쳐보면 인간 부고환의 길이는 약 6미터이다. 이 거리를 통과하는 데 약 2~3주의 시간이 소요된다. 전형적으로 이 관 안에는 4억 개의 정자가 들어 있다.

고환에서 이 관은 주기적으로 정자를 생산한다. 인간 남성의 정자 형성 과정은 약 11주가 소요된다. 포유동물 중 가장 길다. 각각의 관은 다른 단계에 있는 정자를 포함하고 있으며 활동적인 고환은 성숙한 정자를 끊임없이 만들어낸다. 계절적으로 다른 교미 양상을 보이는 종들의 고환은 일

년의 어느 순간 정자를 만들지 않으며 그 크기가 현저하게 줄어든다. 예를 들어 마다가스카르 섬에 거주하는 대부분의 여우원숭이는 엄격한 교미 유형을 가지고 있어서 교미 시기가 아닐 때 고환은 눈에 띄게 수그러든다. 보다 작은 쥐여우원숭이의 고환은 교미 시기가 찾아오면 10배나 더 커진다. 인간과 같은 포유동물은 교접하는 시기가 따로 없기 때문에 고환의 크기가 일정하고 항상 활성 상태로 존재한다. 성적으로 무르익은 성인 남성은 호두알 크기의 고환을 가지고 있으며 매일 1억 5,000만 개의 정자를 만들어낸다. 심장이 한 번 뛸 때마다 1,500개의 정자가 만들어지는 셈이고 죽을 때까지 어림잡아 4조 개의 정자를 생산한다. 비록 특정한 교접 시기가 없다고 해도 인간의 테스토스테론 수치나 정자 생산은 일 년을 단위로 일정한 주기성을 보인다. 이 부분은 나중에 좀 더 살펴보자.

정자 세포는 크게 세 부분으로 나뉜다. 핵을 가진 머리 부분, 연료 탱크인 미토콘드리아가 채워져 있는 중간 부분, 마지막으로 난자를 향한 긴 여행을 이끌어내는 꼬리 부분이다. 염색체는 정자의 머리 부분에 있는 핵 안에 아주 잘 포개어 보관된다. 농축되고 거의 결정이라고 할 정도로 DNA가 특별한 단백질에 감싸여 있기 때문에 정자 안에서 유전자가 발현되는 일은 없다. 모든 포유동물이 비슷한 방식으로 유전자를 보관하고 있지만 그 모양은 종마다 현저하게 다르다. 놀랍게도 정자의 크기도 천차만별로 다르며 신체의 크기와 뚜렷한 상관관계를 보이지도 않는다. 쥐여우원숭이의 정자는 쥐나 인간, 코끼리, 고래와 크기가 비슷하다. 사실 정자의 크기는 동물의 크기가 커질수록 줄어드는 경향이 있지만 그 경향성은 매우 약하다.

'증언하다'를 뜻하는 'testify'라는 말은 그 기원이 고대 로마인의 관습에서 나왔다고들 흔히 얘기한다. 법정에서 오른손으로 고환^{testis}을 꽉 잡은 채 증거를 진술했기 때문이다. 그 기원이야 어쨌든 라틴어 testis가 증인^{witness}이라는 뜻을 지닌다는 것은 의심할 여지가 없다. 어떤 남성이든 매우 위험한 장소에 자신의 고환을 매달고 있다. 손상의 위험을 줄이기 위해 일본의 스모 선수들은 그들의 고환을 원래 빠져 나왔던 도관으로 밀어넣는 마사지 방법을 배운다고 한다. 위협적으로 빠른 속도의 공에 대비하기 위해 영국의 크리켓 선수들은 특별한 보호 장구를 착용한다. 내려와 있는 고환이 음낭에 싸인 채 몸 밖으로 나와 있는 식의 특이한 발생 과정은 따로 설명이 필요하다. 왜 인간의 고환은 그런 위험한 장소에 내동댕이쳐져 있는 것일까?

모든 포유동물의 생식기관과 비뇨기관은 매우 밀접한 관계를 이루며 발생한다. 그 결과 고환은 신장을 따라 발생하고 복강 높은 곳까지 올라간다. 따라서 고환은 반드시 갔던 길을 되돌아 내려와 신체의 외부에 주머니 모양으로 늘어진다. 복강을 지나온 다음 각각의 고환은 사타구니의 도관을 따라 외부로 돌출된 음낭으로 들어간다. 고환을 복강 밖에 있는 외부로 운반하는 것은 다른 동물에서는 결코 발견되지 않지만 대부분의 포유동물에서 발견되는 특이한 현상이다. 인간을 비롯한 영장류는 모두 외부에 고환을 가지고 있다.

왜 어떤 동물은 외부에 늘어진 고환을 갖는 것일까? 이에 대한 한 가지 설명은 초기 포유류가 진화할 때 에너지 전환이 매우 활발했고 그들이 뛰게 되자마자 중력에 의해 고환이 아래로 처졌다는 것이다. 처음 이 가설을 접했을 때 나는 조금 다른 생각을 했다. 보다 무거운 기관들, 예컨대 심장이나 위, 신장이 몸 아래의 낭에서 덜렁거리고 있는 상상을 했다. 물론 어처구니없는 상상이다. 이와 관련 있지만 보다 진지하게 제시된 가설은 장이 움직이면서 내리 누르는 힘을 피하기 위해 고환이 어떤 포유동물 집단에서 신체의 아래 부분으로 내려왔다는 것이다. 원인이 그렇다면 다른 장기라고 그러지 말라는 법이 있을까?

사람들이 선호하는 보다 일반적인 설명은 모든 포유동물의 체온이 올라가자 그 상황을 피하려고 고환이 아래로 내려갔다는 것이다. 우리는 가끔 온도가 올라가면 정자의 생산이 일어나지 않는다는 말을 한다. 얼핏 보기에 우리는 이에 관한 몇 가지 증거를 가지고 있는 듯도 싶다. 임상에서는 가끔 고환이 몸 밖으로 내려오지 않은 잠복고환cryptorchidism 환자가 발견된다. 몸 안에 감추어진 고환은 일반적으로 정상 크기보다 작다. 신생아 중 약 3퍼센트가 이런 상태로 태어나고 그들이 미숙아일 경우 더 빈번하게 발견된다. 그러나 약 80퍼센트의 경우 생후 일 년 안에 다시 고환이 밖으로 내려오지만 그렇지 않고 사춘기가 지나서도 여전히 복강 밖으로 나오지 못하게 되면 정자의 생성은 크게 억제된다. 이런 경우는 수술을 해야만 생식력을 회복할 수 있다.

다른 영장류와 마찬가지로 인간의 고환도 복강의 아래쪽 외부에 존재하며 이들의 공통 선조가 출현한 8,000만 년 전부터 이미 적응을 마친 상태로 체온보다 조금 낮은 온도를 유지하고 있었다. 따라서 비록 다른 이유때문에 고환이 그런 방식으로 진화했다 할지라도 복강 안에 있을 때 정자의 생산이 억제될 것이라는 점은 수긍할 만하다. 그러나 그와 반대의 극에서 높은 온도에도 정자를 무난하게 생산하는 동물이 흔히 발견된다. 예를들면, 새는 체온이 포유동물보다 높게 유지되는데도 불구하고 고환이 몸 밖으로 내려온 적이 한 번도 없었다. 게다가 대부분의 포유동물이 늘어진 고환을 갖고 있다곤 하지만 예외가 없는 것도 아니다. 고환이 복강 속에 머물러 있고 심지어 발생 초기처럼 신장 옆에 위치하고 있는 경우도 발견된다.

복강 안에 고환을 가지고 있는 포유동물이 그렇지 않은 포유동물보다 체온이 더 낮지 않기 때문에 우리는 올라간 체온 때문에 정자의 형성이 문제가 될 것이라는 명제를 기각해야만 한다. 사실 몸 밖에 쳐져 있는 고환은 정자의 형성보다는 정자의 보관이라는 측면과 더 밀접한 관련이 있다. 앞에서 말했듯이 성숙한 정자는 사정될 때까지 고환 옆에 위치한 부고환의 꼬리 부분에 머물러 있어야 한다. 어떤 동물은 고환 자체는 몸 밖으로 내려와 있지 않지만 부고환은 배^{ventral} 쪽 피부 근처에 위치한다. 고환과 부고환이 함께 내려와 있는 경우에도 언제나 부고환이 앞서서 더 먼 쪽 아래까지 내려가 있다. 또한 부고환을 감싸고 있는 음낭의 피부는 고환을 싸고 있는 피부와 달리 털도 없고 따라서 쉽게 냉각될 수 있다. 낮은 온도로 유지되는 부고환이 거기에 저장된 정자에 효과적으로 산소를 전달한다는 믿을 만한 증거가 있다.

정자의 보관과 포유동물의 늘어진 고환의 관련성은 새의 연구 결과에서도 나타난다. 새는 자신의 정자를 포유동물의 부고환에 해당하는 정낭 seminal vesicle에 보관한다. 어떤 명금류 새는 음경의 뿌리와 가까운 쪽에 있는 주머니 안에 정낭이 들어 있다. 이곳은 몸 중심부보다 체온이 조금 더 낮다. 다른 새들보다 명금류는 상대적으로 에너지 순환이 빠르기 때문에 아마도 이들 종의 정자는 포유류의 늘어진 외부 고환이 그렇듯이 보다 온도가 낮게 유지되어야 할 것이다. 그럼에도 불구하고 대부분 조류의 정자는 상대적으로 높은 체온에서 만들어지고 보관되는 것이 사실이다. 따라서 포유동물에서 전반적으로 관찰되는, 몸 밖에 늘어진 고환과 같은 뭔가 특별한 요소가 있을 것이라고 예측할 수 있다. 난자를 수정시키기 위해 먼 거리를 가야 하는 정자는 믿을 만한 저장 방법을 갖추는 것이 중요한 도전 과제였을 것이다.

고환은 보통 수컷이 성년에 이르렀을 때 활성화된다. 포유동물에서는 실제로 바로 그때가 되어서야 고환이 음낭으로 내려간다. 영장류는 그런 면에서 예외에 속한다. 그들의 고환은 태어날 때부터 이미 몸 밖으로 내려와 있다. 갓 태어난 수컷의 고환은 더디게 발생했다 해도 복강에 가까운 서혜관 근처에 도달해 있다. 그렇지만 대부분은 이미 음낭에 내려와 있다. 인간 태아의 고환은 임신 7개월까지 복강 안에 머물러 있지만 출생할 때가 되면 대부분 완전히 몸 밖에 나와 있다. 다른 포유동물과 비교해서 성적으로 무르익을 때까지 시간이 오래 걸리기 때문에 이들 영장류의 고환이 일찍 내려와 있다는 것은 무척 놀라운 일이다. 그렇다면 상당히 오랜 시간이 지나지 않고서는 정자를 만들지조차 못하는 고환을 출생 당시부터 몸 밖으로 내보내는 이유는 무엇일까? 유일한 단서가 있다면 지금까지 연구해왔던 모든 영장류 수컷의 출생 즈음에 테스토스테론의 수치가 최고조에 도달한다는 사실뿐이다. 아마도 이것은 영장류 진화의 새로운 전개에 중요한 의미를 지녔을 것이다. 몸 밖의 고환은 아기의 성별을 표시해서 암컷이 자신의 자손이 암컷인지 혹은 수컷인지 확인할 수 있었을 것이다.

위에서 언급했지만 열^{heat}은 인간의 정자에게 해를 끼친다. 히포크라테스도 이 사실을 두 번이나 언급했다. 음낭 주머니 안에 있는 남성의 고환은 몸의 중심 체온보다 섭씨 2도가량 낮다. 그러나 그 정도만으로도 불임일지 아닐지 정자의 품질을 결정할 수 있다. 고환의 온도를 높이면 임신 가능성을 줄일 수도 있다. 산아제한에 이 방법을 사용할 수 있다는 말이다. 불임 전문가 존 매클라우드^{John MacLeod}는 1941년 그의 동료 로버트 호치키스^{Robert Hotchkiss}와 함께 이 문제에 관한 논문을 제출했다. 그들은 피험자의 신체가 들어갈 만한 열처리 캐비닛을 사용해서 고환을 건열하는 방법을 적용했다. 주변의 온도를 높여 전신의 온도를 높이는 것만으로도 정자의 생산을 충분히 격감시켰다. 열처리의 효과가 나타나는 데는 3주가 걸렸지만 그 효과는 두 달 동안 지속되었다.

이런 방법이 현실화되기까지는 시간이 걸렸다. 결국 1965년 불임 전문가 존 록^{John Rock}과 데릭 로빈슨^{Derek Robinson}은 정상적인 남성의 음낭을 가온했던 실험 결과를 발표했다. 다른 것들도 있었지만 그들은 목욕탕 물이 피험자의 목에 올라 차도록 가온하여(섭씨 43도) 체온보다 음낭의 온도를 섭씨 1도 정도 올렸다. 또 다른 실험에서는 사람들이 6주 이상 보온 속옷을 입어서 체온과 음낭의 온도 차이를 섭씨 2도에서 1도까지 줄였다. 이 모든 경우 정자의 수는 실험 후 3주부터 줄어들기 시작해서 5~9주 사이에 최저로 떨어졌다. 줄어든 정자의 수는 그 뒤로도 3~8주 동안 유지되었다. 더 이상 보온 속옷을 입지 않아도 정자의 수가 정상으로 돌아오는 데 세 달이 걸렸다. 특히 흥미로운 사실은 이런 실험이 원래 정자의 수가 적은 스무 명을 대상으로 했다는 점이다. 2주에서 4달 동안 하루 30분씩 하루걸러 여섯 번 욕조에 들어간 경우에도 정자의 수가 감소되었다. 그들 중 아홉 명은 나중에 정자의 수가 열처리하기 이전보다 반등해서 오히려 많아졌다. 그 결과 열처리가 끝난 뒤 5개월이 지나지 않아 이들의 여성 배우자가 임신을 하게 되었다.

후속 실험을 통해 데릭 로빈슨과 존 록, 미리엄 멘킨^{Miriam Menkin}은 1968
년, 150와트 전구를 사용해서 하루 30분씩 14일 동안 매일 인간의 음낭을
가온했던 결과를 발표했다. 이런 조건에서 초기 정자의 수는 감소했다. 그
러나 바로 정자의 수는 반등해서 증가했다. 전구로 열처리한 후 몇 주가
지난 다음 14일 동안 계속해서 얼음 찜질팩으로 음낭을 자극한 실험도 진
행했다. 이렇게 저온 처리를 하면 음낭의 온도가 섭씨 6도까지 떨어졌다.
가온 후 일시적으로 감소했던 정자의 수는 가온에 뒤이어 바로 저온 처리
를 하자 결코 줄어듦 없이 계속해서 증가했다. 결론적으로 말해 고환을 가
온하면 정자의 수가 줄어든다. 그렇지만 냉각시키면 정자의 수가 늘어난
다. 이 결과는 특정 종류의 남성 불임을 어떻게 처치해야 하는지에 대한
식견을 제공한다. 록의 실험 이후 산아제한의 수단으로 고환을 가온하는
실험은 한동안 거의 시행되지 않았다. 예를 들어 1992년 성과학자인 아메
드 샤피끄^{Ahmed Shafik}는 일 년 내내 음낭 주위를 옥죄는 폴리에스테르 재질
의 멜빵바지를 입으면 약 5개월 후부터 정자의 수가 줄어든다고 보고했
다. 이런 효과는 가역적인 것처럼 보이지만 이 방법이 산아제한의 수단으
로 실행에 옮겨진 적은 거의 없다.

아주 적은 온도라도 음낭을 가온하는 것은 정자의 형성에 악영향을 끼
칠 수 있다. 따라서 다음 질문은 어떤 행동이나 특정 직업군의 정자 형성
이 취약할 수 있겠느냐는 것이다. 예를 들면 꽉 끼는 속옷을 입으면 정액
의 품질이 떨어진다는 보고가 있다. 부인과 의사인 캐롤라이나 티에메센
^{Carolina Tiemessen}과 그의 동료들은 1995년 이런 실험 결과를《랜싯^{Lancet}》의학

잡지에 보고했다. 온탕이나 사우나 혹은 전기담요의 사용을 거부한 아홉 명의 지원자들에게 연구자들은 느슨하거나 꽉 끼는 속옷을 6개월 동안 입게 했다. 정자의 수와 운동성은 이 두 조건에서 크게 달라졌다. 느슨한 속옷을 입은 사람들의 평균 정자 수는 정상이었지만 꽉 끼는 옷을 입은 사람들의 정자 수는 반으로 줄어들었다. 정자의 운동성은 더 크게 영향을 받아 끼는 속옷을 입은 경우 3분의 2까지 떨어졌다.

장기간 운전하는 사람들의 음낭도 온도가 올라가 있고 그에 상응하여 정자의 수가 줄어들었다. 1979년 불임 전문가 미하이 서시Mihály Sas와 야노시 쇨뢰시János Szöllősi는 3,000명의 불임 환자를 조사했는데 이들 중 약 300명이 운전직 종사자로 나타났다. 대체로 이들은 정자 생산에 문제가 있었다. 그러나 그 정도는 그리 심하지 않았다. 보다 심한 증세를 보이는 사람들은 공장 기계노동자와 농기계를 다루는 사람들이었다. 게다가 그 심각성은 기계를 운전하느라 소모한 시간에 비례하여 더 커졌다. 8년 이상 전문적으로 운전한 사람 100명 중에 정상적인 정자의 수를 갖고 있는 사람은 네 명에 불과했다. 서시와 쇨뢰시는 정자의 형성이 줄어든 것을 여러 가지 원인으로 설명했다. 거기에는 공기 오염과 같은 것이 포함되었지만 이상하게도 음낭이 가온되었다는 문제는 전혀 제기되지 않았다.

로마의 택시 운전사들을 대상으로 한 연구도 진행되었다. 산업의학 전문가인 이레네 피가탈라만카Irene Figà-Talamanca가 이끄는 연구진은 운전 경력이 정자에 미치는 영향을 연구했다. 대조군과 비교했을 때 정자의 수와 운동성은 영향을 받지 않았지만 택시 운전사 그룹에서 정상적인 정자의 비중이 줄어들었다. 또한 운전 경력이 늘어날수록 이 비중은 더 커졌다. 정자의 품질이 떨어진 사람들은 배우자를 임신시키는 데 보다 많은 시간이 소모된 것으로 나타났다. 통계적인 기법을 동원하여 연구자들은 여러 가지 교란 요인들을[6] 배제하였다. 다행스런 소식이 있다면 적당히 알코올을 섭취하는 사람들의 정자가 품질이 조금 좋아졌다는 사실이다.

정기적으로 사우나를 이용하는 것이 정자 형성에 역효과를 낼 수 있다는 점은 놀라울 것이 없다. 핀란드의 부인과 의사 베른트요한 프로코페 Berndt-Johan Procopé는 1965년 이 분야에 관해 최초로 논문을 썼다. 그는 2주일에 걸쳐 통합 두 시간 반 정도의 뜨거운 사우나를 다녀온 사람들의 정자수가 가역적이지만 일시적으로 감소한다고 밝혔다. 한 달 정도 사우나를 마친 다음 정자 수는 거의 반으로 줄어들었다.

원치는 않겠지만 남성들은 알게 모르게 다양한 방식으로 음낭의 온도를 올린다. 2011년 비뇨기과 의사인 예핌 셰인킨Yefim Sheynkin과 동료들이 밝힌 것처럼, 최근에 등장한 것은 뜨거운 노트북 컴퓨터의 사용이다. 29명의 건강한 남성 지원자를 대상으로 이들은 지원자들에게 한 시간씩 세 차례 랩톱컴퓨터[7]를 무릎에 놓고 사용하게 한 다음 노트북 컴퓨터와 무릎패드 그리고 음낭의 온도를 기록했다. 다리의 위치가 어떻든, 무릎패드를 사용했건 그렇지 않건 모든 조건에서 음낭의 온도가 올라갔다. 노트북 아래 무릎패드를 깔고 양 다리를 75도 벌린 피험자들의 음낭 온도 증가폭은 섭씨 1.3도였다. 그러나 무릎패드 없이 다리를 꽉 모은 경우는 2.5도가 올랐고, 무릎패드가 있는 경우는 그 중간쯤 상승하였다. 이 연구는 음낭의 온도에 따른 정액의 품질을 고려하지는 않았지만 이와 유사한 다른 연구의 결과를 종합하여 생각하면 노트북 컴퓨터를 무릎 위에 올려놓거나 다리를 그

---

6 | '교란 요인'은 2장에 자세히 설명되어 있다.
7 | 무릎에 놓고 사용할 수 있는 작고 가벼운 컴퓨터.

러모은 채 장기간 사용하는 것이 정자의 수나 운동성에 영향을 끼칠 개연성은 충분하다.

사회적 스트레스가 일부 포유동물에서 정자의 정상적인 기능을 해칠 수 있다. 행동생리학자 디트리히 폰 홀스트$^{Dietrich von Holst}$의 나무두더지 연구에 의하면 그 효과는 매우 극적이다. 두 수컷을 한 우리 안에 가두어놓으면 몇 시간 지나지 않아 한쪽이 다른 쪽을 지배하게 된다. 수세에 몰린 나무두더지는 점차 스트레스 징후를 보이기 시작한다. 이들이 계속 같은 우리 안에 있게 되면 그 결과는 더욱 심각해진다. 초기 반응 중 하나는 고환이 음낭으로부터 움츠러들면서 복강 쪽으로 오그라드는 것이다. 그러다가 우세한 동물을 제거하면 고환은 재빨리 음낭의 제자리로 돌아가고 그에 따른 피해는 없다. 그러나 그 시간이 길어지면 정자의 형성이 뚝 떨어질 뿐 아니라 실제 고환의 물리적인 손상이 일어난다. 사실상 거세되는 것이다.

인간에게 사회적 스트레스의 효과는 그렇게까지 극적이지는 않다. 그렇지만 심리적인 스트레스가 보다 미묘하게 인간의 고환과 정자에 영향을 끼쳐서 불임을 유도할 수도 있다. 잘 알다시피 불임 자체가 심리적 스트레스의 주요한 원인이다. 그러므로 불임부부는 악순환의 고리에서 빠져나오기 힘들 수도 있다. 중간 정도의 심리적 스트레스가 테스토스테론의 수치를 낮추고 정자의 형성을 줄여 남성 불임을 유도할 수 있다는 증거는 상당히 많다.

물론 전쟁의 위협도 상당한 심리적 스트레스를 야기한다. 미국에서 베트남전에 참여했던 퇴역 군인 300명을 그 외 지역에서 퇴역한 군인과 비교한 연구가 있었다. 베트남 참전 군인들의 정자는 운동성 면에서는 차이가 없었지만 정자의 수도 적었고 정상적인 머리 모양을 가진 정자의 비율도 낮았다. 정자의 몇몇 특성이 차이를 보였지만 실제 베트남 퇴역 군인과 그렇지 않은 사람들이 낳은 자식의 수는 비슷했다. 2008년 부인과 의사인 룰루 코베이시Loulou Kobeissi와 동료들은 전쟁과 관련해서 보다 놀라운 논문을 발표했다. 그들은 베이루트 불임클리닉의 정보를 이용해서 레바논에서 일어난 15년 시민전쟁의 장기 효과를 분석했다. 그들은 120명의 불임환자를 100명의 정상 대조군과 비교했다. 불임환자의 60퍼센트는 이래저래 시민전쟁에 참여하였고 전쟁과 관련된 외상trauma을 가지고 있었다. 전쟁 시기의 경험과 독소 노출 정도, 신체적 손상 및 스트레스와 같은 전쟁 후 위험 요인에 노출된 결과라고 그들은 해석했다.

1950년대 이후 60년이 지나는 동안 인간 정자 수가 지속적이고 큰 폭으로 감소하고 있다는 데 대한 논란이 뜨겁다. 1974년 불임 전문가 킨로흐 넬슨Kinloch nelson과 레이먼드 벙기Raymond Bunge는 1968~1972년 사이에 정관 수술을 시행한 400명의 정액 시료를 분석했다. 정관 수술 시행 직전 이들이 한 번 사정에 방출한 정자의 평균수는 1억 3,500만 개였다. 넬슨과 벙기는 이 수치가 그 전에 조사한 수치의 평균인 3억 개에 훨씬 못 미치는 것이라고 말했다. 과거의 결과와 자신들의 그것이 현격한 차이를 보였기 때문에 넬슨과 벙기는 1956~1958년 사이 불임 평가를 위해 병원을 찾은 또 다른 400명의 정액 분석을 수행했다. 이들 중 25퍼센트는 정자의 수가 3억 개를 넘었다. 다른 가능성을 면밀히 배제한 다음 넬슨과 벙기는 이렇게 결론을 내렸다. "생식 능력이 있는 남성들의 기를 꺾은 뭔가가 분명히 있다."

이런 결과에 대해서 즉각 반론이 뒤따랐다. 논란의 양쪽에 있는 과학자들은 서로 다른 시기에 서로 다른 장소에서 얻어진 데이터를 분석하여 토론의 근거로 삼았다. 결국 지난 50년 동안 인간 생식을 통계적으로 연구했던 생물학자 윌리엄 제임스^{William James}가 나서서 이러한 추세가 믿을 만한 것인지 규명하려고 하였다. 그는 지난 45년 동안 발표되었던 남성의 평균 정자 수에 관한 데이터를 분석하고 정리해서 1980년 논문으로 발표했다. 그의 결론은 명료했다. "합리적으로 생각할 때 최소한 1960년 이래로 평균 정자의 수가 감소하고 있다는 것은 의심할 여지가 전혀 없다."

이에 관한 몇 가지 반론은 지난 과거 정액의 분석 방법론이 변화를 겪어왔다는 데 근거를 두고 있다. 이 점은 좀 깊이 살펴볼 필요가 있다. 호주의 수의사인 브라이언 셋첼^{Brian Setchell}은 이 문제의 가능성을 우아하게 넘어갔다. 다양한 방법으로 사육 동물의 정액 안에 있는 정자의 수를 계산할 수 있었기 때문에 그들은 방법상의 변화가 실제 정자의 수를 저평가했는지 확인할 수 있었다. 소나 돼지, 양의 정자 수에 관한 정보는 1930년대의 문서에도 남아 있었다. 1997년 논문에서 셋첼은 1932~1995년 사이에 이루어진 사육 동물의 정자에 관한 300편의 논문을 샅샅이 뒤졌다. 그 사이 소나 돼지의 정자 수는 눈에 띌 만한 변화가 없었고 심지어 양의 경우는 그 수가 늘기도 했다. 셋첼은 신중하게 말했다. "만약 인간 정자의 수가 감소한 것이 사실이라면 그것은 사육 동물에는 영향을 미치지 않는 어떤 요인 때문인 것으로 보인다."

인간의 정자 수가 줄어들고 있다는 보고는 전 세계적으로 늘어나고 있다. 최근 두 건의 보고에 의하면 이스라엘과 프랑스에서 지난 20년 동안 남성의 정자 수가 급격히 감소했다고 한다. 이스라엘의 불임 연구자인 로니트 하이모프코흐만Ronit Haimov-Kochman이 이끄는 연구진은 2012년 완전히 새로운 정보를 포함하는 논문을 발표했다. 그들은 1995~2009년 사이 돈을 받고 정자를 공여한 58명의 정자 수(2,000주에 걸친 정액 시료)를 후향적으로[8] 조사했다. 평균 정자의 수는 3억 개에서 2억 개로 40퍼센트 감소했다. 그 결과 불임클리닉에서 정하는 기준을 충족하는 정자 공여자를 찾기가 점점 힘들어졌다. 하이모프코흐만과 그녀의 연구진은 정자 공여자의 정액 품질이 급격하게 떨어지고 있기 때문에 정자 공여 프로그램을 운영하는 것이 어려워질 지경이라고 결론을 내렸다. 역학자疫學者 조엘 르 모알Joëlle Le Moal과 공동 연구자들이 프랑스에서 수행한 연구도 비슷한 경향을 확인했다. 후향적이기는 했지만 이 연구는 여성 배우자가 완전히 불임이기 때문에 생식 보조[9] 기법을 시술하려는 약 2만 7,000명의 남성이 참여한 대형 과제였다. 1989~2005년 사이 17년에 걸쳐 매년 2퍼센트씩 정자의 수는 계속해서 감소했다. 전 기간 동안 32퍼센트가 감소했으며 정자의 수는 1989년 평균 2억 2,000만 개에서 2005년 1억 5,000만 개로 줄어들었다.

더 심각한 것은 정자의 수가 줄어듦과 동시에 잠복고환, 음경의 기형 및 고환암과 같은 비정상적인 남성 생식기관의 빈도가 함께 늘어난 것이었다. 이런 추세는 정자의 수를 감소시킨 요인이 아울러 남성의 생식기관에도 심각한 영향을 주었을 가능성을 시사한다. 이런 결론을 증명이라도 하듯 덴마크에서 수행된 연구는 덴마크 남성들의 정자 수가 핀란드 남성들

8|　　현시점에서 과거의 기록을 대상으로 조사하는 것이다. 따라서 전향적 연구는 현시점에서부터 대상자를 추적 관찰하는 것이 될 것이다.
9|　　8장에서 자세히 설명하겠지만 인공 수정이나 시험관 아기 등이 이런 예에 속한다.

보다 40퍼센트나 적을 뿐만 아니라 고환암 발병률도 핀란드 남성들보다 다섯 배나 높다는 사실을 보여주었다. 불과 지난 50년 사이에 급등한 남성 생식기관의 이상과 정자 수의 감소는 유전적 요인 외에 환경적 변화도 커다란 역할을 했음이 분명하다.

정자 수가 감소하고 있다는 데 대한 반대 의견을 보이는 사람들은 이런 경향이 집단마다 다르다고 항변한다. 심지어 가까운 거리에 있는 국가들 예컨대 덴마크와 핀란드는 엄청나게 다른 경향을 보인다. 이는 공해와 같은 환경적 요소가 중요한 영향을 끼친다는 점을 시사한다. 어떤 연구는 지역적으로 편재되어 존재하는 독소가 정자 수 감소에 책임이 있다고도 밝힌다. 2006년 산과 의사 레베카 소콜^{Rebecca Sokol}은 로스엔젤레스에서 수행한 놀라운 연구 결과를 발표했다. 마치 속담처럼 "우리가 볼 수 없는 공기는 결코 믿을 수 없는 것이다."라고 그녀는 말했다. 환경오염과의 관련성을 찾던 소콜은 3년 동안 정자 은행에 보관된 48명 공여자로부터 정기적으로 채취한 정액 시료를 조사했다. 이 분석은 한 가지 일관적이고 의미 있는 결과를 보여주었다. 즉, 오존의 농도가 올라갈수록 정자의 수는 줄어들었다. 대기 중에 인간이 만든 거대한 양의 오존 구멍은 지금껏 우리의 관심을 끌지 못했지만, 정자 수의 격감은 아마도 그것 때문일지 모른다.

정자 수 감소에 책임이 있을 것이라고 생각되는 환경적 요소는 몇 가지가 있다. 예를 들어 임신하고 있는 동안 흡연과 음주가 나중에 남아의 정자 생산에 나쁜 영향을 끼친다는 것이다. 화학물질의 합성 과정에서 광범위하게 사용되는 물질이 정자의 형성을 억제하는 독소라는 사실도 최근에 밝혀졌다. 폴리카보네이트 플라스틱이나 에폭시 수지, 혹은 일상 생활

용품인 DVD나 선글라스, 의료기기, 자동차 부품, 스포츠 용품 및 유리를 만들 때 사용하는 첨가제인 비스페놀A$^{bisphenol\ A,\ BPA}$가 그중 하나이다. 내열성이 있는 폴리카보네이트 플라스틱은 식품 포장이나 음료수 용기 혹은 깡통의 내부를 도장할 때 광범위하게 사용된다. 생산량 면에서 BPA는 상위 50개 품목에 들어가며 2008년에만 500만 톤 넘게 생산되었다. 그렇지만 이 화합물은 최근에 와서야 세간의 주시를 받게 되었다. 미국 식약처의 2010년 자료에서 연구자들은 태아, 영유아, 어린이들이 BPA에 과도하게 노출되는 것에 우려를 표했다. 이 화학물질의 독성을 공식적으로 인정한 나라는 캐나다가 처음일 것이다. 그와 동시에 BPA의 독성 효과에 경고를 보내는 자료들이 순식간에 쌓여갔다. 그러나 많은 공공 기관은 BPA가 정말 독성 물질인가 여전히 의문을 제기하고 있다. 유럽 연합의 공식 표준에 따르면 이 물질에 노출된 음식물은 건강에 아무런 영향을 끼치지 못한다. 그렇지만 2012년에 이르러 마지못해 위험성 평가를 시행하겠다고 발표했다. 어쨌든 한 가지는 확실하다. 산업사회에 사는 모든 구성원은 매일 BPA에 노출되어 있다는 사실 말이다. 식품 용기에 이 물질이 사용되고, 특히 용기를 가열할 때 BPA가 용출되기 때문에 사람들의 혈액과 소변에서 이 물질이 검출되는 것이 일반적이다. 어른들에 비해 BPA에 노출될 가능성은 신생아 집중실에 있는 아기들이 열 배나 높고 보통 어린아이들도 두 배나 된다는 점은 더욱 경각심을 불러일으킨다. 젖병에 넣은 차가운 음료수를 일주일 동안 마신 77명의 하버드 대학 지원자 학생의 소변에서 검출된 BPA의 양이 평소보다 3분의 2나 증가했다는 주목할 만한 실험 결과도 나왔다.

2010년 생식역학자 리데군$^{De-Kun\ Li}$이 이끄는 중국-미국 연구진은 직장에서 BPA에 노출된 노동자들을 대상으로 성적 문제에 관한 인터뷰를 실시했다. 그들은 BPA에 과도하게 노출된 중국의 노동자와 그렇지 않은 사람을 나누어 조사했다. 세밀하게 교란 요소를 제거한 통계 분석을 마친 뒤 리와 동료들은 BPA에 노출된 사람이 그렇지 않은 사람들에 비해 성적인 문제가 있을 위험성이 4~7배나 높다고 발표했다. 성적 욕망, 발기, 사정 및 성적 만족도 등 남성의 성적 척도 전반에 걸쳐 결함이 나타났다. 게다가 BPA의 누적량이 증가할수록 상황은 더욱 나빠졌다. BPA 노출이 심한 공장에 일 년만 다녀도 '섹스리스'의 빈도가 크게 늘어났다. 공장에서 BPA에 노출되는 것은 양적인 면에서 한쪽 극단일 것이다. 공장 노동자들의 소변에서 검출된 BPA 양은 대조군에 비해 50배나 높았기 때문이다.

일 년 뒤 추가적인 실험을 통해 리 그룹은 소변의 BPA 양과 정액의 품질 사이의 관련성에 관한 논문을 발표했다. 중국의 네 개 도시에서 BPA에 노출되었거나 그렇지 않은 노동자 200여 명을 대상으로 한 실험이었다. 소변에서 검출된 BPA의 양이 늘어날수록 정액의 질이 저하되었다. 소변에서 BPA가 검출된 노동자의 성적 위험도는 정자의 운동성 면에서 두 배, 정자의 농도와 생존율 면에서는 세 배, 그리고 정자 수 면에서 네 배나 높았다. 이는 BPA가 정액의 전반적인 품질과 직접적인 관련이 있다는 첫 번째 결과이다.

주로 식품이나 음료수에 들어 있는 BPA에 초점이 맞추어졌지만 사실 이 화학물질은 피부를 통해서도 체내로 들어올 수 있다. 바로 손가락으로 영수증을 부빌 때다. 열처리 과정을 거쳐 인쇄기계에서 영수증을 출력할 때 가끔 BPA가 사용된다. 이런 과정은 상점의 계산대나 현금교환기에서 1970년대부터 광범위하게 사용되어왔다. 따라서 BPA는 재사용하는 종이의 주요한 오염원이다. 언제나 그런 것은 아니지만 영수증의 한 면에 이 화학물질의 분말을 사용하기도 한다. 2010년 미국의 환경연구단체인 환경워킹그룹EWG은 거대 기업이나 편의시설에서 제공하는 영수증 10장 중 네 장은 매우 높은 함량의 BPA가 들어 있다고 보고했다. BPA가 함유된 제품으로 흔히 거론되는 플라스틱 병이나 통조림에서보다 최대 1,000배 이상의 BPA가 영수증에서 발견되었다. 영수증의 한 면에 입혀진 BPA는 쉽게 벗겨질 수 있어서 누구라도 영수증을 만지는 순간 손가락에 많은 양의 BPA가 노출된다. 대형 편의점에서 영수증을 다루는 수백만의 점원들은 아마도 매일같이 BPA가 발라진 영수증 수백 장을 만지면서 살아갈 것이다. 연방 질병관리본부는 이런 점원들의 BPA 농도가 일반인들보다 평균 30퍼센트 높다고 발표했다.

1891년 최초로 합성된 BPA가 우리 인간과 함께한 지는 꽤 오래되었다. 1930년대 이르러 BPA를 암컷 쥐에 투여한 뒤 난소를 확인해보니 이 화학물질이 마치 스테로이드 호르몬처럼 작용한다는 결과가 나왔다. 이를 계기로 BPA의 사용에 주의를 기울여야 한다는 여론이 조성되기 시작했다. BPA를(혹은 그와 구조가 비슷한 10개가 넘는 화학물질을) 난소가 없는 암컷 쥐에 투여하면 에스트로겐이 그러는 것처럼 질의 내벽이 반응한다. 따라서 BPA가 흡사 에스트로겐처럼 작용한다는 것을 알게 된 지는 수십 년이 지난 셈이다. 그렇지만 식약처와 같은 규제 당국은 이 물질이 에스트로겐보다 활성이 떨어지고 쉽게 분해되어 체내에서 신속하게 제거된다고 강조하였다. 이런 이유로 지금까지도 이들 계열의 물질이 우리 인류의 건강에 큰 해를 끼치지 않을 것이라고 생각해왔다. 미국 화학회 폴리카보네이트/BPA 국제 협회의 웹사이트 소개글에 의하면 BPA는 매우 안전한 물질이다. 2008년 미국 식약처는 이 사실을 재천명했지만 의회에서는 분별력 있게 BPA의 사용을 제한하라는 취지에서 식약처에 다시 검사할 것을 의뢰했다. 그러나 아직까지 어떤 구체적 방안이 제시된 적은 한 번도 없다. 우리는 BPA와 같은 환경 독소가 정자뿐만 아니라 난자와 그것을 만들어 내는 난소에 미치는 영향도 면밀하게 주시하여야 한다. 이런 방향으로 나아가기 위해 우리는 여성의 생식기관과 세포가 어떻게 진화했는지 이해하고 있어야 한다. 지금까지 우리는 남성 생식기관의 역할에 관해 얘기해 왔지만 암컷 포유동물이 생식에 기여한 바에 비하면 이것은 전주곡에 불과하다.

고환과 정자처럼 인간의 난소와 난자도 모든 포유동물과 그 기본 특성을 공유한다. 인간 여성을 비롯해 암컷 신체의 양쪽에는 난소가 한 개씩 있다. 고환처럼 이 기관도 신장 가까이서 이 기관과 긴밀한 관계를 맺으며 발생한다. 그러나 고환보다는 크기가 작다. 인간 난소의 크기는 아몬드 열매의 크기이고 고환 부피의 3분의 1에 불과하다. 게다가 난소는 발생을 시작한 복강 안에서 결코 멀리 가지 않는다.

각각의 난소는 수란관 혹은 팔로피안^{Fallopian}관으로 불리는 통로를 통해 자궁과 연결된다. 배란하는 동안 난소에서 난자 하나가 방출되면 이들은 수란관을 거쳐 자궁으로 운반된다. 처음에 난자는 내벽이 깊이 접힌 수란관 팽대부^{ampulla}를 지난다. 자궁에 도달하기 위해서 난자는 다음 장소인 좁지만 부드러운 협곡을[10] 지나야 한다. 전형적으로 한 개의 정자가 난자와

10 | 좁은 부분, 자궁관 잘록 혹은 협부라고 말한다.

결합하여 수정하는 장소는 팽대부와 협곡 사이이다.

　대부분의 포유동물의 난소는 주머니bursa 조직에[11] 둘러싸여 있다. 복강으로 향하는 조그만 구멍 하나를 제외하고 난소 전부를 둘러싸고 있기 때문에 난자는 안전하게 수란관을 지나 자궁에 도달할 수 있다. 여우원숭이lemurs, 로리스원숭이lorises 그리고 대부분의 포유동물은 난소주머니를 갖고 있다. 아마도 원시적인 형질일 것이다. 그렇지만 안경원숭이tarsiers, 원숭이monkeys, 대형 유인원 및 인간은 그 주머니가 사라지고 없다. 얼핏 보면 이것은 이상하다. 진화 과정에서 주머니를 잃어버림으로 해서 난자가 수란관으로 안전하게 들어가지 않고 복강 내로 소실될 위험성이 커질 듯하기 때문이다.

　드물기는 하지만 인간의 난자가 수란관으로 들어가지 못하는 경우가 있다. 그런 상황에서 난자가 수정이 되면 배아는 복강에서 자랄 수도 있다. 100에 하나꼴로 배아가 원래 있어야 할 곳이 아닌 다른 장소에 착상하면 자궁 외 임신이라고 한다. 대부분의 경우 배아는 수란관에서 발생한다. 난자가 수란관으로 들어가지 못하고 복강으로 나가 착상하는 경우는 매우 드물지만 임신 1만 건당 한 번꼴로 일어난다. 이 경우 수술하지 않으면 산모나 태아나 위험하기는 매한가지다. 따라서 난소에서 만들어진 난자를 정확히 수란관으로 보내는 강력한 선택압이 모든 포유동물에서 작동했을 것이다. 그렇다면 도대체 왜 난소주머니는 안경원숭이, 원숭이, 대형 유인원과 인간의 공통 조상에서 사라졌을까? 원래의 보호 장치를 대신할 뭔가 다른 특별한 기제 없이 주머니가 소실되지는 않았을 것은 분명하다.

---

11 |　　당연한 말이지만 난소주머니 혹은 난소낭ovarian bursa이라고 한다.

사실 그런 대체 기제에 대한 확고한 증거가 있다. 붉은털원숭이와 인간 여성의 배란은 배의 안쪽을 들여다볼 수 있는 복강경을 통해 관찰할 수 있다. 관찰 결과 깔때기 모양을 한 수란관의 한쪽 끝(자궁관깔때기)은 난소와 가깝게 위치해 있고 난소의 표면을 따라 움직이면서 어디에서 배란이 일어나는지 찾고 있다는 사실을 알게 되었다. 필요에 따라 자궁관깔때기가 움직이면 보다 효과적이고 시간적으로 정확하게 난자를 수란관으로 전달할 수 있었을 것이다. 모든 영장류가 난자주머니를 잃어버렸기 때문에 진공청소기가 움직이면서 먼지를 쓸어담듯 자궁관깔때기가 운동하는 방식은 이들 동물군에서 보편적인 현상이라고 말할 수 있다. 그렇지만 이 방식은 배란 시 난소에서 한 번에 한 개의 난자만이 방출되어야만 의미가 있다. 난소주머니가 없이 한 개의 난소에서 여러 번 배란하는 것은 분명히 난자를 잃어버릴 위험성이 존재한다. 따라서 원숭이, 대형 유인원 및 인간의 공통 조상들은 아마도 한 번에 하나 혹은 두 신생아를 낳도록 적응했을 것이다. 다음 장에서 살펴보겠지만 다른 증거들도 이런 추론을 뒷받침한다.

자손을 키우는 제한된 기제와도 연관되어 있겠지만 시초부터 여성이 생산할 수 있는 최대한의 난자 수도 역시 한정되어 있다. 난자는 보편적으로 모세포인 난원세포^{oogonia}로부터 단계적으로 발생한다. 예외가 없는 것은 아니지만 포유동물의 암컷은 성숙하면서 자신들이 원래 가지고 있던 난원세포의 수를 점차 줄여나간다. 인간 여성은 각각의 난소가 약 700만 개의 난원세포를 가지고 시작해서 태아 발생을 거치는 동안 그중의 반 이상을 잃어버린다. 태어날 즈음에 그 수는 200만 개까지 줄어든다. 좀 자라서 일곱 살이 되었을 때 난원세포의 숫자는 고작 30만 개 정도이다. 이들 중 적은 일부만이 성숙한 난자로 방출된다. 결과적으로 한 번 사정에 방출되는 정자의 수가 여성의 난소 안에 보관된 난원세포 또는 배란기에 방출되는 성숙한 난자의 숫자보다 훨씬 많다.

　고환의 개별 부위에는 서로 다른 발생 단계에 있는 정자들이 들어 있지만 일반적으로 좌우 양편, 각각의 난소 안에서 발생 중인 포유동물의 난자는 서로 동일한 단계에 있다. 두 난소가 화음을 맞추고 있는 것이다. 난원세포에서 시작해서 난자 혹은 난세포는 여포^{follicle}라[12] 불리는 세포 덩어리 안에서 발생한다. 난자가 성숙하면 여포의 크기가 커지고 내부에 유동성 액상의 물질이 채워진 공간이 생긴다. 이 단계에 접어들면 자라난 여포가 난소의 표면으로 이동한다. 여기서 난자가 방출되는 것이다. 성숙단계에 이르지 못하고 도중에 폐쇄^{atresia}되어 사멸하는 여포도 있다. 인간 여성을 포함해 주기당 한 번 배란하는 포유동물에서도 두 개의 난소에서 여러 개의 여포가 동시에 최종 성숙단계에 들어간다. 각각의 여포가 발달하는 데는 일 년이 넘는 대략 400일이 소요된다. 또 새로운 여포가 끊임없이 발생하고 있기 때문에 난소에는 특정한 시간에 여러 단계에 있는 여포를 만날 수 있다. 인간의 생식 주기 특정 시간에 한 배의 여포들이 동시에 최종적으로 성숙되지만 그중 하나의 여포가 두 개의 난소 중 한쪽 혹은 양쪽에서 방출될 운명에 처한다. 어떻게 하나의 여포만이[13] 선별되는지 그 이유는 잘 모른다. 방출되지 않은 나머지 여포들은 퇴화한다. 그러나 어떤 주기에는 배란 직전까지 선별이 지체되기도 한다.

　일부 포유동물의 난소 주기에서 여포의 발생은 뇌의 아래쪽 부위에 있

---

12 | 둥그런 주머니라고 생각하면 된다. 난자가 성숙하고 커지면서 내부의 빈 공간도 많아진다.
13 | 두 개의 난소에서 동시에 일어난다면 두 개의 여포가 된다.

는, 강낭콩 크기의 뇌하수체^{pituitary}가 분비하는 여포자극 호르몬[14]의 지배를 받는다. 여포가 자라면서 그들 자신도 에스트로겐과 같은 호르몬을 분비한다. 배란 때 성숙한 여포가 터지면서 난자가 방출되는 것은 황체형성^{luteinizing} 호르몬이 뇌하수체에서 분비되면서 배란을 촉진하기 때문이다. 배란이 되면 이제 텅 빈 껍질인 여포는 황체^{corpus luteum}로[15] 바뀐다. 일정량 황체형성 호르몬의 영향을 받은 황체는 프로게스테론을 분비한다. 이 상황에서 수정이 되지 않으면 황체는 오래 버티지 못하고 다음 주기가 시작되기 전에 퇴화한다. 따라서 난소 주기는 여포가 성숙하여 배란하기까지의 전반부인 여포기와 배란 후 후반부 단계, 즉 황체가 형성되는 황체기로 양분할 수 있다.

여포기에서 황체기로 넘어가는 동안 여성의 기초 체온은 적지만 감지할 수 있을 정도로 올라간다. 생리 주기의 중간 즈음에 섭씨 약 0.5도 올라간다. 이것은 주기 후반기의 나머지 기간 동안 유지되며 이때 에너지의 소모가 늘어났음을 의미한다. 보통 배란 직후 체온이 약간 올라가기 때문에 이것은 난소에서 난자가 방출되었음을 뜻하는 표지로 사용된다. 물론 보다 감도가 좋은 호르몬 검사를 하는 것이 더 믿을 만한 방법일 것이다. 그렇지만 기초 체온법은 아직도 배란을 어림짐작하는 수단으로 통용된다.

생리 주기의 기본적인 구조는 모든 포유동물에서 동일하지만 교미와 배란의 관계는 사뭇 다르다. 고양이나 토끼, 나무두더지 등 일부 포유동물

---

14 | follicle-stimulating hormone, FSH라고 약칭한다.
15 | 노랑철쭉꽃의 학명은 *Rhododendron luteum*이다. 짐작하다시피 *luteum*은 노란색을 의미한다. 그래서 황체라는 이름도 붙었다.

은 교미행위 자체에 의해 황체형성 호르몬의 분비가 촉진된다. 생물학자들은 이것을 유도된 배란이라고 부른다. 생리 주기 동안 암컷이 교미를 하지 않으면 오직 여포기만 있을 뿐이다. 배란이 일어나지 않고 마찬가지로 황체도 만들어지지 않는다. 또 교미하지 않으면 전체 주기가 짧아진다. 이런 방식과는 조금 다르지만 마우스와 같은 일부 포유동물의 배란은 교미와 상관없이 진행된다. 그렇지만 황체가 형성되기 위해서는 교미가 꼭 필요하다. 위 두 가지 경우 교미가 일어나야만 황체가 형성된다는 점에서 결과는 동일하다. 좀 단순화시켜 말하면 이 두 가지 모두 유도된 배란이라고 뭉뚱그려 말할 수 있다.

교미와 관계없이 배란하는 인간과 같은 포유동물은, 이들 유도된 배란을 하는 동물들과 현격한 대조를 이룬다. 각 생리 주기는 황체형성 호르몬의 분비에 따른 배란 및 황체형성이라는 전형적인 양상을 따른다. 배란을 촉진하기 위한 교미는 따로 필요치 않다. 따라서 이런 방식을 자동^{spontaneous} 배란이라고 부른다. 배란을 촉진하거나 황체를 형성하기 위한 교미가 필요하지 않기 때문에 이들의 생리 주기는 대체로 길다. 따라서 우리는 교미-의존적이면서 짧은 주기를 가진 포유동물과 교미와는 무관한 긴 난소 주기를 보이는 포유동물을 쉽게 구분할 수 있다.

각 동물집단은 자신들의 고유한 난소 주기를 갖는다. 예컨대 육식 포유동물, 식충류, 설치류, 나무두더지는 난소 주기가 짧고 교미-의존적이다. 그러나 영장류, 우제류, 돌고래, 코끼리는 교미와 상관없이 난소 주기가 진행되고 상대적으로 그 기간이 길다. 다른 영장류와 마찬가지로 인간 여성도 자동 배란 및 자동적인 황체 형성이라는 보편적 규칙을 따르며 이런 양상은 8,000만 년 전 초기 영장류 공통 조상도 가지고 있었을 것이다. 인간 여성도 그렇지만 영장류 생리 주기의 평균 기간은 대략 한 달 남짓이다. 영장류 초기 조상의 생리 주기도 그와 비슷했을 것이다.

1554년 당시 38세였던 영국의 메리 여왕 1세는 스페인의 필립 2세와 결혼한다. 나이와 지위를 고려하면 아마도 서둘러 아들을 낳기를 원했을 것이다. 결혼하고 두 달이 지난 뒤 그녀의 주치의는 여왕이 임신했음을 사방에 알렸다. 배가 불러 오르고 헛구역질을 하는 등 아마도 밖으로 드러난 표식에 대해서도 언급했을 것이다. 하지만 아홉 달이 지나고 나서도 기다리던 소식이 들리지 않았다. 예상치 못했던 충격적인 결과에 실망한 그녀는 많은 사람을 박해했고 그 결과 "피의 메리"라는[16] 별명을 얻었다. 3년이 지나고 비슷한 상황이 또 일어났다. 메리 여왕의 건강은 급속도로 악화되었고 결국 젊은 나이에 세상을 떠났다.

사람들은 메리 여왕이 가상 임신[17] 상태였다고 믿고 있다. 이 증상은 아주 드물게 발견되지만 매우 심각한 정서적 · 심리적 장애이다. 지그문트 프로이트는 그의 연구보고서에서 나중에 유명해진 '안나 오'라는 여성이 그녀의 전 정신분석학자였던 요제프 브로이어의 아이를 임신했다고 스스로 믿고 있었다고 말했다. 여러 가지 다양한 증상이 나타나지만 가상 임신을 하는 여성들은 공통적으로 한 가지 열망을 드러낸다. 바로 아이를 갖기를 학수고대하고 있다는 것이다. 이 증세를 겪는 대부분의 여성은 30대 혹은 40대이다. 전술했듯이 매우 드문 현상이어서 미국에서만 약 7,000건

---

16 |　　가톨릭의 부흥을 위해 신교도를 압박했다고 한다. bloody mary는 보드카와 토마토 주스를 섞은 칵테일이라고 한다.

17 |　　영어로 false, phantom, 또는 hysterical이라는 형용사를 동반한다.

의 임신당 하나꼴로 나타난다. 생리가 중단되고 기분이 오락가락하며 특정한 음식을 갈구하거나 헛구역질을 하는 등 임신의 자연 증상이 나타난다. 가슴이 커지고 부드러워지며, 복부가 땅기고 자궁 내에서 뭔가 움직이는 것 같은 느낌도 든다. 물론 체중 증가도 동반한다.

유도된 배란을 하는 포유동물의 가상 임신은 그 양상이 매우 다르게 나타난다. 자연 상태에서 일반적으로 일어나는 것처럼 교미 뒤에 수정이 일어나면 황체에서 프로게스테론이 만들어지고 임신이 유지된다. 만약 교미가 실패로 끝나면 황체가 분비하는 프로게스테론이 실효를 거두지 못함과 동시에 일반적으로 가상 임신 상태에 접어든다. 불임인 수컷과 교미한 고양이에서 이런 현상이 자주 관찰된다. 이런 포유동물이 가상 임신을 하게 되면 암컷의 자궁에 혈액의 공급이 늘고 내벽이 두터워진다. 어떤 단계에서 암컷이 자궁에 아무것도 없다는 것을 인식하게 되면 가상 임신은 종료된다. 그러면 간혹 자궁에서 혈액과 파손된 조직이 쓸려 나오면서 마치 생리를 하는 것처럼 출혈한다. 바로 뒤에 설명하겠지만 가상 임신 후 조직을 흘려내는 것과 생리는 근본적인 차이가 있다.

난소 주기의 마지막 4~5일에 걸쳐 여성은 평균 30밀리리터의 혈액을 몸 밖으로 내보낸다. 이 정도면 성인 여성이 일 년에 약 500밀리리터 정도의 혈액을 잃는다는 의미이다. 일부 여성은 그 네 배에 달하는 혈액을 쏟아내기도 한다. 황체기가 막바지에 이르면 황체가 퇴화하고 자궁 내벽이 허물 벗듯 씻겨 나가면서 출혈이 뒤따른다. 이런 현상은 대충 한 달에 한 번꼴로 일어나기 때문에 달을 뜻하는 라틴어 mens를 써서 영어로 menstruation(생리 혹은 월경)이라고 한다. 관습적으로 이 용어는 몸 밖으로 출혈하는 종들에게 사용되지만 어떤 사람들은 모든 영장류의 난소 주기에 생리 주기라는 말을 사용한다. 대체로 영장류들은 긴 난소 주기를 갖지만 주기의 말미에 자궁으로부터 출혈하는 것은 매우 독특한 현상이다. 여우원숭이와 로리스원숭이는 태반이 자궁 내막을 파고들지 않기 때문에[18] 출혈을 하지 않는다. 심지어 그들은 임신 말기 자궁으로부터 태반 조직이 떨어지지도 않는다. 주기적인 생리혈은 원숭이, 대형 유인원 그리고 인간 여성에 국한되는 영장류 중에서도 매우 특징적인 현상이다.

생리 주기는 구세계원숭이, 대형 유인원 및 인간 여성에서 심도 있게 연구되었지만 왜 자궁에서 혈액이 흘러나오는지는 확실하지 않다. 여우원숭이나 로리스원숭이와는 대조적으로 안경원숭이, 원숭이, 대형 유인원 및 인간의 태반은 침습성이 매우 높아서 자궁 내벽에 있는 암컷의 혈관과 직접 맞닿아 있다. 난소 주기 중 황체기에 자궁의 내벽은 다양한 변화를 겪는다. 혈관이 급격히 튀어 나와 확장하는 등의 변화는 임신이 되었을 때를 대비하는 것이며 장차 태반이 쉽게 자궁에 붙어서 배아의 초기 발생을 돕도록 하는 일련의 장치이다. 황체기에 자궁 내막이라고도 불리는 자궁 내벽은 놀랍도록 두터워진다. 만일 임신이 되지 않으면 황체기는 생리혈로 귀결된다. 오랫동안 인간, 대형 유인원, 원숭이의 생리는 자궁의 잉여 조직이 흘러나오는 것 이상의 것이 아니었다.

1993년 마지 프로펫[Margie Profet]은 생리의 진화에 관한 혁명적인 설명을 내놓았고 의학계의 엄청난 관심을 끌어냈다. 널리 인용되는 논문에서 그녀는 생리혈이 정자를 타고 올 수도 있는 세균으로부터 자궁과 수란관을

---

18 | 태반이 자궁을 파고드느냐 아니면 단지 접촉만 하고 있느냐는 매우 중요한 진화적 의미를 지닌다. 바로 뒤쪽에 설명이 계속된다.

보호한다고 말했다. 그녀의 이론은 설득력이 있었다. 왜냐하면 정자나 정액에 편승한 병원균은 여성 생식관에 치명적인 손상을 끼칠 수도 있기 때문이다. 그러나 연구를 더 진행한 결과 프로펫의 생각은 근본적인 결함이 있는 것으로 판명되었다. 세균이 정자를 타고 올 수 있다면 그것은 실제로 모든 포유동물에 공통적인 것이어야 할 것이기 때문이다. 프로펫은 생리가 보편적으로 일어난다고 항변했지만 잘못된 관찰이다. 원숭이나 대형 유인원, 인간 외에 진짜 생리가 있다고 밝혀진 것은 오직 몇 종류의 박쥐와 작고 이상하게 생긴 아프리카 포유동물인 코끼리땃쥐뿐이다.

게다가 자연선택은 틀림없이 정자를 타고 오는 세균으로부터 자궁을 보호하기 위한 대응책을 선호했을 것이다. 사실 포유동물 자궁의 목(자궁경부) 부위에서 다량 분비되는 점액의 한 가지 기능은 교미하는 동안 질에 침입할 수도 있는 세균을 방어하는 것이다. 여기에다가 질에는 침입 세균과 맞서 싸울 백혈구도 많다. 종합하면 정자에 편승한 세균을 피하기 위한 장치로 진정한 생리가 출현했을 것이라는 믿을 만한 증거는 희박하다. 또 인간은 다음 생리가 시작되기 전 4주 내내 교접을 할 수 있기 때문에 논리적으로도 그럴 가능성은 적어 보인다. 교접하는 시기와 생리하는 시기가 떨어져 있기 때문에 세균이 증식하고 자궁이나 수란관 전역으로 퍼져나가기에 충분한 시간을 제공할 수 있는 까닭이다.

생리가 어떻게 진화했는지 폭넓게 수용되는 설명 하나를 더 하고 넘어가자. 생리혈에 관한 가설이라면 그 어떤 것이라도 반드시 여성이 많은 양의 피를 잃어버리고 있다는 사실을 고려해야만 한다. 생리 주기 한 번을 넘길 때마다 약 30밀리리터 정도씩 체외로 방출되는 혈액과 함께 많은 양의 철이 여성의 몸 밖으로 유실된다. 인간의 몸속에 들어 있는 미량 금속인 철은 생존에 필수적인 물질이다. 생리혈의 양이 늘어나면 빈혈과 같은 철 결핍성 증세가 나타난다. 브라질 여성을 대상으로 수행된 연구에 의하면 매 주기마다 60밀리리터 이상의 혈액을 쏟아내는 여성들은 체내 철의 양이 부족해진다고 한다. 만약 90밀리리터 정도가 되면 임상적으로 심각한 빈혈이 초래될 수도 있다. 확실한 것은 적은 피를 흘리는 대형 유인원이나 원숭이와는 달리 인간은 진화 과정에서 다량의 생리혈을 쏟는 방식을 취했다는 사실이다. 생존에 불리할 수도 있는 그런 방식을 지금껏 유지해온 데는 뭔가 강력한 기제가 작동했음이 틀림없다.

　인류학자인 비벌리 스트라스만Beverly Strassmann은 생리가 에너지를 절약하는 적응 차원에서 진화했다고 보았다. 포유류에서 자궁 내막이 주기적으로 두터워지고 얇아지는 것은 보편적이지만 그러한 현상은 원숭이나 대형 유인원, 인간에서 더욱 두드러진다. 자궁 내막이 소모하는 이런 에너지는 조직 절편을 보면 알 수 있다. 그리고 이 소모량은 황체기 막바지에 다다랐을 때 최초의 7배에 이른다. 스트라스만이 보기에 이런 사치스러운 조직을 유지하는 것보다는 다음 주기에 새로 만드는 것이 더 경제적이라고 판단되었다. 출혈은 효과적인 흡수를[19] 위해 혈액이 모이는 현상의 부가적 효과일 뿐이었다. 또한 그녀는 프로펫 가설이 지닌 결점을 한 가지 더 지적했다. 피임법이 없는 사회에서 가임기간 동안 생리 현상은 매우 드물다는 것이다. 스트라스만의 이론은 말리 도곤 족과 함께 현장 연구를 진행하면서 더욱 정교해졌다. 도곤 부족의 여성들은 평균 아홉 명의 아이를

---

19 ｜　관습적으로 생각하는 것과 달리 태반은 배아가 만든다. 산모가 만들지 않는다는 말이다. 그러므로 배아는 산모의 에너지를 최대한 흡수하기 위한 노력을 하리라고 생각할 수 있다. 『산소와 그 경쟁자들』이라는 책에 자세한 설명이 있다.

낳고 생리는 거의 하지 않는다. 특히 첫째를 낳고 나서는 더욱 그렇다. 그렇다고는 해도 스트라스만의 에너지 절약 가설은 왜 생리 주기 동안 인간의 출혈이 다른 영장류보다 훨씬 많은지를 설명하지는 못한다.

2009년 부인과 의사 잰 브로센스Jan Brosens는 생리에 관해 완전히 새로운 설명을 내놓았다. 진정한 생리가 소수의 포유동물, 원숭이, 대형 유인원 및 인간에게만 국한된다는 사실을 알고 나서 그는 그것이 임신처럼 일종의 염증 상태라고 말했다. 그와 함께 잰과 연구진들은 임신 기간 중에 암컷 조직이 깊이 침습될[20] 상황에 대응하여 자궁이 미리 준비된 상태로 대기한다고 보았다. 이런 제안의 강점은 많은 양의 인간 생리혈이 임신의 강력한 침습과 관련이 있다는 것이다. 어쨌거나 이런 설명은 인간 생리와 임신의 복잡성에 신비감을 더해주는 것 같다.

비록 증거는 부족하지만 마지막으로 하나 더 고려할 것이 있다. 진정한 생리를 하는 포유동물의 정자는 암컷의 생식기관 안 어딘가에 보관될 수 있다. 따라서 자궁의 조직 부스러기와 함께 출혈하는 것은 오래되어서 비실비실한 정자를 주기의 마지막에 한꺼번에 쓸어내는 역할을 할 수도 있다.

일반적으로 정자의 수명은 제한적이라고 알려져 있다. 인간을 포함한 대다수 포유동물에서 정자는 보통 이틀 정도 산다. 그러나 가끔 많은 수의 정자가 자궁 목 부분 움푹 패인 장소 혹은 음와에 저장된다고 알려졌다. 이 음와는 주로 점액을 만들어내는 곳이다. 점액은 인간의 난소 주기와 생산성을 얘기할 때 자주 언급되는 물질이다. 주기의 중간쯤에 분비되는 계란 흰자처럼 얇고 일정한 이 점액은 배란이 시작되었다는 거의 정확한 표

---

20 | 태반이 자궁 내벽을 깊이 침투한다는 말이다.

식으로 간주된다.

생물물리학자 에릭 오데블래드Erik Odeblad는 인간 점액을 서로 다른 기능을 갖는 네 가지 유형으로(G, L, P, S) 나누었다. 서로 다른 기능을 하는 점액은 자궁 목의 서로 다른 음와에서 만들어진다. 또 이 점액의 구성은 생리 주기 전반에 걸쳐 변한다. 배란 전기에는 L형 점액이 비정상적인 정자가 들어오는 것을 막는다. 그렇지만 S형 점액은 정상적인 것만 선별해서 자궁 목 부위 음와로 정자를 이끈다. 이 부위에서 정자는 점액 마개에 덮여 일시적으로 보관된다. 배란기가 되면 P형 점액이 이 덮개를 녹인다. 이때 자궁 경부 음와에서 정자가 방출되면서 수란관으로 이동할 수 있다. 생리 주기의 초기와 배란 후 황체기에는 G형 점액이 자궁 목의 아래 부분에서 정자가 들어오는 것을 막는다.

간단히 말하면 인간의 정자는 자궁 경부에서 만들어진 점액 안에서 며칠 동안 살아남을 수 있다. 생식생물학자 존 굴드John Gould는 정자가 사정 후 최소 8시간까지는 수정 능력을 보유한다는 사실을 알았다. 사실 정상적인 수영 속도로 움직이는 정자는 사정 후 닷새가 지나도 살아 있을 수 있다. 산과학자 마이클 진에이먼Michael Zinaman이 수행한 또 다른 연구에 따르면 인공 수정 사흘 후 여성의 점액에서 채취한 정자를 조사했다. 이 모든 경우 대부분의 정자는 살아 있었다. 정자는 자궁의 목, 즉 자궁 경부에 잘 숨어 있다는 것이 그들이 내린 결론이었다. 즉 그 부위가 정자를 보관할 수 있는 장소이다.

인간 자궁의 목 부위에서 만들어지는 점액은 아주 잘 알려져 있었지만 그 안에 정자가 숨어 있다는 사실은 그리 널리 알려지지 않았다. 음와에 실제로 보관되는 정자에 대한 정보가 터무니없이 부족하다는 사실은 매우 안타깝다. 이에 관해 우리가 알고 있는 유일한 지식은 1980년 부인과 의사인 바클라브 인슬레르$^{Vaclav Insler}$와 그의 동료들이 수행한 연구에서 비롯된다. 그들은 자궁 적출 수술을 예정하고 있는 스물다섯 명 여성의 동의를 얻어 수술 전날 인공 수정을 실시했다. 여성 환자들은 각기 세 군으로 나뉘었다. 아홉 명의 여성은 에스트로겐을 투여하고 정상적인 정액을 투여했다. 또 다른 아홉 명의 여성은 프로게스테론 유사 호르몬을 맞고 정상적인 정액을 주입했다. 마지막 일곱 여성은 에스트로겐을 투여하고 비정상적인 정액을 주입했다. 다음 날 자궁을 적출하고 난 후 그들은 자궁의 목 부분의 조직 절편을 연속적으로 살펴보면서 정자가 보관되어 있는지 조사했다.

음와의 크기는 제각각이었고 정자는 주로 큰 음와에서 발견되었다. 사실 주입 후 2시간 안에 자궁의 모든 곳에서 정자가 발견된다. 인슬레르와 그의 팀은 정자가 포함된 음와의 수와 음와당 정자의 수를 계산했다. 이 두 가지 수치는 에스트로겐을 투여한 경우가 프로게스테론 유사 호르몬을 투여한 경우보다 훨씬 높았다. 에스트로겐을 투입하면 자궁 하나에만 20만 개의 정자가 보관될 수 있었다. 그러나 프로게스테론 유사 호르몬의 경우 그 수는 5만 개에 지나지 않았다. 또 그들은 정자의 저장에 정액의 품질이 정말로 중요하다는 사실을 발견했다. 비정상적인 정액을 주입한 경우 정자를 포함한 음와의 수나 정자의 농도는 현저하게 줄어들었다. 간단히 정리하면 인간 자궁의 음와에 정자가 저장되는 것은 여포기일 가능성이 크다. 왜냐하면 에스트로겐의 함량이 높을 때이기 때문이다. 또 건강한 정자가 그렇지 않은 경우보다 훨씬 수월하게 저장된다. 실제 인슬레르와 동료들은 사정 후 9일째까지도 자궁 경부 점액에서 살아 있는 정자가 발견된다고 보고했다. 이런 증거를 모두 종합하면서 그들은 자궁 경부가 정자의 보관소이며 여기서 살고 있는 정자가 점차 수란관으로 이동할 수 있다고 말했다. 이렇게 느리고, 조절된 정자의 방출을 통해 정자는 상당히 긴 시간 동안 수정을 할 수 있는 능력을 유지할 수 있게 된다.

자궁 경부뿐만 아니라 수란관에도 정자가 얼마 동안 저장될 수 있다는 증거가 있다. 인간 및 다양한 포유동물의 정자는 수란관 내벽에 붙을 수 있다. 생식생리학자 조애나 엘링턴Joanna Ellington과 그녀의 동료들은 정자가 적출한 수란관 세포에 붙을 수 있다는 사실을 실험적으로 확인했다. 그들은 수란관 벽에 붙어 있는 정자보다 그렇지 않은 것들이 훨씬 더 비정상적인 정자임을 확인했다. 따라서 수란관 내벽에 정자를 붙이는 것도 건강한 정자를 선별하는 부가적인 장치가 될지도 모른다.

이쯤에서 인간 난소 주기의 의미를 살펴보고 넘어가자. 임상에서는 출혈을 시작하는 날을 주기의 첫째 날로 설정하고 다음 생리가 시작되기 바로 전날을 마지막 날로 간주한다. 많은 연구 논문이나 의학 교과서는 보통 정상적인 주기가 4주라고 말한다. 그리고 두 번의 생리 사이 중간쯤에 배란이 일어난다고 본다. 따라서 중간 즈음에 배란하는 규칙적인 월별 주기가 정상으로 간주되며 여기에서 크게 벗어나면 비정상이 된다. 그렇지만 이런 표준 '난자 시계egg timer' 모델은 추상적인 것이며 오해의 소지가 많다. 실제 삶에서 이 주기는 매우 변칙적이고 그 자체로 나름의 생물학적 의미를 함축하고 있다.

1967년 생식생물학자 앨런 트렐로어Alan Treloar와 동료들은 인간의 생애를 통틀어 생리 주기의 가변성을 연구한 기념비적 논문을 발표했다. 초경이 시작된 후 5년 동안 주기의 길이는 매우 변동이 심하고 그 평균 시간은 가임 적기에 비해 상당히 긴 편이다. 그다음에는 주기가 안정되고 보다 규칙성을 띤다. 생리 주기 기간도 25세가 될 때까지 점차 줄어든다. 그 뒤에는 다시 주기가 길어지고 가임기가 끝나는 폐경기까지 변동 폭이 커진다. 그때가 되면 평균 주기가 4주가 아니라 8주까지 늘어나기도 한다. 가임기인 20~45세까지 전체적으로 연평균 생리 주기를 계산하면 얼추 4주가 된다. 반면 개인적인 연평균은 여성마다 천차만별이어서 주로 26일에서 31일 사이에 분포한다. 이제 놀랄 것도 없지만 한 개인의 생리 주기는 훨씬 큰 편차를 보이는데 그 주기는 3주에서 5주 사이가 일반적이다. 그러나 이 구간 밖으로 늘어지거나 짧아지기도 한다.

산과학자 키르스티네 뮌스테르Kirstine Münster가 수행한 한 연구는 국가 전체에 걸쳐 생리 주기의 변화를 추적했다. 덴마크에서 시행된 학교 건강 교육 프로그램은 생리 주기 달력을 만들도록 추진했다. 1988년 조사에 참여한 15~44세 사이의 여성들은 그들의 달력을 조사위원회에 제출했다. 예외가 없는 것은 아니었지만 여성의 일반적인 주기의 길이는 21~35일 사이에 있었다. 그러나 3분의 1에 달하는 여성들은 연중 편차가 14일을 넘어갔다. 흥미로운 것은 사회경제적으로 약자인 여성들이 더 심한 편차를 보였다는 점이다. 즉 환경적인 요소가 기본적인 편차를 좀 더 부풀릴 수도 있다. 의학적인 견지에서 10일 정도의 편차, 즉 23~33일 주기가 표준적인 것으로 간주되었다. 그 경계를 벗어나는 것은 병리적인 현상으로 본다는 말이다. 그러나 뮌스테르와 동료들의 결론은 이렇다. "만약 이것이 사실이라면 약 3분의 2에[21] 달하는 정상적인 덴마크 여성이 (…) 질병이나 최소한 어떤 종류의 (…) 장애가 있는 것으로 여겨질 우려가 있다." 인간의 생리 주기는 심하게 변화한다는 점을 명심해야 한다. 따라서 일부 여성들이 그런 톱니바퀴 시계 같은 난자 주기 모델을 도외시한다고 해서 그리 놀랄 필요는 없다.

정자의 생산과 마찬가지로 심리적인 스트레스는 난소 주기에도[22] 영향을 미친다. 다시 디트리히 폰 홀스트의 나무두더지 사회적 스트레스 연구를 살펴보자. 두 암컷 나무두더지를 한 우리에 가두면 몇 시간 안에 한쪽이 득세하게 된다. 수세에 몰린 암컷의 생리적 변화가 시작되고 점차 그 정도가 심해진다. 며칠 못 가 난소 주기가 중단되고 난소는 완전히 망가진다. 이와 유사한 변화를 보이는 영장류가 또 있다. 작은 신세계원숭이인 비단원숭이(마모셋)에서 사회적으로 약자인 암컷은 배란이 억제된다. 물론 그 정도가 나무두더지보다 훨씬 덜하기는 하다. 나무두더지나 비단원숭이들 사이에서 약자인 암컷이 배란을 멈추는 것은 자원을 아끼려는 적응일 수 있다. 사회적 조건이 나아질 때까지 양육을 미루면서 가용한 자원을 소모하지 않겠다는 것이다. 난소의 기능을 억제하는 것이 임신해서 힘센 암컷의 공격을 받는 것보다는 훨씬 안전할 것이기 때문이다.

여성들 집단에서 심리적 스트레스와 비정상적인 생리 주기 사이의 상관성이 알려진 것은 꽤 오래되었다. 다양한 종류의 상당히 많은 증거가 말하고 있는 것은 특정 조건이 난소의 기능에 부정적인 영향을 끼친다는 사실이다. 1941년 2차 세계대전의 진통 속에서 홍콩 내 일본 수용소에 갇힌

---

21 | 본문에 따르면 주기의 편차가 14일을 넘는 여성이 전체의 3분의 1이다. 범위를 좁혀 10일 정도의 편차를 정상으로 간주한다면 덴마크 여성 3분의 2는 '비정상'으로 분류될 것이다. 그러나 그들은 '정상'이다.

22 | 난소 주기, 난자 주기, 생리 주기는 결국 같은 말이다.

수백 명의 영국 여성들은 극단적인 예를 보여준다. 부인과 의사 애니 시드넘^{Annie Sydenham}도 거기에 억류되었던 사람이다. 나중에 그녀는 억류되었던 15~45세 사이의 여성 중 절반이 완전히 생리가 끊기었다고 보고했다. 영양 결핍을 겪기 전 억류가 시작되자마자 이런 증세가 나타나기 시작했으며 그 증상은 석 달에서 18개월 동안이나 지속되었다. 시드넘은 전쟁이 가져다주는 정서적인 충격과 감금 상태가 이런 사태를 초래했다고 판단했다.

심각한 스트레스가 생리 주기에 영향을 준다는 믿을 만한 또 다른 증거는 긴 수감 생활을 시작하는 여성들에서도 발견되었다. 2007년 역학자인 제니퍼 올스워스^{Jenifer Allsworth}는 수감 중인 가임기 여성 450명을 조사했다. 감옥에 수감된 여성들의 생리 중단은 일상적인 것이었다. 약 3분의 1에 달하는 여성들이 각종 생리 불순 증세를 보였고 열 명 중 한 명은 아예 석 달 혹은 그보다 더 오랫동안 생리를 하지 않았다. 물론 이들 중 상당수는 감옥에 들어오기 전에 이런저런 외상에 시달린 경험이 있었다. 반 수 이상이 어릴 적이나 성인이 되어 성적 학대를 겪었다. 알코올이나 마약 중독에 걸린 부모를 둔 사람 혹은 물리적·성적 학대를 당한 사람들이 감옥에서 생리 불순을 겪을 확률은 그렇지 않은 사람들에 비해 두 배 이상 높았다. 또 올스워스는 정상적인 주기를 갖는 여성과 그렇지 않은 여성들은 임신했을 때도 극명한 차이를 보인다는 사실을 발견했다. 비록 임신하는 횟수는 비슷했지만 비정상적인 생리를 겪는 여성들이 출산에 이르는 경우는 매우 적었다.

극심한 심리적 스트레스가 생리 주기를 파괴할 수 있다는 사실은 이제 폭넓게 수용되고 있다. 그렇지만 운동, 체중감소, 혹은 다이어트²³도 난소의 기능에 영향을 준다. 따라서 일상적인 심리적 스트레스와 미묘한 생리 불순과의 관계를 파악하는 것은 쉽지 않다. 게다가 난소의 주기가 계절적으로 변화하는 것도 사실이다. 여성의 생리 주기를 해석하는 것은 복잡하기 그지없다. 궁극적으로 어떻게 생리 주기가 진화되었는지 알기 위해 우리는 이런 주기의 계절성에 대해 이해해야 할 것이다. 그것은 또 임신의 기전이나 인간 생식 주기에 대한 이해를 위해서도 마찬가지다.

---

23 | 다이어트는 식단이란 뜻이지만 여기서는 체중을 조절하기 위한 수단으로 먹을 것을 통제한다는 의미가 강하다.

2장
생리 주기와 계절성

HOW WE DO IT

자연 서식지에서 진화가 일어나기 때문에 행동이나 생리학의 일반적 특성, 즉 주기와 계절성이 특정한 생물 종에서 어떻게 나타나게 되었는지 꼼꼼히 살펴볼 필요가 생긴다. 1968년 처음으로 야생 영장류의 교미 행동을 관찰하게 되면서 나는 직접 이들 행동의 주기적인 양상을 목격할 수 있었다. 그 초기 연구에서 나는 고작 60그램에 불과한 자그마한 쥐여우원숭이가 인간을 포함한 영장류의 초기 공통 조상과 많은 형질을 공유하고 있다는 사실을 밝혀냈다. 런던 대학이 운영하는 사육실에 갇힌 쥐여우원숭이의 교미집단을 관찰한 후 나는 마다가스카르로 날아가서 자연 상태의 작은 영장류를 연구하기로 했다.

　결국 나는 작은 단편들로부터 자연 상태의 교미 체계에 관한 전체 그림을 그릴 수 있게 되었다. 다 자란 암컷은 9월에서 이른 10월 사이에 임신을 하게 된다. 대부분은 한 번 만에 임신을 하고 약 두 달의 수태기간을 거쳐 늦은 11월에서 12월 사이에 새끼를 낳는다. 교미하는 계절이 다가오면 수컷의 고환은 평소보다 10배나 크게 팽창한다. 이전에 수행되었던 몇 가지 야생 연구 결과를 확인하면서 나는 이들 쥐여우원숭이의 교미 시기가 어떤 해이든 어떤 장소에서든 일정하다는 사실을 알게 되었다. 1970년,

연구를 계속하기 위해 마다가스카르를 다시 찾았을 때에도 이런 유형에는 변화가 없었다.

　이런 규칙성이 발견되자 다음과 같은 질문이 꼬리를 물고 이어졌다. 왜 출산은 일 년 중 특정한 시기에만 일어나는 것일까? 암컷과 수컷이 적당한 시기에 교미하도록 자극하는 것은 무엇일까? 한 가지 단서는 마다가스카르에서 교미와 출산이 우기가 시작되는 11월에서 그것이 끝나는 4월에 완료된다는 점이다. 또한 이 시기는 연중 가장 무더운 시기이기도 하다. 따라서 처음에 나는 강우 혹은 온도가 번식하는 시기를 결정한다고 생각했다.

　그렇다면 이것은 인간의 생식 주기와 어떤 관련을 가질까? 보통 여성은 규칙적인 생리 주기를 가지지만 간혹 임신에 의해 그것이 흐트러진다는 것은 잘 알려진 통념이다. 그러나 우리가 야생에 사는 포유류 암컷을 유심히 살펴보면 그 어떤 암컷도 임신하기 전에 여러 번의 주기를 갖지 않는다는 사실을 알게 된다. 임신하고 수유하는 것이 실제적인 모습이고 수유가 끝난 다음 임신을 하기 전에 몇 번의 난소 주기를 거칠 뿐이다. 내가 연구한 마다가스카르의 쥐여우원숭이도 보통 맨 첫 주기 교미 기간에 임신을 한다. 두 달의 임신을 지나 출산한 뒤 암컷들은 보통 교미 기간이 끝나는 3월 이전에 한 번 더 임신을 한다. 따라서 쥐여우원숭이 암컷은 매년 기껏해야 두 번의 난소 주기를 지나며 두 번 임신한다. 고등 영장류 중에서는 지브롤터의 바바리원숭이 암컷이 전형적으로 한 번 혹은 두 번의 난소 주기를 가지고 매년 한 번씩 임신한다. 쥐여우원숭이처럼 대부분의 가임기 암컷은 가을 교미기의 첫 번째 혹은 두 번째 주기에 임신을 한다. 6개월의 임신 기간을 지난 다음 봄에 출산을 하고 다음 가을이 올 때까지는 더 이상 교미를 하지 않는다.

인간은 일 년 내내 임신할 수 있다. 따라서 이 점은 계절적 주기를 갖는 영장류인 쥐여우원숭이나 바바리원숭이와 크게 달라 보인다. 그럼에도 불구하고 사냥과 채집을 하고 피임을 하지 않는 인간 사회에서 여성들은 그들 생애의 대부분 시간을 임신하거나 수유하면서 보낸다. 이런 사회의 여성들이 다음 번 임신할 때까지 겪는 생리 주기는 몇 번 되지 않는다. 서아프리카 말리의 중앙 고원에 사는 도곤 부족을 연구한 인류학자 비벌리 스트라스만에 따르면, 이들 부족의 여성들은 가임 기간 동안 전부 다 합쳐서 약 100회 정도의 생리를 한다. 산업사회가 도래하기 이전의 역사 기록을 보아도 여성들은 도곤 부족의 여성들과 크게 다른 삶을 살지 않았다. 계속해서 임신을 하고 가끔 생리 주기가 그 사이에 끼어들었을 뿐이다. 이와는 달리 현대 산업사회에서 대부분의 여성들은 거의 임신을 하지 않고 가임기 동안 총 400회 이상의 생리 주기를 겪는다. 인간의 성인 여성은 따라서 생애 대부분의 시간을 임신하거나 수유하도록 진화되었음에 분명하다. 이 점이 오늘날 여성들에게 의미하는 바는 무엇일까?

경구 피임약은 배란을 억제하되 평상시의 생리 주기 양상은 유지할 목적으로 설계되었다. 이런 설계는 오랫동안 여성이 연속적으로 생리 주기를 갖는 것이 자연적이라는 전제하에 이루어진 것이다. 그렇지만 여러 차례의 계속되는 임신과 그 사이 몇 번의 생리 주기를 갖는 것이 성인 여성의 자연 상태에 훨씬 가깝다. 다른 포유동물과는 달리 인간은 일 년 중 어느 때라도 임신을 할 수 있다. 그래서 인간 여성은 계속해서 여러 차례 반복되는 생리 주기를 맞을 가능성이 더 높다. 이런 사실을 염두에 두면 경구 피임약은 모든 생리 주기에 영향을 미치는 것보다는 파편적으로 몇 주기의 생리에 영향을 주는 것이 훨씬 더 효과적일 것이다. 바로 그것이 자연적인 생물학적 유형을 흉내 내는 것이기 때문이다.

　인간은 일 년 내내 교접하고 어느 때라도 임신한다. 그렇지만 거기에 어떤 계절적인 변수가 존재하지는 않을까? 알프레드 테니슨의 시 「록슬리 홀」에는 '봄이 찾아오면 젊은이들은 꿈꾸듯 사랑에 빠진다.'라는 구절이 등장한다. 그러나 시나 민요는 젊은이들의 사랑이 정말로 계절을 타는지 제대로 설명하지 못한다. 인간의 출생이 계절적 유형을 보인다는 과학 저술은 생각보다 많다. 일 년 중 어느 시기에 정점에 이르고 6개월 뒤에는 바닥을 친다. 믿을 만한 피임 기법이 보편화되기 전에 기록된 북반구 출생 연보를 보면 인간의 출생은 간혹 예외가 눈에 띄기는 하지만 반복적으로 봄에 그 정점에 도달한다. 산업사회에서는 현대적인 삶의 양식이 이런 계절적 유형에 영향을 미친다. 그렇지만 이런 사회에서도 일정한 계절적 양상이 엿보인다는 점은 매우 인상적이다.

　연간 출생의 유형을 보면 인간의 성교가 계절적인 패턴을 띠는지 알 수 있을지도 모른다. 임신의 개연성은 계절적으로 변하지만 성교의 빈도는 상대적으로 일정한 편이다. 여하튼 테니슨은 멀리 빗나갔다. 9개월의 임신 기간을 거쳐 출산은 보통 봄에 가장 많다. 그렇다면 임신은 그리고 아마도 교접은 한 여름에 이루어졌어야 한다.

　벨기에의 석학인 아돌프 케틀레Adolphe Quetelet는 천문학, 수학, 통계학, 사회학 등 다양한 학문 분야에서 자신의 기량을 뽐낸 사람으로 아마도 그가 인간 출생의 계절적 유형을 처음으로 눈치 챈 것 같다. 현재 그는 지금도 여전히 사용되고 있는 체중지표body mass index. BMI 혹은 케틀레 지표를 창안한 사람으로 잘 알려져 있다. 1869년 "브뤼셀 지역의 출생 및 사망률"이란 논문에서 케틀레는 1815~1826년 사이 12년에 걸쳐 네덜란드 출생에 관한 데이터를 제시했다. 출생을 나타내는 그래프는 2월에서 3월 사이에 최고조에 이르고 7월에 가장 적다. 그리고 9월과 10월에 중간 정도의 기록치를 보인다. 케틀레는 도시보다 시골에서 이런 곡선 유형이 도드라지게 나타난다고 말하면서 그것이 온도라는 외부 요인이 다르기 때문이라고 설명했다. 또 지구 남반구의 출생 기록을 보아도 케틀레의 결과가 재현됨을 알 수 있다. 하늘에 떠 있는 태양의 위치 변화에 따라 계절성이 나타나는 것이다. 그러나 연중 인간의 출산율은 변수가 많다는 것이 케틀레가 살던 시대 이후, 특히 1990년대 초기 이후의 많은 기록에 드러나 있다.

1938년에 출간된 엘즈워스 헌팅턴Ellsworth Huntington의 고전적인 책『출산의 계절The Season of Birth』은 인간 출산의 계절적 유형을 연구한 획기적인 것이다. 지리학자로 예일 대학에서 40년간 재임한 헌팅턴은 기후적 요인들에 대하여 인간이 반응하는 방식을 연구하였으며 인간 행동에서 드러나는 다양한 일년주기 유형을 발견했다. 그는 환경론[24] 학파의 거두였으며 다양한 인간의 행동이 직접적으로 물리적 환경에 의해 영향을 받는다고 말했다. 특히 헌팅턴은 인간의 능력과 성취도가 출생한 시기와 관련이 있는지에 관심이 많았다.

출생에 관한 생물학적 연구의 주요한 전환점은 의심할 것 없이 생물학자 어설라 카우길Ursula Cowgill이 1966년에 쓴 세 편의 논문에서 비롯되었다. 헌팅턴처럼 카우길도 예일 대학에 오래 재직하였다. 그녀는 세계 각국의 출생 기록을 조사하였고 그것의 계절성이 실제 매우 보편적이라는 사실

---

24 | 현대적 의미의 환경론자가 아니라 환경이 인간 행동의 결정짓는 독립변수라는 의미에 가까워 보인다.

을 확증하였다. 그녀의 연구에서 흥미로운 점은 출산 시기 그래프가 지역에 따라 고저를 보이는 양상이 다르다는 점을 발견한 것이다. 남반구에서 계절적 유형은 북반구의 그것과 6개월의 차이를 두고 서로 엇갈려 나타났다. 출생률의 연중 편차는 일차적으로 특정 지역의 기후 조건에 의해 좌우되고 거기에 문화적 영향이 가미된다는 것이 그녀의 결론이었다.

카우길은 주변의 온도가 출생률을 결정짓는다는 것을 이론화했다. 또 그녀는 출산의 계절적 유형이 도시화와 산업화가 진행된 지역에서 다양하게 교란이 일어난다는 것도 언급했다. 1538년에서 1812년까지 영국 요크 지역 교구의 기록을 바탕으로 한 연구에서 그녀는 이 점을 직시했다. 처음의 두 세기인 1538~1752년 사이 영국의 출산 유형은 케틀레의 19세기 네덜란드 결과와 흡사했다. 여기에는 두 개의 정점이 나타났는데 하나는 2월에서 4월 사이, 다른 하나는 9월에서 11월 사이였다. 그러나 1752년 이후 출생의 연간 편차는 다소 밋밋해졌고 점차 현대적 유형으로 접근하기 시작했다.

카우길의 논문이 나온 뒤 인간 출생의 계절성을 언급하는 논문의 수가 급등했다. 특기할 만한 것은 출산의 계절적 유형의 변화가 유럽 여러 나라에서 매우 흡사하다는 점이었다. 그중 매우 인상적이고 포괄적인 한 논문은 2007년 생물학자 라몬 칸초칸델라$^{Ramón \ Cancho-Candela}$가 분석한 결과였다. 그는 1941~2000년 사이 60년에 걸친 스페인의 약 3,300만 건의 출산 기록을 조사하면서 출산의 계절성이 약해지고 결국 사라져버렸다고 말했다. 처음에는 두 번의 정점이 4월과 9월에(9월이 좀 약하다) 나타났지만 1970년 이후 점차 변이가 둔해지다가 1990년대에 이르러 사라진 것으로 나타났다. 종합하면 유럽 인구 집단에서 출산의 빈도는 원래 봄에 한 번 그리고 좀 적지만 가을에 한 번 높게 나타났다. 그러나 이런 유형은 약해지고 지난 세기를 지나면서 완전히 전이되었다.

1994년 인구학자 데이비드 램^{David Lam}과 제프리 마이런^{Jeffrey Miron}은 비록 계절적 유형은 시간이 지나면서 변할 수 있지만 "뚜렷하고 지속적인 출산의 계절적 유형이 사실상 모든 인간 집단에서 발견된다."고 결론을 내렸다. 생물학자 프랭클린 브론슨^{Franklin Bronson}은 위와 동일한 결론을 얻고 나아가 그것에 영향을 끼칠 수 있는 온도 변화나 영양과 같은 환경적 요소를 폭넓게 분석했다. 그는 계절에 따라 음식물의 공급이 변화하기 때문에 배란의 시기가 영향을 받을 수 있다고 말했다. 음식물의 섭취가 줄어들거나 또는 음식물을 얻는 데 사용되는 에너지 소비가 늘어나면 성적 성숙 시기가 늦춰지고 배란의 횟수도 줄어든다는 것이다. 기온이 매우 높고 더운 날씨가 지속되면 임신에 영향을 줄 정자의 생산도 줄어들 것이다. 물론 이 점은 음낭이 시원해지는 것을 막는 옷을 항상 입고 다니는 현대의 남자들에게도 적용할 수 있을 것이다. 더운 계절의 높은 온도는 정상적인 배란이나 초기 배아의 생존도 보장하기 어려울 수도 있다. 다른 말로 하면 가령 무더운 시기에 수태율이 낮은 것은 성적 활동이 감소한 것과 관련될 수도 있다.[25] 이렇듯 인간 탄생의 계절적 변이는 여러 다른 방식으로 설명할 수 있다.

인간 생식에서 드러나는 계절적 유형을 연중 특정한 환경적 요소와 관련지으려는 연구가 많은 것은 충분히 이해할 만하다. 그러나 인간 집단 연

---

25 | 　인간 생식의 계절적 변이에 관한 추론이다. 그러나 실제 역학 데이터를 보면 여름에 임신을 많이 하고 피임제 판매량도 높다. (78, 88쪽 참고)

구의 간접적 결과를 평가할 때 주의할 점이 있다. 모든 경우 과학자들은 그들의 데이터에서 유형을 찾으려고 한다. 그러나 그것은 작동하는 과정을 진정으로 이해하려는 긴 여정의 시작일 뿐이다. 이런 과정에 관한 아이디어를 직접 실험할 수 있다면 이상적이겠지만 인간생물학 연구는 직접적인 실험을 좀체 허용하지 않는다. 인간이 포함된 직접적인 실험이 거의 불가능하기 때문에 일차적이고 결론이 불충분한 통계적 증거를 사용할 때 상당한 주의를 기울여야 한다. 내 동료 한 명은 이 점을 한마디로 이렇게 표현했다. "인간 세상에는 두 종류의 인류학자가 있다. 통계를 이해하는 사람과 그렇지 못한 사람이다."

여기서 핵심적인 사안은 두 가지 변수가 사실상 서로 연관성이 없음에도 불구하고 마치 있는 것처럼 보일 때가 있다는 점이다. 예컨대 포유동물의 뇌의 크기와 신체의 크기 사이의 상관성을 나타내는 그래프 같은 것이다. 이 그래프에서 우리가 볼 수 있는 유형은 신체가 커질수록 뇌가 커진다는 것이다. 통계학자는 뇌의 크기가 신체의 그것과 상관성이 있다고 말한다. 그렇지만 여기에는 여러 가지 다른 가능성이 있을 수 있다. 특히 우리가 그 저변을 흐르는 원인을 찾고자 할 때는 더욱 그렇다. 가장 확실한 가능성은 큰 육체가 커다란 뇌를 가능하게 했을 것이라는 점이다. 그러나 어떤 과학자들은 뇌의 크기가 발달 과정에서 신체의 발육 속도를 조절하는 기능을 하고 있다고 생각한다. 그렇다면 뇌의 크기가 거꾸로 신체의 크기를 결정할 수도 있는 것이다. 또 뇌의 크기와 신체의 크기 사이에 일종의 되먹임 현상이 있을 수도 있다. 이때에는 두 부분이 서로의 협조 하에 커진다. 그러나 좋지 않은 상황은 뇌와 신체의 크기 사이에 그래프에는 등장하지 않는 제3의 요소가 개입하는 경우에 나타난다. 통계학자들은 이런 보편적인 원인을 교란 요소라고 말한다.

영국의 선구적인 통계학자인 조지 우드니 율^{George Udny Yule}은 1911년에 『통계론 입문^{Introduction to the Theory of Statistics}』이라는 파급력이 큰 교과서를 펴냈으며 여기에서 교란 요소에 관한 유명한 일화를 하나 소개한다. 고맙게도 그가 제시한 예는 생식의 범주에 들어가는 것이다. 동부 프랑스 알자스 지방에서 태어난 신생아의 숫자는 그 지역에 둥지를 틀고 있는 황새의 수와 상관성이 있다. 즉 황새의 수가 많을수록 한 해 태어난 아기들의 수도 늘어난다. 황새가 실제로 아이들을 날라다준다는 증거라고 우기고 싶은 사람들도 물론 있겠지만 실제 설명은 보다 현실적인 것이다. 마을이 크면 집도 많을 것이고 굴뚝에 둥지를 튼 황새들도 많을 것이다. 일 년에 태어나는 신생아의 수는 말할 것도 없이 조그만 마을보다 큰 마을에서 더 많을 것이다. 여기에서 교란 요소는 마을의 크기이다. 다른 것도 그렇겠지만 이런 경우에도 비교 분석이 유용하다. 황새가 사는 지역은 국지적으로 한정되어 있다. 그러므로 우리가 할 수 있는 최선의 것은 황새가 살지 않는 지역에서 인간의 출산을 조사하는 것이다. 황새가 없는 마을에 아이들이 하나라도 태어난다면 황새와 아이 사이의 인과적 상관관계는 하릴없이 무너지고 마는 것이다.

인간 생식 학문 분야에는 단순한 연관성이 마치 원인인 것처럼 해석되는 예가 비일비재하다. 생리를 하지 않는 여성이 임신하지 않는다는 관찰로부터 (의도된 말장난이 아닌) 단순한 오해가 빚어지기도 한다. 그러나 그 결과는 심각해서 생리가 임신의 직접적인 원인이라는 믿음은 1930년대까지 서구사회에서 지속되었다. 원래 이들은 정액을 생리혈과 섞어야만 임신이 된다고 생각했다. 그에 따라 여성의 생식 주기에서 생리할 때가 최적 가임기라고 생각해왔다. 정자가 난자를 수정시켜야 한다는 사실을 깨닫고 나서도 이런 관점은 바뀌지 않았다. 배란이 생리와 동일시되었기 때문이다. 그 결과 상당기간 동안 여성들은 생리하는 동안 교접을 피하라는 충고를 들었다. 또 생리 주기의 중간이 '안전한 기간'으로 간주되었다. 지금 우리가 알고 있는 것과 정반대의 권고가 1930년대까지 유효했다는 말이다. 계절성과 관련해서 미묘한 다른 예를 한 가지 들면 인간의 임신과 피임제의 판매가 여름에 최고조에 이르렀다는 연구 결과도 있다. 이의 직접적인 해석은 피임제가 실제 임신의 가능성을 높였다는 것이겠지만 시간적으로 그런 일이 동시에 우연히 일어날 수도 있다는 일반적인 법칙의 한 예에 불과한 것일 수도 있는 것이다.

케틀레, 헌팅턴 및 카우길과 같은 많은 과학자들은 인간 생식의 계절적인 유형을 연중 변화하는 환경 요소와 관련지으려 했다. 인간의 고환이 열에 민감하기 때문에 온도는 매우 보편적인 환경적 변수이다. 그렇지만 어떤 특정한 지역은 연중 기온이 일정하게 유지되기도 한다. 그렇다면 환경적인 요소로서 기온은 출산의 계절성을 전혀 설명하지 못한다. 많이 거론되는 강우도 마찬가지다. 다른 가능성도 있다. 아마도 생식의 계절적인 유형은 환경 조건의 연중 변화에 적응하기 위해 진화적으로 발달한 형질일 수도 있다. 이런 경우라면 특정한 시기의 외부 환경에 적응하기보다는 내부적 요인에 의해 생식의 계절성이 추동될 수도 있는 것이다. 생리학자 알랭 랭베르그Alain Reinberg가 말했듯이 살아 있는 단세포에서 인간에 이르는 유기체의 기본 특성 중 하나가 주기활동rhythmic activity일 수도 있다.

생체 내부의 생물학적 시계 연구가 한창 무르익었을 때 내게도 그것을 배울 절호의 기회가 생겼다. 1960년대 중반 대학을 졸업하고 독일 제비젠 지역 막스 플랑크 연구소에서 나무두더지 연구를 시작할 무렵 연구소 맞은편 안덱스 지역에 자리 잡은 부설 연구소에서는 동물 내부의 생체시계 연구가 한창이었다. 단세포 세균에도 존재하고 있는 가장 기본적인 시계는 운동 유형과 생물학적 과정을 밤낮 주기로 조절한다. 이런 일주기 리듬은 24시간을 주기로 반복된다. 내부 기제에 의해 조절되는 대략적인 시간은 환경에서 오는 신호에 의해 미세 조정된다. 바로 빛의 유무가 가장 대표적인 신호이다.

안덱스 연구소의 수장은 생리학자인 위르겐 아쇼프Jürgen Aschoff였으며[26] 시간생물학chronobiology이라 불리는 내부 생체시계 연구의 창시자 중 하나이다. 그와 조류학자인 에버하르트 그비너Eberhard Gwinner와 같은 연구진들은 포유동물과 조류에서 낮과 밤을 주기로 작동하는 시계에 관한 연구에 집중하였다. 초기 연구에서 가장 놀라운 발견은 환경에서 오는 신호를 차단했을 때 동물의 내부에서 작동하는 시계가 정상적인 24시간 주기에서 앞뒤로 몇 시간씩 변했다는 것이었다. 예를 들면 동물이 자율적으로 실행하는 내부 주기가 26시간으로 변할 수 있는 것이다. 다시 말하면 환경에서 오는 신호는 생체 내부의 시계가 24시간을 주기로 돌아가도록 강제한다. 마치 할아버지의 오래된 시계가 잘 맞지 않아 아침저녁으로 시간을 재조정해주어야 하는 것과 흡사한 것이다. 시차 때문에 고생해본 사람이라면 시간대가 바뀜에 따라 뒤죽박죽이 되어버린 내부 시계를 교정하는 게 얼마나 어려운 일인지를 잘 알 것이다. 특정 시간에 오던 햇빛 신호가 완전

---

26 | 국내에는 아쇼프 연구소의 틸 뢰네베르크가 쓴 『시간을 빼앗긴 사람들』이라는 책이 소개되었다.

히 바뀌었기 때문이다.

안덱스 연구는 동물에만 국한되지 않았다. 자신 스스로 실험을 해본 다음 아쇼프는 학생 자원자를 모집하여 특별하게 제작된 지하 벙커에서 최대 4주 동안 살도록 했다. 이 벙커는 외부에서 오는 모든 신호를 차단할 수 있었다. 모든 자원자는 시계 비슷한 모든 것을 지참할 수 없었고 벙커 안에서 자신의 의지대로 불을 켜거나 끄면서 평소처럼 생활하면 되었다. 그들은 스스로 요리했기 때문에 음식을 배달하는 직원으로부터 시간에 관한 정보도 전혀 얻을 수 없었다. 또 하루 한 번 도수가 높은 안덱스 지역 맥주를 제공받았다. 벙커에 격리된 채 모든 사람들의 내부 생체시계는 자유롭게 작동하였다. 동물실험에서처럼 수면/각성 주기는 24시간에서 앞뒤로 몇 시간씩 변화가 생겼다. 아쇼프 벙커에서 자유롭게 변화된 내부 생체시계의 주기는 평균 약 25시간이었다.

24시간 주기의 시계뿐만 아니라 오래 사는 동물이나 식물은 다른 종류의 내부시계도 가지고 있어서 일 년이 지나가는 것을 구별할 수 있다. 환경에서 오는 신호가 여기서도 필수적이며 일 년의 시간을 조절한다. 대부분의 경우 낮 길이의 변화가 일 년 시계를 미세 조정하는 가장 중요한 요인으로 확인되었다. 일출에서 일몰에 이르는 시간인 낮의 길이는 일 년 내내 예측 가능한 범주에서 체계적으로 변하기 때문에 계절을 나타내는 신호로서는 믿을 만한 지표이다. 그러나 일 년 시계 조절을 위해 낮의 길이를 신호로 이용하는 것은 치명적인 약점이 있다. 낮의 길이가 위도에 따라 변한다는 점이다. 고위도에서 낮의 길이는 연중 몇 시간에 걸쳐 변한다. 그러나 적도 근처 저위도 지방은 그 길이의 변화를 감지하기 힘들다. 북반구에서 낮의 길이는 6월에 가장 길고 12월 말에 가장 짧다. 예를 들어 시카고에서 여름날 낮 시간은 15시간이 넘지만 겨울 해는 짧아서 9시간 정도다. 따라서 그 차이는 연중 6시간이 조금 넘는다. 반면 적도에서 낮의 길이 차이는 연중 불과 몇 분이다. 따라서 적도 지방에서 일 년 주기의 신호로 사용하기에 낮의 길이는 매우 비효율적이다. 실험하는 데 걸리는 시간이 몇 달이 아니라 몇 년이 되기 때문에 일주기 리듬보다 일 년 리듬 연구가 덜 진행되었겠지만 외부 신호로써 낮의 주기를 변화시킨 동물들은 내부시계가 교란되었으며, 대부분 유기체 내부에서 만들어지는 주기는 그 길이가 얼추 일 년 정도라는 사실이 밝혀졌다.

계절성을 띠는 교미 혹은 생식은 포유동물에서 보편적으로 발견된다. 포유동물은 매우 한정된 시기에 출산하며 특정 시기에 정점에 이르지만 그보다 작은 크기의 정점이 하나 더 있다. 많은 종의 동물들은 교미하는 시간, 임신 혹은 출산하는 시기의 연중 유형 변화는 낮의 길이와 관련이 있다. 또 수컷에서 고환의 발생과 암컷의 성적 활동도 연중 낮 길이의 주기에 따라 변화한다. 낮의 길이에 따라 가장 뚜렷한 효과를 보이는 현상은 물론 출산 시기가 특정한 계절에 집중되는 몇 종에서 찾아볼 수 있다. 영장류 중에서는 마다가스카르의 여우원숭이가 그 대표적 예이다. 실험실에서도 간단한 조작을 통해 이들의 교미 형태를 바꿀 수 있다. 안덱스 연구소에서 배웠던 것을 토대로 런던 대학에서 수행한 실험에서 나는 마다가스카르의 낮 시간을 연출하고자 낮의 길이를 조정하면서 가임기에 해당하는 양의 빛을 쬐어주어 여우원숭이를 임신시킬 수 있었다. 낮의 길이를 늘려 줘여우원숭이의 교미 계절을 앞당기거나 관찰하기 편한 시간에 이들이 교미하도록 낮의 길이를 조절할 수 있었다. 또 낮의 길이를 조절하면 교미 계절 간의 격차를 일 년에서 9개월로 줄일 수 있다는 것도 알게 되었다.

　포유동물 종에서 연중 변화하는 낮의 주기를 조절하여 이들의 생식을 조절하기 위해서라면 실험이 꼭 몇 년 동안 지속될 필요는 없다. 경사진 지축을 중심으로 태양의 주위를 순환하는 지구 회전의 자연적 현상으로부터 지름길을 취할 수도 있다. 남반구에서 낮의 길이 변화의 일 년 주기는 북반구의 그것과 거울상을 취한다. 반대도 마찬가지다. 낮의 길이가 가장 짧은 달은 6월이고 가장 긴 날은 12월에 있다. 바로 이 때문에 낮의 길이에 의존적인 동물을 다른 반구로 이동할 수 있다면 그들의 교미 시기를 6개월 앞당길 수 있다. 동물원 동물들은 가끔 반구를 넘나든다. 그들에게서 얻을 수 있는 정보도 여기서 도움이 될 것이다.

　그렇지만 낮의 길이 변화는 일 년이라는 시간의 단순한 외부 신호일 뿐이다. 동물이 언제 교미할지 결정하기에는 그 영향력이 좀 미약해 보인다. 교미, 임신, 출산 및 수유 모두 교미 시기의 시간대를 결정하는 일차적 요인으로 거론된다. 내가 수행한 여우원숭이 교미의 계절성 연구를 보면 교미, 출산 및 임신의 연중 유형은 종마다 큰 차이가 난다. 몸집이 큰 여우원숭이는 임신 기간이 길고 작은 체구의 여우원숭이보다 양육하는 기간도 더 길다. 심지어 가장 큰 여우원숭이는 음식물을 얻기 힘든 건기에도 교미를 거쳐 임신하거나 수유를 시작하기도 한다. 내가 발견한 이들 모두에게 유일하게 공통된 측면이 있다면 바로 이것이다. 모든 종의 동물은 우기가 끝나기 전에 새끼가 젖을 떼고 충분한 양의 음식물을 독립적으로 확보할 수 있도록 준비를 마친다는 것이다. 이렇게 해야만 새끼들은 곧이어 닥쳐올 힘든 건기를 이겨내고 생존할 수 있는 것이다. 식량이 줄어들기 전에 독립성을 획득하는 것은 새끼들의 생존에 필수적인 요소이다. 다른 영장류를 살펴보아도 이런 설명은 일반적으로 모든 종류의 유형에 적용될 수 있다. 물론 대형 유인원이나 인간처럼 큰 체형을 가진 동물들은 달이 아니라 연 단위로 새끼를 양육하도록 적응했다. 따라서 이들에게서 출산의 계절성과 식량 자원의 관계를 밝히기는 더욱 힘들다.

우리 영장류 사촌을 연구하면 생식의 계절성에 대해 더 많이 알게 될 것이다. 지난 수십 년 동안 붉은 얼굴을 가진 아시아 밀림 거주자인 붉은털원숭이는 인간과의 의학적 비교를 목적으로 사용된 가장 표준적인 영장류 실험동물이었다. 이들 원숭이가 거주하는 지역은 광활하며 아시아, 즉 아프가니스탄 동부에서 북부 인디아, 중국 남부와 태국에 걸쳐 있다. 실험 연구를 위해 한때 많은 수의 원숭이가 마지못해 미국이나 유럽으로 건너갔다. 이들 종을 이용한 연구를 통해 인간 생식에 연역될 수 있는 엄청난 양의 정보가 축적되었다. 오랫동안 비인간 영장류라 함은 곧 붉은털원숭이를 의미했다.

인간 생식 실험에 붉은털원숭이를 가장 먼저 사용한 사람은 생물학자 칼 하트먼Carl Hartman이다. 1932년에 발표된 생식에 관한 그의 연구 논문은 이 분야의 고전이 되었다. 1938년 하트먼은 실험 연구를 시작한 지 얼마 지나지 않아 푸에르토리코 남동 해안에 위치한, 면적 38에이커 정도인 무인도 카요 산티아고 섬에 약 400마리의 붉은털원숭이를 풀어놓았다. 식량은 공급하지만 이런 방식으로 그는 자유롭게 생활하는 원숭이 집단을 계속해서 유지할 수 있었다. 이 거대한 야외실험실에서는 붉은털원숭이의 생식과 행동에 관해 방대한 데이터가 쏟아졌다.

카요 산티아고 원숭이 집단은 영장류 연구 분야의 선구자인 심리학자

클래런스 레이 카펜터^{Clarence Ray Carpenter}가 인디아 북부에서 포획한 것들로부터 시작되었다. 카요 산티아고 섬의 원숭이들은 빠른 속도로 자신들의 조직을 재정비하였고 그들의 자손들과 함께 생활하는 모습이 포착되었다. 비록 이들이 안정되고 규칙적인 행동을 보이는 데 수년의 시간이 걸리기는 했지만 1942년 카펜터는 카요 산티아고 붉은털원숭이들이 계절적 유형을 보이며 교미한다는 논문을 발표했다. 교미 시기가 다가오면 성체 암컷은 가임기가 약 9일인 생리 주기를 여러 차례 선보인다. 캘커타에서 동물을 밀거래하는 사람들을 인용하면서 카펜터는 인디아 자연 서식지에서 붉은털원숭이의 출산이 특정한 세 달에 집중된다고 말했다. 오랜 야생 실험 연구에서 확인된 결과들이다.

카요 산티아고 서식처에서 생활하는 붉은털원숭이들도 암컷, 수컷 각각 특징적인 계절적 생식 주기를 갖는다. 1964년 인류학자인 도널드 샤데이^{Donald Sade}는 교미 시기에 고환의 크기가 최대로 커진다는 것을 발견했다. 그렇지만 암컷의 출산 시기가 가까워지면 고환의 크기도 줄어든다. 다음 해 클린턴 코너웨이^{Clinton Conaway}와 함께 그는 정자의 생산도 일 년 주기를 보이며 교미 시기인 가을에 최대치에 이른다고 보고했다. 다른 연구에서도 붉은털원숭이 암컷의 생리 주기가 7월에서 1월 사이에 국한되고 교미는 주로 그 중간인 9월, 10월에 집중된다고 밝혔다. 이런 추세는 카요 산티아고에서 지금도 변함없이 유지되고 있다. 종합하면 아직도 집락이 유지되고 있는 붉은털원숭이는 고향 인디아에서와 유사하게 계절성을 띠는 교미를 거듭하고 있다.

통제된 실험실 환경에서도 이런 계절적 유형이 관찰되는지 알아보는 것은 매우 중요하다. 실제로 실험실에서도 그렇다. 1931년 칼 하트먼은 실험실의 동물들도 계절적 유형을 보이며 임신하고 그 나머지 기간에는 배란이 완전히 멈춘다고 발표했다. 생식생물학자 리처드 마이클[Richard Michael]과 배리 케번[Barry Keverne]은 하트먼의 야생 실험과 마찬가지로 실험실 조건에서도 출산이 가장 빈번한 시기가 3월과 4월이라고 말했다. 실험실 원숭이 집단에서 그들은 수컷이 사정하는 빈도가 11월에서 1월 사이에 많고 12월에 정점에 이른다고 보고했다. 반면 2월과 5월 사이에 사정하는 경우는 매우 드물다. 야외에서와 마찬가지로 실험실에 포획된 동물들이 계절성을 보인다는 사실은 환경적인 요소가 교미에 중요하다는 해석과 보기 좋게 충돌한다. 그러나 여전히 마이클과 케번이 발표한 실험실에서의 계절적 유형이 낮의 길이 변화에 영향을 받았을 가능성이 있다. 비록 연구 기간 내내 실험실 내부의 온도가 일정하게 유지되지만 자연적인 여름 낮의 길이와 맞먹는 14시간 내내 전등이 켜져 있다면 그것은 6월 중순에서 7월 중순 기간 동안 낮의 길이가 두 시간 정도 길어지는 것을 흉내 낼 수 있기 때문이다.

사실 마이클과 케번이 연중 낮의 길이를 흉내 내도록 붉은털원숭이를 빛에 노출시켰다면 교미 유형에 영향을 미쳤을 수도 있다. 1932년 하트먼은 호주의 동물원 관리자가 북반구에 비해 출산 시기가 6개월의 차이가 난다고 발표했던 사실을 재빠르게 들고 나왔다. 이를 더 심도 있게 연구하기 위해 심리학자인 크레이그 비얼럿[Craig Bielert]과 존 밴든버그[John Vandenbergh]가 합류하여 뉴질랜드와 남아프리카 및 호주의 동물원에서 출산의 연중 유형을 조사하기 시작했다. 그들은 6개월의 편차를 보이는 출산 계절이 다른 반구에서는 뒤집어질 것이라고 예상했다. 그들의 예상은 적중했다. 남반구에서 교미는 주로 3월과 8월 사이에 한정되었고 대부분의 출산은

10월과 1월 사이에 이루어졌다.

일 년 내내 낮의 길이가 하나도 변하지 않고 일정하게 유지된다면 무슨 일이 일어날까? 생식생물학자 진 위킹스Jean Wickings와 그녀의 동료 에버하르트 니슐라크Eberhard Nieschlag는 이 질문에 답하기 위해 다 자란 수컷 붉은털원숭이를 이용해 실험했다. 암컷과 격리된 채 이들 원숭이들은 4년 이상 빛과 습도 혹은 온도가 일정하게 유지되는 실험실에서 살아야 했다. 고환의 크기, 내부 고환의 구조, 정자 생성, 테스토스테론의 수치 그리고 사정 횟수 면에서 놀랍게도 이들은 야생에서처럼 일 년 주기를 고스란히 나타냈으며 가을과 겨울에 가장 최고조에 이르렀다. 외부 환경과 완전히 차단된 상태에서도 이들 붉은털원숭이들이 전형적인 계절적 유형을 나타낸다는 실험은 뭔가 내부 기제가 작동한다는 의미이다. 따라서 붉은털원숭이의 계절적 교미는 유기체 내부의 일 년 시계의 지배를 받으며 낮의 길이에 의해 미세 조정된다.

앞에서 살펴본 것처럼 잘 규정된 교미 시기를 가지는 동시에 하나의 정점을 갖는 야생 붉은털원숭이의 계절성 교미 유형은 인간과 비슷하다고 볼 수 있을까?[27] 카우길이 말했듯이 남반구에서 인간집단의 출생기록은 북쪽 반구의 그것과 6개월의 격차를 보인다. 북반구에서 인간의 출생은 보통 봄에 정점을 보이지만 남반구에서는 가을에 그렇다. 붉은털원숭이에서처럼 이런 결과가 의미하는 바는 낮의 길이가 인간 교미의 계절성과 밀접하게 연결되어 있다는 것이다. 일 년 내내 낮의 길이 변화가 거의 없

---

27 | 인간은 일정한 교미기가 따로 없음에도 불구하고 출산의 계절성을 드러낸다.

는 적도 근처의 인간 집단에서 임신과 출산의 계절성이 줄어들거나 없다는 사실은 이런 가설을 뒷받침해주는 듯이 보인다. 국제적으로 이루어진 연구에 의하면 인간의 출생은 높은 위도 지역에서 보다 더 높은 계절성을 보인다. 위도가 출생의 계절성과 연관성이 더 깊기 때문에 온도가 이런 계절성의 주요한 동인일 확률은 줄어들게 된다. 북반구의 가장 뜨거운 계절은 남반구와 6개월 차이가 나고 외기의 온도가 전형적으로 뜨거운 적도가 아니라 위도가 높은 지역에서 뚜렷한 계절성을 보인다.

물론 사람을 객체로 이런저런 조건이 구비된 실험실에서 여러 해 동안 실험한다는 것이 불가능할 것이기에 인간 생식의 계절성의 저변에 있는 기전을 밝히기는 쉽지 않을 것이다. 따라서 우리는 인간 생식의 계절성을 설명하기 위한 정황적인 증거에 의존할 수밖에 없다. 또 그런 증거들은 우리 주변에서 수집이 가능하다. 정자의 질과 테스토스테론의 양을 몇 년에 걸쳐 측정하고 그것이 여성이 배란하는 시기에 조응하여 계절적 편차를 보인다는 몇 가지 연구가 있었다.

인간 출생의 연중 유형에 영향을 미칠 수 있는 요인 중 사회적인 것과 생물학적인 것을 구분하기 위해 위르겐 아쇼프는 의학 심리학자 틸 뢰네베르크[Till Roenneberg]와 함께 매우 복잡한 통계적인 연구를 수행했다. 전 세계 166개 지역에 걸쳐 수집된 누적횟수로 치면 3,000년에 걸친 월별 출생기록 데이터를 바탕으로 그들은 특정 유형이 위도와 관련이 있으며 남반구와 북반구에서 6개월의 편차를 보인다는 것을 재확인했다. 또 위도가 올라감에 따라 그 계절적 유형도 뚜렷해졌다. 이런 결과는 2편의 논문으로 나뉘어 1990년에 발표되었다. 여기서 그들은 다른 포유동물과 마찬가지로 낮의 길이가 인간 생식에 영향을 미친다는 것을 처음으로 밝혔다. 뢰네베르크와 아쇼프는 비록 사회적인 환경이 임신 시간에 영향을 미치겠지만 인간 생식의 계절성은 주로 생물학적 요소에 의해 결정된다고 결론을 내렸다. 외부의 기온도 매우 중요한 요소였다. 평균 섭씨 4~21도에 이르는 지역에서 임신율은 연중 평균을 넘어섰다. 그렇지만 이 범위 밖에 있는 극단적 조건에서는 임신율이 감소되었다.

임신 시기가 인간 출생의 계절성을 가장 극명하게 드러내기 때문에 성교 혹은 정자나 난자의 어떤 특성이 계절성을 보일까 하는 의문이 제기되었다. 일 년 중 성세포가 가장 활발한 시기가 있을까? 그러나 놀랍게도 정자의 농도는 성적으로 가장 활발한 시기인 여름에 가장 적다. 예를 들어 1984년 생식역학자 알프레드 스피라[Alfred Spira]는 3년에 걸쳐 52명의 뉴욕 의과대학생들을 대상으로 1,000건이 넘는 정액 시료를 모았다. 정액의 양 (부피), 농도, 그리고 총 정자의 숫자에서 두 번의 정점을 보였는데 한 번은 겨울이 끝나고 봄이 시작될 때, 다른 한 번은 늦은 가을이었다. 그와는 대조적으로 정상적인 정자 수의 비율이나 정자의 운동성은 늦은 여름에 가장 높은 수치를 보였지만 겨울과 봄 사이에서는 바닥을 찍었다. 이런 결과가 의미하는 바는 늦은 여름에 정자의 수는 풍부하지 않지만 그들은 최적의 상태에 있다는 것이다. 다시 말하면 그 수는 많지만 늦은 겨울과 봄 사이 정자의 상태는 과히 좋지 않다. 또한 스피라는 대체로 그런 경향이 다른 연구자들의 결과에서도 발견된다고 밝혔다. 늦여름에 최적의 정자를 생산하는 것이 봄에 높은 출생률을 보이는 것과 시기적으로 잘 일치한다. 그렇지만 여름에 정자의 수가 적다는 것은 여전히 흥미로운 점이다.

생식의 보조 시술 연구에서도 계절성을 엿볼 수 있다는 것은 특별한 의미를 지닌다. 왜냐하면 이들은 인간 생식 연구에서 실험실적인 조절이 가능한 조건을 구비하고 있다고 볼 수 있기 때문이다. 1988년 기증된 정자를 이용한 인공 수정 후 임신에 이른 250여 건의 연구 결과에서 부인과 의사 에프티스 패러스케베이드Eftis Paraskevaides와 동료들은 계절성을 확인할 수 있었다. 이른 겨울과 이른 봄 사이에(10월에서 3월) 임신율이 높았고 11월에 정점을 보였다. 그러나 이 시기의 말미인 2월과 3월 사이에 정자의 수가 가장 많았다. 따라서 이 결과는 난자의 질과 자궁 내막의 수태 능력도 어떤 계절성이 있음을 시사한다.

영국 리버풀 여성 병원의 부인과 의사인 사이먼 우드Simon Wood는 시험관 수정 시술 성공이 계절적 편차를 보인다는 것을 보여주었다. 2006년 논문에서 우드와 동료들은 세포질 내 정자 주사를 통한 시험관 수정 사례를 3,000건 가까이 분석했다. 그 결과 낮의 길이가 짧은 달인 10월~3월에 비해 낮이 길 때(4월~9월) 시술의 성공률이 훨씬 높다는 사실을 알게 되었다. 낮의 길이가 길 경우 난소의 자극이 더욱 효과적이었고 배아당 착상률도 현저하게 개선되었다. 그 결과 임신의 비율도 15~20퍼센트 늘어났다. 그렇지만 시험관 수정률 자체는 여름이나 겨울이나 크게 영향을 받지 않았다. 반면 환자가 두 시기에 걸쳐 두 차례, 낮의 길이가 길 때와 그렇지 않을 때 시술을 받은 경우 수술 성공률의 차이는 더욱 컸다.

산업화가 많이 진행된 사회 집단에서 인간 출산의 계절적 유형은 요즘 들어 그 의미가 퇴색하고 있어서 그것이 우리의 진화적 유산이라고 말하기 쑥스러울 정도다. 그러나 출산의 계절성이 인간의 건강과 관련이 있을 수 있다는 연구 결과가 최근에 등장하기도 했다. 특기할 만한 예를 한 가지 들어보자. 1953년 소아과 의사 그레고르 카츠Gregor Katz는 조산의 계절성을 조사했다. 스웨덴에서 임신 기간 만기를 거친 아기들은 보통 봄에 태어났다. 그것이 전형적인 유럽의 유형이었다. 그러나 1944~1951년 사이 칼스타드 병원을 거쳐간 200명이 넘는 미숙아들은 그보다 2개월 빠른 1월에 가장 많이 태어났다. 1개월이나 1개월 반 먼저 태어난 조산아들이 임신된 시기를 계산해보면 만기를 채우고 태어난 아기들과 별반 차이가 나지 않는다. 다시 말하면 정상아이거나 미숙아이거나 대부분 여름에 임신을 한다. 인간생태학자인 마쓰다 신야^{Matsuda Shinya}와 가효 히로아키 ^{Kahyo Hiroaki}가 수행한 좀 더 최신의 연구는 조산의 계절적 변이를 다루었다. 1979~1983년 사이 일본에서 태어난 약 750만 건의 출산 데이터를 분석한 결과 조산아들은 늦은 봄과 이른 여름에 해당하는 5월이나 6월에 임신한 경우가 가장 많았다. 사례가 적기는 했지만 이 결과는 카츠가 조산아의 출산이 12월과 1월에 집중된다고 보고한 것과 흡사한 것이다.

카츠가 날카롭게 지적했듯이 다른 과학자들의 연구 결과를 판단할 때 조산아의 비율이 계절적 변이를 띤다는 점을 되새기는 것은 매우 중요하다. 이런 편차는 출산의 시기와 다른 특성과의 관계를 설명할 때 부분적으로 유효하다. 왜냐하면 짧은 임신 기간을 거친 조산은 저체중 아이를 낳을 것이어서 그것은 엘즈워스 헌팅턴을 비롯한 많은 연구자들이 지적한 것처럼 다시 지능과 성취도에서의 계절적 차이를 설명할 수 있는 까닭이다.

1960년대 이루어진 연구는 좀 다른 시각에서 진행되었다. 산과 의사 라일리 코버^{Riley Kovar}와 리처트 테일러^{Richert Taylor}는 네브래스카 오마하에 위치한 병원에서 1,000건이 넘는 유산 사례를 분석했다. 그들은 뚜렷한 계절적 유형을 발견하지는 못했지만 유산이 한꺼번에 일어난다는 사실을 알아차렸다. 또한 유산의 빈도는 일교차의 크기와 직접적인 관련성이 있었다. 따라서 이 결과도 다시 한 번 주변 온도의 연중 변화가 인간의 생식에 영향을 미친다는 점을 뒷받침한다. 그러나 감염의 계절적 변이와 같은 다른 요소들도 인간의 생식에 관여한다는 점은 의심할 여지가 없다.

낮의 길이의 연중 편차가 특히 중 혹은 고위도의 인간 집단의 생식에 영향을 미친다는 증거는 넘쳐난다. 그렇지만 인간 집단에서 관찰된 계절적 유형은 지난 세기를 거치면서 그 정도가 많이 누그러졌다. 어떤 경우에는 연중 출산 유형이 바뀌기도 했다. 아마도 외부 기온의 영향이 이 기간 동안 증대되었을 수도 있다. 산업화의 진행과 동시에 전기불 사용의 증가를 동반한 주거 환경의 변화는 자연적인 낮의 길이가 미치는 효과를 상당부분 상쇄했다.

인간을 실험 객체로 낮의 길이 변화에 따른 생식 연구를 수행하기는 무척이나 힘들다. 임상심리학자 토머스 웨어$^{Thomas\ Wehr}$는 인간을 대상으로 빛에 노출되는 것이 어떻게 생물학적 주기에 영향을 끼치는지에 관한 획기적인 발견을 이끌었다. 1991년 논문에서 웨어는 인위적으로 낮의 길이를 바꾸면 수면 시간과 멜라토닌 호르몬의 분비가 어떻게 달라지는지 관찰했다. '어둠의 호르몬'으로 알려진 멜라토닌은 초기 파충류 두개골 상부에 있었던, '제 3의 눈'의 흔적인 뇌의 송과선에서 포유동물의 혈액으로 분비된다. 인간의 송과선은 크기가 쌀알만 하다. 멜라토닌은 빛이 없는 어두운 시간에만 만들어지고 생물학적 시계를 직접적으로 조절한다. 바로 이런 이유로 멜라토닌이 시차를 극복하는 약물로 종종 처방된다.

웨어의 연구에서 8명의 자원자는 여름에 걸맞도록 하루 16시간 빛에 노출되었고 8시간은 어두운 채로 일주일을 지냈다. 또 4주 넘도록 겨울에

어울리게 하루 10시간의 빛을 쬐고 14시간을 어둠 속에서 보냈다. 다른 포유동물처럼 빛에 노출된 시간이 짧은 경우에 멜라토닌을 만들어내는 시간도 크게 늘어나 두 시간 이상이었다. 또 수면 시간도 마찬가지로 늘어났다. 그 전에 웨어는 피험자를 흐릿한 빛 아래서 24시간 내내 깨어 있도록 한다 해도 그들의 생물학적 시계는 그대로 유지된다는 점을 밝힌 바 있었다. 여름과 겨울 주기의 차이가 미치는 영향은 이 조건에서도 확인되었다. 즉 일정 기간 동안 미리 빛에 노출되면 그에 맞게 조정된 생명체 내부의 시계는 한동안 지속적으로 유지된다.

또 웨어는 계절에 따라 달라지는 낮의 길이가 호르몬의 분비 양상과 관련된다는 연구도 진행했다. 빛에 반응해서 24시간의 생물학적 시계는 생물학적 낮과 밤을 동기화한다. 그런 방식으로 태양빛이 빚어내는 낮과 밤을 조율할 수 있다. 그와 동시에 생물학적 시계는 계절에 따라 달라지는 낮과 밤의 시간을 맞추어 돌아갈 수 있다. 멜라토닌 분비 외에도 웨어는 낮의 길이를 변화시키면 뇌하수체 호르몬인 프로락틴, 코티솔, 성장 호르몬과 같은 여타 호르몬의 생산도 달라진다는 점을 거듭 확인했다.

낮의 길이 혹은 일출과 황혼 사이 빛에 노출되는 시간과는 별개로 빛 자체는 인간생물학에 영향을 끼칠 수 있다. 웨어는 인간 생식의 계절성과 계절성 우울증seasonal affective disorder이 다르지 않다고 하면서 여기에 어떤 일반적인 생물학적 기제가 작동할 것이라고 말했다. 일종의 질병으로 간주되는 계절성 우울증이 처음 알려진 것은 1984년이다. 주기적인 우울증이 일년의 특별한 시기에 집중된다는 것을 알게 된 것이다. 이런 증세는 겨울에 종종 나타나지만 다른 시기에 발견되기도 한다. 그래서 이 우울증 증세에는 여러 가지 별명이 붙어 있다. 겨울 우울증, 여름 우울증이 바로 그런 것이다. 수면시간이 전체적으로 늘어나고 낮에도 자주 잠을 청하는 것이 계절성 우울증의 특징이어서 이 증세가 낮의 길이 혹은 특정 호르몬과 관련이 있을 것이라는 생각을 하게 되었다. 또 유난히 겨울이 긴 지역에서, 그리고 남성보다 여성에서 증세가 훨씬 심각하게 나타난다. 구름 긴 날씨도 우울증을 불러온다. 일반적으로 사람들은 낮의 길이가 짧은 겨울에 신체 에너지가 떨어진다고 느낀다. 그와 함께 계절성 우울증도 그 증세가 더욱 심각해진다.

겨울 우울증을 치료하는 데는 빛을 이용한다. 광선요법은 자연적인 태양빛 혹은 밝은 형광 빛을 쪼이는 치료법이다. 신중하게 검토해 멜라토닌을 투여하기도 한다. 환자들은 가까운 거리가 아니라 한두 발짝 떨어져서 한 시간 정도 직접 밝은 빛을 쪼이는 치료를 받는다. 치료는 보통 일출을 떠올려 아침 일찍 시행하지만 일몰 시간이 훨씬 치료효과가 좋은 것으로 나타났다. 이것 역시 생물학적 시계와 연관이 있음을 시사한다. 우울증 환자가 집 밖에서 더 많은 시간을 보내며 햇빛에 노출되는 것도 좋은 방법이다. 또는 창문 가까이서 태양광을 반사시켜 거실을 환하게 하는 헬리오스탯heliostat을 실내에 설치하는 것도 광치료의 한 가지 방법이다. 그러나 이런 방식이 모든 사람에게 통하지는 않는다. 계절성 우울증을 겪는 환자 가운데 25~50퍼센트만이 치료에 성공한다. 어떤 과학자들은 낮과 밤이 뒤바뀐 생물학적 시계를 가진 것으로 계절성 우울증을 이해하고 밤에 멜라토닌을 투여하기도 한다.

난소와 고환은 모두 멜라토닌이 결합할 수 있는 장소이다. 따라서 생물학적 시계가 성세포의 생성과 직접적인 관계가 있을 수 있다. 2007년 시간생물학자인 콘스탄틴 다니렌코Konstantin Danilenko와 엘레나 사모일로바Elena

Samoilova는 햇빛이 여성의 생식 호르몬과 배란에 영향을 줄 수 있다고 밝혔다. 앞서 그들은 아침의 밝은 빛이 여성의 생식 호르몬 분비나 배란을 촉진하는 효과가 있는지 실험한 적이 있었다. 그들은 생리 주기가 비정상적으로 길거나 겨울 우울증을 앓는 여성들이 빛에 노출될 경우 생리 주기가 짧아지는지 밝히려고 했다. 다니렌코와 사모일로바는 두 번의 생리 주기 동안 22명 여성들을 세심하게 관찰했다. 첫 번째 주기에는 여성들이 여포기 중에 일주일 동안 매일 아침 일어나자마자 45분씩 밝은 빛을 쬐었다. 다른 주기에서도 똑같은 과정을 반복했지만 이번에는 희미한 빛에 노출되었다. 프로락틴, 황체형성 호르몬과 여포자극 호르몬의 수치는 밝은 빛을 쬐었을 때 모두 증가하였다. 또한 난소에서 형성되는 여포의 크기도 컸고 배란율도 높아졌다. 난소 주기의 진행이 빛에 노출되는 것과 직접적인 관련성이 있기 때문에 이는 왜 여성들이 계절성 우울증에 취약한지 설명할 수 있을 것이다.

기전이야 어떻든 자연광이 인간 생식에 주요한 역할을 한다는 것은 분명하다. 산업혁명 이전 인간은 계절에 따른 낮 길이의 변화에 보다 민감하고 또렷하게 반응했다는 역사적·과학적 증거는 상당히 많다. 산업화의 한 가지 결과는 원하든 원치 않든 인류가 살아왔던 조건이 환경적 변화로 인해 어떤 식으로든 사라지는 것이다. 이런 점에서 한 가지 질문이 떠오른다. 만약 인공적인 빛이 계속 유지되고 국제간 여행을 통해 시간의 경계가 계속 파괴된다면 자연적인 생식 기제는 어떤 영향을 받을까? 계절성 우울증은 산업화가 진행됨에 따라 우리의 건강이 어떤 식으로든 영향받을 것이라는 점을 보여주는 단적인 예이다. 어쨌든 산업화된 사회의 대표적 결과물이랄 수 있는 인공적인 빛이 인간생물학에 훨씬 더 많은 영향을 끼쳤을 것이다. 1995년 《뉴욕 타임스》에 기고한 나탈리 앤지어^{Natalie Angier}의 글을 보면 웨어가 한 말이 언급되어 있다. "우리는 하염없이 길어진 여름에 너무 길들여져 있다."

이런 미사여구를 비웃기라도 하듯 우리 인류가 처한 상황은 꽤 심각한 편이다. 나이가 들면서 멜라토닌 생산량은 점차 줄어든다. 따라서 수면 시간이나 질도 떨어진다. 멜라토닌의 투여가 노년에 접어든 사람들에게 유익하다는 결과가 속속 나오고 있고 그것은 노화와 관계된 질병에서도 마찬가지다. 자주 깨어 있으면 멜라토닌의 양이 줄어들면서 암으로 연결될 수도 있다. 자궁암을 가진 여성들의 멜라토닌 수치가 급격히 감소했다는 연구 결과들도 있다. 유방암 환자들의 멜라토닌 수치도 최대 90퍼센트까지 급감한다. 예를 들면 1940년 이래 영국에서 유방암의 이환율은 급격하게 증가해서 세 배나 뛰어올랐다. 여기에는 우리가 알지 못하는 환경적인 요소들도 분명히 관여할 것이다. 야간 근무를 하는 사람들의 유방암 발병률이 높다는 발견도 암과 멜라토닌의 관련성을 입증하는 예가 된다. 주의를 기울여야 함은 분명하지만 상관성이 반드시 인과관계를 입증하지는 못한다. 암의 결과로 멜라토닌의 양이 줄어들 수도 있는 것이다. 또 늙으면서 그 양이 자연스럽게 줄어들 수도 있고 다른 이유도 있을 수 있다. 그럼에도 불구하고 자연광 조건을 파괴하는 현대적인 삶의 양식이 멜라토닌 수치를 급격하게 변화시켰을 가능성은 충분히 고려할 수 있는 것이다. 그것이 우리의 생식, 그리고 더 나쁘게는 퇴행성 질환에 영향을 끼쳤을 개연성은 엄존한다.

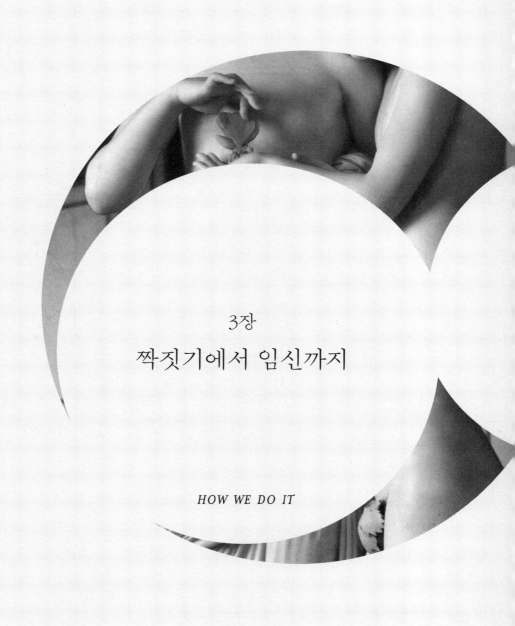

3장

짝짓기에서 임신까지

HOW WE DO IT

꼬리가 없고 방추형 팔을 가진 긴팔원숭이는 동물원에서 쉽게 볼 수 있다. 이들은 우아하게 팔을 뻗어 나무를 갈아타며 자신의 무리들 사이를 돌아다닌다. 5.5킬로그램 정도인, 이들 자그마한 원숭이들은 자신들의 고향인 동남아시아의 자연적 서식지에서 가족 단위로 작은 그룹을 이루어 살아간다. 암수 성체 원숭이 한 쌍과 그들 사이에 태어난 자식들이 자신들만의 고유한 영역을 차지하면서 하나의 집단을 형성하는 것이다. 대부분 종에서 이들 부모 원숭이들은 '부창부수'하듯 소리를 지르며 자신의 영역을 방어하고 다른 그룹의 구성원이 그곳을 침범하지 못하게 한다. 이들 부모 원숭이 가족은 수년 동안 안정된 상태를 이루지만 성적으로 성숙한 자식들은 가족을 떠나 짝을 찾고 자신의 새로운 영역을 확보한다.

숲에 사는 가장 큰 포유류이자 호리호리한 오랑우탄은 긴팔원숭이들과 서식하는 영역이 겹친다. 덩치가 크기 때문에 짐작대로 오랑우탄은 천천히 조심스럽게 움직이며 긴팔원숭이가 가진 민첩한 기예는 보여주지 못한다. 오랑우탄은 암수가 모두 크지만 둘 사이에는 엄청난 차이가 존재한다. 다 자랐을 때 암컷은 약 40킬로그램이고 수컷은 대략 70킬로그램에 이른다. 이런 성별 이형성은 잘 알려져 있다시피 암수의 체중이 거의 비슷한 긴팔원숭이와 뚜렷한 대조를 이룬다. 이 두 종은 사회적 조직 양상도 달라서 오랑우탄은 대개 혼자서 생활을 한다. (나는 학생들에게 오랑우탄 집단의 평균 크기가 1.5개체수라고 얘기하는 것을 좋아한다.) 다 자란 수컷은 거의 언제나 혼자다. 이들이 성숙하면 깃을 세운 것처럼 뺨 주위가 크게 부풀어 오르고[28] 으르렁거리며 자신의 영역을 뽐낸다. 수컷의 영역 내부에 다 자란 암컷이 분할된 작은 세부 영역을 하나씩 차지해들고 그것이 모두 합쳐 하나의 큰 영역을 이룬다. 오랑우탄의 사회적인 성향은 그들의 자식과 함께 있는 동안 어미 암컷에 의해 드러날 뿐이다. 또 성장기가 거의 끝난 개체들이 주변을 어슬렁거리며 돌아다니기도 한다. 다 자란 수컷과 암컷이 마주치는 경우는 짧은 교미 기간에 한정된다. 아직 다 자라지 않은 수컷은 성체 수컷을 슬슬 피해 다니지만 간혹 성체 암컷에 달려들어 잽싸게 교미를 치르기도 한다. 이런 은밀한 교미는 억지로 이루어지기 때문에 일부 과학자들은 이를 강간이라고 묘사한다.

아프리카에는 작은 체구의 대형 유인원이[29] 없지만, 이곳은 두 종류의 대형 유인원, 바로 고릴라와 침팬지의 고향이다. 이들 두 종은 숲에서 살지만 부분적으로 땅에서도 산다. 오랑우탄처럼 고릴라도 독특한 성적 이형성을 보인다. 다 자란 고릴라 암컷의 평균 체중은 약 90킬로그램이지만

---

28 ㅣ 영어로 flange라고 한다. 통상 이 구조는 성적으로 성숙할 때 나타난다고 알려져 있지만 조사 결과 그 이전 소년기부터 나타난다고 한다. 또 이 구조물이 모든 수컷에 다 나타나는 것은 아니기 때문에 최근 이 생리학적 변화가 무엇을 의미하는지 파악하려는 연구가 한창이다. 포유동물의 수컷 전반에 걸쳐 권력을 잡는 것은 호르몬의 변화, 짝짓기 양상의 변화, 그리고 스트레스와 관련이 있다. 이 내용은 7장에서 조금 자세히 언급된다.

29 ㅣ 원숭이와 인간을 포함하는 영장류는 코가 삐뚤어져(곡비) 있느냐 아니냐(직비)로 크게 구분한다. 직비원숭이는 다시 좁고(협비) 넓음(광비)에 따라 나뉜다. 사람은 대형 유인원과 함께 협비원숭이 소속이다. 대형 유인원이 반드시 체형의 크기를 뜻하지는 않는다.

수컷은 그보다 무거워서 약 150킬로그램 정도다. 성체가 되면 수컷은 허리 아래쪽으로 은회색 털을 장식한다. 그래서 '은색허리'라는 별명으로도 불린다. 이들의 사회 구조는 긴팔원숭이와도 다르고 오랑우탄과도 다르다. 비록 '검은허리'라 불리는 아직 성숙하지 않은 수컷들과 간혹 또 다른 은색허리 수컷이 있을 수 있지만 일반적으로 고릴라 집단은 은색허리 수컷 고릴라 하나와 여러 개체의 암컷 고릴라로 구성된다. 따라서 고릴라 집단은 '하렘'이다. 집단 내 교미는 대부분 은색허리 수컷에 국한된다.

또 다른 아프리카 대형 유인원인 침팬지는 여러 면에서 고릴라와는 사뭇 대조적이다. 먼저 두 성 간 몸집의 크기가 서로 많이 다르지 않아서 다 자란 암컷이 35킬로그램 정도이고 수컷은 대략 40킬로그램 근처이다. 크기를 논외로 해도 암컷과 수컷은 서로 크게 다르지 않다. 보다 중요한 것은 침팬지의 사회 구조가 다른 영장류들과 다르다는 점이다. 사실 그것은 매우 복잡해서 야생 연구자들도 이들 조직의 다층 구조를 파악하는 데 몇 년씩 걸린다. 야생에서 침팬지는 일반적으로 6~7개체로 구성된 다양한 식구 집단을 구성한다. 따라서 얼핏 보기에 이들 침팬지의 사회생활은 매우 융통성이 있고 부드러워 보인다. 그러나 일시적으로 구성된 이들 작은 식구 집단은 성체 암수를 포함하여 80여 개체 정도의 큰 집단의 일부 단위를 구성하는 것으로 알려졌다. 융통성은 오직 단위 집단 내부에서만 통용된다. 전체로서 사회적 단위가 응집성 있게 하나로 움직이는 것을 보기는 매우 드물지만 그것은 매우 중요한 상위 조직이다. 침팬지 소집단은 영토를 중심으로 이루어지며 이들 집단 간 충돌은 유혈사태로 치닫기도 한다. 소단위 내부에서는 난교가 이루어진다. 통상 성체 암컷 하나가 여러 수컷들과 교미한다. 그렇지만 여기서도 사정은 복잡하다. 암컷과 수컷 개체가 때로 무리에서 벗어나 난교를 피하고 '허니문'을[30] 즐기기도 하기 때문이다. 게다가 이들 침팬지는 자신들과 아주 가까운 사촌인 보노보와도 중요한 점에서 다른 특징을 갖는다. 보노보는 난쟁이 침팬지라 불리기도 하지만 실제로는 날씬하고 침팬지보다 조금 더 작을 뿐이다.

우리와 생물학적으로 매우 가까운 이들 대형 유인원의 사회적 유형은 중요한 두 가지 의미를 지닌다. 첫째, 대형 유인원은 기본적으로 매우 다양한 교미 유형을 갖는다. 긴팔원숭이는 일부일처제, 고릴라와 오랑우탄의 하렘(후자, 즉 오랑우탄은 무리지어 살지 않고 전반적으로 흩어져 산다), 다부다처 형태의 난교를 보이는 침팬지 등 다양하다. 둘째는 사회체계가 상대적으로 가까운 영장류 혹은 대형 유인원 그룹 내에서도 매우 상이하다는 점이다.

영장류 전반에 걸쳐 사회 유형이 폭넓게 다르기는 하지만 우리는 이것을 앞에서 예시한 대형 유인원 네 종류의 예에서 본 것처럼 일부일처, 일부다처, 다부다처, 세 가지 범주에 넣을 수 있다. 그러나 우리는 영장류에서 네 번째 범주에 해당하는 한 가지 유형을 더 찾아볼 수 있다. 바로 암컷 어미 하나와 여러 수컷 및 그 자식들로 구성된 일처다부 유형이다. 물론 이 네 번째 유형의 사회 조직은 영장류에서는 찾아보기가 쉽지 않다.

야생 현장 연구자들은 집단을 이루는 영장류가 전형적으로 다음 세 가지 유형을 갖는다고 말한다. 짝에 기초하였거나 하렘 형식이거나 다부다처 유형이거나. 일부 종은 하렘과 다부다처를 오가는 약간의 변이를 보이기도 하지만 이들 영장류 집단은 대부분 안정적으로 유지된다. 따라서 이

30 | 원문은 safari로 되어 있다. 원정 여행이라는 뜻이다.

런 종 특이적 사회 유형이 유전적인 차이에 기초하고 있다고 가정하는 것이 틀리지는 않을 것이다. 동물원에서 살고 있는 영장류는 전형적으로 야생에서와 동일한 유형을 보인다. 예를 들면 긴팔원숭이는 한 우리에 암수 쌍에다 새끼 원숭이를(꼭 그들의 자식이 아니라 해도) 함께 넣어주면 아무런 문제없이 잘 살아간다. 반면 유전적으로 매우 비슷하고 따라서 근연종인 영장류가 서로 다른 사회적 유형을 갖는다는 사실을 야생 현장 연구자들은 오래전부터 지적해왔다. 마다가스카르 섬에 있는 몽구스여우원숭이는 짝을 이루어 집단을 구성하지만 그들과 유전적으로 가까운 갈색여우원숭이는 다부다처 형식을 보인다. 마찬가지로 아프리카 평원의 개코원숭이(비비라고도 부른다)는 다부다처이지만 망토개코원숭이는 하렘 형식을 띤다. 따라서 영장류의 사회 조직은 매우 최근에 진화되었다는 생각이 지금까지는 지배적이다.

이런 기본적인 지식을 바탕으로 이제 인간의 사회 유형을 알아보고 왜 인간은 이런 생식 방법을 따르게 되었는지 알아보자. 문화적인 파급력이 크기 때문에 배우자를 선택하는 문제에 관한 한 어떤 것이 진정 인간에 고유하고 "자연적인" 것인지는 명백하지 않다. 다른 영장류와의 비교 분석을 통해 일반적인 원칙을 되돌아보겠지만 인간의 사회 조직은 매우 탄력적이고 최근에 진화되었다는 점도 잊어서는 안 된다.

낮에 활동적인 다른 영장류들처럼 인간도 군거집단을 이루고 서로 인식할 수 있는 집단 내에서 살아간다. 물론 근대 사회의 복잡성은 다른 영장류 집단의 그것을 훨씬 뛰어넘지만 이런 복잡성의 역사는 식물을 경작하고 가축을 사육하면서 정착생활을 하게 된 이후의 사건이며 기껏해야

1만 년이 넘지 않은 이야기다. 인간이 침팬지로부터 분기하여 나온 이후 99퍼센트에 이르는 시간 동안 우리는 사냥과 채집을 하고 비교적 작은 집단을 이루어 살아왔다.

우리가 비인간 영장류 집단에서 확인된 범주를 바탕으로 인간의 사회 조직을 구분하려 할 때 한 가지 문제에 봉착한다. 그것은 현생 인간의 사회가 어지간해서는 한 가지 범주에 속하지 않는다는 점이다. 전체적으로 인간 사회는 모든 유형을 다 보여준다. 일부는 일부일처이지만 다른 쪽은 일부다처 혹은 드물지만 다부일처 사회도 있다. 그러나 지금까지 어떤 인간 사회도 침팬지처럼 진정으로 난교를 하는 집단은 없었다. 그럼에도 불구하고 인간의 사회 조직은 별날 정도로 가변적이다. 이런 가변성은 한편으로 생물학적 제약이 약하다는 말이겠지만 의심할 것 없이 우리 인간 진화의 한 특징이라고 볼 수 있다. 1951년『성적 행동유형*Patterns of Sexual Behavior*』이란 고전적인 책에서 생식생물학자 클렌런 포드*Clellan Ford*와 프랭크 비치*Frank Beach*는 거의 200개에 달하는 인간 사회를 개괄하고 그 집단의 4분의 3에 해당하는 집단에서 일부다처가 우세하다고 결론을 내렸다. 그러나 우리는 인간 조상이 반드시 일부다처 형식을 띠지 못했을 것이라고 생각한다. 왜냐하면 대부분 남성들이 여러 명의 여성을 감당할 정도의 재원을 가지고 있지 못했기 때문에 비록 일부다처 사회라 할지라도 대부분은 일부일처였기 때문이다.『털 없는 원숭이*The Naked Ape*』의 저자 데즈먼드 모리스*Desmond Morris*는 오늘날 많은 사회가 그런 유형을 갖기 때문에 인간 사회에서 일부일처제가 우세했을 것이라고 결론을 내렸다. 그렇지만 인간이 일부일처제이냐 혹은 다부일처제이냐에 대해 생물학적으로 유전된 표식은 거의 없다고 보아야 한다.

인간과 우리의 사촌 대형 유인원을 비교해도 뚜렷한 결론이 나지 않는다. 대형 유인원도 일반적으로 모든 형태의 교미 유형을 다 나타내기 때문이다. 그렇지만 침팬지가 인간과 가장 가까운 사촌이기 때문에 진화의 초기 단계에서 인간도 그들처럼 난교하는 다부다처 형식을 띠지 않았을까 생각하기도 한다. 그러나 이런 결론은 하나의 현생종이 다른 종의 기원의 전범으로 간주된다는 점에서 '얼어붙은 조상'식 사고의 대표적인 예라고 볼 수 있다. 앞에서 얘기한 것처럼 사회적 유형은 최근에 매우 빠르게 진화했고 가까운 영장류끼리도 매우 현격하게 다를 수 있다. 영장류 사이에서 변이가 다양하다는 사실이 이런 점을 여실히 보여주고 있는 셈이다. 따라서 인간과 침팬지의 공통 조상이 현재의 침팬지처럼 행동했다고 단순하게 가정할 수 없는 것이다.

한 쌍에 기초한 집단은 비인간 영장류에서 소수에 속한다. 겨우 15퍼센트의 종에서 이런 형식을 찾아볼 수 있다. 반면 나머지 85퍼센트는 수컷 단독으로 혹은 드물지만 다수의 수컷이 다수의 암컷과 함께 살아간다. 영장류를 제외하고 집단을 이루어 사는 포유동물은 대부분이 일부다처제이다. 여기에서 사자나 일부 육식 포유동물은 예외적이다. 그들은 수컷 하나로 구성된 하렘에서 살고 여기서 배제된 나머지 수컷들이 또 다른 집단을 구성하는 '미혼 수컷bachelor'으로 이루어진다. 쌍을 이루는 현상은 더욱 찾아보기 힘들다. 비영장류 포유류의 약 3퍼센트만이 이런 유형을 나타낸다. 따라서 이렇게 얘기하는 것이 맞을 것이다. "히가무스 호가무스 새들은 일부일처, 호가무스 히가무스 포유동물은 일부다처."

왜 새들은 짝을 이루어 사는데 포유동물은 그렇지 않을까? 새들은 암수가 양육을 공동으로 책임진다는 것이 한 가지 가능한 설명이 될 것이다.

짝을 이루는 새들 사이에서 수컷은 보통 알을 품거나 먹을 것을 찾아다줌으로써 암컷 어미 새가 둥지를 떠나 음식을 찾도록 한다. 포유동물은 이런 제약이 없다. 유대류와 태반 포유류에서는 출산할 때까지 어미의 몸 안에서 새끼들이 발생을 한다. 새들이 부화하는 것에 해당되는 과정이다. 출산하고 난 뒤 포유동물의 어미는 새끼를 안고 젖을 먹인다. 그러나 새들은 자식들이 먹을 한 입의 먹이를 구하러 둥지를 떠나야 한다. 이런 방식의 차이 때문에 포유동물의 수컷은 부모의 역할에서 한껏 자유롭다고 볼 수 있다. 아니나 다를까 대부분 포유동물의 수컷은 자식을 양육하는 데 직접적으로 기여하는 바가 없다. 새와 비교해보면 포유동물에서 일부일처제가 거의 진화하지 않은 이유는 아마도 부모 역할에서의 책임성과 관련이 있을 것이다. 행동생물학자 데브라 클레이먼$^{Devra\ Kleiman}$은 실제 일부 영장류와 다른 포유류에서 그것이 사실임을 보여주었다. 특히 개에서 더욱 그랬다. 다른 영장류 새끼들과 비교했을 때 인간의 아기는 홀로 생존하기에 무척 취약하다. 따라서 이들의 성장과 생존에 부모 역할의 중요성은 매우 커진다. 5장에서 살펴보겠지만 이런 무력함은 인간 진화 과정에서 뭔가 특별한 발달 양식이 생겨났다는 것을 의미한다. 결론적으로 다른 영장류와 비교했을 때 우리 인간 아기의 발달을 위해서 사회적 협조는 필수적이다.

실험 결과가 누적되면서 사회적 유형과 교미 형태가 직접적인 관련이 있다는 가설이 슬슬 머리를 들기 시작했다. 예를 들면 짝을 이루어 사는 종들 사이에서 수컷은 자신의 새끼를 그 짝 안에서 낳을 것이라는 점은 명백해 보인다. 다른 말로 하면 짝을 이루어 사는 사회 조직과 엄격한 일부일처제 식 교미는 동전의 양면처럼 보인다는 것이다. 예컨대 전통적으로 엄격한 일부일처제를 고수한다고 알려진 수천 쌍의 조류를 생각해보자. 새 연구에 헌신하면서 셀 수 없는 시간 동안 이들을 관찰한 연구자들조차도 짝을 이룬 배우자와만 교미하는 엄격한 제한으로부터 어떤 종류의 일탈이 있을 수 있는지 밝히는 데 실패했다. 그러나 DNA를 통해 부계와 모계를 확인한 조사에서 놀라운 결과가 나왔다. 10종의 새 중 9종의 수컷은 둥지 안에 있는 모든 새끼의 생물학적 아비가 아니었던 것이다. 또 새끼 중 절반가량은 새들 부부가 아닌 혼외에서 비롯된 것으로 드러났다. 그렇다면 어떻게 이들은 두 눈을 부릅뜨고 지켜보았던 조류 관찰자들을 완벽하게 속이고 짝 이외의 상대와 교미할 수 있었을까? 그 답은 새들이 그들의 은밀한 교접을 매우 빠르고 조심스럽게 치러낸다는 데 있다. 짝의 수컷은 유심히 지켜보고 있는 조류학자들과 마찬가지로 그 사실을 전혀 모를 수도 있다.

이론학자들은 서둘러 이런 획기적인 발견을 인간 세상에서 통용되는 용어로 부주의하게 설명했다. 인간의 부정^{不貞}을 의미하는 말로 널리 쓰이는 중세 영어인 'cuckold'를 조류의 이런 현상을 설명하는 데 사용한 것이다. 그러나 이 말은 원래 뻐꾸기를 뜻하는 고대 프랑스어에서 유래한 말이다. 오쟁이 진 남자라는 뜻을 포함해서 지금 이 용어는 동물에도 적용하여 자신의 자식이 아닌 새끼를 돌보고 있는 수컷을 일컫는 말로 폭넓게 사용된다. 어떻게 이런 일이 일어났는지에 대한 일반적인 설명은 유전적인 관점에서 보았을 때 짝 외의 다른 수컷이 자신의 새끼들을 돌보는 데서 암컷이 이익을 본다는 것이었다. 암컷 조류는 자신의 짝인 수컷에게 부모의 역할을 맡기는 한편 밖에서 몰래 교미를 해서 자식의 유전적 다양성을 확보

3장 짝짓기에서 임신까지

107

할 수 있다는 것이다. 암컷 어미가 다른 수컷과 교미하는 것을 숨기는 것이 그들에게 이익이 된다는 의미이다. 그러나 만약 암컷의 배우자, 즉 수컷이 자신이 투자하고 있는 에너지가 위협받고 있다는 사실을 알게 된다면 그는 거리낌 없이 둥지를 포기할 것이다. 그렇기 때문에 이 가설은 틀렸다.

이런 식의 설명은 자신의 둥지에 있다면 어떤 새끼들이라도 헌신적으로 돌보는 것이 수컷이 갖는 최우선의 관심사라는 전제를 깔고 있다. 그렇다면 둥지 안에 있는 새끼가 다른 수컷의 자손일 가능성을 줄이려는 강력한 선택압이 작동해야 할 것이다. 그러나 짝을 이룬 수컷은 주변에 있는 다른 짝의 암컷을 호시탐탐 노리고 있을 수도 있다. 암컷과 마찬가지로 수컷의 유전적 관심사가 다른 수컷과 짝을 이룬 암컷의 자식에게도 미칠 수 있는 것이다. 따라서 자신의 둥지 안에 있는 새끼들이 자신의 생물학적 자식들이어야 할 필요성과 다른 둥지 안에 자신의 새끼를 최대한 많이 확보하는 것 사이에 일종의 타협이 있어야 할 것이다. 또 수컷은 다른 선택을 할 수도 있다. 어떤 경우라도 짝을 이루는 조류들 사이에 교미 양식은 원래 생각했던 것보다 훨씬 복잡하게 얽혀 있다.

따라서 사회 조직의 유형과 교미 체계는 단순한 동전의 양면이 아니다. 어느 정도까지 그 두 가지는 독립적으로 변화할 수 있다. 이런 변화는 영장류를 포함한 포유동물에도 적용된다. DNA에 기초해서 포유동물 몇 종의 부성paternity을 밝히려는 연구에서도 비슷한 결과가 나왔다. 폭넓게 수행된 조류 연구와 비교할 때 짝을 이룬 포유류 집단의 연구는 극히 희박하지만 여기서도 자신의 짝이 아닌 외부의 배우자와 혼외 교미가 있는 것으로 밝혀졌다. 예를 들어보자. 2007년 행동생물학자 제이슨 먼시사우스

Jason Munshi-South는 보르네오 사바 지역에 거주하면서 짝을 이룬 나무두더지의 DNA를 조사한 결과 짝 밖에서 자식을 보는 수컷의 비율이 상당하다는 사실을 알게 되었다. 이와 비슷한 결과는 역시 짝을 이룬 영장류에서도 나타났다. 이들은 포크여우원숭이와 살찐꼬리난쟁이여우원숭이로 마다가스카르 섬에서 밤에 활동하는 동물들이다. 심지어 영장류 일부일처제의 표본처럼 회자되는 긴팔원숭이들도 야생에서는 배우자 몰래 교미를 하곤 한다.

영장류 집단에서 사회 조직 유형과 교미 체계는 현격하게 다르다. 낮에 주로 활동하는 마다가스카르 섬의 베록스시파카 여우원숭이는 보통 다 자란 암수 성체 예닐곱 마리가 포함된 작은 집단을 이뤄 살아간다. 간혹 암수의 성비가 크게 다른 경우도 발견된다. 다른 대부분의 여우원숭이들처럼 이들 베록스시파카의 교미도 엄격한 계절성을 띠며 그 기간은 일 년 중 몇 주에 한정된다. 야생 현장 연구의 선구자로 꼽히는 생물학자이자 인류학자인 앨리슨 리처드Alison Richard는 여우원숭이 집단이 교미 시기가 되면 극심한 혼란에 빠진다고 했다. 과거에도 일부 알려지기는 했지만 그녀는 교미 시기에 갈등이 최고조에 이른다는 것을 관찰했다. 또한 그녀는 교미가 집단 내부에서보다는 집단 사이에서 행해진다는 것도 밝혔다. 그 결과 사회적 집단이 재편성되는 경우도 흔하게 발견되었다. 따라서 집단의 구조는 직접적으로 교미 유형에 영향을 주지 못한다. 교미 유형과는 별개로 다른 역할을 하는 것이다. 사실 야생 현장 연구에 의하면 영장류 사회 집단의 형태는 일반적으로 섭식과 관련이 있다. 그러므로 베록스시파카는 일 년 중 대부분의 기간을 함께 먹을 것을 구하며 평화롭게 살아가지만 교미 기간이 다가오면 이들 집단은 어처구니없이 와해될 수 있는 것이다.

사회 조직과 교미 유형의 차이는 인간 사회에도 적용된다. 대중매체가 부풀리거나 통계의 오류가 있어서 우리가 믿는 만큼 흔하지는 않다 해도 인간 사회에서 혼외정사는 분명히 일어난다. 2004년 생물학자 리 시먼스Leigh Simmons는 장기간 연인 관계를 유지해온 400명의 남녀 학생들을 대상으로 다양하게 조사한 결과 이들 중 25퍼센트가 최소 한 번은 자신의 연인이 아닌 상대와 성행위를 했다고 밝혔다. 교제가 계속되는 긴 시간 동안 75퍼센트에 이르는 사람들이 신뢰를 저버리지 않았다는 점은 좋은 소식이다. 2009년 앨런 딕슨은 저서 『성선택과 인간 교미 유형의 기원Sexual Selection and the Origins of Human Mating Systems』에 혼외에서 자식을 낳는 경우가 평균 2퍼센트 정도라고 밝혔다. 다시 말하면 인간은 배우자가 아닌 사람과 성교를 맺는 경우가 상대적으로 그리 빈번하지 않고 혼외로 자식을 보는 비율은 그보다 더 적다. 다른 연구는 혼외 자식의 비율이 12퍼센트가 넘는다는 보고도 있지만 이는 예외적인 경우이다. 그러므로 불우한 도시 빈민을 대상으로 한 유전적 연구 결과 약 반 정도의 아이들이 혼외 자식이라는 출처가 다소 분명치 않은 이야기는 잊어도 좋을 것 같다. 사실 인간 사회는 대부분의 조류 집단보다 시종 일관성 있게 일부일처제를 취하고 있다.

다소 이율배반적인 두 가지 생각을 사람들이 여전히 고수하고 있다는 것은 좀 이상하다. 일부일처제가 인간 교미 유형의 표준이라는 것이 한 가지이고 여성이 남성보다 관계에 더 충실하다는 것이 다른 한 가지이다. 앞에서 언급한 우스꽝스러운 운율을 갖는 시는 에이머스 핀쇼Amos Pinchot 여사가 꿈에서 깨어나 썼다고 알려진 것이다. 바로 "호가무스 히가무스 남자는 일부다처, 히가무스 호가무스 여자는 일부일처"이다. 이와 비슷한 맥락으로 미국의 언론인인 H. L. 멘켄Menchen은 냉소적으로 이렇게 말했다. "진정으로 행복한 사람들은 결혼한 여성 그리고 혼자 사는 남성이다." 그러나 이런 말에는 문제가 좀 있다. 만약 여성이 전형적으로 일부일처제를 고수한다면 일부다처제를 취하는 남성들은 어디서 상대 여성을 찾을 것인가? 남성이 여성보다 더 많은 성적 파트너를 갖는다는 조사 결과에서 이 수수께끼의 궁금증은 더욱 증폭되었다. 자료대로 남성이 평균 10명의 성적 파트너를 갖고 여성이 평균 4명의 성적 파트너를 갖는다고 하면 나머지 6명의 여성은 어디에 있는 것일까? 가장 일반적인 설명은 익명을 보장하는 조사과정에서 으스대는 남성이 숫자를 부풀렸고 반대로 여성들은 그 숫자를 줄여 말했을 것이라고 보는 해석이다. 일부일처제 사회에서 이를 산술적으로 접근하면 가능성은 두 가지다. 첫째, 같은 수의 남성과 여성이 공히 부정을 저질렀다는 것이다. 둘째, 일부 여성이 많은 수의 남성들과 관계를 맺었다는 것이다. 최근에 수행된 연구에 의하면 매춘부의 존재가 부풀려진 여성 파트너 수를 설명할 수도 있을 것 같다. 대부분의 남성들이 색다른 경험을 위해 돈을 지불한다는 사실을 내놓고 말하지 않기 때문이다.

　이런 사실은 우리에게 매우 중요한 진화적 질문을 던진다. 생물학적으로 인간은 특별한 유형의 사회 조직과 교미 양식에 적응했는가? 문명 비교 연구 결과 하나의 종으로서 인간은 사회 조직과 교미 유형, 두 가지 측면에서 매우 다양한 변이를 보이고 있다. 또 비인간 영장류를 비교 분석한 결과도 결론이 나지 않기는 마찬가지다. 이런 모호함에도 불구하고 많은 연구자들은 성급한 결론에 쉽게 도달한다. 그들은 단순히 침팬지를 인간 기원의 '고정된' 선조로 간주하고 인간의 진화가 다부다처제인 난교 형식을 통해 이루어졌다고 생각한다. 이와는 다른 극단에는 증거가 희박하기 때문에 어떤 결론도 내릴 수 없다는 것이 합리적이라고 여기는 부류도 있다. 사실 많은 사람들은 인간 사회의 조직과 교미 유형이 무엇이든 생물학적 근거는 찾아볼 수 없고 다만 사회적 관습이 모든 것을 결정할 것이라고 믿고 있다. 이런 관점을 취하면 일부일처제 혼인은 순전히 사회적인 합의이며 여기에 생물학적 의미는 사라지고 만다. 우리는 이와 같은 어느 쪽 극단도 수용할 수 없다.

성체 수컷과 암컷의 신체 크기 차이에서 사회 조직에 관한 중요한 단서를 찾을 수 있을까? 일부 영장류는 암컷과 수컷이 거의 비슷한(동형) 체중을 갖지만 다른 영장류들은 현격한 차이를 보이며(이형) 일반적으로 수컷이 암컷보다 훨씬 더 크다. 결정적으로 짝을 이루어 살아가는 영장류는 보통 암수가 비슷한 체형을 갖는다. 암컷과 수컷이 거의 비슷한 체중을 가지며 평균 차이는 15퍼센트 이하이다. 하렘 혹은 다부다처 유형을 따르는 영장류들은 그와 대조적으로 이형이며 크기 면에서 암수 간에 매우 다양한 편차를 보인다. 극단적인 경우는 아프리카 개코원숭이에서 관찰된다. 수컷 개코원숭이의 체중은 암컷보다 두 배 이상 나간다. 인간은 성적으로 이형이지만 그 정도가 크지 않다. 전 세계적으로 인간의 평균을 따지면 남성이 여성보다 20퍼센트 이상 체중이 더 나간다. 그러나 실제 남성, 여성 간 차이는 다소 더 크다. 왜냐하면 축적된 지방이 여성 체중의 상당 부분을 차지하기 때문이다. 여성은 체중의 25퍼센트가 지방이지만 남성은 10퍼센트대에 불과하다. 남성과 여성 간에 체지방률이 이렇게 차이가 많이 나는 것은 영장류 중에서도 독특한 인간만의 특성이다. 또 그것 때문이겠지만 지방의 분포가 다르기 때문에 생김생김도 남녀가 다르다. 체중과 생김새에서 남녀의 차이는 인간이 생물학적으로 짝을 이루어 사는 집단 유

112

형에 적응하지 못했음을 시사한다.

근친상간을 논하지 않은 채 인간의 교미 유형을 다 얘기했다고 말할 수는 없다. 근친상간은 가족이나 매우 가까운 친척 사이에 교배가 이루어지는 것을 말한다.《네이처》어느 서평 기사를 보면 근친상간을 "진보가 없는 종족 번식"이라고 간결하게 표현했다. 여기서 요점은 근친교배^{inbreeding} 때문에 가까운 친족끼리의 교배는 해롭다는 것이다. 어느 정도 차이는 있겠지만 어떤 인간 사회도 모두 다 근친상간을 금기시한다. 그렇지만 특별히 어떤 친족을 제외해야 하느냐에 대해서는 사회마다 제각각이다. 물론 부모와 자식 간 혹은 형제 간의 결합은 대개 금지한다. 그러나 문화에 따라 삼촌이나 고모·이모, 특히 사촌은 혼인할 수 있는 배우자 범주에 들어가기도 한다. 예를 들면 사촌끼리의 결혼에 대해서 그리스와 로마는 다르게 인식하여왔다. 아테네와 스파르타 등 그리스 사람들은 반대하지 않았지만 로마인들은 격심하게 반대했다. 신교도로서 찰스 다윈은 전통적인 로마 교황청의 특별한 재가가 없이도 그의 사촌인 엠마 웨지우드와 결혼할 수 있었다. 그러나 나중에 다윈은 가까운 사촌과 결혼한 것이 위험하지는 않을까 다소 걱정을 하기는 했다.

저명한 사상가인 지그문트 프로이트나 클로드 레비스트로스는 근친상간이 인간에게 고유한, 순전히 문화적 양식에 불과하다는 믿음을 조장하였다. 그들은 다른 동물들이 무차별적으로 교미를 한다고 말했다. 인간만이 유별나게 사회적으로 규정하는 금기로부터 혜택을 얻는다는 것이다. 그렇지만 다른 동물들이 무차별적으로 교미한다는 말은 어떻게 보아도 틀린 것이다. 근친교배는 그렇지 않으면 거의 발생하지 않았을 유전적 질환의 해로움을 증폭할 수도 있다. 따라서 서로 가까운 개체끼리 교미하지 않도록 하는 기제를 자연선택이 선호했을 것이라고 확신할 수 있을 것이다. 그리고 또 사실이 그렇다. 포유동물 집단에서는 그들이 출생한 장소로부터 개체들을 분산시키는 기제를 통해 근친교배를 회피해왔다. 한쪽 성이 일관되게 자신의 집단을 떠나는 것이 가장 확실한 회피 방법이다. 만약 암컷과 수컷이 동시에 같이 떠난다면 이들은 다시 한 무리를 이룰 가능성이 크다. 포유류에서 일반적인 규칙은 수컷이 떠나고 암컷이 잔류하는 것이다. 예측할 수 있는 대로 자손에게 적게 투자하는 쪽이 떠나는 것이다. 이런 행위의 결과, 조직 내 남아 있는 암컷들이 사회적 뼈대를 이루게 되었다.

영장류를 포함하는 포유동물에서는 암컷이 자손에게 훨씬 많이 투자하며 일반적으로 가족 집단을 떠나지 않는다. 많은 야행성 영장류들이 이런 유형을 취하고 있다. 짧은꼬리원숭이, 평원의 개코원숭이, 흑백콜로부스를 포함하는 대형 유인원과 다양한 원숭이들도 그렇다. 장기간에 걸친 야생 현장 조사를 통해 마침내 일부 원숭이와 대형 유인원 집단에서 이와 반대되는 형태를 찾아냈다. 침팬지, 붉은콜로부스, 거미원숭이들은 수컷이 남고 암컷이 떠난다. 이런 예외를 확실하게 설명할 방도는 없지만 이들 집단에서는 수컷들이 사회적 뼈대를 구성한다. 근친상간을 회피한다는 점에서는 누가 떠나든 상관없다. 짝을 이루는 영장류들은 조금 다른 방식으로 근친상간을 회피한다. 여기서는 암컷과 수컷 모두가 자라 성체에 이를 무렵이면 자신이 태어난 곳을 떠나야 한다. 따라서 서로 친족관계에 있는 개체들이 모여 다시 하나의 짝을 구성할 수도 있다. 이런 일이 일어나지 않게 하려면 이주하는 형제들이 서로를 피해야 한다. 만약 수컷들이라면 암컷보다 더 멀리 가도록 계획된다. 아마도 이런 식의 기제들이 실제로도 작동할 것이다.

여성이 결혼해서 나가고 남성이 남는 방식이 인간 사회에서 일반적으로 통용된다는 점은 흥미롭다. 일부 과학자들은 여성이 분산되는 것이 인간 문명의 보편적 양상이라고 본다. 이는 상황을 과장하는 것이긴 하지만 독창적인 유전 분석을 통해 우리 종은 진화 과정에서 남성이 남고 여성이 떠나는 경향이 훨씬 크다는 점을 확인하였다. 이런 관찰은 두 가지 이유에서 중요성을 띤다. 첫째, 어떤 식으로든 여성의 분산은 근친교배의 빈도를 줄여야만 한다. 둘째, 비인간 영장류에서 확보한 증거에 따르면 일부일처제에 생물학적으로 적응한 종들에서는 암컷이 집단을 떠나는 경향이 적다는 점이다.

근친상간을 피하는 것은 인간에게만 국한된 현상이 아니다. 또 근친상간 금기의 엄격함은 사회마다 조금씩 다르다. 우리에게는 왜 그런 것이 필요했을까? 의심할 것 없이 우리는 가까운 친족끼리는 교미하지 않았던 공통 조상의 후손이다. 그렇다면 초기 인간의 진화 과정에서 이런 기제들이 사라지고 근친교배의 금기로 대체된 것은 아니었을까? 그러나 근친교배를 억제하는 자연적인 기제를 대체하기보다는 오히려 근친상간 금기를 채택함으로써 그 기제를 강화시켜왔을 것이다. 예를 들어 초기 인류는 어떤 이유에서든 근친상간을 피할 목적으로 멀리 떠날 수 없었다 치자. 그렇다면 뭔가 다른 것이 있어서 가까운 친족 간에 혼인하지 못하도록 해야 했을 것이다. 단순한 한 가지 가능성은 어려서부터 함께 자란 남성과 여성은 성적 배우자로서 서로에게 쉽게 끌리지 않는다는 점이다. 이것을 뒷받침하는 증거로 '키부츠 효과'가 있다.[31] 인간의 결혼과 관련해서라면 친밀함은 곧 근친교배 혐오인 셈이다. 근친교배를 회피하도록 강제하는 것은 인간 사회가 다른 영장류들보다 훨씬 가변성이 큰 사회 조직과 교배 양식을 가지기 때문이다. 여기까지 얘기했으니 이제는 인간 교배 유형의 생물학적 기초를 자세히 살펴보도록 하자.

교미 유형을 살피기 위해서 이제 우리는 수컷끼리의 정자 경쟁 가능성을 고려해야 한다. 이런 점에서 하나의 수컷이 관여하는 영장류 교미 집단(짝 혹은 하렘)은 여러 수컷이 경쟁하는 집단과 근본적으로 다르다. 하나의 수컷만 있는 집단에서는 해당 수컷이 교미할 때 직접적인 경쟁은 사실상 없다고 보아야 한다. 그러나 수컷이 여럿인 경우 교미는 전형적으로 난교의 형태를 띠고 이들 수컷들 사이의 정자 경쟁이 불가피해진다. 여기에는 물론 단서가 따른다. 만약 하나의 수컷과 짝을 이룬 암컷이 은밀하게 짝 밖에서 교미를 하게 된다면 여기에도 어떤 형태로든 수컷들 간의 경쟁이 있을 것이다. 그러나 편의상 여기서는 하나의 수컷이 관여하는 교미에서는 수컷들끼리의 경쟁이 중요하지 않다고 생각하자. 반면 암컷을 차지하고 다른 수컷을 배제하기 위한 수컷들 간의 경쟁이 여러 수컷이 관여하는 집단에서 다반사로 일어나고 간혹 잔혹하기까지 하다는 점도 받아들이자. 성체 수컷들 사이에 상당히 안정된 위계질서를 유지하는 경우도 있다. 그러나 이것은 팽팽한 경쟁 관계에서 유지되는 일시적인 질서이다. 지

---

31 | 1970년대 후반에서 1980년대 초반에 걸쳐 총 2,800쌍의 부부관계가 조사되고서야 믿을 만한 통계가 확보되었다. 당시의 결과는 총 2,800쌍 중 같은 키부츠 내에서 관계가 성립한 것은 단 13쌍뿐이었다. 그나마 13쌍 중 9쌍은 6세 이후에야 같은 키부츠에서 자란 소꿉친구 관계였으며 나머지 4쌍도 6세 이전에 2년 이상 떨어져 지낸 기간이 있었음이 입증되었다. 너무 이른 나이에 데려온 민며느리가 나중에 부부관계에 문제가 있었다는 연구 결과도 있다.

위가 높은 수컷은 상대적으로 손쉽게 암컷을 취할 수 있다. 그럼에도 불구하고 난소 주기가 한 번 지나는 동안 둘 혹은 셋의 수컷이 암컷 하나와 교미를 한다.

바로 이 지점에서 정자 경쟁이 등장한다. 또 인간이 생물학적으로 특정한 교미 유형에 적응을 했느냐에 대한 단서도 얻을 수 있다. 여기에 깔린 생각은 의외로 단순하다. 활동적인 고환은 매우 비싼 기관이어서 같은 크기라면 뇌 조직만큼 에너지를 사용한다. (사실 여권 주창자들은 비하하는 어투로 고환을 '수컷의 머리'라고 부르기도 한다. 레오나르도 다빈치의 유명한 그림 〈성교copulation〉를 보면 남성의 뇌에서 음경으로 연결되는 가상의 도관이 그려져 있다.) 에너지 요구량이 많기 때문에 고환이 자신의 역할을 다할 수 있을 정도에서 고환의 크기를 억제하는 자연선택이 따랐을 것이다. 여러 수컷과 경쟁해야만 하는 집단에서 교미의 성공률을 높이기 위해 많은 정자를 생산하는 수컷의 형질이 선호되었을 것이고 따라서 상대적으로 고환의 크기가 커졌을 것이라고 예상할 수 있다. 반대로 집단 내에 하나의 수컷만 있다면 상대적으로 정자 경쟁에 덜 노출될 것이고 고환의 크기도 그에 따라 줄어들 것이다. 신체의 크기와 비교하여 계량화를 해야 하겠지만 여러 종에 걸친 비교 분석을 통해 이런 예측을 확인할 수 있다. 그렇지만 다른 조건이 동일하다면 신체가 큰 종의 동물이 어쨌거나 커다란 고환을 갖는다는 점도 고려해야 할 것이다.

동물학자 앨런 딕슨과 알렉산더 하커트Alexander Harcourt는 영장류와 여타 포유동물의 고환의 크기를 비교하는 실험을 진행했다. 그들은 고환의 크기와 교미의 유형이 예측된 방식으로 나타난다는 점을 재확인시켜주었다. 원숭이, 대형 유인원을 예로 들면 한 집단에 수컷이 여럿 있는 경우인 침팬지, 짧은꼬리원숭이, 개코원숭이 등은 모두 신체에 비해 커다란 고환을 갖고 있었다. 그러나 집단 내 수컷이 하나인 경우 이들의 고환은 상대적으로 빈약했다. 이런 규칙은 짝을 이루어 사는 종인 털여우원숭이, 비단원숭이, 올빼미원숭이, 긴팔원숭이뿐만 아니라 잎원숭이나 고릴라처럼 하렘을 이루는 동물 종에도 적용된다.

인간의 고환은 상대적으로 작다. 인간 남성은 침팬지와 체형이 비슷하지만 그들보다 훨씬 작은 고환을 가지고 있다. 남성 고환은 호두알 정도 크기를 갖지만 침팬지의 그것은 계란보다 더 크다. 인간의 사회 조직과 교미 유형이 생물학적으로 침팬지의 난교 유형에 적응했다는 어떤 가설도 이 작은 크기의 고환 앞에서는 설 자리를 잃고 만다. 크기로만 따지면 인간의 고환은 우리가 정자 경쟁이 없는 한 수컷 유형의 교미 체계에 적응한 것처럼 보인다. 그렇다고는 해도 그것은 물론 인간이 짝을 이루어야 한다거나 하렘 혹은 오랑우탄과 비슷한 분산 체계와 같은 특정한 체계를 따르도록 진화되었다는 의미를 갖는 것은 아니다.

앞에서 딕슨이 보여준 것처럼 인간 교미 유형의 생물학적 적응이라는 점에서 상대적으로 작은 크기의 고환과 비슷한 양상을 인간 생식관의 몇 가지 다른 측면에서도 찾아볼 수 있다. 예를 들어 경쟁이 심한 여러 마리의 수컷이 있는 집단의 수컷은 고환에서 정자를 실어 나르는 짧고 근육층이 두터운 정관을 가지고 있다. 이것도 정자 경쟁의 도구이기 때문이다. 그러나 인간의 정관은 꽤 길고 근육층도 중간 정도이다. 큰 고환을 갖는 영장류는 정낭도 커서 만들어내는 정액의 양도 많다. 인간의 정낭은 중간 크기이며 정액의 양도 그것의 3분의 2에 불과하다. 전립선도 마찬가지다. 암컷 영장류에서도 이런 양상이 관찰된다. 수컷이 많은 집단의 암컷은 긴 수란관을 가지며 난자와 만나기 위해 정자가 움직여야 하는 거리가 멀다. 수컷이 하나만 있는 집단의 암컷은 매우 짧은 수란관을 갖는다. 마찬가지로 인간 여성의 수란관도 상대적으로 짧아서 확실히 '한 수컷 집단'의 범주에 들어간다. 이상의 모든 증거를 종합해보면 남성과 여성의 생식 체계는 정자 경쟁이 아주 적은 한 수컷 교미 유형에 속한다.

고환의 크기 및 다른 요소들, 예컨대 정낭의 크기와 정자를 운반하는 관 혹은 수란관의 길이에 바탕을 둔 논쟁은 잘못된 결론에 다다를 수 있다. 자주 회자되는 것은 아니지만 생식기관의 크기는 유전적으로 결정되고 특정 종마다 일정한 크기를 갖는다는 가설도 있다. 이전 장에서도 언급했지만 계절에 따라 교미를 하는 영장류의 고환은 시기에 따라 그 크기가 달라진다. 따라서 계절에 따른 고환의 크기 변화를 고려하여야 한다. 계절적 변이 말고도 고환의 크기나 다른 요소들은 지역적 조건에 따라 달라질 수 있다. 예를 들면 인간 집단 사이에서 고환의 크기는 편차가 적은 것으로 알려져 있지만 아시아인들의 고환은 스칸디나비아로 대변되는 유럽인들에 비해 작다. 고환 크기의 차이가 유전적으로 결정되는지 아니면 사회적 요소나 영양섭취 등 다른 요소가 관여하는 것인지는 잘 알려져 있지 않다.

앨런 딕슨은 맷 앤더슨[Matt Anderson]과 함께 환경적 요소의 문제를 깔끔하게 해결했다. 환경적인 요소의 영향을 받을 수도 있는 고환의 크기를 재는 대신에 그들은 정자 자체에 초점을 맞추었다. 정자는 핵이 들어 있는 머리 부분, 미토콘드리아가 채워진 중간 부분, 그리고 채찍 비슷한 꼬리 부분으로 구성된다. 딕슨과 앤더슨은 정자끼리의 경쟁이 극심해지면 연료 탱크에 해당하는 정자의 중간 부분이 커질 것이라고 생각했다. 이런 가능성을 조사하기 위해 그들은 다양한 영장류의 정자를 조사했다. 정자의 크기는 신체의 크기와 무관하기 때문에 이런 비교는 정확할 거라고 생각할 수 있다. 따라서 신체의 크기를 기준으로 계량화할 필요가 없다. 앤더슨과 딕슨은 정자의 중간 부분의 크기가 사회적 유형과 일정한 상관성을 보인다는 것을 알게 되었다. 짧은꼬리원숭이, 평원의 개코원숭이나 침팬지처럼 여러 수컷이 경쟁하는 종은 정자의 중간 부분이 짝을 이루어 생활하는 비단원숭이나 긴팔원숭이처럼 한 수컷 집단의 종이나 겔라다개코원숭이 혹은 고릴라처럼 하렘을 이루는 종에 비해 훨씬 컸다. 인간의 정자는 중간 부분이 작아서 한 수컷 집단에 속한다. 즉 여러 수컷 집단의 정자에 비해 중간 부분이 훨씬 작다.

정자의 중간 부위를 비교한 결과는 대체적으로 고환의 크기를 비교 분석한 결과와 일치한다. 그러나 여기에는 중요한 차이점이 있다. 예를 들면 작은쥐여우원숭이는 여러 수컷 집단의 특징인 상대적으로 큰 고환을 갖지만 정자의 중간 부위는 매우 작아서 한 수컷 집단의 특성을 드러낸다. 또 한 수컷 집단을 구성하는 영장류에 비해 고릴라는 아주 작은 고환을 갖고 있지만 하렘을 이루는 영장류 중에서는 정자의 중간 부위가 가장 크다. 고환의 크기와 정자의 중간 부위 크기는 어느 면에서 독립적으로 변화한다고 볼 수도 있다. 그럼에도 불구하고 인간의 경우는 아주 뚜렷한 특징을 나타낸다. 인간의 수컷은 상대적으로 작은 고환을 가지고 정자의 중간 부위도 마찬가지로 매우 작다. 영장류 중에서는 기록상 인간 정자의 중간 부위가 가장 작다. 인간의 고환이 정자 경쟁이 극심한 교미 유형에 생물학적으로 적응했다는 증거는 어디에도 없다. 환경적 요소가 고환의 크기에 영향을 미칠 수 있지만 정자의 크기는 그렇지 않다. 인간 집단에서 정자의 크기는 매우 일정하고 아마도 강력한 유전적 조절 하에 있을 것이라 예상할 수 있다. 따라서 인간 정자의 중간 부위는 인간 교미 유형의 생물학적 적응에 관한 강력한 단서를 제공한다.

정자 경쟁이 없었다는 또 다른 증거는 인간 여성에서도 발견된다. 일부 영장류와 다른 포유동물은 교미가 끝난 뒤 질 안에 일종의 마개가 형성된다. 붉은털원숭이에서 아주 극명한 예를 찾아볼 수 있다. 대형 유인원 중에서는 오직 침팬지만이 교미 후에 마개를 만들어낸다. 교미 후 오랑우탄의 정액은 응고되지만 마개를 만들지는 않는다. 이런 마개가 만들어지는 현상은 다른 정자가 수정에 참여하는 것을 억제하는 것이라고 설명할 수 있다. 유전학자 스티브 존스Steve Jones는 『Y 염색체: 남성의 유래Y: The Descent of Men』라는 책에서 이를 교미 후 코르크 마개라고 희화적으로 표현했다. 인간의 정액은 사정 직후 밀도가 높은 덩어리 형태로 방출되지만 15분 안에 물처럼 액화되고 마개를 만들지 않는다. 이런 결과도 인간이 남성들 간에 교미 경쟁을 하도록 생물학적으로 적응했다는 가설을 뒷받침하지 못한다.

유전체 분석 결과를 보아도 붉은털원숭이나 침팬지처럼 큰 고환을 가진 영장류가 교미 마개를 만들도록 적응했다는 점을 알 수 있다. 정낭에서 만드는 단백질인 두 종류의 세메노겔린semenogelin이 사정액에 섞이면서 정액의 응고에 직접적으로 관여한다. 유전학자 마이클 젠슨시먼Michael Jensen-Seaman과 리원슝Wen-Hsiung Li은 이 세메노겔린의 유전자 진화를 연구했다. 대형 유인원과 인간에서 이 유전자 두 종류가 발견되지만 인간의 경우 공통 조상의 것으로 추정되는 유전자로부터 변화된 것이 거의 없다는 것을 알게 되었다. 그러나 침팬지에서는 이 두 유전자의 길이가 거의 두 배가량 커졌다. 반면 고릴라에서는 이 유전자가 퇴화된 것으로 보였다. 이 결과는 침팬지가 보이는 난교 형태의 교미 유형이 부차적인 것이며 고릴라나 침팬지 혹은 인간의 공통 조상에서는 그런 형태가 보이지 않는다는 점을 시사한다. 보노보의 첫 번째 세메노겔린 유전자가 침팬지만큼 커지지 않았다는 점도 이런 결과를 뒷받침하고 있다.

두 번째 세메노겔린 유전자의 진화 속도를 조사한 연구 결과도 마찬가지로 정자 경쟁에 시달리는 동물 종에서 그 진화가 빠르게 일어났다는 사실을 보여준다. 다른 연구들도 일관되게 영장류의 정액 단백질이 강력한 선택압을 받았다는 결과를 내놓았다. 인간과 침팬지 정액에 포함된 수천 개의 유전자를 조사한 2005년 연구는 두 종류의 세메노겔린 유전자 외에도 다른 일곱 개의 유전자가 강한 선택압의 대상이었다는 점을 보여주었다. 이 연구에서는 인간과 침팬지 정액에 포함된 아홉 개의 유전자를 신세계원숭이, 구세계원숭이를 포함하는 다양한 영장류와 비교하였다. 그 결과 붉은털원숭이와 개코원숭이에서 강한 선택이 작용했다는 것이 발견되었다. 또 한 수컷 교미 유형을 보이는 고릴라와 긴팔원숭이의 유전자가 퇴화의 길을 걷고 있다는 부가적인 단서도 포착되었다.

결론적으로 말하면 고환과 정자의 크기에서 정액의 구성을 결정하는 유전자에 이르기까지 다양한 증거를 보아도 인간이 생물학적으로 극심한 정자 경쟁에 적응했다는 단서는 전혀 찾아볼 수 없다. 반면 우리 종은 한 수컷이 관여하는 교미 단위를 가진 집단 내부에서 살도록 진화했음을 알 수 있다. 그러나 인간 진화 과정에서 남성들 사이에 어느 정도의 경쟁이 있었을 것이라는 증거도 존재한다.

교미 유형과는 별개로 정자의 크기는 완전히 다른 의미에서 매우 중요하다. 정자의 크기는 신체의 크기와 무관하다는 점을 기억해보자. 난자도 그렇고 신체를 구성하는 다른 세포의 크기도 마찬가지로 신체의 크기와는 무관하다. 일반적인 규칙이 있다면 신체가 큰 포유동물이 더 큰 세포가 아니라 더 많은 세포를 가진다는 것이다. 특기할 만한 것은 쥐여우원숭이가 자신보다 무게가 1,000배나 더 나가는 인간과 비슷한 크기의 성세포(정자, 난자)를 갖는다는 점이다. 또 대왕고래는 인간보다 3,000배나 무게가 더 나가지만 정자와 난자는 인간의 성세포와 크기가 그리 다르지 않다. 이런 놀라운 사실은 대체로 간과되어왔지만 중요한 문제를 제기한다.

포유동물의 난자는 눈에 간신히 보일 정도인, 문장의 마침표 크기 정도이다. 정자는 더 작아서 현미경의 도움 없이는 볼 수도 없다. 난자의 부피는 3만 개의 정자를 합한 것과 맞먹고 한 개의 후추열매 안에는 30억 개의 정자가 들어갈 수 있다. 정자와 난자의 크기가 작다는 의미는 이들 두 세포가 만나도록 설계하기 위해서 쥐여우원숭이보다 인간에서 보다 심각한 전술상의 문제가 발생한다는 것이다. 사정 후 인간의 정자는 쥐여우원숭이의 정자보다 10배나 먼 길을 헤엄쳐야 한다. 또 난자가 들어앉은 수란관은 10배나 더 넓다. 그러나 연료 탱크인 정자의 중간 부위는 쥐여우원숭이의 정자가 인간의 그것보다 다소 크다. 대왕고래에서 정자와 난자가 조우하기 위한 기술적인 문제는 가히 놀라울 정도이다. 정자는 인간의 것보다 거의 20배나 먼 길을 가야 하고 쥐여우원숭이보다는 200배나 더 헤엄쳐야 한다.

정자의 크기에 관해 계량화의 문제점이 없는 것은 아니지만 이 경우에는 신체의 크기를 고려하지 않고도 의미 있는 비교를 수행할 수 있다. 대신 정자의 크기는 우리에게 수정의 기작에 관한 정보를 제공한다. 정자와 그것의 중간 부위는 포유동물의 몸집이 커진다고 해서 비례적으로 증가하지 않는다. 따라서 정자가 암컷의 생식기관에서 움직여야 하는 거리는 동물의 몸집이 커질수록 늘어난다. 일반적으로 몸집이 큰 동물의 정자는 그에 상응하는 커다란 연료 탱크를 갖고 있지 않기 때문에 난자에 도달하는 데 도움을 줄 수 있는 부가적인 장치가 필요하게 될 것이다. 교미의 기작이 어떤 단서를 제공할 수 있을 것이지만 우리가 생각할 수 있는 결론은 뻔하다고 볼 수 있다. 즉, 특별히 몸집이 큰 동물에서 암컷의 자궁이나 수란관이 어떤 방식으로든 정자의 움직임을 도와야 한다는 것이다. 인간 여성도 이런 범주에 들어간다. 사정된 후 정자의 움직임을 돕는 뭔가가 반드시 작동해야 할 것이다. 아무런 도움이 없다면 인간의 정자는 한 시간에 고작 18센티미터를 헤엄칠 수 있다. 이런 속도로 자궁 경부에서 수란관 하단에 도착하는 데는 최소한 45분이 걸린다. 물론 그 정도의 거리를 움직일 만큼 에너지원이 충분하다는 전제 하에서다. 자연적으로 질에 사정을 하는 경우라면 그 거리는 더 늘어난다. 인간의 정자가 사정 후 움직이는 이런 기예를 비유적으로 설명한다면 그것은 잘 훈련된 수영 선수가 6킬로미터가 넘는 거리를 90분 동안 전력으로 헤엄치는 것에 비견된다.

사실상 눈에 띄지는 않지만 인간 여성의 자궁은 펌프질을 할 수 있는 것으로 판명되었다. 정자 자체가 움직이는 효과를 상쇄하기 위해 정자 대신 활력이 없는 입자를 사용해서 인간 여성의 운반 기제를 시험하려는 연구는 상당히 많이 진행되었다. 소를 이용한 초기 연구는 사정 후 정자가 불과 3분 안에 수란관에 도달한다고 말한다. 이런 결과에 자극을 받은 산과 의사 진 에글리^{Gene Egli}와 마이클 뉴턴^{Michael Newton}은 1961년 획기적인 실험에 착수했다. 그들은 자궁 절제술을 시행할 예정인 세 명의 여성들을 대상으로 배란 예정일 즈음에 수술을 진행하기로 결정했다. 수술 직전 그들은 탄소 입자가 떠 있는 용액을 여성의 질 안에 집어넣었다. 용액 주입 후 대략 30분 후 세 명 중 두 명의 여성 수란관에서 탄소 입자를 확인할 수 있었다. 따라서 이 30분은 자궁 내에서 입자가 이동하는 최대의 시간으로 간주할 수 있었다. 에글리와 뉴턴은 자궁 근육의 수축이 매우 중요할 것이라고 보면서 일종의 능동적 운반 기제가 반드시 존재해야 한다고 결론을 내렸다.

비슷한 맥락에서 1972년 부인과 의사 찰스 디보어 Charles de Boer 는 여성의 자궁과 수란관을 따라 입자가 이동하는 것을 다룬 논문을 발표했다. 디보어는 자궁을 제거하거나 수란관을 묶을 수술이 예정된 200명에 이르는 여성의 질 혹은 자궁의 여러 장소에 적은 양의 인디아 잉크를 주입하였다. 질에서 수란관으로 잉크가 이동한 경우는 전체 환자의 6퍼센트에서만 발견되었다. 그러나 자궁 경부에서 수란관으로 이동한 경우는 환자의 거의 3분의 1에 육박했다. 물론 자궁 안에서 수란관으로의 이동은 약 반 정도의 환자에서 관찰되었다. 일부 환자의 경우는 인디아 잉크가 수란관을 지나 복강 내로 흘러간 것도 발견할 수 있었다. 정자는 스스로의 힘으로 자궁 경부에 도달해야 하지만 거기서부터는 자궁 근육의 운동과 수란관의 활력 때문에 난소를 향해 움직일 수 있다고 디보어는 결론을 내렸다.

부인과 의사 조지 쿤츠 Georg Kunz 는 색다른 접근 방법으로 여성의 생식관을 따라 정자가 이동하는 것을 연구했다. 쿤츠와 그의 동료들은 두 가지 방법을 함께 사용했다. 탐침을 서른여섯 명의 여성의 자궁에 넣어 초음파를 기록하고 자궁 근육의 움직임을 기록하였다. 또 수동적인 정자의 움직임을 대신하기 위해 64명의 여성들 자궁 경부의 아래쪽에 정자와 크기가 비슷한 알부민 입자를 집어넣었다. 알부민 입자는 동위 원소가 표지되어 있어서 수란관을 따라 움직이는 모습을 곧바로 추적할 수 있었다. 알부민 입자가 수란관 입구에 도달하는 데는 불과 1분도 걸리지 않았다. 이 결과는 자궁이 펌프 같은 역할을 한다는 것을 뚜렷하게 보여준다. 사실 배란기 즈음에는 파도와 같은 자궁 근육의 움직임이 더욱 활발해지고 주로 자궁 경부에서 수란관에 이르는 정자의 운반을 돕는다. 여성들은 통상 한 주기에 하나의 난자를 왼쪽이든 오른쪽이든 한쪽의 수란관에만 방출한다. 쿤츠의 실험에서 매우 흥미로웠던 것은 표지된 입자가 난자가 방출된 쪽의 수란관으로만 움직인다는 사실이었다. 이런 결과는 다른 연구를 통해서도 확인된 바 있다. 그러므로 대부분의 정자가 수정이 일어날 곳에 다다르기 위한 기제가 틀림없이 작동하고 있다고 보아야 한다.

정자의 이동이라는 주제를 마무리하기 전에 흥미로운 관찰 결과를 하나 얘기하고 넘어가겠다. 감염의 결과 한쪽의 수란관이 막히는[32] 경우가 생긴다. 막힌 쪽 난소에서 난자가 방출될 때 막힌 수란관에서는 수정이 일어나지 않을 것이라고 예상할 수 있다. 그럼에도 불구하고 수정이 되는 경우가 발견되었다. 불행하게도 이 경우 태아의 착상과 발생은 막힌 수란관의 상부에서 시작된다. 수술이 불가피한 경우이다. 이에 관한 유일한 설명은 정자가 막히지 않은 수란관을 따라 막힌 쪽 수란관에 도착했다는 것이다. 막힌 수란관으로 방출된 난자에 도달하기 위해 정자는 거의 복강을 에돌아 헤엄쳐 가야만 한다. 난자에 도달하기 위한 정자의 끈기와 마지막 접

32 |　수란관은 난소에서 자궁에 걸쳐 있다. 여기서는 자궁 쪽이 막힌 경우이다. 따라서 난소에서 수란관으로 난자가 방출되는 것은 문제가 없다.

전까지 최선을 다해 헤엄치는 정자의 능력을 목격하는 것은 그 자체로 경이로움이다.

생식세포의 크기와 해부학 그리고 그것이 어떻게 사회적인 구조 및 생식 유형과 관련이 되는지 살펴보았다. 이제는 피할 수 없는 주제인 성교를 통해서 이들이 어떤 식으로 구별되는지 알아보도록 하자. 대중서를 보면 인간의 교미는 두 가지 특징이 있다고 말한다. 그것은 난소 주기와 관계없이 언제든 치러질 수 있다. 또 임신 중에도 성교가 가능하다. 이런 점에 착안해 데즈먼드 모리스는 인간이 성적으로 가장 활발한 영장류라고 기술했다. 그러나 독특하다는 이 두 가지 특징은 생물학적 증거와 충돌하는 면이 있다.

임신 중 성교가 인간에게만 독특하다는 것은 무지의 소치이다. 이런 신화가 어떻게 만들어졌는지는 쉽게 알 수 있다. 임신 중 교미는 생물학적으로 볼 때 참으로 부질없는 짓이다. 따라서 그런 일이 다른 동물에서는 일어나지 않을 것이라는 가정으로 편하게 연결된다. 그러나 임신 중 교미는 동물계에서 빈번하게 관찰되며 그런 사실이 알려진 것이 100년도 더 된다. 잠깐만 살펴보아도 임신 중 동물의 교미는 나무두더지, 마우스, 햄스터, 토끼, 돼지, 소, 말 등과 타마린, 짧은꼬리원숭이, 개코원숭이, 여우원숭이 및 침팬지와 같은 영장류에서도 종종 발견할 수 있다. 이런 행위가 호르몬과 관련이 있는지 밝히고자 붉은털원숭이를 이용한 실험이 수행되었다. 다른 동물에서 임신 중 교미는 주로 임신 초기에 행해지지만 시간이 지날수록 점점 뜸해진다. 그러나 이런 현상이 동물계에서 흔히 발견된다면 틀림없이 뭔가 특별한 기능이 있을 것이다. 다른 동물은 임신 기간 중 교미하지 않는다는 근거 없는 낭설에 휘둘리는 대신 우리는 뭔가 그럴듯한 설명을 찾아야 한다. 이것도 우리가 해답을 기다리고 있는 수수께끼다. 그러나 인간은 임신 말기에 성행위를 해도 일반적으로 문제가 될 것은 없다는 점은 언급하고 넘어가자. 일부 연구에 따르면 어떤 측면에서 이 행위는 이롭기까지 하다.

　난소 주기를 불문하고 언제든 성행위를 할 수 있는 유일한 동물이 인간이라는 말은 좀 짚고 넘어갈 필요가 있다. 이런 식의 구분은 잘못되었고 과장된 측면도 있기 때문이다. 여기서 중요한 점은 배란이 일어날 것 같지 않은 시기에도 성교가 이뤄진다는 것이다. 다시 말하면 인간은 내킬 때 언제든 성행위를 할 수 있다. 이런 빗나간 시기에 행해지는 성행위는 영장류를 제외하면 있다손 치더라고 거의 없다. 원원류[33]에서는(여우원숭이, 로리스원숭이, 타마린) 발견되지 않지만 원숭이나 대형 유인원에서는 빈번하게 발견된다. 사실 원인류[34] 거의 대부분이 난소 주기 대부분의 시간에 교미를 한다. 이 점에서 고릴라는 예외에 속한다. 배란기가 가까운 며칠 동안만 교미를 하기 때문이다. 그러나 일반적으로 원숭이나 대형 유인원은 난소 주기 중 일주일 넘게 교미한다. 어떤 종은 난소 주기와 상관없이 거의 아무 때나 교미를 하기도 한다. 전체적으로 교미는 황체가 존재하는 황체기보다는 배란으로 연결되는 여포의 성장 시기에 보다 빈번하게 이루어진다.

　대부분의 포유동물 암컷은 각 난소 주기의 제한된 시기, 하루에서 사흘 사이에 몰아서 교미를 한다. 이 시기 암컷들은 활발하게 구애를 할 것이고

---

33 |　여우원숭이, 로리스원숭이, 안경원숭이 등을 말한다. 좀 더 원시적인 영장류가 여기에 속한다.

34 |　고등 영장류를 말한다. 원숭이, 대형 유인원, 인간이 여기에 속한다.

가임기에 교미를 하기 위해 적극적으로 나서기 때문에 흔히들 '달뜬in heat' 상태라고 볼 수 있다. 1900년 생식생물학자 월터 히페Walter Heape는 암컷이 적극적으로 교미에 나서는 제한된 기간을 '발정기estrus'라는 말을 써서 표현했다. 이 용어는 '말파리'를 의미하는 그리스어 oistros에서 기원했다. 말파리과Oestridae는 약 150종 이상의 말파리를 포함하고 있다. 이들 기생 파리의 유충은 포유동물 숙주 몸 안에서 발생한다. 히페가 말파리와 암컷의 한껏 달뜬 상태를 서로 연결한 것은 아마도 말파리가 소를 광란 상태로 몰아가는 데서 착안한 것 같다. 이유야 어쨌든 발정기라는 용어는 포유동물 암컷이 교미할 준비가 되어 있는 특정한 시기를 일컫는 말로 자리 잡았다.

원원류 영장류 암컷도 다른 포유동물들처럼 매우 제한된 시간 동안 발정기를 갖는다. 반면 원인류는 난소 주기 전반에 걸쳐 시기의 제약을 덜 받은 채 교미를 한다. 이런 이유 때문에 생식생물학자 배리 케번Barry Keverne은 자신의 1981년 논문에서 발정기는 원숭이나 대형 유인원의 교미를 얘기할 때 써서는 안 되는 용어라고 말했다. 그러나 그는 옹졸하게 용어만 꼬집지는 않았다. 호르몬 작용을 통해 자신의 성적 흥분 상태를 적극적으로 광고하고 교미의 적극성을 보이는 대신 원인류 암컷들은 중추신경계가 관장하는 보다 포괄적이고 탄력적인 교미 행동을 취하게 되었다고 그는 생각했다. 케번이 처음으로 제시한 이런 가설은 상당히 많은 전문가들의 지지를 받았지만 그 자신은 잊혀진 측면이 없지 않다. 사실 발정기라는 말은 원숭이나 대형 유인원에서는 쓰기에 적당한 용어가 아니다. 이와 비슷하게 한동안 잊혀졌던 중요한 논점이 하나 더 있다. 원숭이나 대형 유인원 집단이 교미 기간을 확대한 것은 잘 알려져 있고 그것은 그들이나 인간 모두에게 독특한 형질이라는 점이다. 이런 발견이 새로운 것은 아니다.

『포유동물의 생식 유형$^{Patterns\ of\ Mammalian\ Reproduction}$』이라는 백과사전식 책을 저술한 생식생리학자 시드니 애스델$^{Sydney\ Asdell}$은 이미 80년 전에 붉은털원숭이가 그러한 교미 유형을 보인다고 보고했다. 인간이 그 한 극단임은 분명하다. 우리는 난소 주기에 관계없이 교미를 한다. 그러나 이미 4,000만 년 전 원숭이나 대형 유인원 혹은 인간의 공통 조상들도 어느 정도는 생리 주기의 제한 없이 교미를 할 수 있었을 것이다.

난소에서 난자가 나오는 배란기 즈음 제한된 시간에 이루어지는 포유동물의 교미는 선택의 폭이 그리 크지 않다. 건강한 정자가 역시 건강한 난자를 만나도록 할 것이기 때문에 우리는 배란기 근처에 집중되는, 엄격하게 제한된 교미가 진화했을 것이라고 생각할 수 있다. 포유동물의 정자는 사정 후 통상 이틀 정도 살아남지만 전형적으로 난자는 하루 이상 살지 못한다. 따라서 왜 암컷 포유동물이 배란기 근처가 아닌 다른 때 교미를 하려고 하는지 이해하기란 쉽지 않다. 만약 교미가 배란 시기와 일치하지 않는다면 오래된 정자가 신선한 난자를 수정시킬 수 있고 반대로 시들시들한 난자가 막 방출된 정자와 만날 수도 있을 것이다. 토끼나 쥐에서 수행된 초기 포유동물 실험은 오래된 정자나 난자가 수정될 경우 유산되거나 기형아가 태어날 가능성이 높다고 밝혔다. 그렇다면 원숭이나 대형 유인원, 혹 인간은 왜 건강하지 못한 성세포가 수정에 참여할 가능성이 높은 시기에까지 교미하게 되었을까? 우리가 지금껏 방치했던 이런 중요한 문제는 의학적으로 매우 심각한 의미를 함축하고 있다. 하지만 이와 관련된 것은 책의 마지막 부분에서 다시 거론할 것이다.

인간과 여러 종의 원숭이들, 짧은꼬리원숭이, 개코원숭이, 랑구르원숭이에서 침팬지에 이르는 대형 유인원들은 난소 주기 중간쯤에 배란을 한다는 충분한 증거가 있다. 따라서 이 중간 시기를 벗어난 교미는 여러 가지 문제를 야기할 수 있다. 배란기에서 며칠 어긋나면 수정이 일어나지 않을 것이다. 그러나 상황이 꼬여서 배란기 근처이지만 충분히 근접하지 않으면 노후화된 성세포가 수정에 참여할 수도 있다. 물론 원숭이나 대형 유인원 혹은 인간은 이런 심각한 문제를 피해갈 특별한 기제를 진화시켰을 것이라고 생각할 수 있다. 그렇지만 이런 가정은 또 다른 문제를 불러일으킨다. 왜 원인류 영장류 조상은 신선한 성세포가 수정할 가능성이 높은 포유동물의 보편적인 형질을 잃어버렸을까? 시기를 놓친 성세포가 수정에 참여하면 유산이나 기형아가 태어날 가능성이 높기 때문에 배란기에 맞추어 좁은 시기에 교미를 집중하는 방식이 선호되었을 것이다. 그렇다면 배란일이 아닌 시기에 교미하는 방법은 도대체 왜 진화된 것일까? 여기에는 심각한 다른 문제도 뒤따른다. 여러 마리의 수컷이 교미에 관여한다면, 난소 주기 전반에 걸쳐 교미 시기가 확대된 것은 특히 정자를 따라 암컷의 생식기관에 들어올 수 있는 세균 감염의 위험성도 커진다는 얘기다.

교미 시기가 확대되었다는 논쟁의 어디에서도 노후화된 성세포가 수정에 참여하면서 생길 수 있는 위험성에 대해 언급하려 들지 않는다. 의도적으로 이런 문제를 무시하면서 과학자들은 자못 상상력이 풍부히 가미된 설명을 하려 든다. 인류학자 낸시 벌리Nancy Burley는 교미 시기의 확대를 '은폐된 배란'과 연결시킨다. 이런 생각은 암컷이 배란하면서 수컷이 감지할 만한 뚜렷한 신호를 보내지 않는다는 가설에 바탕을 두고 있다. 여하튼 여기에는 서로 배타적이지 않은 세 가지 주된 가설이 있다. 첫 번째는 교미 시기가 늘어나면서 배우자간 친밀함이 배가된다는 가설이다. 데즈먼드 모리스는 『털 없는 원숭이』라는 책에서 이런 가설을 제기했다. 인류학자 리 벤슈프Lee Benshoof와 랜디 손힐Randy Thornhill은 1979년 파급력이 컸던 논문을 작성하고 일부일처제의 진화와 인간의 은폐된 배란에 대해 이렇게 말했다. "인간은 영장류 중에서 유일하게 일부일처제를 취하면서 무리지어 사는 방식을 선택했다. 또 인간 여성은 발정기의 배란을 겉으로 드러내지 않는 유일한 종이다." 실제로는 약 80종에 이르는 영장류들이 일부일처제를 취하고 대부분의 원숭이와 대형 유인원은 발정기에 국한된 배란 신호를 따로 보내지 않는다. 두 번째 가설은 암컷이 가임 기간을 연장하게 되면서 새끼의 부계가 누구인지 헷갈리게 한다는 것이다. 확장된 암컷의 교미 기간에 수컷이 배란 사실을 감지하지 못하면 누가 자식의 아비인지 확실하지 않게 될 것이다. 이런 기제가 작동하면 집단 내 수컷들 사이에 경쟁이 줄어드는 등 사회적으로 여러 가지 이점이 있을 수 있다. 세 번째 가설은 교미 기간이 확대되면서 수컷이 자식의 부양에 더 힘쓸 것이라고 보는 주장이다. 여기에 덧붙여 낸시 벌리는 특별히 인간에 적용될 네 번째 가설을 제시했다. 여성 자신도 배란 시기를 잘 알지 못하기 때문에 의도적으로 임신을 피하지 못한다는 것이다.

원숭이, 대형 유인원 및 인간의 난소 주기에 관한 표준 배란 시계 모델은 1920년대 생식생물학자 칼 하트먼에 의해 수행되었던 붉은털원숭이 연구에 큰 영향을 받았다. 부차적인 얘기가 되겠지만 그의 연구 덕택에 붉은털원숭이가 전 세계 영장류 동물실험의 표준이 되었다. 다른 것도 있지만 하트먼의 연구는 '가임 시기'라는 개념을 만드는 데 중요한 역할을 했다. 그러나 구세계원숭이 집단에서 수정이 난소 주기의 중간에 최고조에 이른다는 그의 연구 결과를 면밀히 조사해보면 사람들이 거의 신앙처럼 추종하고 있는 그의 해석 중 하나가 근본적으로 잘못되었다는 것을 알게 된다.

1932년 붉은털원숭이 교배에 관한 논문에서 하트먼은 한 달가량인 난소 주기 9일째부터 18일째 사이에 임신 가능성이 가장 크다는 그래프를 보여주었다. 가임기의 피크가 주기의 중간인 딱 14일째가 아니라, 주기의 3분의 1인 열흘에 해당하는 기간에 걸쳐 있다는 점을 주목하자. 그러나 정말 잘못된 것은 다른 데 있다. 하트먼이 제시한 그래프는 암수 한 마리씩 사육실에 집어넣은 다음 관찰한 단편적 결과에 의존하고 있다. 만일 하트먼이 짧은꼬리원숭이들을 난소 주기 전반에 걸쳐 무작위로 교미하도록 했다면 언제 임신이 최고조에 이르는지 보다 정확한 그래프를 얻을 수 있었을 것이다. 그 대신 하트먼은 주기 중반부에 교미를 하는 것이 보다 높은 빈도로 임신에 이를 것이라는 믿음을 가지고 있었다. 그래서 그는 실험 기간을 임의로 조정한 것이다. 그는 주기의 처음과 마지막 시기에 원숭이들의 짝짓기를 허용하지 않았다. 따라서 주기 중간에 임신율이 최고조에 달한다는 결론은 너무 앞서나간 것이다. 하트먼의 데이터를 이용해서 진짜 중간 주기 임신율을 알아보려면 주기의 모든 날에 걸쳐서 교미와 임신의 비율을 계산해야 할 것이다. 실제 이런 계산이 수행되자 주기의 중간에 최고조에 이른다는 가설은 설 자리를 잃게 되었다.

하트먼의 논문이 발표되고 40년이 지날 무렵 개코원숭이 집단에서 가임 기간을 보여주는 비슷한 그래프가 다시 소개되었다. 여기서는 임신이 가능한 교미가 주기의 9일째에서 20일째까지 12일에 걸쳐 있었다. 그러나 이 연구도 주기의 중간 시기에 국한해서 짝을 이루어 교미하도록 조정되었다. 하트먼의 붉은털원숭이 경우처럼 가임 교미의 비율을 계산하면 주기 중간 피크는 사라진다. 구세계원숭이 집단에서의 주기 중간 임신율에 관해 가장 많이 인용되는 두 논문이 면밀하게 관찰하면 이렇듯 형체 없이 무너진다.

난소 주기 중간에 배란과 임신이 최고조에 이른다는 명제는 두 부인과 의사가 1920년대와 1930년대에 수행한 연구에 기대어 일반화되었다. 바로 오스트리아의 헤르만 크나우스Hermann Knaus와 일본의 오기노 규사쿠Ogino Kyusaku가 주인공이다. 그들 말고도 더 있겠지만 크나우스와 오기노는 이른바 '난자 시계' 모델의 탄생에 결정적으로 기여한 사람들이다. '난자 시계'는 진짜 시계처럼 한 달 주기를 기계적으로 똑딱거린다. 크나우스는 토끼의 난소 주기가 인간의 그것에 부합할 직접적인 모델이 될 것이라고 믿었다. 그러나 그의 믿음은 틀렸다. 토끼의 배란은 유도될 수 있지만 여성이나 다른 영장류 암컷의 배란은 자발적으로[35] 일어난다. 오기노, 크나우스, 하트먼은 동시대 사람들이다. 붉은털원숭이에서 확보한 연구 결과가 인간 여성의 난소 주기와 임신을 해석하는 데 결정적인 영향을 끼친 것이다. 따라서 붉은털원숭이의 주기 중간 임신에 관한 하트먼의 관찰 결과가 인간 난소 주기의 표준 모델로 둔갑한 것이다. 오기노와 크나우스의 뒤를 이어 많은 과학자들이 인간 난소 주기 중 '임신 가능 기간'에 대해 언급했다. 오기노와 크나우스 모두 인간의 생리 주기가 들쭉날쭉하다는 점을 인정했지만 그들은 배란 이후 다음 생리가 시작할 때까지의 기간, 다시 말하면 황체기가 정확히 2주라는 잘못된 믿음을 고수했다.

---

35 | '유도된다'는 말은 교미를 해야만 난자가 나온다는 의미를 지닌다. 그렇지만 교미하지 않아도 성숙한 난자가 나온다는 의미에서 자발적이라는 말을 사용한다.

지금까지도 배란과 임신 가능한 성교가 인간 난소 주기의 중간에 일어 난다는 생각이 널리 퍼져 있다. 자주 인용되지는 않지만 단 한 번의 성교 로 임신에 이르는 시기가 중간이 아니라 난소 주기 전반에 걸쳐 있다는 증 거는 엄청나게 많다. 많은 데이터가 독일의 의학저널에 국한되기는 하지 만 최초의 연구 결과는 부인과 의사 요한 알펠트[Johann Ahlfeld]의 논문이 출간 된 1869년까지 소급된다. 그는 단 한 번의 성교를 통해 임신에 이른 여성 들의 임상 기록을 200건가량 검토했다. 이 기록에 따르면 생리 주기의 어 떤 날이라도 한 번의 성행위만으로 임신에 이르는 것이 가능하다. 그러나 그 빈도는 주기의 초반에 높게 나타났다. 사실 14일째가 아니라 생리가 시작되고 6일째 즈음에 최고조에 이르렀다. 이런 결과를 뒷받침하는 논문 은 최소 스무 편이 넘는다. 성교에 이은 임신은 어느 때라도 가능하지만 주기의 초반, 2주간에 집중된다. 단 한 번의 성행위로 임신에 이르는 경우 는 무척 다양해서 오랜 기간 집을 비웠다가 휴가차 집으로 돌아온 현역 군 인의 사례에서 또는 친자 확인 소송을 거친 산과 기록을 토대로 자료를 모 은 것이다.

지금까지 언급한 사례를 보면 물리적인 폭력이 동반되는 경우는 임신 이 잘되지 않는다. 그러나 강간을 당해 임신에 이른 경우도 난소 주기 전 체에 걸쳐 있다. 한 가지 예를 들어보자. 1947년 의사 G. 린젠마이어[Linzen-meier]는 정상적인 생리 주기를 가진 여성이 성폭력을 경험한 160가지 사례 를 분석했다. 그 결과 이들 여성 중 62명이 임신했다. 강간에 따른 임신은 생리 주기 3일째에서 18일째인 16일에 걸쳐 있었다. 린젠마이어는 이런 유형이 비정상적인 것이며 아마도 물리적 폭력을 수반한 강간에 의해 배 란이 유도되었을 것이라고 결론을 내렸다. 나중에 수의사인 볼프강 외술

Wolfgang Jöchle도 이런 해석을 받아들였다. 사실 영장류 암컷의 배란은 자발적으로 이루어지고 인간 여성에서 배란이 유도될 수 있다는 증거는 없다. 그렇지만 상당히 긴 기간에 걸쳐 성행위가 임신으로 연결되는 것이 인간 난소 주기의 정상적인 특성일 가능성은 매우 크다.

나도 4,000건이 넘는 사례를 다룬 10종의 연구를 비교 분석하여 최근에 논문을 썼다. 그 결과 부드러운 곡선 그래프를 얻었고 다음과 같은 결론을 얻을 수 있었다. 생리 주기 어떤 날에 성행위를 하더라도 임신에 이를 수 있다. 그렇지만 임신의 가능성은 후반부인 황체기에 비해 여포기인 주기의 초반에 더 높다. 분석 결과 얻어진 그래프는 주기의 초반부에 최고조에 이르렀고 주기의 중간인 14일째가 아니라 8~9일째에 가장 높게 나타났다.

이런 결론을 뒷받침하는 초기의 연구는 대체로 망각의 길을 걸었다. 일부 과학자들은 초기 연구가 호르몬 수치를 측정하는 방법이 아니라 정황적인 증거에 기초를 두고 있다고 하면서 그들의 결과를 믿을 수 없는 것으로 치부했다. 또 초기 연구는 생리 주기와 성행위 날짜 데이터를 확보하는 과정에서 개별 여성의 기억에 의존했기 때문에 그런 투의 '고백'은 과학적 증거가 될 수 없다고 생각했다. 그럼에도 불구하고 역학자인 앨런 윌콕스Allen Wilcox는 초기 연구 결과를 뒷받침하는 논문을 2000년에 발표했다. 그의 연구는 미국 노스캐롤라이나에 거주하면서 피임을 그만두고 임신을 계획하고 있는 200명 이상의 건강한 여성을 대상으로 진행되었다. 이들 여성들은 성행위를 한 날과 언제 생리가 시작되었는지를 낱낱이 기록했다. 정확한 배란 시기는 소변에서 검출된 호르몬 검사를 통해 확보할 수 있었다. 이들 중 60퍼센트에 이르는 여성들이 임신을 거쳐 출산했다. 임신이 최고조에 이른 날짜는 주기 12~13일째였다. 그렇지만 주기 6~21일째 사이라면 어느 날이라도 최소한 열 명에 한 명꼴로 임신이 가능했다. 이 범위 밖에서도 드물지만 임신이 가능했다. 윌콕스와 그의 동료들은 독일에서 수행된 초기 연구 중 하나를 주목하고 그 결과를 언급했다. 그들은 "우리는 여성들에게 생리 주기가 매우 규칙적이라 할지라도 가임 기간을 예측하기 힘들다고 말해야 한다. (…) 우리의 연구 결과는 생리 주기 중 임신을 피하기에 좋은 날은 거의 없다는 사실을 보여주고 있다."

1960년 부인과 의사인 요시다 유타카Yoshida Yutaka는 인공 수정에 사용하기 위해 증여된 정액을 대상으로 배란의 시기와 임신에 관한 가치 있는 정보가 담겨 있는 논문을 발표했다. 이 실험에 참가한 여성의 남편은 정자의 수가 거의 영에 가까웠기 때문에 모두가 불임이라고 간주되었다. 다른 시술자들과는 다르게 요시다는 한 주기당 오직 한 공여자의 정액을 이용해 인공 수정을 시행했고 다 합쳐서 전부 100건이 넘는 임신에 성공했다. 기초 체온과 자궁 경부에서 분비된 점액을 측정한 두 가지 간접적인 지표를 이용, 배란의 시기를 예측하고 시술에 가장 적합한 최적의 시간을 결정했다. 개별 여성의 생리 주기 중 예측된 배란 시기는 10일째에서 23일째 걸쳐 있었다. 요시다의 시술 성공률은 14일째가 가장 최고조에 이르렀으며 8~22일째 사이에서 비교적 안정된 성공률을 담보할 수 있었다. 여기에서 가장 흥미로운 점은 단 한 번의 인공 시술을 통해 임신에 성공한 날짜가 예측된 배란기를 기준으로 앞으로 열흘, 뒤로 나흘에 걸쳐서도 나타났다는 것이다. 이 결과는 인간의 정자가 인공 수정 후 최대 열흘까지 살아 있을 수 있다는 증거인 셈이다. 따라서 이는 일반적으로 정자의 수명이 이틀 정도라는 통념과 정면으로 배치되는 것이다. 비록 요시다가 인공 수정과 배란을 조율하기 위해 일관된 노력을 기울였지만 그도 생리 주기가 매우 다양한 자연적인 변이를 보인다는 점에서 애를 먹었다. 또한 성공적인 인공 수정의 비율이라는 면에서 요시다의 데이터를 다시 분석하자 뚜렷한 피크를 나타내지 못했다. 붉은털원숭이나 개코원숭이의 일회성 교미에서 보였던 것처럼 여기서도 똑같이 평평한 분포를 나타내었다.

인간이나 원숭이 혹은 대형 유인원이 난소 주기 상당 기간에 걸쳐 교미를 하고 임신에 이르는 것처럼 원인류 영장류에서 교미와 임신은 좀 독특한 뭔가가 있다. 이런 독특함이 무슨 의미를 가지는지는 전혀 예상치 못했던 곳에서 드러났다. 1982년 논문에서 동물학자 리처드 킬티[Richard Kiltie]는 약 50종의 포유동물 임신 기간을 조사하고 전체적으로 3퍼센트의 편차가 있음을 밝혔다. 그러나 그의 연구에는 모두 원인류인 다섯 종의 영장류가 포함되었는데 그들의 임신 기간은 편차가 더 컸다. 이 논문에 흥미를 느껴 나도 데이터를 수집했다. 27종의 비영장류 포유동물 임신 기간의 표준 편차는 2퍼센트였고 이는 12종의 원원류의 그것과 일치했다. 반면 15종의 원숭이와 대형 유인원의 표준 편차는 포유동물의 거의 두 배인 4퍼센트 정도였다.

이런 차이에 관해서는 두 가지 설명이 가능하다. 한 가지는 단순히 다른 포유동물에 비해 원인류 영장류의 임신이 보다 편차가 심하다는 것이다. 그렇지만 포유동물의 임신은 일반적으로 정확한 시간대를 보인다. 이런 정확성이 왜 원숭이나 대형 유인원에서는 지켜지지 않게 되었을까? 두 번째 가능성은 원인류 임신 기간의 커다란 변이는 임신을 예측하는 방법의 부정확성에서 비롯했을 수 있다는 점이다. 원인류 임신 기간에 대한 기록은 주로 동물원에서 사육하는 동물의 교미를 관찰하는 과정에서 얻는다.

뚜렷이 구분되는 발정기를 가진 포유동물의(원원류 영장류를 포함한다) 임신은 교미 시기를 관찰하면 비교적 정확하게 임신했다는 사실을 파악할 수 있다. 따라서 대부분 포유동물의 교미로부터 계산된 기간은 임신에서 출산에 이르는 기간을 실제적으로 나타낸다고 볼 수 있다. 그런 점에서 원숭이나 대형 유인원은 매우 다르다. 교미는 난소 주기 여러 날에 걸쳐 행해질 수 있기 때문에 교미가 관찰되었다고 해서 그것이 곧 임신으로 정확하게 연결되지 않는다. 사람들은 배란과 교미에 따르는 임신이 대개 난소 주기의 중간에 이루어지는 것으로 간주한다. 그러나 만약 임신이 다른 날에 행해진 교미 결과 이루어졌다면 그것으로 임신 기간의 커다란 편차를 설명할 수도 있는 것이다. 예를 들어 정자가 암컷의 생식기관에서 여러 날 생존할 수 있다면 그것 또한 교미와 임신 기간에 며칠 간격의 편차를 제공할 수 있다. 이런 가설은 직접 실험적으로 증명할 수 있다. 원숭이나 대형 유인원에서 기록된 임신 기간의 편차는 임신 사실을 정확하게 측정할 수 있는 수단이 있다면 반드시 줄어들어야만 할 것이다.

대형 유인원 수컷과 암컷의 성행위를 인위적으로 억제함으로써 보다 신뢰성 있는 정보를 쉽게 얻을 수 있다. 붉은털원숭이를 이용한 다양한 연구를 예로 들면 여기서는 공통적으로 암컷이 수컷에 노출되는 정도를 다르게 조절했다. 수컷에 노출되는 정도가 크면 임신 기간의 표준 편차는 포유동물이 일반적으로 보이는 것의 두 배인 5퍼센트 정도에 이르렀다. 수컷이 암컷과 만나는 시간을 하루 15분 이하로 했을 때 그 편차는 3퍼센트대로 떨어졌다. 그러나 정자가 암컷의 생식기관 어딘가에 저장될 수 있다면 교미 시간을 제한했다고 해도 임신 시간을 정확하게 예측하기는 쉽지 않을 것이다.

교미 행위를 관찰하는 데 의지하는 대신 정확한 배란 시간을 얻기 위해 이제 많은 연구자들은 암컷의 호르몬 수치를 측정한다. 소변이나 대변의 시료를 이용해서 호르몬의 수치를 측정하는 방법은 이전보다 훨씬 쉬워졌다. 암컷의 혈액을 반복적으로 취하는 곤혹스런 방법 대신 이제 난소 주기나 임신은 거의 자동적으로 측정이 가능해졌다. 1970년대 나는 런던동물학협회의 연구에 동참하면서 생식생물학자인 브라이언 시턴^{Brian Seaton}과 함께 고릴라의 소변 시료를 검사했다. 그 뒤로 나는 동료들과 함께 다양한 영장류에서 확보한 소변의 호르몬 수치를 조사했다. 취리히의 생식생물학자 크리스토퍼 프라이스^{Christopher Pryce}가 주도한 볼리비아의 끌디원숭이 연구에 참여하면서 우리는 정상적인 임신 기간에 관한 정보가 필요해졌다. 교미와 같은 간접적인 증거에 기반한 이전의 수치는 신뢰성도 떨어졌고 논란이 많았다. 끌디원숭이는 자주 교미하지도 않고 그 시기도 들쭉날쭉하면서 임신이 되더라도 교미를 하기 때문에 교미 자체는 임신 시기를 결정하는 데 믿을 만한 지표가 못 된다. 호르몬 데이터는 3일 이내의 오차 안에서 임신 시간을 결정하게 해주었고 그 결과 끌디원숭이의 평균 임신 기간은 152일로 확인되었다. 그 편차는 2퍼센트였다. 따라서 호르몬 수치를 정밀하게 측정하면 끌디원숭이와 같은 영장류의 임신 기간도 뚜렷한 발정기를 가진 포유동물 못지않게 정확한 예측이 가능하다.

반면에 인간은 임신 기간을 결정하는 데 어려움이 따른다. 여성들은 그 어떤 식으로도 가시적인 배란의 증후를 보이지 않는다. 의학계에서 임신 기간은 임신하기 직전 마지막 생리의 첫째 날로부터 계산한다. 그 결과 우리가 얘기하는 인간의 임신 기간은 9개월이 조금 넘는 40주이며 그 어떤 포유동물보다 더 길다. 그러나 생리 주기 중간인 14일째 임신이 되었다는 일반적인 통념을 따른다면 실제 인간의 임신 기간은 38주가 되어야 옳다. 1950년에 발표한 논문에서 의사 J. R. 깁슨^{Gibson}과 토머스 맥커운^{Thomas McKeown}은 1947년부터 영국 버밍햄에서 수집한 1만 7,000건이 넘는 자료를 통해 임신 기간을 조사했다. 그들은 자식을 한 명 출산한 여성의 자료만을 분석했다. 마지막 생리를 바탕으로 계산한 평균 임신 기간은 280일이었고 표준 편차는 5.5퍼센트가 넘었다. 그들이 확보한 자료의 숫자는 많았지만 인간의 임신 기간 표준 편차는 원인류 영장류나 전반적인 포유동물의 그것보다 더 컸다.

임신 시기를 정확하게 측정할 수 있다면 비인간 영장류와 마찬가지로 인간의 임신 기간도 그 편차가 줄어들 것이다. 가령 1939년 군인을 남편으로 둔 여성의 임신을 조사한 R. 뒤로프^{Dyroff}의 연구를 예로 들면 표준 편차가 4.5퍼센트로 내려간다. 후속 연구는 그 편차를 3.5퍼센트까지 줄였다. 임신 기간의 편차가 이렇게 줄어들 수 있다는 점에서 조금 면밀하게 조사하면 우리는 보다 실제적인 값에 접근할 수 있다고 생각할 수 있다.

불임을 치료하는 과정에서도 인간의 임신 기간에 관한 정보를 얻을 수 있다. 지난 수십 년 동안 수백만에 이르는 여성들이 인공 수정이나 시험관 수정과 같은 의학적 도움을 받아 임신했다. 이런 시술을 관찰하면서 우리는 인간 임신 기간에 관한 보다 정밀한 데이터를 얻을 수 있을 것이다. 그러나 이런 질문은 임신 전문가의 관심 밖이었고 엄청난 분량의 데이터는 정리되지 않은 채로 남아 있었다. 이 책을 쓰는 동안 일리노이 불임 센터 책임자인 하워드 해밀턴^{Howard Hamilton}을 알게 된 것은 내게 엄청난 행운이었다. 이 기관은 불임 치료에 관한 한 일리노이에서 가장 큰 곳이었고 그 장소를 둘러보는 것만으로도 절로 고개가 숙여질 정도였다.

해밀턴 박사 외에도 불임 전문가인 케빈 레더러^{Kevin Lederer}와 에런 리프체즈^{Aaron Lifchez}는 내가 제안한 정자 보관의 가능성 연구에 대해 상당히 호의적인 반응을 보였다. 실제 리프체즈는 내가 간과했던 중요한 요점을 깨우쳐주기도 했다. 현재 불임 전문가들은 성공 가능성이 높기 때문에 자궁 안으로 직접 정액을 넣어주는 자궁 내 인공 수정이라는 시술을 선호한다. 리프체즈 박사는 자궁 경부를 지나치는 자궁 내 수정을 얘기하면서 만약 자궁 경부가 정자를 보관하는 곳이라면 그런 시술이, 성교가 이루어진 날과 실제 수정된 날짜 사이의 간격을 없앨 수 있을 것이라고 말했다. 나는 이런 방식으로 자궁 내 인공 수정과 시험관 수정과 임신 결과를 분석하면 임신에서 출산에 이르는 인간 임신 기간을 보다 정확하게 계산할 수 있다고 예상했다. 환자들의 개인적인 정보를 보호한다는 전제하에 나는 인턴인 해나 코크와 함께 일리노이 불임 센터의 데이터에 접근할 수 있었다.

그러나 우리는 바로 암초에 부딪혔다. 필시 자연적인 여과 장치인 자궁 경부를 무사통과하기 때문에 시험관 수정과 자궁 내 인공 수정을 거친 임신은 조산으로 연결되기 쉽다. 따라서 임신과 출산 사이의 시간 차이는 편차가 더 커질 수도 있다. 따라서 우리는 임신 기간의 편차를 임신 기간의 정밀도의 지표로[36] 사용할 수 없다. 다행스러운 점은 출생 당시 아기의 체중 및 인공 수정과 출산 사이의 간격을 비교함으로써 얼마간 문제를 피해갈 수 있다는 것이다. 원리상 신생아의 체중은 자궁 내에 있는 시간에 비례한다. 그렇지만 출생 시 체중은 마지막 생리의 첫째 날에서부터 계산한

---

36 | 실험을 여러 번 반복했을 때 비슷한 값이 재현되는 것을 정밀도precision라고 한다. 여기서는 정확도accuracy를 쓰는 것이 의미에 맞는 것 같다.

임신 기간과 크게 관련이 없다. 이 문제도 임신 시기를 정확하게 예측하지 못하기 때문에 발생하는 것이다. 그러나 시험관 수정은 임신이 된 시간을 정확하게 계산할 수 있다. 약 300건의 사례를 분석하고 난 뒤 우리는 아기의 출생 시 체중과 시험관 수정, 출산 기간과의 관계가 일정하고 엄밀하게 조절된다는 것을 알게 되었다. 또 임신 시기를 정확하게 알 수만 있다면 자궁에서 보낸 시간은 출생 시 아기의 체중과 밀접한 관련이 있다는 사실을 재확인할 수 있었다. 이제 우리는 리프체즈가 제기했던 문제에 답을 할 수 있다. 100건에 가까운 사례를 분석한 결과 우리는 신생아의 체중과 자궁 내 인공 수정에서 출산에 이르는 기간 사이의 관계는 시험관 시술만큼이나 정확하다는 점을 알게 되었다. 이런 모든 것들이 시사하는 바는 정자가 실제로 자궁의 경부에 저장되기 때문에 이 부위를 피해서 자궁 내부로 직접 시술하는 것이 임신의 성공률을 높인다는 것이다.

인간이 언제 임신했는지 그 시간을 정확히 알기 어려운 이유는 부분적으로 배란 시기를 나타내는 눈에 보이는 외부 신호가 없기 때문이다. 많은 연구자들이 이를 '은폐된 배란'이라 부르며 이는 인간만의 독특한 현상이라고 말한다. 침팬지와 구세계원숭이들은 돌출되고 눈에 보일 정도로 성기 주변이 부풀어 올라서 배란 시기를 과시하지만 다른 대부분의 영장류들은 외부로 뚜렷하게 드러난 배란의 징후를 보이지 않는다. 원원류는 성적으로 부풀어 오르는 현상을 전혀 보이지 않는다. 신세계원숭이들도 마찬가지다. 대형 유인원 중 침팬지가 오히려 예외에 속할 정도로 성기 주변이 부풀어 오른다. 사실 성기 팽창은 쉽게 볼 수 있는 것이 아니어서 동물원을 방문한 사람들은 간혹 오해를 하기도 한다. 런던과 취리히 동물원의 관리자들은 침팬지 암컷의 성기 주변에 있는 보기 흉한 부위를 수술로 잘라버리지 않았느냐는 방문자들의 원망에 찬 편지를 내게 보여주기도 했다. 이런 팽창이 언제나 자연적인 것은 아니다. 그러나 침팬지 수컷들은 자신들이 영리하다고 생각할지도 모른다.

성기 팽창에 관한 한 가지 사실은 대부분의 유인원 영장류가 인간과 비슷해서 외부로 드러내는 배란의 징후가 없다는 것이다. 게다가 외부로 눈에 보이는 표시를 하는 경우가 있다 해도 그 신호가 언제나 믿을 만한 것이 아니라는 증거가 쏟아지고 있다. 원원류는 다른 포유동물처럼 발정기가 뚜렷하게 정해져 있기 때문에 적어도 배란의 시기는 간접적으로나마 알 수 있다. 반대로 유인원에서는 배란을 은폐하는 것이 예외가 아니라 거의 규칙에 가깝다. 따라서 은폐된 배란은 아마도 유인원의 공통 선조에서부터 유래되었을 것이다. 이와 함께 난소 주기 동안 여러 날에 걸쳐 교미를 할 수 있고 그 교미와 출산 사이에는 다양하지만 상당한 시간 격차가 있다. 정말 재미있는 질문은 이런 것이다. 그렇다면 왜 구세계원숭이와 침팬지는 배란의 시기를 나타내는 외부 신호인 두드러진 성기 팽창을 하게 된 것일까? 그러나 이것은 전혀 맥락이 다른 이야기이다.

인간 여성이 특징적으로 "발정기를 잃어버렸다"는 소문은 여기저기에 기록되어 있다. 그와 동시에 성적 자극이 어떤 형태로든 주기적인 변이를 보인다는 흥미로운 생각도 여전히 엄존한다. 어느 때라도 인간이 교미할 수 있다는 것도 그렇지만 또한 난소 주기를 지나는 동안 매우 뚜렷한 호르몬 수치의 변화를 보인다는 것도 사실이다. 이런 양상은 발정기를 갖는 원원류나 다른 포유동물에서도 똑같이 드러난다. 여러 가지 이유로 수백만 명의 여성이 자연적이든 합성한 것이든 정기적으로 스테로이드 호르몬을 복용한다. 그러나 그것이 성적 행동에 미치는 효과는 거의 알려진 것이 없다. 주기적인 변화와 성적 행동을 구분하기 위해서 우리는 인간의 난소 주기에서 호르몬 수치와 관련되는 어떤 변화라도 놓치지 말고 살펴보아야 한다.

1933년 해부학자 조르지오스 파파니콜라우[Georgios Papanicolaou]는 매력적인 논문을 썼지만 그의 연구는 오랫동안 세상의 관심 바깥에 있었다. 그가 연구한 주제는 난소 주기에 따라 여성의 질이 어떤 변화를 보이느냐에 관한 것이었다. 그보다 16년 전에 해부학자 찰스 스토카드[Charles Stockard]와 그는 햄스터의 질에서 취한 액체 시료 안에 들어 있는 세포를 검사함으로써 암컷 햄스터의 난소 주기를 연구할 수 있는 새로운 방법을 개발했다. 끈적끈적한 이 액체에는 적혈구, 백혈구와 많은 세균들 외에도 질 내벽에서 떨어진 세포들이 들어 있었다. 질의 도말[37] 표본을 검사하면 많은 포유동물의 배란 시기를 믿을 만하게 예측할 수 있다. 이와 관련은 있지만 파파니콜라우는 나중에 다른 연구로 매우 유명해졌다. 자궁의 목 부분인 자궁 경부에서 같은 방법으로 세포를 조사해서 암을 진단할 수 있었기 때문이다. 1943년 허버트 트라우트[Herbert Traut]와 함께 그는 "질 도말 표본에서 자궁암의 진단"이라는 논문을 썼다. 그의 이름을 따서 만든 '팝 도말'이라는 말은 지금 전 세계적으로 사용된다.

어쨌거나 유용한 정보가 실린 파파니콜라우의 1933년 논문, "질 도말 검사에 의한 인간의 난소 주기"는 망각 속으로 사라져갔다. 지난 30여 년

---

37 | smear라고 한다. 질 내부의 액상 물질을 현미경 슬라이드에 올려놓고 엷게 펼쳐놓은 것이다. 혈액도 비슷한 방법으로 조사한다.

동안 특별한 경우를 제외하고는 질의 도말 검사보다는 호르몬 수치를 잼으로써 난소 주기를 확인해왔다. 그렇지만 그의 발견은 여전히 유효하다. 난소 주기를 거치는 동안 질의 도말 표본에서 보이는 변화는 다른 포유동물들보다 인간 여성에서 더욱 변화가 심하다. 그러나 기본적인 양상은 큰 차이를 보이지 않았다. 1,000개가 넘는 질 도말 표본을 검사하고 파파니콜라우는 인간 여성의 난소 주기를 네 단계로 나누었다. 생리가 시작되는 첫째 날부터 7일째까지를 초기, 8~12일까지를 교접기, 그로부터 17일째까지를 증식기, 그리고 다음 생리를 시작할 때까지의 나머지 기간을 월경전기라고 했다. 교접기 동안 질 도말 시료는 쥐의 교미 시기에서 보이는 것과 유사한 양상을 보였다. 여기에는 특징적인 편평세포가 다량의 점액과 함께 포함되어 있었다.

파파니콜라우는 주기 8~12일째인 교접기를 특별히 임신이 이루어지기 쉽고 또 성적 열망도 강한 시기라고 말했다. 그러나 여기에 관해서는 논란이 많다. 어떤 사람들은 생리 바로 직전에 성적 열망이 최고조에 이른다고 보았으며, 생리 직전과 후에 두 번 최고조에 이른다고 보는 사람들도 있었다. 예를 들어 영국 여권 신장의 기수이자 1921년 영국에서 최초로 출산 조절 클리닉을 개설한 마리 스토프스 Marie Stopes 는 성적 열망이 두 번 최고조에 이른다고 말하기도 했다. 그녀는 매우 파급효과가 컸던 책『결혼과 사랑 Married Love 』에서(미국에서는 이 책이 1931년까지 금서였다) 건강한 여성의 자연적인 욕망은 생리하기 직전 2~3일 그리고 생리가 끝나고 8~9일째에 고조된다고 밝혔다.

1937년 과학자인 로버트 매컨스 Robert McCance 와 엘시 위다우슨 Elsie Widdowson 은 이 주제에 관한 획기적인 논문을 발표하였다. 그들은 표준 설문지를 작성하고 생리 주기를 지나는 동안 호르몬 수치와 여성 심리 사이의 관계를 조사했다. 지금으로부터 약 75년 전에 시도된 이런 설문 조사는 시작부터 난항에 부딪혔다. 의과대학의 학장이 "결혼하지 않은 대학생 여성이 성적 욕망을 갖는 것은 비정상적이기 때문에 이 설문지의 내용에 이의를 제기한다. 또 같은 이유로 이런 단어가 포함된 어떤 문서도 자신의 학교에서 회람할 수 없다"는 반대 의견을 제시했다고 논문의 저자들은 말했다. 그럼에도 불구하고 200명에 가까운 여성이 거의 800번의 완전한 생리 주기를 지나면서 응답한 데이터가 탄생하게 되었다. 응답자의 절반 이상이 미혼이었다. 결혼한 여성들은 한 번의 주기를 지나는 동안 최대 18회, 그러나 평균 5회 성교를 했다고 답했다. 놀라운 발견은 가장 교접을 자주 한 날은 이 주기의 8일째 되는 날이었다. 여포기의 중간에 해당하는 시기이다. 예상했던 것과는 달리 이날은 배란일이라고 간주했던 주기 14일째가 아니었다. 매컨스와 위다우슨은 이런 불일치에 대해 예언하듯 말했다. "정자가 여성의 생식기관 안에서 이틀 이상 살아남는 일은 좀처럼 드물다. 따라서 왜 여성의 성적 열망이 최고조에 이른 시간으로부터 7일이 지나서 배란이 시작되는지 도무지 알 수 없다."

그 뒤로 20년의 공백 기간을 거쳐 여성의 성적 욕망이 주기적으로 변한다는 문제가 다시 과학 연구의 대중적인 주제로 재조명되기 시작했다. 이 중 특기할 만한 것은 공중보건 과학자인 리처드 우드리Richard Udry와 나오미 모리스Naomi Morris가 연속해서 발표한 몇 편의 논문이다. 수많은 데이터를 분석하고 나서 그들은 여포기 중간에 성적 열망이 고조되는 시기를 구분할 수 있었다. 1971년 생물학자 윌리엄 제임스는 매컨스와 위다우슨 및 우드리와 모리스의 두 가지 데이터를 다시 분석하고 그들의 결론을 재확인했다.

1982년 정신과 의사인 다이애나 샌더스Diana Sanders와 존 밴크로프트John Bancroft는 여성의 성적 관심과 주기의 관계에 관한 설문 조사를 시행하고 재미있는 결과를 얻었다. 그들은 50명이 넘는 여성들의 정서와 성적 관심을 일기에 기록하게 한 다음 종합적인 분석을 시도하였다. 또한 하루건너 혈중 호르몬 수치를 검사하면서 생리 주기를 확인하였다. 그 결과 배우자와의 성적 활동은 주기적인 양상을 띠는 것으로 드러났으며 특히 여포기 중간인 6~10일째에 최고조에 이르렀다. 성적인 만족도도 마찬가지로 여포기 중간쯤에 가장 좋았다고 했다. 그러나 그와 동시에 다음 생리가 시작되기 전인 황체기 후반에 두 번째 피크가 나타났다. 어떤 여성들에게는 여성 자신과 배우자 중 누가 먼저 성적 구애를 시작했는지 물었다. 여성이 먼저 그랬든 서로 뜻에 맞아서 그랬든 그 시기도 여포기의 중간에 많이 몰려 있었다. 그러나 반대로 남성 배우자가 먼저 구애를 시작한 경우는 황체기에 더 많이 집중되었다. 전반적으로 이 연구는 성적 관심도 및 성적 행위가 증가하는 시기는 여포기 중간이라는 증거를 보여주었다. 또 황체기 후반에 성적 관심도가 커진다는 증거도 있었지만 어떤 경우든 배란기 즈음인 주기의 중간에는 그런 현상을 나타내지 않았다.

정신의학자 해럴드 스태니슬로우Harold Stanislaw와 생물학자 프랭크 라이스Frank Rice는 다른 방식으로 이 문제를 접근해서 성적 욕망과 주기 사이의 관계를 연구했다. 그들은 이전의 연구가 주기 전반에 걸쳐 성행위하는 시기가 어떤 분포를 보이는지 조사했다고 말했다. 비록 생리가 끝난 직후에 성행위가 자주 행해지기는 했지만 그 이유는 생리하는 동안 이들 두 배우자가 금욕을 했기 때문일 수도 있다. 성행위의 빈도는 일주일 중 어느 특정한 날, 상대 배우자의 의지, 남성이 먼저 시작하는 성행위 혹은 피임제를 사용하기 때문에 생리 주기의 중간에 성행위를 금하는 것 등 여러 가지 요인에 의해 영향을 받는다. 이런 모든 요소들은 성행위의 빈도와 여성 호르몬의 주기적인 변화의 상관관계를 약화시킨다. 스태니슬로우와 라이스는 따라서 전향적인 연구를 수행하였다. 여기서는 성적 욕망을 배란의 표시가 되기도 하는 기초 체온의 상승과 관련지어 기록하였다. 그들은 어떤 주기에서도 배란 예정일보다 성적 욕망이 며칠 앞서 나타난다는 사실을 발견했다.

  성적 욕망과 여성의 생리 주기 사이에는 매우 다양한 변이가 존재한다는 것이 지금까지 연구의 결론이다. 여기에는 많은 교란 요소가 존재할 것이기 때문에 그런 변이는 충분히 예상할 수 있다. 대부분의 경우 배란 시기는 직접 측정된 것이 아니라 추론에 의해 간접적으로 예측한 것이었다. 그럼에도 불구하고 여기에는 어느 정도 일반적인 경향이 존재한다. 여성이 경구 피임제를 사용할 경우 그 경향은 쉽게 변화한다. 스테로이드 호르몬을 복용하지 않으면 여성의 성적 자극은 생리가 끝나고 일주일 안에 최고조에 이른다(8일째에서 14일째 사이이다). 간혹 두 번째 피크가 다음 생리가 시작되기 전 일주일 안에 나타나기도 한다(4주 주기라면 22~28일째이다). 비록 성적인 관심이 주기를 따라 일정한 경향을 보이지만 그것이 혈중을 떠도는 호르몬과 어떤 관련이 있는 것처럼 보이지는 않는다. 또 생리를 시작하기 전에 보이는 성적 욕구에 대해서는 아직 이렇다 할 설명을 못하고 있다. 그렇지만 여포기 중간에 성적 욕망이 최고조에 이르는 것은 파파니콜라우가 질의 도말 분석을 통해 분석한 '교접기'와 거의 일치한다.

게다가 앞서 살펴본 것처럼 일정한 시간에 성적 관심이 고조된다는 데 대한 증거가 쌓임에 따라 임신에 성공하기 위해서는 생리가 지난 후 일주일 안에 교접하는 것이 좋다는 생각들을 하게 되었다. 우연의 일치일까?[38] 그러나 아마 그렇지는 않을 것이다.

---

[38] 파파니콜라우의 발견과 그 이후의 발견들이 우연의 일치가 아니라는 말이다.

4장
기나긴 임신과 출산의 어려움

HOW WE DO IT

시카고에 있는 필드 박물관은[39] 2006년 '진화하는 행성'이라는 이름으로 상설 전시관을 열었다. 그 뒤로 나는 틈나는 대로 지구 생명의 역사를 한눈에 살필 수 있는 이 전시관으로 향한다. 전시된 화석 중에서 내가 마음에 들어 하는 것은 와이오밍 지역의 한 퇴적물에서 발견된 5,000만 년 전의 가오리 화석이다. 원형이 기가 막히게 잘 보존된 덕분에 성체 암컷의 뼈대는 물론, 그 안에 자라고 있던 가오리 배아의 모습도 관찰할 수 있다. 가오리나 상어는 알 대신 새끼를 낳는 몇 안 되는 어류에 속한다. 영국의 자연사 박물관에 전시된, 임신한 어룡의 화석을 마주했던 일은 지금도 눈에 선하다. 어룡은 돌고래와 비슷한 파충류이며 2억 5,000만 년에서 9,000만 년 전 사이의 지구 해양을 헤엄치던 동물이다. 공룡이 멸종하기 약 2,500만 년 전에 어룡은 지구상에서 자취를 감추었다. 그러나 임신한 어룡의 화석은 그 뒤로도 많이 발견되었다. 가오리와 어룡의 골격 화석은 포유류가 아니면서 새끼를 낳는 여러 종류의 생물 중 두 가지 예일 뿐이

---

39 | 1893년에 설립된 필드 박물관은 시카고의 전설적인 백화점을 창립한 마셜필드사로부터 자금을 지원받아 건립되었다. 이 박물관의 백과사전적 수집품에는 생명의 진화, 고대 이집트 장례 풍습, 평원 인디언의 생활 등이 다양하게 망라되어 있지만, 가장 유명한 소장품은 세계에서 가장 크고 잘 보존된 티라노사우루스이다.

다. 사실 태생을 하는 비포유류 동물은 어류에도 있고 몇몇 양서류(산파두꺼비도 여기에 포함된다), 파충류인 소수의 도마뱀과 뱀에서도 발견된다. 포유류가 아닌 동물계에서 태생은 결코 보편적인 생활양식이 되지 못했고 조류는 아예 태생을 하지 않는다. 에너지와 노동의 측면에서 임신이 많은 비용을 부담해야 하는 것이라면 대체 태생은 어떻게 진화하게 되었을까?

성장할 수 있는 따뜻한 공간과 영양소를 어미가 충분히 제공하기 때문에 태생을 하는 포유동물은 태어날 때부터 뇌가 크다. 여기에 예외가 있다면 오리너구리, 바늘두더지와 같은 호주의 몇몇 단공류들이다. 이들은 아직도 예전 방식으로 알을 낳는다. 그러나 유대류와 태반 포유류를 망라하는 대부분 포유류의 수정된 알은 어미의 자궁 안에서 발생을 마친다. 따라서 태생을 하는 유대류와 태반 포유류 공통 조상의 기원은 약 1억 2,500만 년 전, 아니 그보다 더 이전까지 소급된다. 끝이 오돌토돌하고 뾰족한 어금니를 갖는 설치류와 흡사했던 다구치목multituberculates 초기 포유류 공통 조상은 자신의 사촌을 남기지 못하고 멸종했지만 1억 년 이상을 지구에서 살았고 지금으로부터 4,000만 년 전에 멸종되었다. 융합된 이들 동물의 조그만 자궁을 본 선구적인 고생물학자, 조피아 키엘란야보로브스카Zofia Kielan-Jaworowska는 원시 포유류 조상이 충분한 난황을 가진 알을 낳은 게 아니라 태생에 의해 조그만 새끼를 낳았을 것이라고 결론을 내렸다. 다시 말하면 인간 임신의 기원은 약 1억 4,000만 년 전까지 거슬러 올라간다.

인간의 임신은 꽤 오랜 진화 역사를 갖고 있다. 인간 생식의 다른 측면과 마찬가지로 이런 역사를 탐구하는 과정에서 때로 매우 중요한 질문에 대한 답을 얻기도 한다. 예컨대, 인간의 면역계는 우리 몸에 들어온 외부 단백질을 인식하고 제거하도록 진화했다. 그렇다면 왜 임신한 여성은 자

154

신과 사뭇 다른 단백질로 무장한 자궁 속의 배아를 제거하지 못하는 것일까? 태반의 침투력이 뛰어나고 배아의 단백질이 산모의 혈액 속으로 들어가는 것을 막을 수 있는 장벽이 거의 전무한 상태이기 때문에 이런 질문은 적절하다고 할 수 있다. 이 주제와 관련해서 태반이 자궁벽에 깊이 파고드는 것은 일반적으로 산모와 배아 사이의 효과적인 물질 교환을 위한 적응으로 간주된다. 이 점은 또 커다란 뇌와도 관련이 될 수 있다. 그렇지만 이런 식의 답변은 과연 신뢰할 만한 것일까? 아마도 다른 영장류와 전체 포유류를 포괄하는 비교 연구를 통해서만 보다 의미 있는 단서를 얻을 수 있을 것 같다. 인간의 임신 기간도 매우 기초적인 질문 중 하나이다. 앞장에서 언급했지만 배란은 쉽게 관측되지 않아서 임상 의사들조차 마지막 생리 시작일로부터 임신 기간을 손쉽게 계산한다. 이런 방법이라면 언제 출생하느냐에 대해 대략적인 예측을 할 수 있을 뿐이다. 좀 더 나은 방법은 없을까? 마지막으로 생식의 진화 역사를 이해하면 산모가 겪는 입덧과 출생 시기, 그리고 태반을 먹는 포유동물의 기원에 관한 정보도 얻을 수 있을 것이다.

태생은 두 가지 커다란 이점이 있다. 첫째, 안전하고 온도가 조절되는 동물의 내부에서 자손을 발생할 수 있다. 둘째, 자손에게 매우 효과적으로 어미의 자원을 배분할 수 있다. 둥지 안에 알을 낳는 것이 에너지와 자원의 엄청난 낭비를 초래할 수 있다는 점을 생각하면 태생의 이점을 쉽게 수긍할 수 있을 것이다. 일반적으로 매우 바지런한 조류조차 부화하는 과정에서 알의 온도를 유지하는 데 어려움을 겪고 포식자의 위험으로부터 자유롭지 못하다. 알을 낳은 뒤 배아를 키우기 위해 난황을 재가공해야 하는 방법도 그리 효율적이지는 않다. 태생이 이렇게 많은 이점을 갖고 있다면 왜 대다수 척추동물은 유대류나 태반 포유류처럼 난생 대신 태생하는 전략을 취하지 않았을까? 무작위 돌연변이와 유전자 재조합을 통해 생겨난 형질은 자연선택이라는 좁다란 바늘구멍을 통과해야만 한다. 따라서 유대류와 태반 포유류에서 이런 형질이 고착되었다면 전술한 이점이 초기 포유류에서 생존과 번식을 도왔을 것이라고 짐작할 수 있다.

그렇지만 태생이 우세한 형질로 굳어지기 위해서는 자연선택의 몇 가지 장벽을 넘어야 한다. 포유류에서 배아가 자궁의 내막과 연결되면 어미와 배아 간의 적합성 문제가 야기된다. 배아 유전자의 반은 부계로부터 유래하고 모계의 것과 다른 단백질을 많이 만들어내기 때문이다. 어미와 배아 간의 긴밀한 연결을 통해 영양소의 전달이 보다 효과적으로 이루어지겠지만 한편으로 모계의 면역계가 배아와 접촉할 가능성도 커진다. 어미가 외부의 단백질을 공격하여 제거하는 것은 매우 자연적인 반응이기 때문에 발생 중인 배아를 거부하지 못하도록 어미의 면역계는 작동을 멈추어야 한다.

물론 유대류와 태반 포유류는 태생을 할 뿐만 아니라 태어난 새끼에게 젖도 먹여야 한다. 알을 낳는 단공류도 젖을 먹이기 때문에 태생이 수유보다 나중에 진화했다는 것을 알 수 있다. 아마 태생에 따르는 수유는 동물계에서 매우 독특한 행위이며 포유동물의 성공적인 생존 전략이 되었을 것이다. 그러나 한편으로 이런 전략은 암컷에게 과도한 부담을 안겨준다. 암컷은 임신을 하고 수유도 해야 하지만 여기에 수컷이 기여하는 바는 매우 적기 때문이다.

태생이 왜 진화했는가를 알아보려면 우선 우리는 모든 것이 시작되는 현장인 자궁의 역사를 살펴보아야 한다. 물고기, 양서류, 파충류, 조류는 일반적으로 자궁을 갖지 않고 수란관을 통해 알을 밖으로 방출한다. 자궁을 갖는 것은 포유류뿐이다. 알을 낳는 단공류 수란관의 아래쪽 끝은 팽대해져 있어서 가끔 자궁이라 불리기도 한다. 그러나 완전히 발달된 자궁은 유대류와 태반 포유류에서만 발견된다.

대부분의 다른 신체 조직과 마찬가지로 암컷 포유류의 생식기관은 몸통 좌우에 거울상으로 배치된다. 몸의 한편에 있는 난소에서 나온 관이 생식관으로 발달하면서 수란관, 자궁, 외부 생식기를 구성하게 된다. 처음에는 왼쪽과 오른쪽 관이 따로따로 발달하지만 나중에 서로 합쳐진다. 예를 들어 태반 포유류의 왼쪽과 오른쪽의 외부 생식기는 몸통의 정중앙에서 만나 하나로 합쳐진다. 그러나 유대류는 조금 달라서 왼쪽과 오른쪽의 외부 생식관이 있고 그 중간에 특별한 산도가 형성된다.

외부 생식기와는 달리 암컷의 나머지 생식관 부위는 좌우측에 반씩 분포한다. 유대류와 대부분의 태반 포유류의 자궁방은 개별적인 수란관으로 연결되어 양쪽에 두 개 분포한다. 심지어 거대 태반 포유류인 코뿔소, 코끼리, 고래도 "뿔이 두 개 달린 형태인" 두 개의 자궁을 갖고 있다. 아주 소수의 태반 포유류만이 예외적으로 몸통의 정중앙에 하나의 자궁을 갖는다. 고등 포유류(원숭이, 대형 유인원, 인간)와 나무늘보, 아르마딜로, 몇 종류의 박쥐는 하나의 방으로 이루어진 자궁을 갖고 있다. 그러나 여우원숭이, 로리스원숭이, 안경원숭이 등 하등 태반 포유류는 대개의 포유동물처럼 원시적인 두 개의 자궁방을 지닌다. 따라서 한 개의 방으로 구성된 자궁은 고등 포유류의 새로운 진화적 참신성이며 약 4,000만 년 전 이들의 최초의 공통 조상이 지녔던 형질이다.

하나의 방으로 구성된 자궁을 가지고 있기 때문에 인간 여성은 고등 포유류 공통 조상의 후손임을 짐작할 수 있다. 진화적 배경을 이해하는 것은 의학적으로도 매우 중요하다. 발생 과정에서 문제가 일어나기도 하기 때문이다. 발생 과정의 초기에 인간의 생식선은 원시 포유류의 궤적을 따른다. 과거의 진화 단계를 암시하듯 간혹 생식선의 좌우가 합쳐지지 않는 경우가 임상에서 관찰되기도 한다. 두 개의 자궁을 갖는 것은 매우 드문 현상이며 3,000명당 한 명꼴로 발견된다. 이때는 외부 생식기도 두 개다. 자궁이 두 개 있는 경우에도 정상적으로 임신이 이루어질 수 있다는 점은 놀랍다. 다만 한 번에 여러 명의 아기를 낳는 다생아 출산을 할 수 있고 조산의 위험이 커진다.

그러나 자궁이 하나인 포유동물은 오히려 예외에 속한다. 따라서 하나의 자궁은 분명 어떤 특별한 선택적 압력의 산물이어야 한다. 또 이는 하나의 새끼만을 낳도록 고등 포유류가 적응을 한 것과 분명 관련이 있을 것이다. 6장에서 살펴보겠지만 고등 포유류는 모두 한 쌍의 유두만을 가지고 있으며 전형적으로 아기 하나당 한 쌍의 유두를 갖는다. 영장류가 아닌 동물로 시선을 돌리면 나무늘보는 새끼를 한 번에 한 마리 낳는다. 얼핏 보기에 아르마딜로는 이런 규칙을 벗어나 있는 것처럼 보인다. 자궁이 한 개이지만 새끼를 한 번에 여러 마리 낳기 때문이다. 그러나 여기에는 반전이 있다. 아르마딜로의 모든 새끼는 단일클론이며 하나의 수정란이 여러 차례 분열을 거듭한 결과다. 이 말이 의미하는 바는 아르마딜로의 공통 조상이 의심할 여지없이 하나의 새끼를 낳도록 적응했다는 것이다. 아르마딜로의 이러한 독특한 복제 양상은 나중에 이들이 더 많은 새끼를 낳도록 하는 경향이 점차적으로 선택된 결과일지도 모른다. 하나의 새끼를 낳는 적응적 원시 형질이 하나의 자궁을 가지게 된 이유를 부분적으로 설명하지만 그게 다는 아니다. 비록 일부 하등 포유류가 한 번에 둘 혹은 네 마리의 새끼를 낳지만 대부분이 하나 혹은 한 쌍의 유두만을 가지기도 하기 때문이다. 하등 포유동물을 포함해서 많은 다른 포유류 동물은 하나의 새끼를 낳고 한 쌍의 유두, 그리고 두 개의 방으로 구성된 자궁을 갖는 경우가 가장 흔하다.

한 개의 자궁을 갖는 진화적 궤적을 보다 정확하게 추적하기 위해서 우리는 중간 단계를 살펴볼 필요가 있다. 영장류에서는 그런 중간 단계에 해당하는 잃어버린 고리를 찾기 힘들지만 일부 박쥐는 그 중간 단계를 여실히 보여준다. 첫째로 지적해야 할 것은 하나의 방으로 구성되었거나 전이 단계의 두 자궁을 가졌거나 상관없이 모든 종류의 박쥐는 한 마리의 새끼를 낳으며 한 쌍의 유두를 가진다는 점이다. 여기 어딘가에 하나의 자궁과 다른 자궁 사이에 연결점이 있다. 서로 다른 종의 박쥐에서 매우 다양한 중간 단계가 관찰된다. 크기가 작은 하나의 자궁과 그보다 더 큰, 두 개의 자궁을 갖는 종이 있는가 하면 완전히 하나의 자궁을 갖고 있는 것도 있다. 자궁의 이런 다양한 변이가 암시하는 점은 아마도 나무늘보나 유인원, 아르마딜로가 몸통의 중앙에서 두 개의 자궁을 하나로 융합했다기보다는 하나의 자궁을 희생하면서 다른 자궁의 크기를 키웠다는 것이다. 그러나 아직 미해결의 문제들도 산적하다. 왜 한 쌍의 유두를 지닌 채 하나의 새끼를 낳는 많은 포유류가 여전히 두 개의 자궁을 갖고 있을까?

포유동물의 임신은 성교와 함께 시작된다. 포유동물의 임신은 하나의 정자가 난자를 수정시키는 수태와 함께 시작한다. 수정은 조금 부풀어 오른 수란관인 팽대부에서 시작된다. 초기 배아는 수란관을 따라 아래로 이동하면서 자궁을 향한다. 열흘이 소요되는 이 여행 중에도 배아는 세포 분열을 계속한다. 자궁에 도착한 배아는 약 100개 정도의 세포로 구성된 움푹 파인 공 모양의 배반포^{blastocyst}이다. 빠른 분열에도 불구하고 배아의 크기는 거의 변하지 않은 채로 있다. 배반포가 자궁 내벽에 결합하는 과정인 착상^{implantation}이 일어나지 않아 아직 어미로부터 아무런 영양분도 공급받지 못하기 때문이다. 배반포의 바깥층인 영양막세포^{trophoblast}가 자궁벽에 근접한 다음 내막 쪽으로 차츰 침범해 들어간다. 이렇게 태반이 만들어지기 시작한다. 대부분의 유인원을 포함한 포유동물은 일반적으로 배반포가 자궁에 살짝 붙어 있다. 반면 대형 유인원과 인간의 배반포는 실제 굴을 파고 들어가듯이 자궁 내벽에 구멍을 만들어 그 작은 공간을 에워싼다. 이렇게 자궁 내벽에 틈을 내고 착상하는 것은 포유동물에서 흔한 일이 아니다. 이런 일이 왜 일어나는지 아직 잘 모르지만 과학자들은 배반포에 한 겹의 보호막을 더 제공함과 동시에 태반의 발생을 한층 더 촉진할 것이라고 추측하고 있다.

착상을 통해 어미와 뱃속 새끼를 연결하는 직접적인 통로가 마련된다. 이제 어미로부터 새끼에게 직접 영양분이 공급되고 새끼에게서 나오는 노폐물도 태반을 통해 즉시 제거할 수 있다. 이쯤에서 자궁 안에서 발생하고 있는 생명체에 관한 용어를 명확히 하고 이야기를 계속해보자. 배아^{embryo}와 태아^{fetus}는 종종 뒤섞여 사용되지만 생식생물학자들은 두 용어를 구분해서 쓴다. 배 발생의 초기 시기에는 서로 다른 조직이 만들어지고 기본적인 몸통의 틀이 마련된다. 수태와 함께 시작되어 착상 단계를 지나면 태반을 통해 배아에게 영양분이 제공된다. 태아는 주요한 각각의 기관이 만들어진 상태의 생명체를 일컫는 말이다. 뇌, 심장, 소화기관 및 요로생식기관을 알아볼 수 있게 된 연후부터 출생 시기까지다. 배아와는 달리 태아는 크기만 다를 뿐 신생아와 거시적으로 다를 바가 없다. 인간 발생에서 배아 시기는 수태 후 8주간 지속된다. 태아 시기는 그 뒤로부터 출생할 때까지 나머지 약 30주를 지칭한다.

이제 임신 기간의 문제로 다시 돌아가서 인류학자인 메리 리키^{Mary Leakey}의 일화를 들어보자. 그녀의 책 『과거를 찾아서^{Disclosing the Past}』를 보면 1948년 10월 2일 케냐의 루싱가 섬에서 2,000만 년 된 프로콘술 화석유인원[40]을 발견했던 당시를 회상하는 장면이 나온다. 리키는 "매우 흥분되는 일이며 전 세계 인간 고생물학자들을 열광하게 할" 것이라고 그 발견의 의미를 되새겼다. 지금까지도 프로콘술은 인간과 유인원이 속한 동물 그룹의 초기 진화를 짐작할 수 있는 핵심적인 화석으로 남아 있다. 이 위대한 발견은 한편으로 다른 의미도 포함하고 있다. "우리 발견에 대한 환호성이 수그러들고 다시 카트완가 캠프로 돌아왔을 때 루이스와 나는 이를 축하하기로 마음먹었다. 우리는 조금 들떠 있었고 서로에 대해 만족했다. 우리가 자축하는 가장 좋은 방식은 아마도 새 아이를 갖는 것이었으리라." 그날로부터 262일이 지난 1949년 6월 21일에 아들 필립이 태어났다. 여기에서 우리는 인간의 임신 기간에 관한 확실한 기록을 찾을 수 있을 것

---

40 │ 메리는 1948년에 케냐의 빅토리아 호에 있는 루싱가 섬에서 중요한 화석을 발견했다. 그것은 약 1,800만 년 전에 살았던 유인원과 비슷한 동물인 프로콘술 아프리카누스*Proconsul africanus*의 두개골과 턱뼈 조각이었다.

같다. 상징적인 의미에서 메리의 책은 우리의 기원을 찾는 과정이 인간의 생식에 어떤 기여를 했는지에 관한 문서가 될 수도 있으리라.

모든 포유동물에서 임신 기간 혹은 회임 기간은 수태에서 출생에 이르는 시간이다. 이전 장에서 언급했지만 포유동물의 임신 기간은 일반적으로 매우 엄격하게 조절된다. 거칠게 말해서 표준화된 임신 기간의 편차는 ±2퍼센트이다. 수태에서 출산까지 인간의 임신 기간이 38주이고 날짜로 따지면 266일이라면 이 말이 의미하는 바는 무엇일까? 약 3분의 2에 해당하는 정상적인 출산이 평균 266일에서 앞으로 뒤로 5일간의 편차를 갖는다는 말이다. 프로콘술의 발견에서 이어진 리키의 출산은 262일이 걸렸고 이는 허용 오차 범위인 261~271일 사이에 들어간다. 그러나 20명 중의 한 명꼴로 여성은 38주에서 앞뒤로 2주보다 더 큰 편차를 보이며 출산을 한다고 한다. 비록 대부분의 여성이 36주에서 40주에 해당하는 임신 기간을 갖는다고 해도 발생이 복잡다단한 과정을 거치는 생물학적 마라톤이라는 점을 감안하면 이 정도는 꽤 정확한 수치라고 할 수 있다. 그렇지만 앞뒤로 2주라는 범위에서 출산 일자를 예측하는 것은 여전히 좀 모호하다. 바쁜 현대 여성이 이런 부정확한 정보를 바탕으로 무슨 계획을 세울 수 있겠는가?

수태한 날이 아니라 수태하기 전 마지막 생리의 첫째 날을 기준으로 해서 출산일을 계산하는 실제 임상에서는 사실 문제가 더 심각하다. 1812년 이래 임상 의사들은 내글르 법칙Nägele's rule에 따라 출산일을 예측해왔다. 마지막 생리 시작일로부터 일 년을 더한 다음 거기서 3달을 빼고 다시 7일을 더하는 것이다. 그러면 임신 기간이 대략 40주가 된다. 평균적으로 마지막 생리의 첫째 날로부터 약 2주 뒤에 배란이 시작된다. 따라서 의학상의 정의에 따르면 실제 임신 기간은 약 38주에서 그만큼(2주) 늘어나는 셈이다. 앞장에서 소개한 깁슨과 맥커운의 버밍햄 지역 연구는 표준 편차를 ±5.5퍼센트로 제시했다. 이에 따르면 약 3분의 2에 해당하는 여성들은 마지막 생리를 기준으로 닷새가 아니라 40±2주에 해당하는 편차를 보이는 것이 정상 범주에 속한다. 그렇다면 95퍼센트의 여성은 36주에서 44주 사이에서 출산일이 결정된다. 아직도 여전히 스무 명의 여성 중 한 명꼴로 예상된 날에서 한 달이 넘거나 모자란 시기에 출산한다. 이보다 더 나은 계산 방식이 없는 한 여성은 임신 후기의 몇 주를 불확실한 상태로 지내야 한다.

인간의 임신 기간에 큰 변수가 있는 데는 다른 이유도 있다. 대개의 여성은 한 명의 아이를 낳는다. 지금까지 우리는 한 명의 아이를 출산한다는 전제하에서 얘기를 끌어왔다. 그러나 한 배에서 한 명 이상의 자식이 태어날 수 있고 그 경우는 미국에서만 연간 10만 건을 웃돈다. 아기를 한 명 이상 출산한다면 이야기는 달라진다. 이유는 간단하다. 자궁의 크기가 무한정 늘어날 수 없기에 발생하는 태아의 수가 늘어날수록 그들의 크기가 줄어들고 임신 기간도 짧아진다. 또 태아의 수가 늘어날수록 임신 확률도 기하급수적으로 줄어든다. 북아메리카에서 쌍둥이가 태어날 확률은 83건당 하나이다. 세쌍둥이가[41] 태어날 확률은 8,000건의 임신당 한 건이다. 쌍둥이가 태어나는 것은 이상할 것이 없지만 세쌍둥이는 드문 편이다. 네쌍둥이, 다섯, 여섯, 일곱, 여덟, 아홉 쌍둥이로 갈수록 그 확률은 급속하게 줄어든다. 지금껏 아홉 쌍둥이 출산은 몇 차례 보고된 바 있지만 사산되거나

---

41 | 세쌍둥이라는 말은 논리적 모순이지만 그냥 사용한다. TV방송을 보면 삼둥이라는 말도 사용하던데 좀 억지스러운 면이 있다.

설사 태어났다고 해도 며칠을 못 넘기고 죽었다. 아홉보다 더 많은 태아를 임신한 사실은 아직까지 보고된 바 없다.

1895년 독일의 의사인 디오뉘스 헬린$^{Dionys\ Hellin}$은 다둥이 출산에 관한 매우 흥미로운 규칙성을 발견했다. 만약 쌍둥이가 태어날 확률이 예컨대 1/80이라면 세쌍둥이가 태어날 확률은 $1/80^2$(1/6,400)이고 네쌍둥이는 $1/80^3$(1/512,000)이었다. 이런 패턴을 따른다면 아홉 쌍둥이가 태어날 확률은 1,677,721,600,000,000분의 1이다. 이런 식의 계산은 자궁 안에 여분의 태아가 들어설 확률이 80건당 하나라는 가정에 딱 들어맞는다. 이것은 헬린의 법칙으로 알려져 있지만 실제 경험에서 얻은 법칙이다. 이런 확률은 시간에 따라서도 달라진다. 산모의 나이가 많으면 자연적으로도 쌍둥이를 낳을 확률이 높아진다. 이 확률은 지역에 따라서도 또 같은 지역이라도 시간에 따라 다르다. 2011년 네덜란드의 경제학자 예룬 스미츠$^{Jeroen\ Smits}$와 사회학자 크리스티안 몬던$^{Christiaan\ Monden}$은 개발도상국에서 쌍둥이 출산 확률에 관한 광범위한 조사 결과를 발표했다. 그 결과에 의하면 동아시아에서 쌍둥이 출산의 확률은 상대적으로 낮았다. 남부 아시아, 동남아시아도 전반적으로 낮아서 약 130건당 하나꼴로 쌍둥이가 태어났다. 라틴아메리카도 비슷했다. 자주 언급되듯이 나이지리아에서 그 확률은 매우 높았고 아프리카 전체를 보아도 60분의 1로 높은 경향을 보였다. 독보적인 일등은 나이지리아 베닌 시 인근으로 35분의 1이었다. 아프리카와 아시아가 양 극단에 있다면 유럽, 북아메리카는 그 중간 정도인 80분의 1 정도였다.

역학자인 토머스 맥커운과 레지널드 레코드$^{Reginald\ Record}$는 1952년 태아의 수가 늘어날수록 출산 기간이 규칙적으로 줄어든다는 기념비적인 논문을 발표했다. 마지막 생리가 시작된 날로부터 계산된 임신 기간은 한 명의 아기를 낳을 경우 40주이다. 그러나 쌍둥이인 경우 37주, 세쌍둥이는 35주, 네쌍둥이는 34주였다. 그러므로 네쌍둥이는 홀로 태어나는 경우보다 6주 빨리 나온다. 다시 말하면 여러 쌍둥이를 낳을 경우 의학적 임계값인 37주보다 더 빨리 출산할 확률이 늘어난다. 조산아가 되는 것이다. 한 명의 아기를 출산할 경우 조산의 확률은 10분의 1이지만 쌍둥이는 10분의 5, 세쌍둥이는 10분의 9이다.

예상하다시피 임신 기간이 짧아짐과 동시에 태아의 체중도 줄어든다. 맥커운과 레코드에 따르면 단산인 경우 평균 체중은 3.4킬로그램이지만 쌍둥이는 2.38킬로그램, 세쌍둥이는 1.8킬로그램, 네쌍둥이는 1.4킬로그램이었다. 네쌍둥이 각각의 체중은 혼자 태어난 신생아 체중의 절반도 안된다. 그렇지만 모든 아기의 체중을 다 합하면 홀로 태어날 경우 3.4킬로그램, 쌍둥이는 4.76킬로그램, 세쌍둥이는 5.4킬로그램, 네쌍둥이는 5.6킬로그램이다.

홍미로운 사실은 임신 27주가 될 때까지는 태아의 체중이 다둥이이거나 아니거나 별 차이가 없다는 점이다. 그러나 이 시기를 지나면서 체중의 변화가 확연해진다. 다둥이 태아의 성장이 지체되는 것은 아마도 자궁의 크기에 따른 제약일 것이다. 아마도 태반이 더 커지지 못하기 때문인 것 같다. 자궁이 부풀고 팽창하면 의심할 것 없이 조산하기 쉬워진다.

앞에서 말했듯이 다섯 이상의 태아를 임신할 확률은 매우 적다. 그래서 이들의 임신 기간과 출생 시 체중에 관한 신뢰할 만한 기록은 아직까지 없다. 그러나 태아의 수와 임신 기간, 체중이 일정한 규칙성을 보이기 때문에 그 값을 예측할 수는 있다. 예를 들어 여덟 쌍둥이라면 평균 임신 기간이 31주이고 신생아 체중이 0.9킬로그램으로 계산된다. 아기의 무게를 다 합치면 무려 7.2킬로그램이다. 미국에서 여덟 쌍둥이에 대한 기록은 1998년 텍사스에서가 처음이다. 여섯 명의 여아, 두 명의 남아가 태어났지만 그중 한 명은 나중에 죽었다. 나머지 일곱 명은 살아남아서 열 번째 생일을 맞았다. 2009년 나디아 슐먼^{Nadya Suleman}이라는 여성은 미국에서 두 번째로 여덟 쌍둥이를 출산했다. 2년을 무사히 보낸 여덟 아이의 출생 시 평균 체중은 1.13킬로그램이었다. 그들은 자궁에서 30주를 조금 넘겨 세상에 나왔다. 단산일 때의 평균인 40주에 비해 거의 10주나 빨리 태어난 것이었다. 이들의 평균 체중과 임신 기간은 예측한 것과 얼추 맞아떨어진다.

1970년대가 지나면서 많은 나라에서 다둥이 출산 비율이 늘어났다. 그 이유는 출산을 돕는 현대적 기법들이 발달했기 때문이다. 여기서 특기할 만한 것은 시험관에서 수정한 배아를 자궁으로 옮기는 방법이다. 수정을 위해 난자를 채취할 때 흔히 호르몬을 처치하고 임신의 가능성을 높이기 위해 한 번에 여러 개의 배아를 이식하는 것은 흔한 일이다. 자궁 안에 10명, 11명 심지어 15명의 태아가 보고된 것도 바로 이런 기법의 사용과 관련이 있다. 여덟 쌍둥이 태아를 보고한 19건 중 13건이 임신 촉진 약물의 도움을 받은 것이었다. 자궁에 태아가 늘어날수록 조산의 위험이 커지기 때문에 이런 시도는 면밀한 주의를 기울여야 한다. 이런 이유로 산부인과에서는 자궁에 이식하는 배아의 숫자를 엄격하게 제한해야 한다는 규제를 민감하게 받아들인다. 나디아 슐먼의 여덟 쌍둥이 출산에 책임이 있는 의사인 마이클 캠라바^{Michael Kamrava}는 조사 결과 12개의 배아를 이식했다. 그의 행위가 무책임하다고 판단한 미국생식의학회는 그를 제명했고 캘리

포니아의사협회는 그의 면허를 취소했다. 이 조처가 과하다고 판단한 법정은 형량을 줄여 5년의 집행유예를 선고했다.

한 명의 태아를 수태한 경우조차도 매우 폭넓은 편차를 보이는 인간의 임신 기간은 배란이 언제인지가 불확실하기 때문에 나타나는 현상이다. 또 임신의 실제 주기도 불확실하다. 표준화된 '난자 시계' 모델에 따르면 여성은 한 달에 육박하는 연속적인 생리 주기를 가진다. 임신이 될 때까지는 주기가 계속되고 그 주기의 중간쯤에 배란이 일어난다. 난자가 정자와 만나 수정이 되면(혹은 임신이 되었다고 믿으면) 생리는 자동적으로 멈춘다. 따라서 마지막 생리 시작일로부터 며칠 후가 임신이 시작된 시기가 될 수밖에 없다.

그러나 사정이 언제나 단순하지는 않다. 수정이 된 뒤에도 생리로 오해할 만한 출혈이 세 달 동안 지속되기도 하니 말이다. 비인간 영장류나 포유동물에서도 임신 초기에 생리 주기가 지속된다는 증거가 있다. 그러나 아쉽게도 이 분야의 연구는 거의 이루어지지 않았다. 런던동물학협회 동료들과 내가 수행한 고릴라 연구에서 우리는 소변 시료 안에 있는 호르몬의 양을 측정함으로써 수정된 시간을 알 수 있었다. 교미 후 몇 주 뒤에 출혈이 있고 그것이 두 달 동안 지속되었지만 호르몬 수치가 주기적으로 변화한 것으로 보아 임신은 확실했다. 만약 임신 초기 생리와 비슷한 출혈이 있을 수 있음에도 불구하고 생리가 끝난 것을 기준으로만 임신의 여부를 가린다면 예측된 출산 시기는 1개월 이상 늦어질 수도 있다.

임신 초기에 생리 출혈이 주기적으로 지속되는 현상은 약 1세기 전 학계에 엄청난 혼란을 불러일으켰다. 산부인과 의사들은 착상에 가까워질 즈음에 소량의 출혈이 있을 수 있다고 종종 보고해왔다. 마지막 생리가 있고 대략 한 달 뒤의 일이다. 그러나 출혈 자체가 아이러니컬하게도 임신의 표식일 가능성이 있다. 1930년대 생식생물학자인 칼 하트먼은 붉은털원숭이 집단에서 착상 시기에 출혈이 있다고 말했다. 따라서 인간 여성이나 비인간 영장류에서 발견되는 착상 시기의 출혈은 '하트먼의 표식'으로 알려졌다. 재미있는 얘기지만 정확하지는 않다. 하트먼과 그의 동료들은 마지막 생리가 있고 대략 한 달 후 소량의 출혈이 있다는 것을 단순히 기록했을 뿐이다. 우연하게도 수정된 후 2주가 지나 출혈이 있었던 것이다.

단순히 정상적인 주기를 보이느냐 아니냐로 생리를 파악하면 다른 의미에서 잘못된 판단에 이를 수 있다. 예정된 시기에 생리가 보이지 않을 때 여성들은 임신이 되었다고 생각할 수 있다. 그렇지만 이런 불규칙성은 매우 흔한 것이다. 성적으로 활발하지 않아서 임신을 하지 않은 여성도 가끔은 생리가 없는 경우가 있다. 성적으로 활발한 여성이 착상으로 연결되지 않는 수정을 하기도 한다. 수정되고 18주가 되기 전에 태아를 잃게 되면 유산되었다고 한다. 수정하고 착상하는 동안 발생 중인 배아는 매우 작아서 인식하지 못한 채 유산이 일어날 수도 있지만 우리가 거기에 대해 아는 바는 거의 없다.

호르몬의 수치를 매우 세심하게 관찰해야만 임신 초기에 유산을 했는지 아니면 생리가 불규칙한 것인지 판단할 수 있다. 임신 4주에서 18주에 발생하는 유산은 임신 초기 첫 달에 일어난 유산보다 비교적 쉽게 판정할 수 있다. 임신 초기에 비정상적인 배아를 제거하는 것은 매우 자연스러운 현상이다. 1980년 산부인과 의사 J. F. 밀러Miller는 유산에 관해 면밀하게 관찰한 훌륭한 논문을 발표했다. 임신은 소변 안에 포함된 임신-특이적 호르몬인 인간 융모성 생식선 자극호르몬^{chorionic gonadotropin}(hCG)을 측정함으로써 알 수 있다. 이 호르몬의 생산은 착상과 함께 시작된다. 수정이 이루어지고 약 10일이 지나면 착상이 된다. 밀러와 동료들은 152건의 임신을 조사했고 그중 87건은 20주가 넘어서 유산되었다. 출산으로 연결된 것은 모두 2건이었다. 20주 이전인 임신 중기에 65건의 유산이 일어나서 그 시기 유산율은 43퍼센트에 이르렀다.[42] 이들 중 15건은 임상 소견을 빌어 유산으로 판단되었다. 유산된 나머지 50건은 순전히 소변의 hCG 호르몬 양을 측정함으로써 임신 여부를 확인했다. 그렇지만 hCG는 오직 착상 후에만 발견되기 때문에 밀러의 실험에서 수정과 착상 사이 열흘간에 일어난 유산은 모두 누락되었다고 보아야 한다.

일 년 후 산과 의사인 팀 차드^{Tim Chard}는 다양한 종류의 증거를 바탕으로 임신 기간 중 유산율에 관해 언급했다. 그에 따르면 평균적으로 10건의 임신 중 7건이(70퍼센트) 임신 중기가 되기 전에 유산된다. 또한 팀은 유산의 약 30퍼센트가 수정 후 10일 이내, 즉 착상이 되기 전에 이루어진다고 추정했다. 이렇게 빠른 시기에 유산이 되고 출혈이 이어진다면 이는 생리혈로 해석되기 십상이다. 팀 차드는 착상한 뒤 한 달을 지나지 못하고 유산하는 비율이 30퍼센트라고 보았다. 그러나 임신하고 최소한 한 달은 지나야 임상적으로 유산을 판단할 수 있다. 종합하면 임상적으로 관찰이 가능한 유산은 7분의 1에(70-30-30=10) 불과하다.

임신 중기에 도달하기 전에 3분의 2가 넘는 배아나 태아가 소실되는 것은 발생학적으로 결함이 있는 배아가 성숙하지 못하도록 막는 자연적인

42ㅣ 65/152=0.43

기전으로 해석해왔다. 아마도 염색체 이상 때문에 이렇게 높은 비율의 유산이 가능할 것이다. 임신 최초 3개월 안에 일어나는 유산의 반 정도는 비정상적인 염색체 때문이고 그 비율은 착상이 되기 전에 더 높을 것이다. 1990년 유전학자인 베른트 아이븐^{Bernd Eiben}은 유산된 750개의 발생 중인 태반에서 다양한 염색체 이상을 발견했다.[43] 염색체 이상을 제한하는 어떤 종류의 선택 압력이 임신 초기에 작동하는 것은 확실해 보인다.

다시 시간의 문제로 돌아가보자. 인간 여성과 다른 영장류에서 배란과 임신에 관한 정확한 지식은 지난 수십 년 동안 누적되어왔다. 적절한 호르몬 검색 방법을 통해 배란 전에 에스트로겐 수치가 올라가고 주기의 중기에 황체 호르몬의 수치가 증가하는 것은 모두 배란과 직접적으로 관련이 있다는 사실을 알게 되었다. 배란 후 프로게스테론 수치가 상승하는 것 모두 배란의 주기를 측정하는 방법들이다. 임신이 되면 에스트로겐과 프로게스테론의 수치가 지속적으로 올라간다. 이렇게 복잡하고 비용이 많이 드는 분석법은 일반적인 임신에서는 적용되지 않지만(문제가 있거나 연구 목적으로 사용된다) 이런 방식에 기초한 일회성 호르몬 테스트를 통해 배란과 초기 임신을 쉽게 측정할 수 있다.

대부분의 임신 기간 내내 융모성 생식선 자극호르몬이 방출된다. 원숭이와 대형 유인원도 이 호르몬을 분비한다. 따라서 이들 고등 포유류의 공통 조상도 이 호르몬을 가지고 있었을 것이다. 앞에서 말했듯이 처음 이 호르몬은 착상한 배반포에서 만들어진다. 수정되고 약 열흘이 지나서이

---

43 | 태반은 엄마가 만드는 것이 아니다. 모체의 영양소 분배를 극대화하려는 배아의 능동적 행위이다. 따라서 태반의 돌연변이는 배아의 것이라고 할 수 있다.

다. 그 뒤로 출산 때까지 태반이 융모성 생식선 자극호르몬을 만들어낸다. 임신진단키트, 일명 임신 테스트기는 소변을 통해 주로 배설되는 이 호르몬의 항체를 이용하는 것이 대부분이다.

임신하고 열흘이 지나서야 융모성 생식선 자극호르몬이 만들어지기 때문에 정기적으로 임신진단키트를 사용하는 것은 임신의 진단뿐 아니라 임신의 주기를 확인하는 믿을 만한 방법이 된다. 출산일도 임신진단키트를 정기적으로 사용해서 쉽게 예측이 가능하다. 임신의 주기를 정확히 파악하면 불확실성의 범위도 줄어든다. 이는 마지막 생리 주기를 기준으로 예측하는 방법에 비하면 상당한 진보를 이루었다고 볼 수 있다.

배아 및 태아의 발생을 자세히 살펴보기 전에 인간의 임신 초기에 관찰되는 독특한 특성을 한 가지 알아보자. 바로 입덧이다. 임신 초기 몇 주를 지나는 동안 3분의 2 정도의 산모가 입덧을 하고 중간에서 심한 정도의 입덧은 실제 구토를 일으킨다. 음식을 혐오하는 것도 비슷한 정도로 산모에 영향을 끼친다. 사실 입덧은 여성이 임신한 초기 증상으로 인식되어 왔다. 왜냐하면 임신 초기에도 출혈이 있을 수 있지만 긴가민가 임신을 의심할 때에도 입덧이 올 수 있기 때문이다. 입덧은 일반적으로 임신 둘째 주에서 시작해서 12주에 끝난다. 드물기는 하지만 출산할 때까지 입덧이 지속되는 경우도 있다. 엄밀히 말하면 아침 구역질^{morning sickness}이라는 말은 옳지 않다. 입덧은 오후에 자심해지거나 하루 종일 지속되기 때문이다.[44] 심각한 경우 임신오조^{hyperemesis gravidarum}라고 부르는데 구토가 심해서 탈수,

---

44 | 우리말에는 morning sickness에 해당하는 말이 따로 없다. 입덧이 오히려 오후에 많이 나타나기 때문에 afternoon sickness라고 해야 한다고 저자는 말하고 있다.

체중 감소, 혈액의 산성화, 칼륨 부족의 증세가 나타날 수 있다. 임신한 여성의 1퍼센트 정도에서 이런 증세가 나타나고 병원 신세를 져야 한다.

초기 임신과 결부되어 나타나는 또 다른 특성은 비일상적인 음식물이나 음료를 탐닉하는 것이다. 전통적으로 입덧, 음식 혐오 혹은 탐닉은 임신 초기 호르몬의 변화와 관련된 부작용으로 설명하여왔다. 그렇지만 이런 설명은 상황을 너무 단순화한 것이다. 에스트로겐과 같은 특정 호르몬의 수치는 임신 후기에 매우 높고 이때는 입덧이나 음식 탐닉이 사라진다. 게다가 입덧이 없는 경우에도 호르몬 수치는 그렇지 않은 산모와 크게 다를 바가 없다.

생리의 진화에 대해 살펴보기 전에 저술가인 마지 프로펫은 입덧에 주목했다. 그녀는 발생 중인 배아가 독소에 민감하다고 제안했다. 따라서 구토하려는 경향은 산모로 하여금 삼켰을지도 모를 독소를 제거해서 배아 발생을 위협하지 않으려는 적응 반응이라고 본다. 이와 비슷하게 특정 음식을 탐닉하는 것도 배아가 필요한 영양소를 흡수하기 위해 취한 선택의 결과라고 파악한다. 프로펫은 식물, 특히 강한 맛이 있는 채소에서 유래한 독소에 주목했다. 알코올이나 카페인을 함유하는 음료도 마찬가지다. 그렇지만 축산물, 기생충 혹은 질병원과 같은 것들을 기피하기 위한 가능성도 배제할 수 없다. 프로펫의 '야채 가설'이 호된 비난에 시달렸다는 사실은 크게 놀랍지 않다. 역학자인 주디스 브라운Judith Brown과 그의 동료들은 입덧과 임신의 결과, 해가 될 수도 있는 채소들 사이의 상관관계를 500명이 넘는 산모들을 대상으로 분석했다. 그들의 데이터는 임신 초기에 채소와 입덧이 아무런 상관관계가 없는 것으로 드러났다. 또 그런 채소를 먹었다고 해서 임신의 부작용이 더해지지도 않았다.

입덧의 다른 가능성은 산모와 배아를 동시에 보호하는 것이다. 신경생물학자 새뮤얼 플랙스먼[Samuel Flaxman]과 폴 셔먼[Paul Sherman]은 이런 해석을 뒷받침하는 자료를 광범위하게 조사했다. 배아와 태아의 발생 초기, 화합물에 가장 취약한 시기인 임신 4~16주 사이에 입덧 증상이 최고조에 이른다. 또 입덧을 하는 경우가 그렇지 않은 경우에 비해 유산의 확률이 훨씬 낮다는 연구도 아홉 가지나 되었다. 게다가 실제로 구토를 하는 경우가 헛구역질만 하는 것보다 유산율이 더 낮았다. 그러나 입덧과 구토는 임신 말기에 태아가 죽는 사산과는 아무런 관계가 없었다. 임신 초기의 일상적인 입덧과 관련해서 기억해두어야 할 말은 이것이다. "입덧은 아기에게 좋다. 입덧과 싸우려 들지 마라."

플랙스먼과 셔먼은 입덧이 특정 음식을 먹었을 때 촉발된다는 것을 알았다. 임신한 많은 산모가 임신의 3분의 1 초기 기간에 알코올이나 카페인이 함유된 음료, 또는 강한 맛의 채소를 기피한다. 무엇보다 동물성 음식에 대한 혐오감이 더 크다. 고기, 생선, 유제품, 계란이 여기에 해당한다. 진화심리학자인 질리언 페퍼[Gillian Pepper]와 크레이그 로버츠[Craig Roberts]가 수행한 문명 비교 분석에 의하면 조사한 전통 부족 스무 곳 중 일곱 곳에서는 입덧이 전혀 발견되지 않았다. 입덧이 드문 부족은 동물성 음식물이 주요한 식재료가 아니었다. 식물성 식단, 주로 옥수수가 표준 식단이었다. 마지막으로 플랙스먼과 셔먼은 입덧이 성교 횟수를 줄임으로써 유산을 유도할 수 있는 자궁의 수축을 방지하기 위한 것은 아니라고 보았다.

어쨌거나 입덧은 질병을 일으킬 수 있는 병인이나 위협적인 화학물질, 식물의 독소 등으로부터 배아를 보호하기 위한 것처럼 보인다. 이와 관련해서 기생충이나 음식에서 기원하는 전염성 요소를 피하는 것은 임신한 여성에게 매우 중요한 일이다. 배아를 거부하지 않도록 산모의 면역계가 약해져 있기 때문이다. 결과적으로 임신한 여성은 생명을 위협할 수도 있는 심각한 감염에 더 취약하다.

그렇다면 우리의 영장류 사촌은 어떨까? 비인간 영장류 사이에서 입덧이 있다거나 특정 음식물을 탐닉한다는 증거는 거의 없다. 임신 초기 호르몬의 변화 때문에 유독 인간만 영향을 받으리라고는 생각하기 어렵다. 음식물이 부정적이든 긍정적이든 영향을 끼치는 것이라면 다른 영장류라고 해서 다를 이유는 없다. 그러나 입덧이나 탐식이 인간 진화 과정에서 특별히 생겨난 것일 수도 있다. 인간의 식단이 매우 탄력적이고 육식을 포함하며 위험할 수도 있기 때문이다. 그러나 표본 연구를 바탕으로 확실한 진화적 설명을 제시하기까지는 오랜 시간이 걸릴 듯하다.

이제 자궁 내 배아 혹은 태아의 발생으로 돌아가자. 용어에서 바로 알 수 있겠지만 태반 포유류는 모두 발생 중인 태아와 자궁 내벽 주변을 연결하는 태반을 가지고 있다.

'존재의 거대한 사슬scala naturae'이라는 개념은 철학에서 오랜 역사를 지니고 있다. 태곳적부터 물질과 존재는 진보를 향한 상향식 계단에 배열되어 있었다. 말할 필요도 없는 것이지만 인간은 항상 그 계단의 가장 높은 곳에 있었다. 사실 몇몇 철학자들은 인간과 신을 잇는 연결 고리로 천사니 대천사니 하는 것을 만들어내기도 했다. 이런 상향식 계단에 관한 생각은 서구인의 마음에 뿌리 깊게 박혀 있기 때문에 진화에 관한 저술에 그런 낌새가 드러난다고 해서 전혀 이상할 것은 없다. 또 포유동물을 암암리에 계단의 상단에 위치시키려는 경향이 초기 연구자들 사이에서 팽배했다. 알을 낳는 단공류는 물론 아래쪽 계단에 위치한다. 유대류는 중간쯤이다. 왜냐하면 이들은 태생을 하지만 그럴싸해 보이는 자궁이 없기 때문이다. 대신 알을 낳는 조상이 가지고 있던 껍질막shell membrane이 임신 기간 내내 발생하는 태아를 감싸고 있다. 모든 유대류는 짧은 임신기를 거쳐 매우 작은 태아를 만들어낸다. 이들의 발생은 암컷의 복부에 있는 조그만 주머니에서 완료된다. 그러나 유대류와 태반 포유류는 1억 2,500만 년 동안 각기 독립적으로 진화해왔다. 그렇다면 현생 유대류를 태반 포유류와 유대류 양쪽의 출발점을 대표하는 조상으로 간주하는 것은 합리적일까? 사실 유대류가 진화하는 동안 그들의 임신 기간이 줄어들었다는 증거가 있다. 유대류가 배 쪽 주머니에서의 발생을 선호하는 것은 마치 자궁 안에서의 발생을 담보로 하는 것 같다.

유대류로 이어지는 진화 경로가 어찌되었든 태반 포유류 전부가 잘 발달된 태반을 갖는다는 점은 사실이다. 또 이들은 서로 관련이 깊은 막들을 가지고 있다. 태어날 때까지 배아와 태아에서 무슨 일이 일어나건 그 과정은 모두 태아의 주변을 둘러싼 융모막chorion 안에서 진행된다. 융모막 안에도 세 종류의 막이 들어 있으며 발생 과정에서 자신의 역할을 다한다. 먼저 살펴볼 것은 배아 혹은 태아를 둘러싸고 있는 양막이다. 액체가 들어 있는 완충물 역할을 하며 발생 중인 태아를 물리적 충격으로부터 보호한다. 출산할 때는 양막이 터지면서 그 안에 들어 있는 액체가 쏟아져 나온다.[45] 나머지 두 개의 막은 난황주머니와 요막이다. 이들을 통해 영양소가 배아/태아에게 들어가고 노폐물이 나온다. 보다 자세히 말하면 이들 막에

---

45 | 양수가 터진다고 하는 표현은 영어에도 있다. breaking water가 그것이다.

있는 혈관이 영양소의 공급과 노폐물의 처리를 담당하며 그것은 모체와 연결되어 있다.

자연선택을 통과하는 진화의 보편적인 특징 중 하나는 이미 존재하고 있던 구조를 새로운 기능을 갖는 뭔가로 전환시키는 것이다. 이런 변화는 모든 수준, 즉 해부학적 특성이나 개별 분자에서도 일어날 수 있다. 땜질은 진화의 주요한 특성이다. 난황이나 요막이 그 훌륭한 예이다. 척추를 갖는 육상 동물의 공통 조상은 보호막을 가진 알을 낳았다. 모든 태아 발생은 그 안에서 일어난다. 파충류, 조류, 단공류 등 그들의 현생 후계자들도 그런 종류의 알을 낳는다. 알을 낳는 암컷은 난황주머니 안에 포함된 난황의 형태로 자손에게 영양분을 공급한다. 난황주머니 표면에 넓게 분포한 혈관을 통해 난황의 영양분이 발생 중인 태아에 전달된다. 투과성이 있는 알껍질을 통한 호흡 가스의 확산을 논외로 하면 알은 거의 닫힌 계이기 때문에 애초에 부여받은 에너지만으로 자손의 전체 발생을 마칠 수 있어야 한다. 게다가 요소와 같은 노폐물은 알껍질을 통과할 수 없기 때문에 부화할 때까지 알의 내부에 위험하지 않게 보관해야 한다. 생물학적 쓰레기통의 역할을 하는 것이 요막이다. 요막의 혈관이 발생 과정의 불필요한 부산물을 갖다 버린다. 나중에 부화할 때 노폐물이 채워진 요막도 제거된다.

이와 반대로 유대류 혹은 태반 포유류의 수정란은 자궁 안에서 암컷으로부터 직접 자원을 사용할 수 있도록 적응했다. 많은 양의 영양소를 미리 보관할 필요가 없기 때문에 이들의 난황은 매우 작다. 또한 모체의 혈관이 노폐물을 처리할 수 있기 때문에 태아는 따로 내장된 쓰레기통을 가지고 있을 필요가 없다. 태생이 진화하자 난황주머니와 요막은 그들의 본디 기능을 상실했다. 대신 난황주머니와 요막은 혈관을 끌어와서 새로운 기능을 수행하게 되었다. 난황에 저장된 에너지를 흡수하는 대신 난황막 혈관이 자궁벽에 있는 모체의 혈관과 연결되어 영양분과 노폐물을 주고받도록 적응하게 된 것이다. 또한 노폐물을 처리하는 대신 요막의 혈관이 난황막의 혈관과 함께 기능하도록 적응을 마친 것이다. 노폐물 저장소였던 요막에서도 혈관이 뻗어나와 모체를 통한 배설이 가능해졌다.

모든 태반 포유류는 잘 발달된 태반을 가지고 있지만 내막을 살펴보면 다양한 변이가 존재한다. 예를 들면 목^orders^ 간의[46] 차이가 두드러진다. 어떤 태반은 국소적으로[47] 존재하는 원반 모양인데 반해 다른 태반은 대부분의 융모막을 덮는 확장된 접촉 표면을 가지고 있다. 국소적인 태반은 항상 자궁의 내벽을 어느 정도는 침범한다. 그러나 그 정도에는 차이가 있다. 확산형 태반은 비침습성이고 다만 자궁벽과 맞닿아 있을 뿐이다.

1909년 독일의 해부학자 오토 그로서^Otto Grosser^는 태반을 크게 세 종류로 나눌 수 있다고 말했다. 비침습형, 반침습형, 침습형^invasive^이 그것이다. 비침습형 혹은 확산형 태반은 융모막과 자궁벽 사이에 확장된 넓은 표면을 갖는다. 그러므로 모체의 조직을 침범하지 않는다. 반침습적이고 국소적인 태반은 일부 자궁 내막에 파고 들어와 있고 융모막 맞은 편에 모체의 혈관이 연결되어 있다. 침습성 태반은 자궁 벽의 한쪽 부분에 자리잡고 내벽으로 깊이 침투해서 모체의 혈관과 연결되어 있다. 융모막이 혈액에 담

---

46 ㅣ   인간은 척추동물문, 포유강, 영장목, 호미니드과, 호모속, 사피엔스종 계보를 갖는다. 인간이 포함된 영장상목에는 나무두더지목, 날원숭이목, 영장목, 쥐목, 토끼목이 있다. 사람은 고래목에 속하는 고래보다 오히려 토끼와 더 가깝다.

47 ㅣ   인간의 태반은 자궁 내벽의 일부분과 연결되어 있다.

겨져 있는 식이다.

　그로서 분류계의 강점은 대부분의 동물목이 이 셋 중 하나에 해당한다는 점이다. 예를 들어 우제류[48], 돌고래, 고래, 천산갑은 전형적으로 비침습성 태반을 갖는다. 육식 포유동물, 코끼리, 해우, 나무두더지류는 반침습성 태반을 갖는다. 반면 토끼, 산토끼, 대부분의 설치류, 너구리, 코끼리 땃쥐는 모두 침습성 태반을 갖고 있다.

　그러나 그 점에서도 영장목은 두드러진다. 한 목 안에 두 종류의 독특한 태반이 존재하기 때문이다. 모든 여우원숭이, 로리스원숭이는 비침습성 태반을 가지며 침습성 태반을 가지는 안경원숭이나 고등 영장류와 확연히 구분된다. 사실 비교 배아발생학의 시조 격인 생물학자 안톤 휘브레흐트[Anton Hubrecht]는 1898년 안경원숭이가 침습성 태반을 가지고 있다는 사실을 알고 이들이 원숭이, 대형 유인원 및 인간과 관련이 깊다고 제안을 했을 정도다. 아직까지도 침습성 태반은 공통 조상에서 유래한 안경원숭이와 고등 영장류의 특징으로 생각하고 있다.

　태반은 어떻게 진화한 것일까? 영장류에서 태반의 진화를 재구성하기 위해서는 모든 태반 포유류의 공통 조상이 가지고 있던 원시적 형태를 출발점으로 삼아야 한다. 그런 연후 우리는 모든 영장류의 출현을 가능하게 했던 태반의 종류를 알 수 있을 것이다. 그러나 그것을 가로막는 장애물도 만만치 않다. 우선 연한 조직을 포함하는 화석이 드물기 때문에 직접적인 증거가 부족하다. 따라서 논리적 추론이 약간 필요하다.

---

48 |　소, 돼지, 말 등 발굽을 갖는 동물들이다.

178

한동안 많은 생식생물학자들은 비침습성 태반을 보다 원시적인 것으로 간주함으로써 쉽게 태반 진화의 문제를 해결할 수 있을 것으로 보았다. 논리의 전개는 꽤 분명해 보였다. 포유동물은 알을 낳는 조상으로부터 진화했다. 그다음 단계는 알을 암컷의 몸에 머무르게 하는 것이다. 처음에 태아는 거의 전적으로 난황의 영양소에 의지해서 알 안에서 발생을 마친다. 그러다 자궁이 태아 발생의 상당 부분을 담당하게 되었다. 처음에는 수분을 나중에는 실제 발생에 필요한 영양소를 공급하게 되었다. 이런 일이 가능하기 위해서 알 껍질은 얇아져야 하고 투과성이 증가해야 한다. 결국 모체의 혈관이 자궁 내벽으로 확산되었고 태아가 발생시킨 혈관을 통해 영양소와 노폐물을 교환하게 되었다. 모체에서의 영양소 공급이 늘어나자 난황의 필요성이 줄어들게 되었다. 마찬가지로 노폐물을 제거하는 방식도 효율적으로 변했으며 이들을 보관할 필요성도 점차 줄어들었다. 처음에는 발생 중인 알과 자궁 내벽 사이의 접촉은 굳이 침습성일 필요가 없었다. 현생 유대류가 이런 진화 단계의 모델로 간주되었다. 만약 태반 포유류의 공통 조상이 비침습성 태반을 가지고 있었다면 이 모델은 매우 논리적인 것처럼 보인다.

진화의 이런 단계적인 관점은 효율성의 이름을 빌려 그 명맥을 유지한다. 중간에 있는 장벽이 사라진다면 모계와 태아 사이에 자원의 분배가 매우 효과적일 것이라는 점을 사람들은 쉽게 받아들인다. 단공류는 알을 낳기 때문에 에너지의 분배가 비효율적일 것이다. 유대류는 발생 중인 수정란을 자궁 속에 유지시키고 임신 기간 내내 알의 껍질막을 둘러싸고 있지만 태반이라고 부르기에는 부족하다. 따라서 유대류도 태반 포유류만큼 효과적으로 영양분을 공급하지 못할 것이다. 태반 포유류 중 일부는 모체의 혈관을 태아와 연결하는 데 몇 가지 장벽이 있는 비침습성 태반을 갖는다. 이런 식으로 모체의 자원을 자손에게 분배하는 데는 태반의 침습 정도가 클수록 좋다는 견해가 일반적으로 받아들여진다. 이런 관점에 따르면 가장 진보된 형태는 침습성 태반이고 또 이것이 가장 효율적이어야만 한다.

바로 이것이 '존재의 거대한 사슬'이라는 관점의 고전적인 편견이다. 이런 사고방식의 결과 태반 포유류 공통 조상이 유대류와 비슷한 형태의 태반을 가지고 있고 그것이 비침습형이라는 사실을 주저 없이 받아들이게 된다. 이렇게 해서 태반 포유류의 진화는 비효율적이고 비침습성인 태반에서부터 시작되었다는 견해가 구축된다. 생식생물학자인 패트릭 러킷 Patrick Luckett이 이런 견해의 주장자였다. 그는 여우원숭이와 로리스원숭이가 모든 면에서 원시적인 비침습성 태반을 가지고 있지만 안경원숭이와 고등 영장류는 보다 진보적인 침습성 태반을 가진다고 보았다. 게다가 러킷은 후자 그룹에서 태반의 단계적 진보를 확인하였다. 침습성 태반 중에서도 안경원숭이의 태반이 가장 원시적이고 그다음은 신세계원숭이, 다음은 구세계원숭이, 가장 진보한 태반은 대형 유인원과 인간에서 찾아볼 수 있다. 인간이 진화의 계단에서 가장 위에 위치한다는 면에서 약간 위로를 받을 수 있겠지만 우리가 임신 기간과 출생 당시 새끼의 상태를 면밀하게 고려하면 이런 견해는 발붙일 데가 줄어든다.

예상할 수 있듯 임신 기간은 크기에 비례한다. 기록상 임신 기간이 가장 긴 동물은 아프리카코끼리로 평균 22개월이다. 우리는 임신 기간 9개월을 상당히 긴 것으로 생각하지만 인간은 중간 크기의 포유류이고 9개월이 길다고는 해도 그리 별난 것은 아니다. 몸체의 크기를 고려해야 하는 것이다. 우리와 다른 동물의 임신 기간 사이에 의미 있는 비교를 하려면 새끼가 태어났을 때의 핵심적인 차이를 감안해야 한다.

햄스터, 고슴도치, 마우스를 키워본 사람들은 알겠지만 이들 동물의 새끼들은 미성숙한 상태로 태어난다. 새로 태어난 새끼들은 털이 없는 분홍색의 애벌레와 비슷하고 눈과 귀도 막으로 막혀 있다. 반면 말과 소, 침팬지는 잘 발달된 한 마리의 새끼를 낳는다. 그들은 털을 가진 채 태어나고 눈과 귀도 열려 있다. 발생에 관한 아돌프 포르트만^{Adolf Portmann}의 관찰은 과학계에서 널리 받아들여졌다. 그는 덜 발달된 미숙성 새끼와 잘 발달된 조숙성 신생아를 구분하였다. 일반적으로 미숙성 새끼는 독립적으로 움직일 때까지 보육 둥지에서 발달을 마쳐야 한다. 이 과정에서 눈과 귀가 트인다. 그러나 대부분의 조숙성 새끼는 보통 한 개체씩 태어나고 태어나자마자 움직일 수 있으며 따로 둥지가 필요하지 않다.

또 미숙성 새끼는 비교적 짧은 임신 기간을, 조숙성 새끼는 모체에서 비교적 긴 시간을 보낸다고 포르트만은 말한다. 미숙성 탄생의 극단적인 예는 고슴도치 비슷한 포유류인 마다가스카르고슴도치붙이^{tenrec}에서 찾아볼 수 있다. 이들은 두 달가량의 임신 기간을 거쳐 24마리 정도의 새끼를 낳는다. 이와 대조적인 조숙성 동물의 예는 3톤에 달하는 인도코끼리로 21개월에 걸쳐 한 마리의 새끼를 낳는다.

주어진 크기에서 조숙성 새끼를 낳는 산모는 미숙성인 새끼를 가진 산모에 비해 약 3~4배에 해당하는 긴 임신 기간을 갖는다. 예를 들면 치타의 암컷은 인간 평균여성과 비슷한 체중을 갖지만 약 3개월의 임신 기간을 거쳐 네 마리의 미숙성 새끼를 낳는다. 반면 인간 여성은 잘 발달된 한 명의 아기를 치타의 3배에 해당하는 시간 동안 자궁에서 키워낸다. 인간의 임신 기간은 우리와 생물학적으로 사촌인 다른 영장류와 신체의 크기로 비교했을 때 예상되는 시간과 거의 정확히 일치한다.

흥미로운 점은 미숙성, 조숙성 새끼를 낳는 포유동물 간에 신체의 크기와 임신 기간이 명확하게 구분되는 두 경계선이 있다는 사실이다. 대부분의 경우 태반 포유류는 여러 마리의 새끼를 짧은 임신 기간 동안 혹은 한 마리의 새끼를 긴 임신 기간 동안 발생시킨다. 무슨 까닭이 있겠지만 그 중간, 즉 중간 정도의 개체수를 중간 정도의 임신 기간을 거쳐 자손을 낳는 경우는 거의 찾아볼 수 없다. 말할 것도 없이 임신 기간과 자손의 수 사이에는 어떤 타협점이 존재할 것이다. 인간의 다둥이 경우에 살펴본 것처럼 자궁은 한정된 크기를 가지기 때문에 암컷은 하나의 큰 새끼 혹은 작은 여러 개체의 새끼를 낳을 수밖에 없을 것이다. 개체수와 임신 기간 사이에 불가피한 타협이 존재한다고 해도 태반 포유류에서 왜 자연선택이 중첩이 거의 없는 두 극단을 선호하게 되었는지는 불확실하다. 이는 포유류 진화에서 아직까지 해결되지 않은 매우 중요한 문제이다.

포르트만은 또 다른 중요한 발견을 했다. 포유류 각 목의 암컷들은 보통 미숙성 혹은 조숙성 중 한 종류의 새끼를 낳는다. 예를 들면 유대류, 육식 포유동물, 식충류, 토끼류, 나무두더지류는 일반적으로 짧은 임신 기간을 거치면서 털이 없거나 성긴 미숙성 새끼를 낳는다. 반면 우제류, 돌고래, 고래, 코끼리, 박쥐, 영장류는 전형적으로 임신 기간이 길고 털이 무성한 조숙성 새끼를 낳는다. 설치류는 좀 별나서 일부는 미숙성 새끼를 일부는 조숙성 새끼를 낳는다. 그러나 같은 아목[49]에 속하는 설치류끼리는 같은 방식으로 새끼를 낳는다. 포유류의 주요한 그룹이 전형적인 새끼의 유형을 가지기 때문에 포르트만은 진화의 초기에 이런 경향이 굳어졌다고 믿는다.

원시적인 형태가 뚜렷하기 때문에 신생아의 유형 진화를 살피는 것은 큰 이점이 없어 보인다. 포르트만과 그의 동료들은 조숙성 포유류의 임신 기간 내내 닫혀 있던 눈과 귀가 탄생 전에 열린다는 사실을 발견했다. 예컨대 임신 절반 정도 기간 동안 인간 태아의 눈과 귀는 확실히 닫혀 있지만 태어나기 세 달쯤 전에 열린다. 영장류와 같은 조숙성 포유류는 긴 임신이 진화하면서 (미숙성 동물이) 보육 둥지를 거치는 단계를 태아 발생에 내면화시켰다.

조류와 비교하면 보다 확실한 증거를 얻을 수 있다. 포유류처럼 조류도 두 종류, 즉 미숙성과 조숙성 새끼를 낳는다. 미숙성 조류는 미숙성 포유동물의 새끼와 닮았고 벌거숭이에다가 눈과 귀가 막혀 있다. 그러나 조숙성 조류는 원시적이기는 하지만 아주 기초적인 수준에서 부모가 새끼를 돌본다. 그러므로 둥지에서 생활하는 단계가 이들 공통 선조에게는 없었다고 볼 수 있다. 조숙성 조류의 새끼가 알에서 자라는 동안 눈과 귀가 계속해서 닫혀 있지 않은 것은 확실하다. 이들은 조숙성 포유류에서처럼 부화 직전에 다시 열린다.

유대류와 같은 태반 포유류의 조상이 미숙성 새끼를 낳았음은 거의 확실하다. 따라서 조숙성 새끼의 양상은 이차적이고 보다 진보된 것이며 긴 임신 기간, 그리고 하나의 새끼를 낳는 경향을 띤다. 이런 기본 정보를 토

---

49 | 분류학상 단계의 하나로 '목'의 아래이고 '과'의 위이다. 설치목에는 다람쥐아목, 호저아목, 비늘꼬리청서아목, 비버아목, 그리고 쥐아목이 있다. 다람쥐와 집쥐는 설치목에 속하지만 각각 다람쥐아목, 쥐아목으로 세분화된다.

대로 유전자 수준에서 포유동물의 진화적 족적을 따라가는 것이 가능해진다. 진화적 변화가 원시적인 미숙성 단계에서 지금까지 그대로 유지되었다고[50] 가정하면 조숙성 진화는 열 가지 계열의 동물군에서 독립적으로 일어났다. 그중의 하나가 조숙성 영장류이다. 다른 관점에서 보면 이는 원시적인 둥지 단계가 임신으로 흡수되는 과정이 최소한 열 번쯤 따로따로 일어났다는 말이다. 또 이는 진화 과정에서 수렴진화[51]가 중복되어 일어난 뚜렷한 예가 된다.

포유동물의 주요 그룹에서 신생아의 전형적인 형태가 진화 초기에 나타났다는 포르트만의 가설로 돌아가보자. 미숙성 새끼가 원시적이기 때문에 이 말은 미숙성에서 조숙성 새끼로의 전이가 태반 포유류 진화의 초기에 최소 열 번 이상 일어났다는 의미가 된다. 포르트만이 이런 가설을 제안했을 때만 해도 그는 그럴싸한 화석이 발견되어 자신의 가설을 뒷받침하리라 기대하지는 않았을 것 같다.

현재 조숙성 새끼를 한 마리 낳는 (포유동물의) 한 목은 홀수 개의 발굽을 갖는 포유동물군이다. 말을 포함하는 이 목의 진화는 화석 기록을 따라 에오센(시신세) 초기 5,500만 년 전까지 소급해 올라갈 수 있다. 약 5,000만 년 된 독일 남부 메셀의 시신세 지질에서 아주 잘 보존된 화석이 발견되었다. 여우 사냥에 이용되는 40센티미터 크기의 폭스테리어와 비슷한, 초기 말인 유로히푸스*Eurohippus* 화석이 60개가 넘게 무더기로 발견되었다. 이 말 화석 8개를 면밀히 조사한 결과 이들은 잘 발달된 한 마리의 새끼를

---

50 | 미숙성에서 조숙성으로 갔다가 다시 미숙성으로 돌아가지 않았다면
51 | 발생학적 기원은 다르지만 비슷한 환경에 적응하기 위해 비슷한 기능을 하는 형질이 나타나는 것. 시각을 담당하는 인간과 오징어의 눈은 수렴진화의 한 예이다. 비행능력을 가진 박쥐의 날개는 곤충의 날개와 같은 기능을 수행하지만 그 기원이 다르다.

낳는다는 결론에 도달하게 되었다. 5,000만 년 전에 이미 조숙성 새끼 양식이 자리 잡고 있었던 것이다. 메셀 지역에서는 100개가 넘는 박쥐의 화석도 발견되었다. 이들 중 하나인 팔레오키롭테릭스*Palaeochiropteryx* 화석은 잘 발달된 두 마리의 태아를 지닌 채 발견되었다. 이 하나의 화석으로부터 우리는 5,000만 년 전의 박쥐가 적은 수의 조숙성 새끼를 가졌다고 추론할 수 있게 되었다. 이 발견은 조숙성 새끼를 낳는 현생 영장류의 공통 조상이 이미 조숙성 새끼를 낳았을 것이라는 추론을 가능하게 한다.

영장류의 신생아는 잘 발달하여서 일반적으로 조숙성 포유류 정의에 잘 부합한다. 태어났을 때 영장류의 새끼는 털로 뒤덮여 있고 보통 눈과 귀가 열려 있다. 상대적으로 긴 임신 기간을 거치며 전형적으로 한 마리의 새끼를 낳는다. 그러나 영장류와 다른 포유류 신생아 사이에는 중요한 차이점이 존재한다. 대부분의 조숙성 새끼는 태어나자마자 곧 독자적으로 움직일 수 있다. 예를 들면 우제류, 돌고래, 고래, 코끼리에서 이것은 사실이다. 반면 영장류의 새끼는 움직이기까지 일반적으로 도움이 필요해서 암컷이나 다른 구성원의 털을 부여잡고 달라붙어서 일정한 기간을 보낸다. 영장류의 신생아는 조숙성이지만 다른 조숙성 포유동물과는 달리 완전히 독립적이지 못하다. 7장에서 다시 살펴보겠지만 이 점은 신생아 돌봄이라는 매우 중요한 문제와 관련되어 있다.

일반적으로 인간이 아닌 영장류 신생아는 조숙성이라는 정의에 잘 맞아떨어지지만 인간의 신생아는 미숙성이라는 꼬리표가 달라붙기도 한다. 다른 영장류와 비교했을 때 인간의 신생아는 사실 좀 덜 발달한 상태이다. 그렇기는 하지만 그들을 미숙성이라고 부르는 것은 옳지 않다. 우선 인간은 조숙성인 다른 영장류들처럼 충분한 임신 기간을 거치기 때문이다. 또 인간 신생아의 눈과 귀는 태어날 때부터 열려 있다.

그러나 인간 신생아는 태어날 때 털이 거의 없기 때문에 조숙성의 표준적 기준에 미치지 못할 수도 있다. 털을 잃어버린 것은 분명히 인간 진화에서 이차적인 발생인 것으로 밝혀졌다. 이 점은 데즈먼드 모리스의 책 『털 없는 원숭이』에 잘 기술되었다. 임신기 5~7개월 즈음에 태아는 가늘고 부드러우며 색이 옅은 배냇솜털lanugo로 뒤덮여 있다. 하지만 태어나기 전에 이 솜털은 저절로 떨어진다. 그러나 만약 예정보다 8주나 그 전에 태어난다면 이 배냇솜털은 사라지지 않은 채로 존재한다. 이상하게도 솜털은 심각한 영양결핍 상태에서 다시 자라난다. 아마도 수척한 신체로부터 열의 손실을 줄이기 위한 장치인 것 같다. 어른이 되어도 이런 배냇솜털이 유지되는 우성 유전자 증상도 관찰된다. 이런 증세가 가족력으로 계승되면서 '원숭이-인간'이라는 얘기가 만들어지기도 한다. 또 잔존하는 네안데르탈인의 후손이 아시아의 후미진 곳에 살아남아 있다는 얘기도 풍문처럼 전해진다.

대부분 조숙성 포유류에서 관찰되는 표준 특성 말고 인간 신생아에서만 발견되는 중요한 몇 가지를 언급하고 넘어가자. 상대적으로 말해서 인간 신생아는 무력한 존재다. 우리 아기들은 움직일 수도 없고 다른 영장류에 비해 부모의 도움을 훨씬 더 많이 필요로 한다. 다른 영장류와 달리 인간의 아기는 뭔가를 단단히 부여잡을 수 없어서 엄마의 신체에 붙어 있지도 못한다. 이런 종류의 의존성은 태어나서도 상당 기간 지속된다. 두 다리로 걸을 수 있는 우리의 고유한 능력은 생후 일 년이 지나서야 발휘된다. 그 지점에 이르기까지 처음에 움직이지도 못하는 아기는 손과 무릎을 써서 기거나 배를 밀어 앞으로 나간다. 인간의 아기는 성체인 어른과 다르게 움직이는 유일한 종이다. 이런 모든 차이점은 오직 한 가지 원인으로 귀결된다. 태어날 때 인간의 뇌는 상대적으로 덜 발달되어 있다는 점이 그것이다. 다음 장에서 우리는 이 차이를 구체적으로 살펴볼 것이다. 물론 포르트만도 다른 조숙성 새끼와 인간의 신생아가 아주 다르다는 사실을 알았을 것이다. 그렇기에 그는 인간의 신생아를 "이차적으로 미숙성인" 존재라고 표현했다.

태어날 때 새끼의 크기라는 주제를 면밀히 관찰하면 임신 기간과 새끼의 유형에 관해 보다 깊은 이해를 할 수 있다. 자궁의 크기가 한정되어 있기 때문에 미숙성 새끼는 상대적으로 크기가 작고, 조숙성 새끼는 상대적으로 클 것이라 예상할 수 있다. 암컷의 신체 크기를 기준으로 분석하면 조숙성 새끼가 미숙성 새끼보다 실제로 더 크다.

포유류 개별 그룹 안에서는 새끼들 간에 보다 미세한 차이가 관찰된다. 생물학자이자 인류학자인 월터 루테네거Walter Leutenegger는 1973년 안경원숭이와 고등 영장류가 여우원숭이나 로리스원숭이에 비해 일관되게 큰 신생아를 가진다는 사실을 발표했다. 이 차이는 상당하다. 암컷의 크기가 비슷한 안경원숭이나 고등 영장류는 전형적인 여우원숭이나 로리스원숭이에 비해 약 세 배나 큰 새끼를 낳는다. 이런 결과로부터 침습성 태반이 더 효율적이라는 결론이 나오기 십상이다. 그렇지만 이것은 기저에 혼란스러운 요소가 숨어 있는, 다른 버전의 황새와 아기라는 속임수가 아닐까? 아마도 다른 포유동물을 살펴봄으로써 이런 문제를 해결할 수 있을 것이다. 만약 비침습성 태반이 비효율적이라면 이런 태반을 갖는 포유류는 모두 크기가 작은 새끼를 낳아야만 할 것이기 때문이다.

사실 신체의 크기로 조정한 비교 연구에 따르면 영장류의 신생아들은 안경원숭이나 고등 영장류라 할지라도 조숙성 포유동물의 신생아보다 일반적으로 크기가 작다. 암컷의 크기를 고려할 때 가장 큰 신생아를 갖는 동물은 우제류, 돌고래, 고래, 코끼리, 해우이다. 그러나 이들 중 어느 동물도 침습형 태반을 가지고 있지 않다. 코끼리와 해우는 반침습성 태반을 가지고 있지만 우제류, 돌고래와 고래는 모두 비침습성 태반을 가지고 있다. 포유동물 전체에 걸친 비교 분석은 신생아의 크기가 태반의 침습성과 관련이 없다는 사실을 밝혀주고 있다. 다시 말하면 비침습성 태반이 결코 비효율적이지 않다는 것이다.

이제 원래의 질문으로 돌아가보자. 태반 포유류의 비침습성 태반이 원시적이라는 증거는 과연 확고한 것일까? 앞에서 살펴보았듯이 미숙성 새끼는 포유류 중에서 아마도 가장 원시적인 반면 조숙성 새끼는 진보한 것이어야 한다는 결론을 지지하는 단서는 그리 많지 않다. 만약 비침습성 형태의 태반이 원시적이고 비효율적인 것이라면 그것은 미숙성 새끼와 관련되어야 하지만 사실은 그 반대이다. 비침습성 태반을 갖는 포유류는 전형적으로 조숙성 새끼를 생산한다. 미숙성 새끼를 낳는 포유류는 전형적으로 반침습성이거나 혹은 침습성 태반을 갖는다. 비록 침습성 태반을 갖는 동물이 조숙성 새끼를 갖는 경우도 빈번하게 발견되기는 하지만 말이다. 여기서 내릴 수 있는 확실한 결론이 있다면 비침습성 태반이 결코 원시적이지 않다는 것이며 따라서 필연적으로 미숙성인 새끼의 출산과 결부되지 않는다는 사실이다.

태반 포유류의 유전자에 기초한 진화적인 계통도와 태반의 형태를 연결 지을 수 있다면 보다 완전한 지도를 그릴 수 있을 것 같다. 진화 연구에서 일반적으로 적용되는 지침이 있다면 그것은 가장 단순한parsimony 잣대를 들이대는 것이다. 만약 여러 가지 대안적인 가정들 중 하나를 선택해야 한다면 우리는 전체적인 변화가 가장 적은 것이 옳다고 보아야 할 것이다. 우리는 세 종류의 포유동물 계통을 비교하면서 얘기를 시작했다. 그 출발점에서 우리는 세 종류의 태반 형태 중 하나를 원시적인 것으로 간주했다. 그다음에는 현생 포유동물 중에서 태반 형태의 분포를 결정하는 데 필요한 변화의 수가 가정 적은 것을 중요한 것으로 간주했다. 내 것까지 포함해서 이런 방법을 쓴 네 가지 연구를 통해 내릴 수 있는 유일한 결론은 태반 포유류의 원시적인 형태가 침습성이었다는 것이었다. 그럼에도 불구하고 그것이 반침습이었는지 아니면 완전한 침습성이었는지에 대한 의견은 연구자들마다 조금씩 의견을 달리한다. 나는 그것이 반침습성이었으리라 생각하고 있다. 이런 견해에 따르면 영장류의 진화는 두 가지 상이한 방향을 지향하고 있었다. 여우원숭이와 로리스원숭이의 공통 조상에서 다소 비침습성인 형태로 전이가 일어났고 결국 현생 비침습성 태반이 초래되었다. 안경원숭이와 원인류[52] 원숭이의 공통 조상에서는 대조적으로 태반은 보다 침습성을 띠게 되었다.

태반이 진화하는 과정에서 비침습성 단계 즉 발생 중인 수정란이 자궁 안에 머물지만 내벽과 단지 살짝 접촉만 하고 있었던 상태가 분명히 있었

---

52 | 앞에서도(100쪽) 말했지만 영장류는 콧날의 형태를 토대로 분류한다. 코가 직선인(직비) 원숭이는 사람을 포함하는 영장류들이다. 원인류simian는 영장류를 크게 둘로 나누었을 때 좀 더 고등한 동물군을 일컫는다.

다고 우리들은 생각한다. 현생 태반 포유류가 생겨나기 한참 전에 기본적인 비침습성 형태가 아마도 존재했을 것이다. 유대류와 태반 포유류가 분기한 시점이 1억 2,500만 년 전이라는 사실을 기억해보자. 그렇지만 태반 포유류의 공통 조상의 출현은 보다 훗날의 일일 것이다. 아마도 1억 년 전쯤 될 것 같다. 반침습성 태반이 진화하기까지 2,500만 년 혹은 더 오랜 시간이 경과했을 것이란 말이다.

이제 사람들은 이렇게 생각할지 모르겠다. '그래서 어쨌단 말인가? 포유동물의 태반의 진화 역사가 도대체 현재 인간의 생식 행동과 무슨 관련이 있을까?' 내가 생각하기에는 상당히 중요한 의미가 있다. 침습성이 강한 인간의 태반이 가장 진보한 것이며 가장 효율적이라는 생각은 틀렸다. 태반 포유류 간의 비교 분석학적 증거에 따르면 비침습성 태반도 모체의 자원을 태아에게 분배하는 데 다른 어떤 것 못지않게 효율적이다. 태반의 유형이 산모의 자원을 효과적으로 배분하는 것과 관련이 없다면 그것이 가지는 의미는 무엇일까?

여러 가지 가설 중에서도 태반의 유형이 면역학적인 요소와 일종의 타협을 한 것 같다는 설명이 가장 그럴싸해 보인다. 이 장의 초반에서 얘기한 것처럼 어미의 자궁에서 배아 혹은 태아는 부계에서 유래한 많은 외인성 단백질을 만들어낸다. 따라서 발생 중인 태아를 거부하지 않는 모종의 특별한 기제가 작동해서 모체의 면역계를 중지시켜야 한다. 태반이 자궁을 보다 더 많이 침범할수록 모계의 면역 활동이 더욱 활발해질 것이다. 따라서 문제는 이것이다. 비침습성 태반으로도 모계의 자원을 높은 효율로 분배할 수 있다면 왜 침습성 태반이 존재했을까? 침습성 태반은 면역학적으로 이점도 있고 불리한 점도 있을 것이다. 침습성이 높은 태반이 효율적이라는 죽은 명제를 붙들고 있기보다 앞으로의 연구는 좀 더 면역계에 초점을 맞추어 진행되어야 할 것으로 생각된다.

모든 것이 순조롭다면 인간의 출산은 임신 후 아홉 달이 지나 이루어진다. 다음 장에서 우리는 출산 과정 자체의 핵심적인 측면을 살펴볼 것이다. 그 전에 여기서 출산의 시기와 태반의 운명에 관해 좀 더 논의해보자.

1972년 생물학자 앨리슨 졸리^{Alison Jolly}가 밝힌 것처럼 인간이 아닌 영장류는 하루 중 대개 암컷이 휴식 상태에 있을 때 새끼를 낳는다. 이런 경향은 포유류에 광범위하게 발견되고 의심할 여지없이 나무 위에 사는 다양한 영장류에게 이득이 된다. 포식자를 끌어들이지 않으려면 출산은 노출된 나뭇가지 위에서는 반드시 피해야 한다.

낮에 활동하는 영장류와는 달리 인간의 출생은(부모들이라면 알고 있겠지만) 어떤 유형이 분명히 있겠지만 어쨌든 밤 시간에만 국한되지 않는다. 현재는 주로 의학적인 도움을 받기 때문에 이에 관한 신뢰성 있는 정보를 얻기가 무척 힘들다. 그러나 출산 시간에 관한 정보가 전혀 없는 것은 아니다. 아돌프 케틀레는 계절별 인간 출생에 관해 처음으로 기록을 남긴 사람이지만 하루 중 어느 때 출산이 일어나는지 연구한 사람이기도 하다. 인간의 출산은 자정 근처에 가장 많고 대낮에 가장 적다. 몇 년이 지난 1933년에 소아과 의사, 에두아르 제니^{Edouard Jenny}는 1926년에서 1930년 사이 스위스에서 발생한 35만 건의 출산을 분석한 다음 출산은 모든 시간에 걸쳐 일어날 수 있지만 새벽 2~5시 사이에 가장 흔하고 오후 1~7시 사이가 가장 드물다는 것을 발견했다. 이른 새벽에 출산하는 경우가 오후에 출산하는 것보다 무려 40퍼센트 더 많았다. 이런 발견을 뒷받침하는 연구는 적지 않다. 미국에서는 어윈 카이저[Irwin Kaiser], 프란츠 할버그[Franz Halberg], 독일의 C. F. 단츠[Danz]와 C. F. 푹스[Fuchs]가 이런 연구를 진행했다. 인간의 출산에 의학적 간섭이 아주 적었을 때 이루어진 연구였기 때문에 여기에서 도출된 결론은 귀중한 의미를 담고 있다. 흥미로운 점은 산통의 시간이 낮보다 출산의 빈도가 높은 밤에 훨씬 짧다는 사실이다.

이용 가능한 모든 증거가 말하고 있는 바는 의학적 간섭이 없다면 자연적인 리듬이 산통의 시작에 영향을 미치고 따라서 출산 시간도 결정한다는 것이다. 자연적인 출산은 이른 새벽이 가장 흔하지만 오후나 밤 시간에는 적게 일어난다. 좀 더 면밀히 관찰하면 사실 산통이 시작되는 시간이 보다 명백한 일주기 패턴을 보인다. 초산을 포함해서 모든 산모에서 발견되는 사실은 산통이 새벽 2시경에 시작된다는 점이다. 아마도 이런 양상은 포식자로부터 위험을 피하기 위한 적응으로써 밤 시간에 출산했던 조상의 형질을 계승한 것일 가능성이 높다. 그렇지만 이런 리듬이 생물학적으로 중요하고 새벽에 출산하는 것이 인간 출산에 가장 적당한 시간일 가능성도 배제할 수 없다.

출산 시간의 생리학적 과정에 관한 연구는 찾아보기 힘들다. 그렇지만 부인과 의사인 마리아 호네비어[Maria Honnebier]는 1994년 그녀의 박사 학위 논문을 통해 매우 흥미로운 사실을 발표했다. 마리아는 임신 기간과 산통을 인간 여성과 붉은털원숭이에서 비교하고 분석했다. 체온, 혈압, 심장 박동수, 임신과 관련된 호르몬 수치 및 자궁 벽 근육의 미세한 수축과 같은 생리학적 특성은 시간대별로 달라졌다. 원숭이나 인간이나 자궁 벽 근육의 수축은 출산이 가까워질수록 최고조에 달했다. 옥시토신이라는 호르몬이 이런 변화를 이끌어내는 핵심적인 역할을 한다. 원숭이 혈중의 옥시토신 농도는 24시간을 주기로 두드러지게 변화한다. 옥시토신 호르몬의 농도가 가장 높은 시각은 자궁 수축이 일어나는 시간과 정확히 일치했다.

호네비어는 옥시토신의 혈중 농도를 측정해서 원숭이 자궁 벽의 활동성을 확인했다. 자궁 벽 근육이 가장 활발하게 수축하는 시간은 늦은 밤이었다. 19주에서 30주 사이에 있는 산모들도 이와 동일한 일주기 리듬을 가지고 있는 것으로 나타났다. 따라서 24시간의 주기는 생리학적 근거를 가지고 있는 것으로 추정되었으며 인간 출산 시간의 빈도와도 밀접한 연관성이 있는 것으로 드러났다. 1972년 졸리가 결론을 내렸듯이 인간의 출산 시간은 자연선택을 통과한 형질인 것 같다.

인간의 출생과 관련해서 태반의 운명도 매우 흥미를 끄는 주제이다. 태반 포유류 대부분의 암컷은 태어나자마자 태반을 먹는다. 벤저민 타이코Benjamin Tycko와 아길리스 에프스트라티아디스Argiris Efstratiadis가 《네이처》 논평에서 언급한 것처럼 그들은 마치 "케익을 먹는" 듯 행동한다. 육식을 하지 않는 초식동물인 염소도 마치 육식동물처럼 태반을 먹는 괴이한 행동을 보인다. 예외가 있다면 물개, 물사자, 돌고래, 고래 그리고 무슨 이유가 분명히 있겠지만 낙타는 태반을 먹지 않는다. 평상시의 섭식 양상과 관계없이 대다수의 포유동물, 비인간 영장류들은 태어나자마자 태반을 먹는다. 사실 동물원에 사는 영장류들의 암컷이 태반을 먹지 않는다면 그것은 새끼를 양육하지 않겠다는 분명한 선언이기도 하다. 동물원에 있는 침팬지나 고릴라, 오랑우탄 등 대형 유인원은 자신의 새끼 절반 정도의 양육을 포기한다. 이때 태반은 먹지 않은 채로 방치된다.

오랫동안 과학자들은 태반을 먹는 습성이 포식자에게 들키지 않기 위한 것이라고 설명해왔다. 또 다른 설명은 태반을 먹는 행위가 어느 정도 어미의 건강에 도움이 되거나 혹은 새끼를 돌보기 위한 자극이 될 것이라는 것이다. 태반에는 프로스타글란딘이라는 물질이 풍부하게 존재하고 그것은 자궁을 임신 이전의 상태로 돌아가게 하면서 원래의 크기를 복원한다. 또 소량의 옥시토신이 있어서 출산 스트레스를 줄이고 유선 근처의 근육을 수축하여 우유의 배출을 돕기도 한다.

인간 사회에서 태반은 특별한 문화적 의미를 지니지만 그것을 먹는 경우는 흔하지 않다. 1945년 비교문명 연구에서 예일 대학의 인류학자인 클렐런 포드는 연구에 참여한 인간 사회의 절반 정도가 태반을 땅에 묻는다는 사실을 밝혀냈다. 그럼에도 불구하고 몇몇 사회는 태반을 먹는 것이 임신 우울증postnatal blues과 같은 임신의 부작용을 억제하는 이점이 있다고 믿고 있었다. 하와이, 멕시코, 태평양의 몇몇 섬들, 중국에서는 태반을 먹는다는 것이 보고되었다. 또 태반은 동양의학에서 중요한 약재에[53] 속한다. 그러나 인간의 태반이 산모에게 뭔가 직접적인 이득이 있다는 과학적인 증거는 거의 없다. 최근 미국과 유럽에서 태반에 유익한 성분이 포함되어 있을 것이라고 해서 세간의 관심을 불러일으킨 적이 있다. 한 가지 극단적인 예를 들면 미국의 심리학자 조디 셀랜더Jodi Selander는 2006년 PlacentaBenefits.info라는 웹사이트를 개설하고 산모들에게 태반을 먹도록 부추기고 있다. 그녀는 전통적인 중국 의학에 기초하여 태반을 캡슐에 넣는 방법을 개발하였다. 여기서 그녀는 태반 캡슐을 복용하는 것이 출

---

53 | 인간의 태반을 자하거라고 한다. 『왕의 한의학』을 보면 옛날 사람들은 태반을 '인간이 최초로 몸에 걸치는 가장 좋은 옷'이라고 여겼다. 자하거는 몸에 혈액 같은 액체 상태의 물질이 부족한 경우 사용했다.

산 후 회복을 앞당기고 산후 우울증을 감소시킨다고 주장한다. 그러나 나중에 먹기 위해 산모가 자신의 태반을 캡슐에 담으려 한다 해도 그것은 그리 쉬운 일은 아닐 것 같다. 일부 병원은 집으로 가져가 먹고자 하는 산모에게 섣불리 태반을 내주지 않으려 하기 때문이다.

5장

큰 뇌 키우기

HOW WE DO IT

어렸을 적에 내가 시험 점수를 잘 받아오면 엄마는 이렇게 말했다. "너는 아빠 머리를 타고 났어." 그러나 나는 이 말이 잘 이해되지 않았다. 나의 유전자는 엄마에게서 반 그리고 아빠에게서 반 물려받은 것이기 때문이다. 나중에 뇌의 진화 연구에 뛰어들고 나서야 나는 다른 모든 여성이 그런 것처럼 어머니 역시 자식의 뇌 발생에 결정적인 역할을 했다는 사실을 알게 되었다. 그럼에도 불구하고 어머니는 겸손한 태도를 보인 것이다. 뇌에 관한 한 모든 포유동물은 암컷이나 어머니에게 큰 빚을 지고 있다. 다른 것은 차치하고라도 그들은 자신의 자원을 듬뿍 자식의 뇌에 투자하기 때문이다.

뇌는 신체의 사령부이고 가장 중요한 기관 중 하나이다. 포유동물에서 뇌, 특히 커다란 인간의 뇌가 어떻게 진화해왔는가에 대한 연구는 상당히 진척되었다. 그러나 다방면에 걸친 노력에도 불구하고 우리는 생식이 뇌의 발생에 결정적인 역할을 한다는 사실을 자주 잊는다. 뇌는 많은 양의 에너지를 사용하기 때문에 신체에서 가장 비싼 기관이기도 하다. 다 자란 포유동물에서 뇌 조직 약 30그램을 유지하는 데 필요한 에너지는 다른 조직의 10배에 달한다. 비록 그 무게는 체중의 50분의 1에 불과한 약 1.5킬로그램 정도이지만 인간의 뇌는 전체 에너지의 20퍼센트를 사용한다.

발달하고 있는 뇌는 더 많은 에너지를 필요로 한다. 간단히 말하면 운영 자금 외에도 건설비용이 추가적으로 더 들기 때문에 보다 많은 자원의 투입이 불가피한 것이다. 다른 운영체계와 마찬가지로(지방자치단체처럼) 우리 신체의 예산 집행도 균형 감각을 잃으면 안 된다. 따라서 뇌가 발생하고 작동하는 데 많은 양의 자원이 필요하다면 어딘가 다른 부분에서 사용할 자원이 줄어들어야 한다. 저장된 자원(가령 천연자원)과 외부로부터 들어온 에너지를 적절히 분배하는 것과 함께 신체의 다른 부분에 사용할 자원의 양을 줄이는 방법 등이 다각도로 모색될 것이다. 예산의 균형은 뇌가 쓰는 비용과 다른 지출 사이에 일종의 타협을 통해 조정이 된다. 다른 지출 비용 중 하나가 바로 생식이다.

영장류 진화에서 시작해서 별난 조합이랄 수도 있는 뇌의 진화와 생식 생물학 영역으로 연구 범위가 확장된 것은 내게 크나큰 행운이었다. 이렇게 주제가 합쳐지고 나자 이제는 두 가지 영역을 통합적으로 연결하는 일이 과제가 되었다. 발생 중인 자손들에게 암컷이 분배하는 자원의 문제가 특히 나의 관심을 끌었다. 일반적으로 말해서 진화생물학자들은 왜 포유동물 종이 큰 뇌를 필요로 했는가라고 질문하는 경향이 있다. 이와는 좀 다른 궤도에서 나는 포유동물은 어떻게 큰 뇌를 감당할 수 있었는가 하는 질문을 던졌다.

모든 포유동물 집단에서 수컷이 아니라 암컷만이 자손의 뇌 발생과 발달에 필요한 대부분의 자원을 제공한다는 말은, 생물학적인 의미에서 전적으로 옳다. 처음 임신기에 이 자원은 태반을 통해 전해진다. 출산하고 난 뒤 암컷은 자손에게 젖을 먹이면서 이유^{離乳}할 때까지 한동안 모유를 통해 자원을 나누어준다. 확실히 뇌는 많은 에너지를 뚝딱 해치우는 기관이지만 다른 면에서도 유별나다. 뇌는 빠르게 자라나서 목표로 하는 크기에 도달한다. 신체의 온라인 컴퓨터인 뇌가 세워지고 작동을 해야 자손이 독립적으로 움직일 것이기 때문에 이런 과정은 충분히 이해할 만하다. 포유동물에서는 이유할 때쯤이면 최소한 크기로는 얼추 목표치에 다다른다. 초기에 뇌 발달이 빠르게 이루어지다가 상대적인 정체기에 접어든다. 바로 이런 이유 때문에 갓 태어난 포유류 새끼는 머리가 몸에 비해 비정상적으로 크지만 자라면서 그 비율이 점차 줄어든다.

뇌와는 달리 다른 신체 기관들, 가령 심장, 폐, 간, 신장, 소화기관, 근육, 골격은 태어나서 성체가 될 때까지 일정한 속도로 꾸준히 자라난다. 인간을 예로 들면 아이의 뇌가 성인의 크기에 맞먹을 정도로 커지는 것은 대략 만 일곱 살경이다. 그러나 신체의 나머지 부위는 그 뒤로도 약 14년을 더 자란다. 나중에는 다른 조직의 성장 속도가 뇌를 앞지른다. 신생아 뇌의 무게는 이들 체중의 약 10퍼센트 정도다. 그러나 성인이 되면 2퍼센트밖에 되지 않는다. 일반적으로 뇌의 에너지 요구량이 많고 무게도 체중의 10퍼센트에 이르기 때문에 신생아의 뇌는 전체 에너지의 약 60퍼센트를 사용한다. 이런 에너지 소비는 점차 줄어서 성인이 되면 전형적 수준인 20퍼센트로 거의 고정된다.

포유동물의 비교 분석에 의하면 성인 뇌의 크기는 에너지 소모뿐만 아니라 임신 기간과도 깊은 관련성이 있다. 이런 발견으로 나는 뇌의 발생이 생식과 긴밀하게 연결되어 있음을 직관적으로 알게 되었다. 첫 번째 단서는 생물학자 조지 새커^{George Sacher}와 에버렛 스태펄트^{Everett Staffeldt}의 1974년 연구에서 나왔다. 다양한 포유동물의 데이터를 분석하고 그들은 임신 기간이 신생아의 신체 크기보다는 그들의 뇌 크기와 더 일정한 상관성을 보인다고 발표했다. 사실 새커와 스태펄트는 발생하는 태아의 성장 속도를 뇌가 조정하고 있다고 결론을 내린 바 있다. 이런 가설은 좀 더 연구를 해봐야 하겠지만 뇌의 크기가 임신 기간과 밀접한 관련이 있다는 점은 분명하다.

태어나서도 뇌는 엄마의 젖에서 영양분을 얻으며 계속해서 자라난다. 따라서 수유 기간도 궁극적으로 뇌의 크기와 관련된다. 그렇지만 다 자란 성인의 뇌 크기도 단독으로 임신 기간과 유의미한 상관성을 갖는다. 포유동물을 통틀어보면 일반적으로 젖을 뗄 때를 전후해서 자식의 뇌는 성체 뇌 크기의 90퍼센트에 육박한다. 따라서 뇌 발달에 필요한 에너지는 대부분 암컷에서 유래한다는 점은 하등 의심할 것이 없다.

임신 기간과의 관련성 외에도 포유동물의 뇌의 크기는 에너지 전환과도 통계적인[54] 연관성이 있다. 뇌의 크기와 수유 기간 및 에너지 비용이 서로 관련된다는 인식이 확장되면서 나의 '모계 에너지 가설'이 탄생했다. 이 가설의 핵심은 임신 기간 동안 모계의 에너지 전환이 신생아 뇌의 크기를 직접적으로 결정짓는다는 것이다. 다른 조건이 동일하다면 임신 기간이 길거나 모계의 에너지 소비량이 클수록 더 많은 양의 자원이 태반을 통해 태아의 뇌 발생을 촉진하게 된다. 출산 후에도 뇌의 발달을 향한 모계의 에너지 지출은 수유를 통해 계속된다. 임신 기간과 수유 기간을 다 합

---

54 | 여기서 '통계적인'이라는 말은 '유의미'하다는 말과 동의어로 사용된다. 결국 상호 관련성이 크다는 말이다.

친 기간이 늘어나면 자원의 지출도 그만큼 커지는 셈이다. 실제적 의미에서 태아가 자라 성체의 뇌에 필적하는 크기로 성장하는 것은 대부분 모계의 자원 덕택이다.

이런 법칙에서 영장류도 예외는 아니다. 그러나 이들 뇌의 성장과 신체의 다른 부위의 성장 사이에는 독특한 관련성이 있다. 태아 발생 전 과정에서 영장류는 다른 모든 포유동물과 확연히 다른 점이 있다. 조지 새커는 1982년 소위 '새커의 법칙'으로 알려진 중요한 원칙을 통해 우리가 뇌의 발생을 이해하는 데 결정적인 공헌을 했다. 임신 전 기간에 영장류 태아의 뇌 조직은 비슷한 몸집을 가진 다른 포유동물의 그것보다 두 배 정도 크다. 다시 말하면 뇌의 발생은 영장류에서 더욱 특화되어 있다.

그렇지만 새커의 연구 결과에서 우리가 이용 가능한 정보는 매우 희박하다. 태아 발생 과정에서 뇌의 크기와 신체의 크기를 측정하기가 난감하기 때문이다. 이런 사정은 영장류나 포유류나 다를 것이 없다. 그나마 다행인 것은 새커의 법칙을 시험할 간접적인 방법들이 있다는 점이다. 영장류와 다른 포유류의 태아 발생이 시종일관 다르기 때문에 갓 태어난 새끼들도 그럴 것이다. 따라서 태반 속에 있을 때와 달리 갓 태어난 포유동물 새끼의 뇌와 신체 크기에 관한 데이터는 비교적 풍부하다. 내가 이런 데이터들을 그러모아 분석하고 결론을 내릴 수 있을 정도다. 갓 태어난 새끼의 체중에 대비하여 영장류의 뇌는 포유류의 그것보다 두 배나 더 무거웠다. 새커의 법칙은 확실히 옳았다.

인간의 아기도 이런 점에서 다른 영장류와 별반 다르지 않다. 이들 뇌의 평균 무게는 태어날 때의 체중으로부터 정확하게 예측할 수 있다. 영장류 데이터를 통해 확보한 수식이 있는 까닭이다. 전형적으로 출생 시 인간 신생아의 체중은 3.4킬로그램이고 뇌의 무게는 340그램이다. 인간 신생아의 뇌는 다른 영장류와 비교했을 때 훨씬 무거운 편이다. 반면 비영장류 포유동물의 출생 시 체중이 3.4킬로그램이라면 뇌의 무게는 보통 170그램 정도 나간다. 모든 영장류에서 뇌의 발달이 특화되었기 때문에 이들 신생아들은 문자 그대로 삶에서도 앞서 간다. 더구나 이런 특징이 모든 영장류에서 관찰되기 때문에 그들의 공통 조상도 그러했을 것으로 추정하고 있다. 인간의 뇌가 팽창하게 된 계기가 무엇이든 그것이 우리의 생식과 관련되어 있다는 점은 모두 인류의 진화적 과거에 뿌리를 두고 있다.

출생 후 뇌의 성장을 이해하려면 우리는 신생아가 뇌 발달의 어느 단계를 지나고 있는지 설명해야 한다. 4장에서 우리는 미숙성 새끼와 조숙성 새끼가 근본적으로 다르다고 얘기했다. 마우스, 햄스터, 고슴도치, 나무두더지, 토끼 및 고양이 같은 미숙성 포유동물의 임신 기간은 짧은 편이다. 예상할 수 있는 것처럼 이들 새끼는 암컷 어미에 비해 상대적으로 더 작고 뇌도 작다. 그렇기 때문에 뇌 발달의 많은 과정은 태어난 후에 이루어져야 한다. 이런 일은 보통 그들의 둥지에서 행해진다.

미숙성 새끼의 뇌는 태어나서 성체가 될 때까지 얼추 다섯 배 더 커진다는 것이 일반적인 법칙이다. 온몸이 털로 뒤덮이고 눈과 귀가 열릴 때까지 뇌는 급속도로 성장한다. 이즈음의 발달 상태는 조숙성 포유류 새끼의 탄생 시기와 맞먹는다. 눈과 귀가 뜨이고 나면 이들 미숙성 포유류의 뇌는 거의 성장을 멈춘다. 그러나 느리기는 하지만 완전히 성체가 될 때까지 뇌는 천천히 자란다.

그와는 대조적으로 영장류, 우제류, 돌고래 혹은 코끼리와 같은 조숙성 포유류는 상대적으로 크고 무거운 뇌를 갖고 태어나기 때문에 출생 후 뇌의 성장 속도가 그리 빠르지 않다. 이들 조숙성 포유류는 출생해서 성체에 이를 때까지 약 두 배 정도 자란다는 것이 정설이다. 이 정도는 미숙성 포유류의 다섯 배에 훨씬 미치지 못하는 것이다. 더군다나 비인간 포유류를 포함하여 이들 조숙성 포유류의 뇌는 출생 직후 잠깐 빠른 발달 단계를 보이다가 느린 단계로 넘어간다.

이런 점에서도 인간은 독특한 포유동물에 속한다. 앞에서 말했던 것처럼 신생아의 뇌와 신체의 크기는 영장류의 전형적인 속성을 보인다. 그러나 출생 후 인간의 뇌 성장은 다른 여타 영장류와 크게 다르며 따라서 포유동물 전체와도 현격한 차이를 보인다. 태어난 뒤 인간의 뇌는 일반 영장류의 두 배가 아닌 약 네 배가량 커진다. 인간만이 갖는 이런 속성은 우리의 또 다른 독특한 특성과도 연관되어 있다. 출생 직후에도 뇌의 성장이 멈추지 않고 빠른 속도로 지속된다는 점이다. 이런 특성은 인간을 제외한 영장류나 조숙성 포유류에서는 찾아볼 수 없는 현상이다. 출생 후 몇 주 동안 인간의 뇌 성장은 미숙성 포유류처럼 매우 빠르게 진행된다. 그 경향은 출생 후 일 년이 될 때까지도 유지된다.

다른 말로 표현하면 인간의 뇌는 출생 후 일 년까지는 자궁 속의 태아와 비슷한 속도로 빠르게 자란다. 생후 일 년 동안 뇌가 계속 자라기 때문에 인간의 아기는 다른 영장류 새끼에 비해 다소 무력하다.[55] 동물학자 아돌프 포르트만은 이를 한마디로 정리하면서 인간의 임신 기간은 21개월로 보아야 옳다고 말했다. 자궁 안에서 아홉 달 그리고 밖에서 12개월, 합해

---

55 | 누군가의 도움이 없으면 결코 살아갈 수 없다는 말이다. 하다못해 늑대라도 도와야 한다.

서 21개월이다. 인류학자 애슐리 몬터규$^{Ashley Montagu}$는 이를 조금 다르게 부른다. 자궁 속에서 9개월에 걸친 자궁임신^{uterogestation} 다음에 이어서 9개월의 태아 비슷한 성장인 자궁 밖 임신^{exterogestation}[56]을 계속한다.

인간 신생아의 뇌와 그에 수반되는 해부학적 구조는 다른 영장류나 조숙성 포유류에 비해 미성숙하다. 이 사실은 몇 가지 의학적 문제를 야기한다. 그중 한 가지는 귀나 코 혹은 목에 좋지 않은 상황이 발생할 수 있다는 것이다. 이런 상황은 생후 일 년 안에 점차 개선되거나 완전히 회복된다. 나중에 청각을 상실할 수도 있는 중이염^{otitis}이 인간 아기의 귀에 자주 생기는 것이 대표적인 예이다. 목구멍 뒤쪽과 귀의 중간에 있는 빈 공간에 공기를 흘려주는 유스타키오관이 생후 미성숙하기 때문에 중이염은 인간 아기에게 매우 자주 발견되는 질병이다.

출생 후 일 년 동안 뇌가 매우 빠르게 자라는 것은 인간 아기만이 가지는 독특한 특징 중 하나인 오동통한 몸집과도 밀접한 관련이 있다. 인간 신생아의 평균 체중은 3.4킬로그램이다. 이 중 지방의 비율이 14퍼센트를 넘는다. 따라서 우리 인간의 신생아는 모든 포유동물 중에서 가장 살쪘다고 볼 수 있다. 태어났을 때 아기의 모습은 침팬지나 붉은털원숭이와 크게 다르다. 신생아가 가진 지방의 함량은 극지방에 사는 포유동물과 맞먹으며 물개 새끼가 가진 것보다 훨씬 많은 지방을 축적하고 있다. 인류학자 크리스토퍼 쿠자와$^{Christopher Kuzawa}$가 지적했듯이 인간 신생아는 비슷한 신체 크기의 포유동물이 가지고 있을 것으로 예상되는 것보다 체지방량이

---

56 | 본래적 의미의 '자궁 외 임신'은 결코 여성의 신체 밖에서 일어나지 않는다. 여기서는 '신체의' 밖이라는 의미이다.

네 배나 많다. 사실 인간 아기의 지방 함량은 출생 후 9개월까지 더 늘어나서 체중의 25퍼센트에 이른다. 이 기간 동안 성장하는 데 사용된 총 에너지의 약 70퍼센트에 해당하는 양이 지방으로 축적된다. 간단히 말하면 건강한 아기는 태어난 이후 지방 함량이 줄지 않으며 이는 최대 세 돌 때까지 유지된다. 이는 많은 부분 엄마의 돌봄 덕분이다. 아기의 지방 함량을 높이는 엄마의 투자가 출산 후에도 오래 계속되기 때문이다.

왜 인간 아기의 오동통한 형질이 자연선택에서 선호되었을까 하는 질문에 대한 가장 그럴싸한 설명은 신체에 지방을 축적하는 것이 보온 장치였던 털을 잃어버린 데 대한 보상이라는 것이다. 신생아를 인큐베이터에 집어넣을 때 가장 최적의 온도는 섭씨 32도로 알려져 있다. 이보다 온도를 낮추는 것은 문제가 될 수 있다. 아기의 지방 분포도 독특해서 주로 피하에 몰려 있다. 성인의 몸 안에 저장된 지방의 분포와는 대조적으로 신생아의 복강에는 지방이 거의 없다. 인류학자 보구스와프 파브워브스키 Bogusław Pawłowski는 사바나의 열린 공간에서 잠을 잘 때 몸이 과도하게 냉각되지 않도록 해야 했던 초기 호모속 영장류의 여러 가지 특징이 인간 신생아에게 상속된 것이라며 이런 견해를 지지했다. 여기에 속하는 특징은 물론 큰 체형과 피하 지방의 축적이다. 인간의 아기들이 자면서 그들의 체온을 스스로 조절할 수 있다는 점은 매우 유별난 현상이다.

그렇지만 피하지방의 역할에 관해 쿠자와는 파브워브스키가 제안한 가설과는 좀 다른 연구 결과를 내놓았다. 쿠자와는 왜 인간 아기가 예외적으로 많은 지방을 가지는가에 대한 보다 직접적인 이유를 찾으려 했다. 쿠자와의 결론은 인간 아기가 에너지를 완충할 목적으로 지방을 더 저장했다는 것이었다. 그렇다면 출생 후 일 년 동안 빠른 속도로 자라나는 뇌 성장에 유리할 것은 자명해 보였다. 성장 중인 아기의 자원을 교란하는 어떤 것도 상쇄될 것이 분명하기 때문이었다. 한 단계 더 나아가 2003년 논문에서 두 영양학자 스티븐 커네인^{Stephen Cunnane}과 마이클 크로퍼드^{Michael Crawford}는 저장된 지방을 덜어서 에너지를 공급할 수 있을 뿐만 아니라 통통한 아기의 형질이 큰 뇌가 진화하는 데 필수적이었다고 주장하였다. 뇌의 반 정도는 지방 성분이 차지하고 있다. 또 아기의 지방은 특별한 종류의 것들을 함유하고 있다. 정상적인 뇌 발달에 필수적인 긴 사슬 불포화지방산이 그것이다. 태어날 때 가지고 있던 신생아 지방에서 긴 사슬 지방산의 양을 계산한 결과에 따르면 그 양만으로도 약 세 달 동안 뇌의 성장을 담보할 수 있다. 커네인은 이런 주제를 포괄한 자신의 책『가장 통통한 자의 생존^{Survival of the Fattest}』을 출판했다. 여기에서 그는 정상적인 인간 신생아는 "확실히 비만"이라고 표현했다. 자궁에 있는 인간 태아가 지방을 축적하는 시기는 임신 3기에[57] 국한된다. 임신 초기 6개월 동안 지방이 축적되는 경우는 거의 없다는 말이다. 그러므로 조산아가 태어나게 된다면 지방의 저장은 줄어들 수밖에 없다. 5주 먼저 태어난 아기의 지방 축적은 정상 출생하는 아기들이 축적하는 지방의 반 정도에 지나지 않는다. 10주 먼저 태어난 아기들의 지방 축적은 정상일 때의 6분의 1 정도다. 이런 조산아들은 피부 아래 지방이 축적되지 않아서 늑골이나 갈비뼈가 두드러지게 보인다. 지방의 축적이 불충분하면 출생 후 뇌의 급속한 성장을 위한 에너지의 비축량이 줄어든다. 적절하게 영양분을 공급해준다면 정상적으로 뇌가 성장하겠지만 이 말은 미숙아가 특별한 보호를 필요로 한다는 의미

---

57 | 인간의 임신 기간을 각각 세 달씩 나누고 1기, 2기, 3기로 부른다.

이다. 커네인은 저장된 지방을 일종의 "보험"이라고 꼭 집어 말했다.

앞에서 이미 얘기했지만 뇌의 발달을 논외로 한다면 인간의 아기는 꽤 조숙성이다. 인간 아기는 아주 특별한 의미에서만 '미숙성'이다. 출생 당시 성인의 크기에 비해 뇌가 덜 발달한 상태이고 그 뒤로 한동안 성장을 계속 해야 한다는 의미이다. 포르트만은 이런 인간 신생아를 "이차적으로[58] 미숙성인" 상태라고 말했다. 뇌의 발달과 다른 조직의 발달이 서로 조응하지 않기 때문에 인간의 아기들은 특별하다고 할 수 있다. 출생 당시 두개골의 뼈가 덜 발달해서 성기게 벌어져 있다는 것이 이러한 괴리를 특징적으로 나타낸다. 태어날 때 원숭이는 이 부위가 꽉 닫혀 있고 대형 유인원은 약간 벌어져 있지만 인간 아기는 18개월에서 2년이 지나야지만 이 틈새가 닫히게 된다.

태어난 후 일 년 내에 뇌가 빠르게 성장하는 것은 몇 가지 중요한 의미를 지닌다. 우선 빠르게 성장하다가 속도가 줄어드는 상태로 뇌의 발달이 전환되는 것은 다른 포유동물에서 전형적으로 드러나는 눈과 귀의 열림과 무관하게 진행된다. 인간 아기가 처음 일 년 뇌를 키우는 동안 눈이나 귀가 닫혀 있는 경우는 매우 드물다. 상대적으로 미숙한 뇌를 가진 상태로도 인간 아기가 외부의 환경과 서로 소통하고 있다는 사실은 그저 놀라울 뿐이다.[59] 부모들은 모두 알고 있겠지만 아기는 처음 일 년 동안 많은 것을

---

58 |　인간의 신생아는 여타 포유류 신생아와 많은 계통학적 형질을 공유하고 조숙성으로 분류되지만 특정한 생태적 압력(직립 보행과 태반) 아래에서 뇌의 크기를 제한하는 발생을 '이차적'으로 선택하게 되었다. 인간 신생아는 조숙성이지만 그들의 뇌는 '이차적으로' 미숙성이다. 포유동물인 고래도 바다로 돌아가면서 '이차적으로' 지느러미를 얻었다.

59 |　다윈은 자신의 아이들을 태어날 때부터 관찰하고 『인간과 동물의 감정 표현』이란 책에서 아이들의 표정과 행동에 관해 자세히 기술했다.

배우고 매우 정교한 사회적 활동에 참여한다. 이런 특징은 아마도 인간이 진화 과정을 거치면서 적응성이나 행동 면에서 유연성을 점차 획득해나간 결과일 것이다.

이와 관련해서 직립 보행하는 인간이 출생 후 만 한 살이 될 때까지 걷지 못하는 것은 결코 우연이 아닐 것이다. 걸어 다니기 전 몇 달 동안 인간은 매우 특별한 방식으로 이동한다. 손이나 무릎으로 기거나 배로 슬슬 밀고 다니기도 한다. 다른 영장류 새끼들은 처음부터 부모가 걷는 방식으로 움직이기 때문에 이런 점도 인간에게 특별한 것이다. 처음 일 년 동안 의사소통에 필요한 많은 것을 배우기는 하지만 만 두 살이 되도록 인간 아기들이 말을 제대로 하지 못하는 것도 특기할 만하다. 요약하면 출생 후 몇 년 동안 아기들은 뇌 발달을 계속하면서 자신을 둘러싼 환경과 충분히 의사소통할 수 있다.

그러나 인간 아기가 유별난 행동 양식을 보이는 이유는 무엇일까? 왜 인간의 뇌는 발달하는 양식이 독특하게 진화한 것일까? 그러나 그 답은 꽤 단순하다. 자궁 안에서 9개월 동안 성장하면서, 인간 태아의 뇌 크기는 골반 산도를 안전하게 빠져 나올 수 있을 만큼 최대한 자란다. 만약 이런 골반이 제약이 되지 못했다면 인간의 임신 기간은 출생 후 뇌가 완전히 발달하는 것까지 포함해서 21개월이 되었을지도 모른다.

태반을 통해 자원을 직접 전달하는 방법이 뇌 조직을 발달시키는 데 훨씬 더 효율적이다. 출산 후 모계는 자신의 자원을 젖(모유)의 형태로 변환시킨 다음 아기가 소화시킬 수 있도록 한다. 어느 정도는 바로 이 사실 때문에 산도의 크기가 허락하는 최대치까지 자궁 내 발달을 하는지도 모른다. 신생아 뇌 크기의 범위도 바로 이런 사실을 반영한다. 생물학에서 일반적인 규칙으로 간주되는 것 중 하나는 어떤 종의 내부에서 물리적 크기의 변이는 전형적으로 종 모양의 분포 혹은 정규 분포를 따른다는 것이다. 종의 가운데 정점이 평균이고 그 정점을 기준으로 양쪽으로 거울상을 만들면서 분포값이 점차 줄어드는 양상을 보인다. 신생아 머리의 직경은 이런 전형적인 분포에서 벗어난 극단적인 예외라고 볼 수 있다. 머리의 둘레는 평균보다 정규 분포의 낮은 쪽 부분에서 예상했던 분포 양상을 보인다. 그러나 평균보다 더 큰 범위에서 머리의 둘레는 일정한 값을 지나면 분포값이 급격하게 하락한다. 상위 값에서 보이는 이런 특징적인 양상은 자연선택의 여과 장치가 얼마나 강력하게 작동하는지 여실하게 보여준다. 머리가 너무 큰 태아는 안전하게 출산하기 힘들 수 있기 때문이다.

생물학적으로 우리 인간과 가장 가까운 친척인 대형 유인원과 비교해보면 이런 결론은 더욱 뚜렷해진다. 이들 대형 유인원의 수유 기간은 상대적으로 짧다. 오랑우탄은 35주, 고릴라는 37주, 보통 침팬지는 33주밖에 되지 않는다. 침팬지나 오랑우탄의 암컷은 일반적으로 몸집이 인간 여성보다 작지만 고릴라 암컷은 인간 여성보다 약간 크다. 인간의 수유 기간은 38주로 다른 대형 유인원보다 1주에서 5주 더 긴 편이다. 신체의 크기는 이런 차이를 설명하지 못한다. 또 출생 당시 태아 크기의 엄청난 차이가 이유가 되지도 못한다. 출생 당시 침팬지나 오랑우탄 새끼들의 체중은 약 1.8킬로그램이고 고릴라 새끼는 2킬로그램이다. 반면 인간 신생아의 평균 체중은 3.4킬로그램이다. 다른 식으로 표현하면 대형 유인원이나 원숭이 새끼는 암컷 어미 체중의 약 3퍼센트이지만 인간 신생아는 6퍼센트에 이른다.

따라서 태어날 때 인간 아기의 체중은 다른 대형 유인원의 두 배 정도가 된다. 영장류 전반에 걸쳐 뇌와 신체의 크기가 일정한 관계를 띤다는 새커의 법칙을 기억해보자. 인간 신생아의 크기가 대형 유인원의 두 배 정도이므로 뇌의 크기도 두 배 정도 더 커야 할 것이다. 이런 차이는 우리에게 중요한 사실을 알려준다. 첫째, 커다란 몸에 큰 뇌를 가진 신생아를 낳는 인간 여성은 다른 대형 유인원 암컷에 비해 태아 발달에 상당히 많은 자원을 투자해야 한다. 둘째, 신생아의 뇌와 신체의 크기를 감안할 때 인간은 한계의 극단까지 발달 과정을 밀어붙여야 한다. 인간의 출산이 비용이 많이 들면서도 매우 위험한 과정인 것은 바로 그런 이유 때문이다.

　인간의 출산이 위험할 수도 있는 또 하나의 유별난 이유는 남성과 여성의 골반 형태가 다르기 때문이다. 원숭이나 대형 유인원의 골반은 암컷이나 수컷이나 별 다른 차이를 보이지 않는다. 반면 인간 여성의 골반은 남성의 그것과 모양이 사뭇 다르다. 자궁의 폭은 두 성에서 거의 비슷하지만 여성의 신체가 일반적으로 작기 때문에 자궁이 상대적으로 넓은 편이다. 체형을 생각해보자. 여성의 엉덩이는 일반적으로 어깨보다 넓다. 남자는 그 반대다. 몸 안을 보면 척추의 아랫부분이 등 쪽으로 더 굽어져 있어서 부드럽고 둥근 골반의 통로를 건드리지 않게 설계되어 있다. 남성은 척추가 뒤로 구부러질 필요가 없고 골반의 입구가 하트 모양이다. 또한 앞쪽 치골 부위에서 골반의 좌우가 만나는 지점은 여성이 남성보다 더 좁고 아래쪽 모서리는 더 넓다. 이외에 다른 차이도 많기 때문에 골반을 보고 남성인지 여성인지 판단하기가 쉽다. 고대 유적지나 범죄현장에서 인간의 골격을 조사하는 생물학자나 인류학자들은 자궁을 맨 먼저 보고 개인의 성별을 파악한다. 성에 따라 골반의 형태가 차이가 나기 때문에 걷는 방식도 남녀가 서로 다르다. 여성은 골반이 앞으로 기울어져 있어 위 아래로 비스듬히 움직이기 때문에 엉덩이를 흔들흔들거리면서 걷는다. 엉덩이와 무릎 관절의 움직임 또한 다르다.

골반의 크기가 인간 신생아의 머리 크기를 제한한다는 생각은 꽤 논리적이고 간접적인 시험을 통해 쉽게 확인할 수 있다. 이제 우리가 할 것은 인간과 비슷하게 몸집이 크면서 뇌도 큰 신생아를 낳지만 뼈로 된 골반이 없어서 산도의 제약을 받지 않는 포유동물이 있는지 살펴보는 일이다. 생물학적 다양성은 놀라워서 실제 그런 포유동물이 존재한다. 돌고래와 고래의 선조들은 이차적으로[60] 바다에 다시 돌아갔다. 그 결과 골반대를 포함한 뒷다리 부분이 거의 다 사라지고 종아리뼈 몇 개만 남게 되었다. 인간과 비교해서 체중, 임신 기간, 성체가 되었을 때 뇌의 크기가 비슷한 몇몇 돌고래들도 존재한다. 골반이 없는 돌고래는 인간 신생아의 뇌 무게 340그램의 두 배가 넘는 뇌를 가진 새끼를 낳기도 한다. 그러나 돌고래는 태어나서 성체가 될 때까지 뇌 크기가 두 배 남짓 더 커지지만, 인간의 뇌 크기는 성인이 될 때까지 네 배 더 커진다. 골반이 없는 수생 돌고래는 출생 후까지 뇌의 발달을 미룰 필요가 없는 것이다.

산도와 비교해서 이미 인간 태아의 뇌가 충분히 크게 자라버렸기 때문에 골반을 통과해야 하는 데는 어려움이 뒤따른다. 릴랙신^{relaxin} 호르몬의 도움으로 출산이 조금 쉬워지기는 한다. 난소, 태반 및 가슴에서 만드는, 인슐린 유사 호르몬인 릴랙신의 생산은 임신 말기에 이르러 최고조에 이른다. 다른 기능도 있겠지만 이 호르몬은 주로 좌우 두 골반뼈가 만나는 전면 중앙 인대 부분을 부드럽게 만들어준다. 또 골반 근육을 이완시켜 산

---

[60] 　육지에서 다시 바다로 들어갔다는 말이다. 어류에서 양서류, 파충류, 포유류로 이어지는 육상 생활을 접고 고래는 다시 바다로 돌아갔다. 그러나 이들 동물 집단은 모두 바다에 그 기원을 두고 있다.

도를 다소 느슨하게 만든다. 태아 두개골의 주요한 뼈 사이에 있는 숨구멍도 머리 모양을 유순하게 할 수 있어서 마찬가지로 출산을 돕는다. 그럼에도 불구하고 인간 아기가 골반 산도를 지나 밖으로 나오는 것은 엄청나게 어려운 일이다.

인간 출산 과정의 어려움은 산모의 나이에 따라서도 달라진다. 원죄를 지은 이브에게 내린 형벌이 후대 모든 여성들에게 전해졌다고 성경은 말한다. "아이를 낳을 때 너의 고통이 배가되리라."(창세기 3:16) 지식의 나무에서 금단의 열매를 따 먹었기 때문에 출산의 고통이 뒤따른다는 성서적 설명은 뇌의 크기와 인간 출산의 어려움을 고려해볼 때 흥미롭게 들린다.

골반 통로를 통과해 나오기 위해 인간 아기는 복잡한 방식으로 회전을 해야 한다. 이 방식은 다른 영장류에서는 찾아볼 수 없는 것이다. 이런 고통스런 경로는 신생아의 뇌가 크고 어깨가 넓기 때문만은 아니다. 이는 인간이 직립 보행을 하게 되면서 성인 골반의 모양과 위치가 변화하였음을 의미하기도 한다. 뇌의 크기와 골반의 변화, 이 두 가지 요소가 진화 과정에서 한데 편입되면서 인간 신생아 출산의 실제적 어려움이 되었다.

신생아의 뇌가 커져서 생기는 불가피한 어려움이 인간에게만 국한된 것은 아니다. 해부학자 아돌프 슐츠[Adolph Schultz]가 처음으로 지적했듯이 일부 영장류에서도 태아의 큰 머리가 출산의 고통을 불러오기도 한다. 여기서 다시 한 번 신체의 크기를 생각해보아야 한다. 예상할 수 있는 것처럼 영장류를 통틀어 태아의 신체 크기는 암컷의 몸이 커질수록 더 커진다. 그러나 다른 생물학적 특성처럼 계량화가 단순히 비례적으로 이루어지지는 않는다. 태아의 크기가 커지는 정도는 암컷의 크기가 커지는 정도에 비해 다소 느슨하게 증가한다. 다시 말하면 암컷의 체중이 증가하면 태아의 체중은 그보다 낮은 비율로 증가한다는 것이다. 따라서 암컷의 크기를 비교하면 체구가 작은 원숭이가 상대적으로 보다 큰 태아를 갖는 셈이다. 중간 크기의 긴팔원숭이는 중간 정도의 태아를, 대형 유인원은 작은 태아를 갖게 된다. 예를 들어 뇌가 크고 체구가 작은 신세계원숭이인 다람쥐원숭이는 자신의 산도에 다소 무리가 가는, 상대적으로 큰 신생아를 낳는다. 그러나 원숭이의 골반은 인간과 달라서 직립 보행에 적응할 필요가 없었다. 따라서 편안하지 않다고는 해도 출산은 훨씬 덜 복잡하다.

출산 과정에서 큰 뇌를 가진 인간 태아는 골반을 지나는 동안 독특한 두 단계를 거치면서 통과해야 한다. 게다가 산도는 들어가는 입구가 좌우로 넓고 출구는 뒤에서 앞으로 나오면서 넓어지기 때문에 비비꼬여 있다. 그 결과 두 단계에 걸쳐서 회전을 해야 태아는 골반을 무사히 통과해 나올 수 있게 되었다. 인류학자인 캐런 로젠버그Karen Rosenberg는 1992년 논문에서 인간 출산의 특별한 양상에 대해 기술하였다. 뒤쪽에서 앞으로가(대부분의 영장류는 입구 쪽에서 출구 쪽으로 나오면서 폭이 늘어난다) 아니라 좌우로 폭이 넓은 축을 따라 내려가기 위해 골반 산도 입구로 들어갈 때 태아의 머리는 한 번 회전한다. 다음에 골반을 지나는 동안 태아의 머리가 돌면서 축을 따라 앞뒤 방향을 맞추고 골반의 출구 쪽으로 내려간다. 보통 얼굴은 엄마의 뒤쪽을 바라보면서[61] 처음으로 외부에 몸을 드러낸다. 다른 영장류에서는 골반을 지나면서도 태아가 전혀 회전을 하지 않기 때문에 전형적으로 얼굴이 전면을 바로 본다.

---

61 | 산모가 앉아 있다면 그녀는 자식의 뒤통수를 보게 될 것이다.

인간 태아가 큰 머리를 가지고 있다는 이유만으로 출산이 문제가 되는 것은 아니다. 태아의 어깨도 산도에 비해 꽤 넓은 편이어서 골반을 통과하기 위해서는 또 다른 기예가 필요하다. 어깨가 골반 입구를 통과하기 위해서라도 머리를 돌릴 필요가 생기는 것이다. 또 어깨가 꽉 끼는 것도 위험한 인간 출산의 추가적인 장벽이 된다. 이런 치명적인 사고는 출산 100건당 한 번꼴로 일어난다.

인간 출산 과정의 독특함은 아마도 다소 과장되었을 것이다. 2011년 영장류학자 히라타 사토시$^{Hirata\ Satoshi}$는 동물원 침팬지를 근접 촬영하고 나서 침팬지 태아의 머리가 회전하면서 얼굴이 뒷면을 향하는 장면을 세 번이나 목격했다고 밝혔다. 머리가 나오고 나서 태아의 머리와 몸이 회전하면서 다시 얼굴이 전면을 향했다. 히라타와 그의 동료들이 기록한 것과 같은 출산 연구가 비인간 영장류에서 시행된 적은 거의 없다. 따라서 산도에서 회전하는 모습은 다른 종에서도 발견될 수 있을 것이다. 그러나 만약 태아가 머리를 돌려 뒤를 향하는 모습이 동물원에서 사는 붉은털원숭이나 다람쥐원숭이 혹은 비단원숭이에서 일정하게 발견된다면 지금까지 그 사실을 인지하지 못했을 리 없다. 더구나 인간의 출산은 회전에만 국한되지 않고 직립 보행과도 연관된다. 이런 이유로 2단계의 회전은 불가피한 것이다.

이런 모든 특별한 양상이 모여 인간의 출산은 고되고 어려운 과정이 되었다. 의사들이 이 과정을 "노동^{labor}"이라고 부르는 것은 전혀 놀라운 일이 아니다. 1999년 산과학자 리아 앨버스$^{Leah\ Albers}$에 의해 수행된 공동 연구에서 그는 약 2,500건이 넘는 출산 기록을 관찰하고 진통 시간을 분석했다. 산모들은 모두 간호사나 산파의 도움을 받아 병원에서 무사히 출산을 했다. 초산인 산모의 경우 출산에는 평균 9시간이 걸렸고 출산 경험이 있는 산모는 6시간 근처였다. 그러나 20시간이 넘는 극단적인 경우도 있었다.

인간이 아닌 영장류의 출산은 시간이 그리 오래 걸리지 않고 비교적 단순한 편이다. 인류학자 웬다 트레버선^{Wenda Trevathan}은 영장류에서 출산 기록을 검토하고 1987년 『인간의 출생: 진화적 전망^{Human Birth: An Evolutionary Perspective}』이라는 제목의 책을 썼다. 여기서 그는 암컷 골반의 테두리에 비해 태아의 크기가 작은 점에서 유추할 수 있듯이 대형 유인원의 출산은 보통 출산하는 데 큰 어려움을 겪지 않는다고 말했다. 오랑우탄, 침팬지와 고릴라는 모두 몇 시간 안에 새끼를 낳는다. 히라타와 동료들이 의도치 않게 관찰한 것처럼 뒤로 얼굴을 향하는 영장류의 출산도 인간처럼 긴 시간 산통을 필요로 하지 않았다. 아마도 그들의 산도가 상대적으로 느슨했기 때문에 그랬을 가능성이 있다. 대형 유인원처럼 원숭이들의 출산도 몇 시간 안에 끝난다. 그렇지만 암컷의 몸집이 작으면 태아가 산도에 끼여서 산고를 치를 수 있다. 몸집이 작고 뇌가 큰 원숭이인 다람쥐원숭이는 상대적으로 힘든 출산을 한다고 알려져 있지만 그 시간이 그리 길지는 않다. 그러나 그 어떤 경우에도 인간처럼 오래 끌고 고통스런 출산을 감내하는 영장류는 없다.

웬다 트레버선과 캐런 로젠버그도 복잡한 인간의 출산과 그에 따르는 위험성에 대해 언급하면서 인간 사회에서 출산을 돕는 행위가 불가피하다고 말했다. 얼굴을 뒤로 향하는 신생아의 탄생과 골반 사이에 압착되는 것 모두 큰 문제이다. 태어날 때 보조하는 것 외에도 산파는 중간에 생길 수도 있는 위험을 방지할 수 있다. 약 3분의 1에 해당하는 인간의 출산에서 탯줄이 태아의 목을 칭칭 감고 있는 경우가 발견된다. 산도를 나오면서 회전하기 때문이다. 대개 이런 경우가 생명을 위협하지는 않지만 간혹 탯

줄이 태아의 목을 너무 꽉 옥죄고 있는 때도 있다. 즉시 이를 바로잡지 않으면 태아는 질식사할 수도 있다. 출산할 때 산파가 잘 살피고 이를 즉각 처치하게 되면 탯줄이 심각한 문제를 일으키지는 않는다.

인간 진화 과정 전반에 걸쳐 뇌의 크기가 확장되었기 때문에 그것은 언제나 출산 과정에서의 위험성을 배가시켜왔을 것이다. 뇌의 용량이 약 450그램이었던 오스트랄로피테쿠스에서 1,350그램인 현생 인류에 이를 때까지 지난 400만 년 동안 뇌의 크기는 대략 세 배가 커졌다. 현생 대형 유인원과 인간은 임신 기간이 얼추 비슷하기 때문에 이들의 공통 조상도 약 8개월에 걸친 임신 기간을 가졌을 것이라고 추론할 수 있다. 초기 인류 hominid[62]의 뇌의 크기가 커지면서 임신 기간이 점차 늘어나 오늘날 인류에게서 전형적인 9개월에 이르렀다.

인류의 진화 초기에는 오늘날 대형 유인원처럼 골반의 크기가 출산에 커다란 제약이 되지 않았을 것이다. 직립 보행을 하게 되면서 인간이 두 발로 걸어 다니게 되자 골반은 크기도 변했지만 모양도 마찬가지로 변했다. 뇌가 커지면서 이제 골반이 신생아 머리의 크기를 제약하는 조건이 되었다. 그러던 어느 시기에 인간의 조상 집단에서 태아의 뇌 성장을 출생 후로 미뤄야 할 필요성이 제기되었을 것이다. 바로 이것이 골반의 크기가 허락하는 신생아 뇌의 최대 크기와 성인 뇌의 최대 크기 사이에 큰 차이를 보이는 것을 설명하는 유일한 방법이었다.

최초의 인류인 오스트랄로피테쿠스는 지금으로부터 400만 년 전에서

[62] 두발 걷기를 하는 인과人科의 영장류.

200만 년 전 사이에 존재했다. 성인의 평균 무게가 약 450그램 정도에 불과했던 이들의 뇌는 아직도 작았다. 현생 비인간 영장류에서 출생 당시 태아의 뇌는 성체의 반 정도이다. 오스트랄로피테쿠스가 이런 경향을 따랐다면 이들 신생아의 뇌는 약 220그램 정도였을 것이다. 그 정도라면 큰 문제가 생기지는 않았을 것 같다. 그렇지만 직립 보행이 오스트랄로피테쿠스에서 시작되었으므로 이들 집단에서 골반이 기능적으로 적응하면서 어느 정도 출산 과정을 제약했을 것이라고 지적하는 연구 결과가 많다. 특히 이들의 골반은 길고 좁은 대형 유인원의 그것과 달리 폭이 넓어지고 아래쪽으로 트이기 시작했다. 오스트랄로피테쿠스의 골반은 좌우로 폭이 넓어지고 앞에서 뒤로[63] 가면서 폭이 좁아졌다. 아마도 이런 형태상의 변화는 신생아의 머리가 다른 영장류처럼 곧바로 산도를 따라 내려가는 것을 막았을 것이다. 대신 넓은 입구를 지나 긴 길이 축을 따라 내려가기 위해 신생아의 머리가 불가피하게 회전해야 했을 것이고 그것은 현생 인류에게서 발견되는 그대로다. 그랬을 것 같지는 않지만 어떤 연구자들은 오스트랄로피테쿠스의 출산이 현생 인류처럼 두 단계의 회전을 거치는 등 복잡했다고 주장한다. 그러나 추가적인 회전은 아마도 이들 초기 직립 원인들에게 필요하지 않았을 것이다.

아쉽게도 오스트랄로피테쿠스 신생아의 몸무게와 뇌의 크기를 추정할 증거가 될 만한 화석은 아직까지 없다. 대신 살아 있는 종들과의 비교 분석을 통해 대충 어림짐작하고 있을 뿐이다. 예를 들어 대충이라도 출생 시 이들 오스트랄로피티쿠스의 뇌 크기를 알아보려면 원숭이나 대형 유인원

---

63 | 앞이라는 말은 질구 쪽 그러니까 외부와 가까운 부분을 말한다.

암컷의 체중과 이들 신생아의 뇌 사이의 상관성 그래프를 이용할 수 있다. 이런 방식으로 이들 신생아의 체중도 짐작할 수 있다. 그러나 여기에 골치 아픈 문제가 따라온다. 앞에서 언급했듯이 원숭이나 대형 유인원과 달리 현생 인간의 아기는 예상했던 것보다 훨씬 크고 뇌의 크기 면에는 더욱 그렇다. 인간 신생아의 뇌와 신체의 크기는 위의 그래프에서 예상했던 수치를 훌쩍 넘어선다. 오스트랄로피테쿠스가 원숭이나 대형 유인원과 크게 다르지 않다면 별 문제가 되지 않을 것이다. 그렇지만 오스트랄로피테쿠스가 이미 인간에 이르는 진화 장도에 발걸음을 떼었다면 이들 신생아의 뇌와 신체의 크기도 저평가될 우려가 있다. 따라서 이런 계산에서 핵심 문제는 이들이 대형 유인원과 비슷했는가 혹은 인간과 비슷했는가 결정하는 것뿐이다. 악순환의 고리에 빠지는 것이다.

이런 순환성을 깨기 위해 인류학자 제러미 디실바[Jeremy DeSilva]가 아주 기발한 제안을 했다. 비록 인간 신생아의 뇌와 신체가 원숭이 혹은 대형 유인원과의 비교에 의해 예측된 것보다 훨씬 크지만 거의 대부분 종에서 성인 뇌의 크기와 신생아의 뇌 크기 사이에는 비교적 일정한 관계가 성립한다는 점이다. 따라서 우리는 오스트랄로피테쿠스 신생아의 뇌 크기를 화석에 그 기록이 잘 남아 있는 성인의 그것과 비교할 수 있게 된다. 새커의 규칙은 신생아 뇌와 신체의 크기 사이에 일정한 관계가 있다는 것이기 때문에 우리가 갓 태어난 신생아 뇌 크기를 알 수 있다면 이들의 체중도 짐작할 수 있다. 이런 접근을 통해 디실바는 비슷한 크기를 가진 대형 유인원과 비교하여 오스트랄로피테쿠스가 더 큰 뇌와 커다란 몸집을 가졌다는 사실을 알게 되었다. 이것은 다시 오스트랄로피테쿠스에서 이미 출산의 어려움이 나타났음을 의미한다.

그러나 이런 디실바의 접근법이 순환성을 완전히 벗어난 것 같지는 않다. 출생하여 성인에 이르기까지 인간의 뇌는 거의 네 배가 커진다. 그러나 대부분의 비인간 영장류에서는 평균 두 배 정도에 불과하다. 이 때문에 원숭이와 대형 유인원에서 얻어진 그래프를 이용하여 성인의 뇌 크기로부터 신생아 뇌 무게를 계산하면 그것은 실제보다 좀 적을 것이다. 그럼에도 불구하고 침팬지보다 몸집이 다소 작았던 오스트랄로피테쿠스 신생아의 신체와 뇌의 크기가 침팬지와 다를 것이라는 사실은 변하지 않는다.

비록 신생아의 뇌의 크기를 암시할 만한 화석 증거가 남아 있지는 않지만 두세 살쯤 된 오스트랄로피테쿠스 아파렌시스 화석이 에티오피아에서 그리고 네 살배기 화석이 남아프리카에서 거의 완벽한 형태로 발견되었다. 이들 오스트랄로피테쿠스 어린이의 뇌 크기는 비슷한 나이의 침팬지 뇌 크기와 비슷했다. 그렇지만 다 자란 침팬지의 뇌는 오스트랄로피테쿠스의 450그램보다 작아서 약 370그램 정도이다. 따라서 이들 오스트랄로피테쿠스 어린이의 뇌 성장은 같은 나이의 침팬지보다 느리게 이루어졌다고 볼 수 있다. 그렇다면 이것은 오스트랄로피테쿠스의 신생아가 태어난 후 뇌의 성장이 상당 부분 진행되었다는 간접적인 증거가 될 것이고 또 이 점은 골반의 제약이 이미 시작했음을 의미한다.

화석으로 보아 호모속에 속하는 원인류는 약 200만 년 전에 지구상에 나타났다. 호모 종이 이를 계승하면서 뇌의 크기는 점차 커졌고 출산 과정에서의 어려움도 덩달아 가중되었을 것이다. 호모 하빌리스를 예로 들면 이들 성인의 뇌는 오스트랄로피테쿠스에 비해 30퍼센트 정도 커졌으며 450그램을 넘어 600그램에 이르렀다. 만일 호모 하빌리스가 비인간 영장류의 전형적인 양상을 따랐다면 이들 신생아 뇌의 무게는 300그램 정도였을 것이다. 그것은 현생 인류 신생아의 평균 무게인 340그램보다 약 15퍼센트 정도밖에 적지 않다. 오스트랄로피테쿠스처럼 이들 호모 하빌리스도 큰 머리에 비해 상대적으로 작은 신체를 가졌기 때문에 산도를 통과해야 하는 어려움은 더욱 커졌을 것이라고 보아야 한다. 불행하게도 호모 하빌리스의 골격은 화석 기록에 드물게 남아 있다. 이들이 겪었을 출산의 고통을 이해하려면 시간이 좀 더 필요할 것 같다.

호모 하빌리스처럼 호모 에렉투스도 그 기원이 200만 년 전까지 소급된다. 그렇지만 호모 에렉투스는 현생 인류와 체격이 비슷했다. 이들은 호모 하빌리스보다 더 큰 뇌를 가졌다. 호모 에렉투스가 다 자랐을 때 뇌의 크기는 평균 900그램이었다. 호모 에렉투스가 비인간 영장류의 일반적인 규칙을 따랐다면 이들 신생아의 뇌는 450그램이 되어야 한다. 이 정도면 인간 신생아 뇌의 무게인 340그램보다 110그램이 더 나가는 것이었다. 호모 에렉투스 여성 골반의 크기도 현생 인류의 그것에 거의 근접했다. 따라서 자궁에서 시작된 뇌의 발달 과정이 출산 후까지 이어지는 경향이 이들 호모속에서도 계속되었을 것이다. 현생 인류처럼 자궁에서의 뇌의 발달을 그 한계치까지 밀어붙였음에 틀림없다. 따라서 이들 종에서 신생아 뇌의 무게는 340그램에 육박했을 것이다. 만약 임신이 현생 인류처럼 9개월가량 지속되었다면 출생 후에도 처음 서너 달 동안 뇌의 성장이 계속되는 양상을 띠어야 한다. 그와 함께 호모 에렉투스의 신생아는 이미 현생 인류의 신생아처럼 "이차적으로 미숙성인" 특징을 보였을 것이다. 출생 후 처음 몇 달 동안 이들은 도움 없이는 결코 살아갈 수 없었을 것이고 부모에 절대적으로 의지해야 한다. 그와 동시에 이들 아기는 상대적으로 미성숙했기 때문에 초기 사회적 학습을 통해 행동 면에서 다양화를 꾀할 기회가 활짝 열렸을 것이다.

화석 기록이 많지 않기 때문에 우리의 이런 해석에도 제약이 따른다. 지금까지 오직 하나의 화석 증거에 의존하여 이들 뇌의 진화 단계에 관한 정보를 얻었을 뿐이다. 1936년 인도네시아 자바, 모조케르토 지역에서 발견된 180만 년 된 호모 에렉투스 아기 골격의 일부가 그것이다. 이 화석은 오직 뇌의 두개골만 남아 있고 안면이나 이빨 부분은 찾아내지 못했기 때문에 이 어린아이의 나이조차 짐작하기 힘들었다. 그 때문에 상황은 과히 좋지 않았지만 2004년 인류학자 엘렌 코크외니오^{Hélène Coqueugniot}와 동료들은 이들 화석을 CT 스캔해서 자세한 연구를 수행했다. 나이를 짐작할 세 가지 다른 시험 결과를 종합하여 그들은 이 화석의 주인공이 한 살쯤 된다고 결론지었다. 또 이 아기의 뇌의 무게는 650그램이 조금 넘을 것이라는 계산이 나왔다. 이것은 이들보다 약간 뒤에 나타난 자바의 호모 에렉투스 성인의 약 4분의 3에 이르는 무게이다. 엘렌과 그녀의 동료들은 모조케르토에서 발견된 아이의 뇌 성장이 이미 상당히 진척되었지만 "이차적인 미숙성" 상태에 도달하지는 못했다고 결론 내렸다. 그러나 2년 후 인류학자 스티븐 리^{Steven Leigh}가 내린 결론은 조금 달랐다. 그는 한 살 된 모조케르토 아기의 뇌 크기는 침팬지의 경계를 벗어났고 낮은 쪽이기는 하지만 인간 신생아 뇌 무게의 범주에 들어온다고 말했다. 더군다나 엘렌이 사용한 나이의 한 지표가 정수리에 있는 숨구멍의 닫힌 정도를 파악한 것임을 지적했다. 사실 한 살 정도 되어서 숨구멍이 닫힌 것 자체가 출생 당시 이들 모조케르토 아기가 상대적으로 미성숙했음을 의미한다고 보았다. 따라서 부족하고 확실하지 않은 증거를 바탕으로 호모 에렉투스는 현생 인간을 향해 움직이고 있었노라고 말한다.

　네안데르탈인과 호모 사피엔스 현생 인류는 모두 호모 에렉투스의 후손들이다. 이들 두 종이 분기한 것은 약 50만 년 전이지만 그보다 더 앞설지도 모른다. 호모 에렉투스에서 분기한 후 이들 두 종에서 뇌의 크기는 900그램에서 1,350그램으로 늘어났다. 네안데르탈인과 현생 인류 사이에 뇌의 형태가 현저하게 다르기 때문에 450그램에 이르는 뇌의 성장은 대부분 이들 두 종에서 독립적으로 일어난 것으로 알려졌다. 또 뇌의 성장이 생후로 연장되어 계속되는 양상도 두 종에서 따로따로 진행되었을 것이다. 이는 서로 독립적이기는 하지만 네안데르탈인이나 현생 인류 모두에서 부모가 아기를 보살펴야 할 필요성이 늘어났음을 의미한다. 같은 이유로 행동상의 유연성이나 생후 초기에 사회적 학습의 필요성이 이 두 종에서 독립적으로 나타났어야 한다.

　근연관계가 깊은 포유동물, 특히 같은 속에 속하는 동물들이 비슷한 임신 기간을 갖기 때문에 네안데르탈인의 임신도 현생 인류처럼 9개월이라고 추정하는 것은 크게 틀리지 않을 것이다. 또 네안데르탈인[64] 여성의 골반 모양도 현생 인류와 흡사했을 것이다. 80여 년 전에 이스라엘 타분 지역에서 네안데르탈인 골반의 부분 화석이 발견되었지만 컴퓨터 기법을 이용해서 정교한 분석을 행하기 전까지는 그것의 전체적인 형체가 다소 모호했었다. 이런 접근을 통해 인류학자 티머시 위버^{Timothy Weaver}와 장자크 위블랭^{Jean-Jacques Hublin}은 네안데르탈인의 골반 입구와 출구가 현생 인류와 비슷하다는 점을 발견했다. 그럼에도 불구하고 산도의 형태는 두 종에서

64ㅣ　네안데르탈인이 양복을 입고 뉴욕 거리를 걸으면 누가 알아보겠는가라는 얘기가 자주 회자된다.

뚜렷이 달랐다. 이런 이유 때문에 두 번째 단계의 회전이 네안데르탈인에게는 필요하지 않았을 것이라고 생각한다. 따라서 네안데르탈인의 신생아는 얼굴을 전면으로 보인 채 태어났을 것이라고 추정한다. 신생아가 두 번 회전하면서 뒤통수를 보이며 출산하는 현생 인류의 출생 양식은 네안데르탈인과 현생 인류가 분기한 이후 출현한 특성이다.

네안데르탈인의 화석은 그 이전의 호모속 원인에 비하면 매우 풍부한 편이다. 또 거의 완벽한 골격을 가진 네안데르탈인 신생아 화석도 두 구나 발견되었다. 첫 번째 것은 프랑스 도농 지역 무스티에 동굴에서 나왔다. 2010년 인류학자 필립 군츠^{Philipp Gunz}와 동료들은 출생 후 뇌의 발달 연구에 이 무스티에 신생아 화석을 포함시켰다. 태어나는 순간의 뇌 발달은 네안데르탈인이나 현생 인류나 거의 차이를 보이지 않았지만 그 뒤로는 서로 전혀 다른 경로를 밟았다는 것이 그들이 내린 결론이었다. 태어나서 네안데르탈인의 뇌는 길쭘하게 변해갔지만 호모 사피엔스의 그것은 둥근 모양을 띠게 되었다. 두 번째 것은 1999년 러시아 메츠마이스카야 동굴에서 발견되었다. 2008년 인류학자 마르시아 퐁스 드 레옹^{Marcia Ponce de León}과 그의 동료들은 메츠마이스카야 신생아의 화석을 재구성하고 네안데르탈인 신생아의 뇌 크기가 현생 인류와 같다고 결론을 내렸다. 사실 메츠마이스카야와 무스티에 화석 분석 결과 이들 신생아의 뇌는 그 크기가 395그램 정도였다. 이 무게는 현생 인류 신생아의 평균을 넘는 수치이다. 따라서 네안데르탈인 여성이 수월하게 출산하기는 과히 녹록치 않았을 것이다.

태어났을 때 모든 영장류는 포유동물에 비해 신체 대비 큰 뇌를 갖는다. 그렇지만 성체에 도달했을 때 영장류와 다른 포유류 사이의 구분은 출생

후 성장 과정을 거치기 때문에 다소 모호해진다. 심지어 교과서에서조차 성체 영장류가 다른 포유동물보다 더 큰 뇌를 가지고 있다고 말한다. 그러나 그것은 틀렸다. 물론 절대적인 뇌 크기로 보아도 이는 결코 사실이 아니다. 다 자란 코끼리의 뇌는 인간의 그것보다 네 배나 더 크고 가장 큰 포유동물인 향유고래의 뇌는 7킬로그램에 이른다. 포유동물 전반에 걸쳐 신체와 뇌의 크기의 비율을 감안했을 경우에만 믿을 만한 결론에 도달할 수 있다. 호모 에렉투스 화석을 발견한 외젠 뒤부아Eugène Dubois는 이런 사실을 처음으로 인식한 사람들 중 하나이다. 그 이후로 뇌의 크기와 신체의 크기 사이의 상관관계에 대한 논의가 활발해졌다. 이런 가정이 깨진 것은 두 가지 연구에 의해서다. 하나는 1973년 해리 제리슨Harry Jerison의 책 『뇌와 지성의 진화Evolution of the Brain and Intelligence』에, 다른 하나는 1999년 존 올먼John Allman의 책 『진화하는 뇌Evolving Brains』에 소개되어 있다.

종 간의 뇌 크기를 비교할 때 크기의 효과를 상쇄하는 가장 기본적인 수단은 단순히 신체와 뇌의 크기의 비율을 이용하는 것이다. 예를 들어 나의 뇌는 체중의 2퍼센트를 차지한다. 그렇지만 이러한 비율은 기본적인 이유로 절대적인 뇌의 크기만큼이나 잘못된 결론에 이르기도 한다. 모든 종을 통틀어 뇌의 크기는 신체의 크기가 증가하는 것보다 완만한 비율로 증가하기 때문이다. 포유동물에서 신체의 크기가 세 배로 증가한다고 해도 뇌의 크기는 두 배 이상 증가하지 못한다. 따라서 다른 모든 조건이 일정하다면 신체와 뇌의 크기 비율은 신체의 크기가 커짐에 따라 전반적으로 줄어들게 된다. 몸집이 작은 포유동물은 일반적으로 몸집이 큰 동물들보다 그 비율이 높다. 원시적인 쥐여우원숭이는 영장류 중에서도 아주 유용한 예이다. 체중이 56그램가량인 작은쥐여우원숭이는 가장 작은 영장류에 속한다. 이들의 뇌는 체중의 3퍼센트 정도이고 인간의 2퍼센트를 훌쩍 넘는다.

따라서 절대적인 뇌의 크기와 뇌와 신체의 크기 비율 모두 잘못된 결론에 다다를 수 있다. 포유동물 종에서 뇌의 크기를 비교하는 믿을 만한 방법이 있다면 그것은 뇌와 신체 사이의 상관성이 로그 함수$^{decelerating\ curve}$를 취하는 특별한 분석을 사용하는 것이다. 이런 분석법을 통해 뒤부아가 길을 닦고 이후 제리슨이 이를 계승하면서 포유동물의 뇌의 크기에 관한 의미 있는 해석이 비로소 가능해졌다.

체중을 분석할 때 적절한 계량 분석이 이루어진다면 포유동물의 상대적인 뇌의 크기를 얻을 수 있다. 체중을 적절히 고려하면 우리 인간은 현생 포유동물 중 가장 큰 뇌를 갖게 된다. 그러나 영장류가 일반 포유류보다 더 큰 뇌를 가진다는 명제는 어떻게 되는 것일까? 이 명제는 두 가지 이유에서 잘못된 것일 수 있다. 첫째, 비록 상대적인 평균 뇌의 크기는 다른 포유동물보다 영장류가 크다고 할 수 있다. 그러나 각각의 영장류 종은 매우 다양하며 다른 포유동물과 상당 부분 중첩된다. 사실 일부 하등한 영장류는 포유동물의 일반적인 평균보다 더 작은 뇌를 가지고 있다. 둘째, 비록 인간이 포유동물 중에서 상대적으로 가장 큰 뇌를 갖고 있다고 하지만 대부분의 영장류는 더 작은 값을 가진다. 인간의 상대적인 뇌 크기는 대형 유인원의 세 배이고 가장 가까운 영장류, 예컨대 신세계원숭이인 꼬리감는원숭이의 두 배이다. 인간과 비인간 영장류의 상대적인 뇌 크기 사이에 이런 커다란 차이를 메우는 것은 돌고래와 그의 친척들이다. 이들은 포유동물 중에서도 매우 독특한 집단에 속한다. 상대적인 뇌의 크기에 관한 한 일부 돌고래들은 인간과 거의 흡사하다.[65]

정리하자. 다 자란 모든 영장류의 뇌가 다른 포유동물보다 더 크다는 말은 틀렸다. 어떤 경우에도 이는 사실이 아니다. 절대적인 값을 취하든, 비율이든, 아니면 적절하게 계량화를 거쳤든 말이다. 그러나 태어날 때 영장류가 다른 포유동물보다 더 큰 뇌를 가졌다는 점을 인식하는 것은 매우 중요하다. 비슷한 체중을 지녔다면 영장류 신생아의 뇌는 포유동물의 그것보다 두 배 정도 크다. 그러나 성체에 이르면 출생 직후에 보였던 이런 식의 차이가 자못 모호해진다. 출생하고 나서 뇌의 성장이 빨라지면서 일부 포유동물은 영장류의 그것을 따라잡거나 추월하기도 한다. 예를 들어 상대적인 뇌의 크기 면에서 많은 육식 포유동물은 원숭이나 대형 유인원과 크게 다르지 않다. 육식 포유동물은 덜 발달한 상태의 미숙성 새끼를 낳지만 태어난 후 뇌는 급속하게 성장한다. 성체에 다다랐을 때 포유동물은 다른 방법으로도 큰 뇌를 가질 수 있다. 비록 영장류가 출생 직후 큰 뇌를 가지면서 뭔가 이점을 갖는 것은 분명하지만 그것이 다가 아니다.

지금까지 인간과 여타 영장류 뇌의 크기를 얘기하면서 성을 거론하지는 않았다. 지금껏 얘기한 것들이 암컷이나 수컷에게 똑같이 적용된다고 본 것이다. 그러나 뇌의 발달을 완료하는 과정에서 실제로는 암컷과 수컷 사이에 미묘한 차이가 존재한다. 여기에는 발달 측면에서 고려해야 할 조금 복잡한 문제가 끼어든다.

논란이 있기는 하지만 첫 번째 명백한 특성은 성인 남성과 여성의 뇌 크

---

65 | 어떤 기준을 적용하든 인간의 뇌가 가장 커야 된다는 생각들을 많이 가지고 있는 듯하다. 1995년 레슬리 아이엘로와 피터 휠러가 《현대 인류학》에 쓴 "비싼 조직 가설"이라는 논문에는 큰 뇌가 어떻게 가능했는가 하는 얘기가 등장한다. 이 논문에서는 뇌의 크기가 생식기관 대신 소화기관과 '타협'이 있었다고 말한다.

기가 눈에 띄게 다르다는 점이다. 평균적으로 성인 여성의 뇌는 남성보다 약 10퍼센트가 작다. 이는 다윈과 윌리스가 진화이론을 발표한 직후에 알려진 사실이다. 인간 뇌에서 언어를 담당하는 브로카 영역을 발견한 것으로 널리 알려진 프랑스의 해부학자인 폴 브로카^{Paul Broca}는 인간 뇌의 크기를 재는 방면에서 선구자이다. 기본적으로 그는 뇌 골격에 납을 녹여 부어 그 부피를 측정했다. 이 방법으로 그는 여성의 뇌가 남성보다 10퍼센트 작다는 결과를 발표했으며 그것은 지금껏 논란거리다. 브로카는 뇌의 부피가 지성을 나타내는 지표라고 믿었으며 그의 연구의 상당 부분은 이런 목적에 봉사하였다고 볼 수 있다.

뇌 골격의 부피가 그것을 가진 사람의 능력과 결부된다고 믿는 것은 자연스런 경향이다. 부분적으로 이런 이유 때문에 한 세기 전 서구 사회는 저명한 사람들이 죽은 다음 그들의 뇌를 떼어내서 연구하기도 하였다. 사람들은 출중한 사람들의 능력이 그들의 뇌가 크기 때문일 것이라고 단순하게 가정하였다. 폴 브로카를 추종했던 폴 토피나르^{Paul Topinard}는 1882년 논문에서 여성들이 작은 뇌를 가진 이유를 다음과 같이 설명했다. "남성들은 생존을 위한 투쟁에서 살아남아야 했으며 미래를 향한 모든 종류의 책임감을 지닌다. 그들은 지속적으로 그리고 활발하게 환경을 헤쳐 나가야 했고 적대자들과 싸워왔다. 보호하고 양육해야 할 여성들보다 남성의 뇌가 커야 할 필요가 여기에 있다. 여성들은 가정의 잡사에 헌신했으며 그들의 주 임무는 자식을 키우는 일이다. 여성들은 사랑스럽고 순종적이어야 한다." 몇 달 뒤 그는 다른 논문을 발표하면서 사뭇 다른 얘기를 했다. 여성들의 뇌가 작은 것은 상대적으로 그들의 신체가 남성만큼 크지 않기 때문이라는 것이었다. 그는 이렇게 썼다. "내 생각에 나는 뇌의 발달에 관한 한 남녀 양성 간의 차이가 없다는 것을 증명할 수 있다. 어느 면에서는 실제 여성이 남성보다 더 진화되었다고 주장할 수도 있을 것이다." 불과 몇 달 만에 토피나르의 심적 변화가 어떻게 가능했는지 짐작할 도리는 없지만 결혼하면서 뭔가 깨달은 것이 있었던 것 같다.

자주 거론되는 얘기 중 하나는 여성이 덜 지성적이라는 것이다. 인간의 뇌 크기가 능력으로 환치되고 여성의 뇌가 작기 때문이다. 스티븐 제이 굴드Stephen Jay Gould는 그의 책 『인간에 대한 오해The Mismeasure of Man』에서 이런 점을 날카롭게 지적했다. 그러나 이런 경향은 여전히 유지되고 있다. 우선 포유동물 일반에서처럼 뇌의 크기는 신체 크기와 관련 있으며 따라서 굴드가 지적했듯이 여성의 뇌가 작은 것은 그들의 몸집이 작은 것과 관계가 있을 것이다. 폴 하비Paul Harvey도 이를 언급하면서 굴드가 신체의 크기를 두 번이나 우려먹었다고 지적했다. 물론 그것이 많은 부분을 차지하겠지만 신체의 크기가 다르다는 것은 남성과 여성의 뇌의 크기가 다르다는 이유를 전부 다 설명하지는 못한다.

양성 간의 차이가 무엇이든 신체의 크기는 뇌의 크기에 영향을 미치는 가장 중요한 요소일 것이다. 1921년 노벨문학상을 수상한 아나톨 프랑스는 기록상 가장 뇌가 작은 사람으로 꼽히는데 뇌가 1,000그램이 조금 넘었다고 한다. 최근에는 알베르트 아인슈타인도 뇌가 작았으며 아나톨 프랑스보다 10퍼센트 큰 정도에 불과했다는 사실이 알려졌다. 정작 아인슈타인은 자신의 뇌를 연구 목적으로 쓰라고 허락한 적이 없는데도 말이다. 아인슈타인의 병리학자 친구의 주도로 사후 아인슈타인의 뇌 연구가 걸음을 뗐다. 마이클 패터니티Michael Paterniti는 그의 책 『아인슈타인씨 추종하기: 아인슈타인의 뇌와 함께하는 미국횡단Driving Mr. Albert: A Trip Across America with

Einstein's Brain 』에서 즐겁게 이를 회상했다. 그러나 여기서 지적할 것은 아나톨 프랑스나 아인슈타인이 왜소한 사람들이었다는 점이다. 그들의 작은 뇌는 그들의 지적 능력보다는 이 기본적인 사실을 말해주고 있다.

인간 집단에서 뇌의 크기는 매우 넓은 폭에 걸쳐 있다. 부분적으로는 체형의 크기가 다양하기 때문이다. 비록 평균적인 뇌의 크기는 1,350그램이지만 전체적으로 보면 1,000그램에서 1,800그램 사이에 분포하고 있다. 가장 큰 뇌를 가진 사람은 가장 작은 뇌를 가진 사람보다 두 배나 큰 것이다. 남성과 여성을 비교해도 여전히 이 점은 유효하다. 남성의 뇌가 여성보다 평균 10퍼센트 큰 것은 사실이지만 넓은 범위에서 중첩된다. 게다가 이런 변이는 여성보다 남성들 사이에서 더 크다.

여러 가지 모순된 증거 앞에서 남성이 여성보다 더 지적이라는 명제는 설득력을 잃는다. 1995년 논문에서 교육학자 래리 헤지스[Larry Hedges]와 에이미 노웰[Amy Nowell]은 정신적 능력의 성별 차이에 관한 이전의 연구를 섭렵했다. 남성들의 편차가 심하기는 했지만 남성과 여성의 지적 능력 테스트에서 차이를 찾아볼 수 없다는 것이 그들 연구에서 드러났다. 그러나 이들 저자들은 남성과 여성이 특정한 기술을 구사하는 데 서로 다른 능력을 보인다고 지적했다. 여성들은 쓰기에 강점을 보였지만 남성들은 공학적 기술을 요하는 시험에서 실력을 발휘했다. 여기서 특기할 만한 점은 뇌의 크기가 10퍼센트의 차이를 보임에도 불구하고 전체적인 지적 능력은 남성이나 여성에서 다를 것이 없다는 것이다.

IQ 검사를 창안한 프랑스인인 알프레드 비네[Alfred Binet]는 애초 학업을 수행하는 데 어려움을 겪는 학생을 도우려는 의도로 이런 유의 시험을 고안했다. 그의 원래 목적은 학업 능력이 떨어지는 학생을 돕기 위함이었다.

그러나 불행히도 IQ 검사는 현재 구분짓기와 차별을 위한 용도로 널리 쓰이며 많은 사람들의 마음속에 부정적인 이미지가 더 강하다. 게다가 IQ 검사 결과는 문화적인 영향을 받기도 하고 훈련에 따라 어느 정도 높은 점수를 받을 수도 있다. 타고난 능력을 판단하는 IQ 검사는 그 어디에도 존재하지 않는다.

IQ 검사 점수는 사실 좀 별난 데가 있어서 잘 알려지지는 않았지만 조작할 수도 있다. 내가 영국에서 자랄 때 초등학교에서 중학교로 진학하기 위해서는 매우 악명 높은 시험인 "11 플러스"라는 시험을 통과해야 했다. 이런 이름이 붙은 것은 11세나 12세에 시험을 치르기 때문이다. 이때 IQ 검사는 계산과 문학 능력을 검사하기 위해 사용된다. 이 결과에 따라 학생이 대학을 목표로 하는 문법학교로 진학할지 아니면 조금 낮은 수준의 중학교로 갈지 결정된다. 지금도 나는 11 플러스 시험을 앞두고 두려워했던 기억과 그것을 통과하고 나서 환호했던 장면이 생생하다. 몇 년 전에 나는 이런 시험 결과가 전반적으로 재조정되었다는 사실을 알게 되었다. 11세에서 12세 무렵에 실시하는 IQ 검사에서는 일관되게 여자 아이들이 남자 아이들보다 높은 성적을 받는다. 그래서 여자 아이들의 성적을 조금 하향 조정해서 문법학교에 대략 반반의 남자와 여자 아이들이 입학하도록 한다. 남성의 우수한 지성에 관한 이야기는 이쯤에서 접자!

남성과 여성의 뇌의 차이를 논할 때 발달은 또 다른 의미를 지닌다. 남성의 뇌가 여성보다 10퍼센트 큰 것이 사실이라고 해도 태어날 당시에는 성차가 없다. 사실 통계적으로 의미 있는 결과를 얻기 위해서는 표본의 크기가 커야 한다. 남아의 평균 뇌 크기는 여아의 그것보다 고작 3퍼센트 정도 크다. 10퍼센트의 차이에 도달하기 위해서는 결과적으로 남아의 뇌가 여아보다 더 많이 성장해야 한다. 뇌의 기본 요소인 신경세포의 분열이 임신 중반에 이르면 멈춘다는[66] 것은 잘 알려져 있다. 이 말이 의미하는 것은 애초 남아가 보다 많은 뇌세포를 가지고 있지 않다면 여아보다 더 많은 신경세포를 가질 수 없다는 점이다. 최근의 연구 결과에서는 임신 후반기에 약간의 세포 분열이 일어나고 출생 후에도 그런다고 하지만 그것이 전체적으로 뇌의 크기에 공헌하는 바는 크지 않다. 그렇다면 남성의 뇌가 여성보다 10퍼센트 더 크다는 말은 무슨 뜻일까? 그것은 아마도 신경 섬유가 관여하는 뇌세포 간의 연결이 더 많다는 뜻일 것이다.

그러나 출생 후 뇌 성장에는 매우 이상한 성별 차이가 존재한다. 여아가 전반적으로 남아보다 빨리 성장한다. 그 결과 11세의 여자 아이는 동갑인 남자 아이들보다 더 크다. 뇌 성장은 대부분 출생 후 초기에 집중되고 일곱 살이 되면 얼추 성인의 뇌 크기에 접어든다. 이 말은 일곱 살 소년의 뇌가 동갑인 소녀의 뇌보다 10퍼센트 정도 더 크다는 얘기다. 에너지 분배에서 이는 매우 중요한 결과를 초래한다. 뇌는 에너지를 엄청나게 소비하기 때문에 일곱 살 먹은 소년이 성인 크기의 뇌를 유지하기 위해서는 동갑내기 소녀들보다 보다 많은 자원을 필요로 한다. 여기에는 또 다른 흥미로운 시사점이 있다. 성인의 뇌 크기를 갖는 열한 살 소년의 뇌는 소녀의 그것보다 10퍼센트 더 크다. 그러나 IQ 검사에서는 소녀들의 성적이 더 높다.

나는 좀 요상스럽지만 조금 색다르게 소년과 소녀의 뇌 크기 차이를 설명해보려고 한다. 뇌는 신경세포와 신경 섬유로만 이루어지지 않는다. 여기에는 직접적으로 신경 전달 과정에는 참여하지 않는 아교세포glial cells도

---

66 | 『지혜로운 임신태교』를 보면 임신 7개월쯤에 신경세포 분열이 완료된다. 다시 말하면 출생 후 뇌세포의 숫자는 더 늘어나지 않는다. 뇌세포의 숫자에는 남녀 차이가 없을 것이라는 어조로 얘기가 진행되고 있다.

있다. 이들 아교세포는 영양소를 제공하거나 구조적인 골격을 구성하는 보조적인 역할을 한다. 그들은 또한 스티로폼 완충제[67]처럼 공간을 채우는 역할도 할 것이다. 남성의 뇌는 더 큰 턱과 이빨, 턱 근육 그리고 큰 몸집을 지니고 있기 때문에 좀 더 큰 두개골이 필요하다. 아마도 남성의 뇌는 단순히 더 많은 아교세포를 지니고 있기 때문에 신경세포의 수나 연결과 상관없이 더 클 수도 있다. 그렇다면 이는 직접적으로 신경세포와 신경섬유가 여성보다 남성에서 덜 빽빽할 것이라고 예측할 수 있다. 그러나 현재 우리가 가진 증거는 남녀 양자에서 차이가 없다는 것이다. 결론적으로 말해서 남성과 여성, 양성 간의 능력의 차이를 입증할 만한 어떤 생물학적 증거도 나는 찾을 수 없다.

물론 뇌와 관련해서 가장 극명하게 드러나는 성차는 모계가 뇌의 발생과 발달 과정에서 차지하는 독특한 역할이다. 임신과 수유를 통해 전달되는 모계의 자원은 자식의 뇌 발달을 위해 필수적이다. 우리는 우리의 뇌를 어머니로부터 얻는다. 그리고 모계의 역할은 내가 애초 생각했던 것보다도 훨씬 더 컸다. 핵의학자 앤절라 오트리지Angela Oatridge의 연구는 핵자기공명 기법을 이용해서 아홉 명의 임산부 뇌 크기를 연구했다. 그들은 임신기간 동안 산모의 뇌가 4퍼센트 줄어든다는 사실을 발견했다. 그리고 자식을 출산하고 6개월이 지나서야 원래의 크기를 되찾는다. 인간의 어머니들은 의무라고 하는 경계를 훨씬 뛰어넘어서 자신의 뇌를 제물 삼아 성장하는 태아들을 길러낸다.

---

67 | 요새는 택배 상자 안에서 자주 볼 수 있다. '땅콩 모양의 스티로폼'은 충격을 흡수하기 위해 빈 공간을 채우는 물질이다.

6장

수유

HOW WE DO IT

1960년대 중반 나는 독일 제비젠 지역 막스 플랑크 연구소에서 콘라트 로렌츠$^{Konrad\ Lorenz}$와 함께 2년 동안 박사 후 연구원으로 일했다. 그때 나의 목표는 동남아시아에 서식하고 있는 다람쥐 비슷한 나무두더지류의 수유 행동양식을 살펴 진화적 연관성을 파악하는 것이었다. 당시 이들 동물은 현존하는 가장 원시적인 영장류로 간주되었다. 따라서 이들의 행동을 자세히 연구하면 살아 있는 모든 영장류 공통 조상의 습성을 이해할 중요한 단서를 얻을 수 있을 것으로 믿었다. 예상과는 사뭇 다르게 나는 곧 나무두더지류가 영장류와 가까운 친척이라는 내용이 심각하게 잘못되었다는 것을 깨달았다. 이러한 발견은 생식 연구로부터 비롯되었다. 모든 영장류가 공유하는 특성 중 하나는 잘 발달된 새끼를 정성스럽게 보살피는 암컷의 행동이다. 그러나 내가 발견한 것은 나무두더지의 암컷이 분리된 둥지를 만들어서 털도 없고 눈과 귀도 닫힌, 덜 발달된 한 배의 새끼들을 낳는 것이었다. 더 놀랄 만한 사실은 암컷이 새끼가 있는 둥지를 떠나 자신의 둥지에서 따로 잠을 자고 이틀에 한 번꼴로 방문해서 젖만 먹이고 가는 것이었다. 보육 둥지에서 한 달 동안 암컷 나무두더지가 자신의 새끼를 위해 소모한 시간은 기껏해야 한 시간을 조금 넘었다. 암컷의 양육 행위는 포유동물 중 가장 최저 수준이었으며 모든 영장류가 보이는 모성애[68]는 찾아보기 힘들었다. 이런 놀라운 발견은 영장류가 어떻게 진화하였는가를 찾는 여행으로 내 평생을 이끈 계기가 되었다.

이전 장에서 살펴보았듯이 포유동물 암컷의 아기 돌보기는 뇌의 크기와 관련이 있다. 게다가 부모가 아이를 정성스레 보살피는 것은 사회적 결속력과도 관계된다. 모든 포유동물의 암컷은 임신 기간뿐 아니라 출산 후 수유를 통해 아기의 뇌에 투자한다. 또 야생에 사는 동물들도 새끼를 낳은 후 적절하게 보살핀다. 나무두더지의 새끼와 달리 인간의 아기는 부모의 보살핌을 절대적으로 필요로 한다. 젊은 부부가 병원에서 갓 태어난 아기를 데리고 집으로 돌아가면 어떻게 돌보아야 할지 막막하고 겁도 날 것이다. 도움을 청할 곳은 많다. 인터넷도 있다. 그러나 모든 분야에 걸쳐 잘못된 정보도 넘쳐난다. 가령 7년 동안 수유를 해야 한다거나 분유를[69] 먹이는 것이 모유와 다를 것이 없다거나 심지어 더 좋다는 얘기도 있다.

현재 아기 돌보기에 인간 사회의 문화가 미치는 영향은 생각보다 커서 우리 종에 고유한 "자연적인" 것이 무엇이냐를 결정하는 것은 쉽지 않다. 과거에는 부족의 경험 많은 "자칭 전문가"가 나서서 생물학과는 거의 무관한 충고를 하곤 했었다. 19세기 중반까지도 수유를 어떻게 해야 하는가에 대한 지침이나 시간표 같은 것은 아예 없었다. 산업혁명이 궤도에 오르자 상황은 급변했고 일하는 엄마들이 급증했다. 20세기 초반 산업사회에서는 일람표를 작성해서 수유하는 것이 정례화되었다. 수유에 관한 새로

68| 영어로 mothering을 표현하는 적절한 한국말은 "엄마의 아기 돌보기"일 것이다. 그러나 경우에 따라 모성애로도 혹은 동사형으로도 번역했다.

69| 분유를 먹이는 것을 영어로는 bottle-feeding이라고 한다. 그 병 안에 모유가 아닌 것이 들어 있으면 설령 그것이 공장제 분유가 아니더라도 분유 수유라고 번역한다.

운 접근법이 마련되면서 수유 기간을 2년에서 1년으로 줄이도록 하는 권고안도 마련되었다. 이런 추세를 부추긴 사람은 소아과 의사인 뉴욕의 루서 에멧 홀트^{Luther Emmett Holt}, 보스턴의 토머스 로치^{Thomas Rotch}였다. 홀트의 베스트셀러인 『수유와 아기 돌보기: 엄마의 양육 절차와 아기 돌보기의 교리문답^{The Care and Feeding of Children: A Catechism for the Use of Mothers and Children's Nurses}』이 처음 출판된 것은 1894년이었다. 전부 75판을 찍어냈으며 1940년대가 될 때까지 아기 양육에 관한 최고의 교과서로 인정받았다.

생후 일 년 동안 매 세 시간마다 아기에게 모유를 먹여야 한다는 홀트의 법칙은 1890년 소아 환자의 위에 대한 그의 연구 결과에 근거를 두고 있다. 그는 위를 물로 채운 다음 양끝을 막아서 위의 부피를 측정했다. 수유 시간을 계산하기 위해 그는 아기가 하루에 먹는 우유의 양을 위가 채워졌을 때의 부피로 나누었다. 1987년 매우 흥미로운 논문에서 미국의 소아과 의사인 마셜 클라우스^{Marshall Klaus}는 엄격한 스케줄에 따라 수유하는 것에 대해 논평하고 홀트의 법칙을 "가스통 이론"이라 조롱했다.

다행스러운 것은 자연이 어떤 경향이나 헛소문으로부터 수유의 생물학적 문제를 해결할 수 있는 단서를 던져주었다는 점이다. 우선 우리는 우리의 사촌인 다른 영장류를 통해 수유 유형을 알아볼 수 있다. 엄마가 아기를 안고 있는 모습은 예술의 전형적인 이미지이다. 고대 이집트의 이시스가 어린 왕 호루스에게 젖을 먹이는 것에서 레오나르도의 마돈나와 아기 예수, 뒤러의 예술 작품에 이르기까지 다양하다. 또 가끔 우리는 동물원에서 대형 유인원, 원숭이, 여우원숭이의 새끼를 가까이서 관찰할 수 있다. 우리는 광범위한 모든 포유동물에서 수유라는 기초적 활동을 관찰할 수 있다.

우리는 포유동물이다. 이 용어는 단순히 생물학적 구분을 의미하지는 않는다. 여기에는 의미심장한 뭔가가 있다는 뜻이다. 말할 것도 없이 다른 동물과 포유동물을 구분하는 중요한 생물학적 특징이 존재한다. 그중에서 털과 수유, 이 두 가지는 포유동물만 갖는 고유의 특성이다. 그러나 털과 수유가 서로 어떤 연관성이 있는지는 뚜렷하지 않다. 먼저 털을 살펴보자.

전형적으로 포유동물은 털을 가지고 있다. 그러나 이차 발생을 거쳐 털이 줄어들었거나 거의 없는 경우도 있기는 하다. 수생 포유류인 돌고래나 고래, 바다소는 거의 벌거숭이이다. 데즈먼드 모리스가 쓴 『털 없는 원숭이』라는 책의 제목에서 짐작할 수 있듯이 인간도 예외에 속하는 포유동물이다.

초기 포유류가 털로 덮여 있었다는 직접적인 증거를 보여주는 화석은 거의 찾아볼 수 없다. 확실한 것은 1억 7,000만 년 전 포유동물이 털을 뒤집어쓰고 있었다는 사실이다. 그러나 그전인 약 2억 년 전에 털이 있었다는 간접적인 증거가 있다. 초기 포유류가 진화하던 시기에 포유동물과 비슷한 어떤 파충류는 주둥이 주변에 특별한 형태의 털인 수염이 자라났던 피부 구멍을 가지고 있었다.

현생 포유류가 전형적으로 털을 가지고 있기 때문에 과거 한때 이들 동물군을 한데 묶어 유모목^{有毛目}[70]으로 불렀던 것도 이해가 간다. 그러나 포유동물의 다른 두드러진 특징은 수유이다. 아마도 이것이 더 근본적인 특징일지도 모른다. 실제로 이 행동은 매우 보편적이어서 예외를 찾아볼 수 없다. 모든 포유동물의 암컷은 젖을 생산하고 새끼에게 이것을 먹인다.

---

70 |　영어로는 Pilosa이다. 이 말은 털을 뜻하는 라틴어에서 유래했다. 유모목이라는 말도 털이 있다는 뜻이다.

털과 수유는 태생보다 더 오래되었고 보다 근본적이다. 현생 포유동물 중 호주에 사는 별난 종인 오리너구리와 바늘두더지는 아직도 알을 낳지만 털이 있고 새끼들에게 젖을 먹인다. 모든 현생 포유류는 새끼들에게 젖을 먹이기 때문에 이들의 공통 조상도 그랬을 가능성이 높다. 태생은 단공류가 분기해 나간 다음 나중에 진화했다. 아마도 현생 포유동물의 공통 조상과 다른 계열 유대류 및 태반 포유류의 공통 조상의 사이에서 태생이 진화했을 것이다. 약 1억 2,500만 년 전쯤에 일어난 일이다.

그러나 털과 수유는 기원이 오래되기도 했지만 근본적으로 보다 더 깊은 관련성이 있다. 털의 출현과 함께 새로운 종류의 피부샘이 진화했다. 생물학자들은 그것이 세 가지라고 본다. 땀을 만드는 에크린샘, 냄새를 풍기는 아포크린샘, 그리고 기름을 만드는 피지샘이 바로 그것이다. 원시 포유동물의 우유를 만드는 샘인 젖샘은 피지샘에서 유래한 것으로 보인다. 기름기를 분비해서 털을 유지하는 데 도움을 주기 때문에 피지샘은 직접적으로 모낭^hair follicle^과 관련된다. 원래 젖을 만드는 샘은 모낭과 관계가 있으며 모낭이 젖샘의 기원에 대한 단서를 제공한다.

원시 포유류에서 분비를 담당하는 피부샘은 점차 젖샘으로 전환되었으며 그것은 영양소와 항생 물질의 혼합물을 분비하게 되었다. 우리는 젖이 단순히 아기에게 영양을 공급하는 원천이라고 생각하는 경향이 있다. 바로 그런 이유 때문에 인공적인 우유가 아기의 발육에 적합한 영양소를 제공할 수 있다고 굳게 믿는다. 사실 모유에 함유된 항생제는 세균에 대한 아기의 일차 방어선을 제공한다.

생물학적 분류 체계에서 지금은 포유동물^哺乳動物71^이란 용어를 사용하는 것을 당연하게 여긴다. 젖을 먹이는 것이 가장 기본적인 것이기 때문이다.

그러나 분류 게임에서 포유동물이 정말 유모동물을 제치고 승리한 것일까? 현대 분류학은 린네로부터 출발한다. 그는 유모동물 대신 포유동물을 선택했다. 과학역사가인 론다 쉬빙어$^{Londa Schiebinger}$는 린네가 스웨덴 여성들에게 자신의 아이에게 모유를 먹이도록 권장했다는 사실을 발견했다. 실제로 린네는 이에 관해 팸플릿을 만들기도 했다. 따라서 털 대신에 수유에 강조를 둔 린네의 선구적인 분류법은 생물학적이라기보다는 정치적인 이유 때문이었을 것으로 생각된다.

모든 포유동물의 공통 조상은 자신의 새끼에게 젖을 먹였다고 해석하는 것이 합리적일 것 같다. 털은 화석의 증거가 간접적으로라도 있지만 수유에 관해서는 불행히도 이런 화석 증거가 전혀 없다. 게다가 수유하는 복잡한 양상은 서로 다른 계통에서 독립적으로 진화했다. 필요하다면 비슷한 적응을 보이는 경우가 흔하기 때문에 적응 형태가 독립적으로 진화하거나 서로 먼 종들 간에 수렴진화가 일어나는 것은 자연계에서 상당히 흔한 편이다. 예를 들면 돌고래나 고래가 다시 바다로 돌아가면서 그들은 물고기와 비슷한 유선형의 몸체를 발달시켰다. 마찬가지로 젖을 먹이는 것도 단일한 기원을 가지지 않을 수도 있다. 그러나 어떻게 우리는 그 기원을 추적할 수 있을까? 최근 몇 년에 걸쳐 다양한 포유동물의 유전체가 해독되면서 이제 유전자의 증거를 확보할 수 있다는 점은 획기적인 사건이 아닐 수 없다.

포유동물의 젖에 함유된 특별한 단백질인 카제인^{casein}의 존재는 매우 보편적이다. 이 단백질은 포유동물의 독특한 물질이며 이를 만드는 유전자

---

71 | 포유동물을 영어로 Mammalia라 하는데 이 말은 유두, 젖꼭지를 뜻하는 라틴어 mamma에서 유래하였다.

는 유선 혹은 젖샘에서만 활발하게 활동한다. 이미 과학자들은 알을 낳는 단공류인 오리너구리의 유전체를 해독했다. 유대류인 주머니쥐, 그리고 소, 개, 마우스, 쥐, 인간 이렇게 다섯 종의 태반 포유류 유전체도 확보했다. 카제인 유전자의 염기 서열을 바탕으로 진화적 계통도를 그렸더니 단공류, 유대류, 포유류는 모두 하나의 기원을 갖고 있었다. 이 발견은 수유가 초기 포유동물에서 단 한 번 진화했다는 강력한 증거를 제공한다.

수유가 초기 포유동물에서 진화했다는 또 다른 증거는 유당乳糖이다. 2억 년보다 전에 있었던 포유동물의 공통 조상이 젖에만 존재하는 특별한 당을 가지고 있다는 비교분석 결과가 나왔기 때문이다.[72] 그 당시 젖에는 다양한 당이 존재했을 것이다. 왜냐하면 현생 단공류, 유대류, 포유류에 각기 독특한 당이 존재하는 까닭이다. 그러나 인간을 포함하는 태반 포유류는 모두 젖당lactose을 주요한 당으로 삼는다. 의심할 여지없이 공통 조상도 그러했을 것이다.

젖당은 두 개의 단당류, 즉 포도당과 갈락토오스가 합쳐진 것이다. 복합당은 소장의 벽을 통과할 수 없기 때문에 혈액으로 들어가기 위해서는 낱개로 분해되어야 한다. 효소의 이름은 대개 "-아제-ase"로 끝난다. 젖당을 포도당과 갈락토오스로 분해하는 당의 이름은 락타아제lactase로 젖당분해효소라고도 부른다. 모든 태반 포유류의 새끼는 태어날 때 소장의 내벽을 구성하는 세포에서 젖당분해효소를 생산하는 단일한 유전자를 갖추고 있다. 젖당을 소화할 수 있는 능력은 전형적으로 젖을 떼면서 사라진다. 인간의 아기들은 약 5세 무렵 젖당분해효소의 생산을 멈춘다.

---

72 | 단공류와 유대류는 젖당이 아니라 다른 종류의 올리고당을 가지고 있다는 논문이 2014년에 나왔다.

젖당분해효소의 생산이 중단되면 소장을 지나는 어떤 젖당도 분해되지 않은 채 대장으로 넘어간다. 대장에 살고 있는 세균들은 이들 젖당을 재빠르게 분해하도록 적응했다. 이런 발효의 결과로 수소, 메탄, 이산화탄소를 포함하는 많은 양의 가스 혼합물이 발생한다. 바로 이런 사실 때문에 많은 양의 우유를 소비하는 성인들이 소화기 문제를 호소한다. 한 평론가는 이를 "사회적으로 받아들일 수 없는 결과"라고 농담조로 말했다.

수유가 끝난 뒤 포유동물은 더 이상 젖을 먹지 않기 때문에 많은 성인들이 젖당에 내성을[73] 가지지 못한 것은 이상할 것이 없다. 그러나 어떤 사회에서는 유제품을 일상적으로 먹는 전통이 있다. 그에 따라 이차적인 적응이 일어나 성인들도 젖당을 흡수할 수 있게 되었다. 결과적으로 인간 집단 사이에서 젖당 소화에 관한 다양한 변이가 존재한다. 젖당 불내성이 우세한 아시아인과 비교하면 유럽인들 사이에서 이런 현상은 상대적으로 낮다. 수유를 끝낸 뒤에도 젖당분해효소의 활성을 유지하는 유전자가 돌연변이를 일으켰기 때문이다. 사실 이런 변화는 중앙 유럽과 남부 아프리카에서 독립적으로 일어나서 다양한 유전적 수정 과정을 거쳤다. 고고학적 그리고 유전적 증거를 종합하면 성인에서 젖당의 내성은 약 7,500년 전 중앙 유럽, 낙농에 종사하는 집단 사이에서 일어났다. 아프리카에서는 그 양상이 더욱 복잡하다. 여기에서는 네 가지의 서로 다른 유전적 변이가 젖당의 내성을 이끌었다는 것이 밝혀졌다. 수천 년 전에 일어난 이런 변화는 독립적으로 일어났지만 유럽인과 같은 변화를 겪은 것도 물론 존재한다.

---

73 | 내성 혹은 저항성을 갖는다는 말은 젖당을 소화시킬 수 있다는 말이다. 젖당 불내성이라는 다소 생소한 말은 우유를 먹으면 속이 더부룩한 많은 성인들의 증상을 일컫는 말이다.

포유동물에서 수유의 근본적 중요성은 발생 초기에 젖샘 조직이 나타 난다는 점에서도 엿볼 수 있다. 발생하고 있는 태아의 신체의 기본적인 토 대는 임신 초기 약 두 달 동안에 일어나는 초기 배아 단계에서부터 시작 된다. 곧이어 태아 발달이 계속되면서 신체의 주요한 기관이 나타나기 시 작한다. 반면 젖샘의 발달은 배아 단계의 중기에 시작된다. 배아의 사지가 나오고 난 후이지만 다른 주요 기관이 나타나기 훨씬 전이다.

모든 포유동물은 두 개의 평행한 두 개의 젖샘선이 능선처럼 배아의 배 쪽에서 나타나고 겨드랑이에서 샅에 이르는 좌우로 확장해 나간다. 인간 의 배아에서 젖샘선은 임신 후 5주에 나타난다. 그 뒤 젖샘선이 웃자라서 몇 쌍의 젖꼭지가 양쪽에 보이다가 나중에 사라진다. 인간의 태아에서도 여러 개의 젖꼭지가 젖샘선을 따라 나타나지만 대부분은 태어나기 전에 사라지고 양쪽에 한 개씩만 남겨둔다. 출생 후 여성은 원숭이나 다른 대형 유인원처럼 가슴 부위에 한 쌍의 젖꼭지를 갖는다.

발생 과정에 문제가 생겨서 젖꼭지가 두 개보다 많은 경우도 발견된다. 그러나 거기에 젖샘이 붙어 있는 경우는 거의 없다. 부풀어 오르는 것도 있고 아닌 것도 있지만 두 쌍, 세 쌍 혹은 그보다 많은 쌍의 젖꼭지가 가끔 발견되기도 한다. 1886년 부인과 의사인 프란츠 노이게바우어[Franz Neugebauer] 는 젖꼭지가 다섯 쌍이 있는 매우 희귀한 사례를 보고했다. 둥근 젖가슴에 있는 한 쌍의 젖꼭지 말고도 겨드랑이에 한 쌍, 가슴 부위에 두 쌍, 그리고 아래쪽에도 한 쌍이 더 있었다. 당시 그녀는 아기를 양육하고 있었다. 대 부분의 젖은 젖가슴에서 나왔지만 간혹 가다 겨드랑이에 있는 젖꼭지에 서도 젖이 흘러나왔다고 한다. 나머지 젖꼭지에서는 짤 때만 약간 나왔다.

5세기 전만 해도 여분의 젖꼭지는 과학계에서 전혀 흥미를 끌지 못했지만 헨리 8세는[74] 앤 불린을 세 쌍의 젖꼭지와 부풀어 오른 가슴을 가진 마녀라 규정하고 사형을 선고하기도 했다. 부가적인 젖꼭지를 가진 것을 악마의 소행이라고 간주했기 때문에 앤 불린은 이런 비정상에 더하여 간음과 근친상간이라는 죄목을 더 얻었다.

전체 포유동물을 통틀어 암컷의 젖꼭지의 정상적인 숫자는 한 쌍에서 열 쌍까지 제각각이다. 그러나 동일한 종은 일정한 숫자를 고수한다. 젖꼭지 쌍의 수는 한 번에 낳는 평균 새끼의 수와 일치한다. 인간, 말, 코끼리는 보통 하나의 자손을 낳고 한 쌍의 젖꼭지를 갖는 것이 일반적이다. 개나 쥐는 한 배의 새끼들을 낳고 여러 쌍의 젖꼭지를 가진다. 하지만 왜 새끼 한 마리에 두 개의 젖꼭지가 할당되는지 그 이유는 명확하지 않다. 어떤 경우라도 젖꼭지 쌍의 숫자는 인간이 아닌 영장류의 새끼 수와도 일치한다. 대부분의 원숭이와 대형 유인원이 그런 예이다. 그렇지만 둘, 셋 혹은 네 마리의 새끼를 낳는 하등 영장류는 두 쌍 혹은 세 쌍의 젖꼭지를 갖는 경우도 있다. 예를 들어 내가 실험하느라 키웠던 56그램짜리 쥐여우원숭이는 둘 혹은 세 마리의 조그만 새끼를 낳지만 젖꼭지는 세 쌍이었다. 인간 여성이 가진 한 쌍의 젖꼭지가 시사하는 바는 인간이 한 명의 아기를 낳도록 적응했다는 것이다. 반면에 인간 발생의 초기에 여러 쌍의 젖꼭지를 보이는 것은 포유동물의 조상이 여러 마리의 새끼를 낳았다는 사실을 방증한다.

---

74 | 헨리 8세는 16세기 초중반에 걸쳐 영국의 국왕이었다. 앤 불린과 결혼하여 엘리자베스 1세를 낳았다. 로마 교황청과 대립한 왕으로 알려졌다. 앤 불린은 사형에 처해졌지만 손가락이 여섯 개였다는 소리도 들린다.

『인간의 유래$^{The\ Descent\ of\ Man}$』라는 책에서 찰스 다윈은 젖꼭지에 대한 이상한 점을 언급했다. 다른 포유동물 종의 수컷과 마찬가지로 남성도 젖꼭지를 가지고 있다는 것이었다. 또 여성처럼 한 쌍 이상의 젖꼭지를 가지기도 한다. 다윈이 말했듯이 "수컷 포유동물에게 있는 젖샘과 젖꼭지는 결코 필수적인 것이라고 할 수 없다. 그것은 충분히 발달하지 않았을 뿐 아니라 기능적으로도 쓸모가 없다."

그러나 포유동물에서 흥미로운 예외가 존재하기도 한다. 유대류, 마우스, 쥐, 말의 수컷은 젖꼭지가 없다. 하지만 기니피그, 육식 포유동물, 박쥐, 영장류를 포함하는 포유류 대부분의 수컷에서는 젖꼭지가 있다. 한참 세월이 지나 성인 여성에서만 기능을 하지만 인간의 아기는 암수를 막론하고 젖꼭지를 가지고 태어난다. 태어날 때 일부 신생아는 젖꼭지 아래가 조금 부풀어 있고 '마녀의 우유'를 만들기도 한다. 태반에서 만들어지는 호르몬의 영향을 받은 이런 현상은 오래 가지 않지만 남아의 젖꼭지에서 젖이 흘러나오는 경우도 있다.

일반적으로 암수 모두에서 포유동물은 태어나기 한참 전부터 젖샘선이 발달한다. 왜 이런 일이 양성에서 일어나고 또 왜 남성은 성인이 되어서도 젖꼭지를 유지하는 것일까? 사실 많은 과학자들은 여성처럼 남성이 왜 수유를 하지 못하는지 의아해했다. 얼핏 보기에 남성이 수유를 할 수 있다면 아주 훌륭한 양육 대책이 될 것이고 아기의 생존이 증가할 수도 있을 것 같기 때문이다.

오직 암컷만이 임신의 부담을 홀로 감당하기 때문에 수컷이 암컷에게 수유의 부담을 가중시키는 것은 공평하지 않은 것 같다. 그렇지만 다른 종류의 돌봄, 예컨대 새끼를 옮긴다거나 하는 행동이 포유동물 수컷에서 진화했다. 그렇다면 수컷은 왜 수유하지 못하는 걸까? 진화생물학자들이 내린 결론은 자신이 진짜 부계라는 확신이 있을 때만 수컷은 암컷을 돕는다는 것이었다. 유전학적으로 말해서 자신의 새끼가 아닌 개체를 키우는 수컷은 아무런 도움을 주지 않는 수컷보다도 훨씬 손해를 많이 보는 셈이다. 따라서 암컷에 홀로 부과된 수유의 부담은 있을 수도 있는 기만에 대한 일종의 보상일 수도 있다.

젖샘선이 발생 초기에 양성에서 나타나는 것은 포유동물 진화의 초기에는 양성 모두가 수유를 했을지도 모른다는 가능성을 내비친다. 그리고 나중에 수컷은 수유를 포기했을 것이다. 『인간의 유래』에서 다윈은 실제로 포유동물의 진화의 어떤 단계에서는 "양성이 젖을 만들었고 그들의 새끼를 보살폈다. 유대류의 경우 양성 모두 주머니 안에서 새끼들을 키운다."고 말했다. 그러나 다윈도 왜 진화 초기에는 양성이 수유에 참여하다가 나중에 그만두게 되었는지는 설명하지 못했다. 단순히 그는 새끼의 수가 적어서 수컷까지 나서서 수유를 할 필요는 없었을 것이라고만 말했다. 또 우리는 왜 유대류, 마우스, 쥐, 말의 수컷은 젖꼭지를 갖지 않는지도 설명해야 한다. 당분간 우리는 남성의 젖꼭지에 대해 수긍할 만한 설명이 없다는 사실을 받아들여야 할 것이다. 그러나 아직까지도 조깅을 즐기는 수천 명의 남성들이 '유두 마찰'로 고생한다는[75] 사실만으로도 이 문제에 답할 필요는 있지 않을까?

자연 상태에서 수컷 포유동물은 결코 젖을 만들지 않는다고 오랫동안 믿어왔다. 생물학자인 찰스 프랜시스Charles Francis, 박쥐 전문가인 토머스 쿤

---

75 | 달리기 과정에서 마찰에 의한 젖꼭지 염증이 발생할 수 있다. 옷과 피부 사이에 마찰이 자주 일어나는 부위는 유두, 허벅지, 겨드랑이, 항문 등이다.

츠^{Thomas Kunz}와 동료들은 야크⁷⁶ 과일박쥐 수컷이 젖을 생산한다고 보고했다. 말레이시아 현장 연구에서 연구진들은 그물에 걸린 총 열세 마리의 성체 수컷 젖꼭지에서 젖을 짜낼 수 있었다. 게다가 현미경으로도 젖샘 조직이 활발하게 젖을 분비하고 있는 모습을 볼 수 있었다. 나중에 다른 종의 과일박쥐, 파푸아 뉴기니의 가면날여우박쥐의 수컷이 젖을 만든다는 사실이 알려졌다. 하지만 이들이 만들어내는 젖의 양은 암컷에 비해 매우 적다. 또한 야크 과일박쥐 수컷의 젖꼭지는 암컷에 비해 작을뿐더러 딱딱하기까지 하다. 어쨌거나 수컷 포유동물이 수유를 하는 경우는 거의 없다. 설령 그런 일이 존재한다고 할지라도 수유는 일반적으로 암컷의 몫이다.

수유를 하기 위해서는 젖꼭지가 노즐처럼 튀어나와야 한다. 여성의 둥근 가슴은 지방이 축적되어 통통하게 올라 있지만 그것은 부가적인 선택 사항이다. 젖꼭지를 가진 부푼 가슴은 젖을 만들기 위해서도 수유를 위해서도 반드시 필요한 사항은 아니다. 그렇다면 여성은 왜 부풀어 오른 가슴을 갖게 되었을까?

예상과는 달리 젖은 여성 가슴에 축적된 지방에서 만들어지지 않는다. 사실 대부분의 포유동물은 수유하는 동안 젖꼭지를 둘러싼 주변의 조직이 밖으로 부풀어 오르는 경우가 많지 않다. 몇몇의 경우 젖가슴이 부풀어 오르는 시기가 첫 배의 새끼를 낳는 때에 국한되고 그 뒤로는 가라앉는 경우도 있다. 코끼리의 암컷은 수유할 때 가슴이 눈에 띄게 부풀어 올랐다가 이유할 때가 되면 퇴화한다. 우리의 사촌 격인 대형 유인원을 포함한 다양

---

76 | 말레이시아, 인도네시아, 브루나이 삼국에 걸쳐 있는 보루네오 섬에 거주하는 사람들을 일컫는다.

한 영장류의 가슴은 출산할 때까지도 평평하다. 수유하는 동안은 가슴이 눈에 띄게 부풀고 가끔은 이유가 끝난 뒤까지 계속되기도 한다. 여러 새끼를 키운 늙은 침팬지나 고릴라 암컷의 가슴 부위가 간혹 부푼 상태로 유지되는 경우도 있다.

데즈먼드 모리스는 인간 여성이 두 가지 점에서 다른 포유동물들과 구별된다고 주장하였다. 첫째, 아기를 수유하기 훨씬 전인 사춘기 때부터 가슴의 발달이 영구적으로 일어난다. 둘째, 신체의 다른 부위와 비교하여 그렇게 특출나게 부풀어 오른 가슴을 가진 동물은 인간 말고는 없다. 그러나 인간 가슴의 "고유성"은 좀 더 주의 깊게 살펴볼 필요가 있다. 대다수 포유동물은 사춘기에 이르기도 전에 젖샘이 빠르게 발달한다. 심지어 쥐도 그렇다. 게다가 반추동물도 사춘기에 이르면 젖통udder이 부풀어 오른다. 이런 현상은 사육 동물에서 더욱 두드러진다. 특히 젖소가 그렇다. 그렇지만 야생에 사는 반추동물도 젖통이 부풀어 오르기는 마찬가지다.

사춘기에 인간 여성의 가슴이 영구적으로 부풀어 오르는 것은 젖의 생산이나 수유를 위해 필요한 것은 아니다. 아마도 다른 기능이 있는 것 같다. 비록 우리는 여성의 둥근 가슴을 당연한 것으로 받아들이지만 왜 그것이 그런 형태로 존재하는지는 여전히 수수께끼다. 논쟁의 여지없이 그것은 사람들의 비상한 관심을 불러일으켰다. 바너비 딕슨Barnaby Dixson과 그의 연구진은 2010년, 여성 신체의 영상을 보여주고 남성의 시선이 어디에 먼저 도달하는지를 시각추적 장치를 이용해서 조사했다. 약 절반에 해당하는 남성이 가장 먼저 여성의 가슴을 응시했다. 세 명에 한 명꼴로 여성의 허리를 보았고 일곱 명에 한 명꼴로 여성의 음부와 허벅지를 쳐다보았다. 여성의 얼굴을 먼저 쳐다본 사람은 16명당 한 명에 불과했다. 사회적 규범이 어떻든 이런 경향이 일정하게 나타나는지는 여러 문명권을 조사해야만 제대로 파악할 수 있을 것이다. 가슴을 드러내놓고 활보하는 사회라면 남성들의 반응이 달라질 수도 있기 때문이다.

그것을 설명하려는 다양한 노력에도 불구하고 부푼 여성의 가슴에 관한 궁금증은 명쾌하게 해결되지 않았다. 1987년 야생생물학자 팀 캐로[Tim Caro]는 영악한 제목을 단 "인간의 가슴, 다양한 가설들"이란 논문에서 영구적으로 부푼 인간의 가슴에 관한 일곱 가지 가능한 가설을 소개했다. 다윈이 한번 얘기했던 것이지만 그중 한 가지는 가슴이 남성의 성적 행동을 자극하기 위한 신호로써 진화했다는 것이다. 전부 다는 아니겠지만 인간 사회에서 여성의 가슴은 명시적으로 성적인 행동과 관련이 있다. 성적인 끌림은 왜 인간의 가슴이 수유할 때가 아니라 사춘기 때 그렇게 부풀어 오르는지 설명할 수 있을 것이다.

그 외에도 몇 가지 흥미로운 가능성이 제기되었다. 예를 들면 지속적으로 부푼 가슴은 여성 자신의 생식 상태를 남성이 알아차리지 못하게 숨기기 위한 것, 다시 말하면 부계가 누구인지를 은폐하는 것이다. 또 다른 가설은 늘어진 젓가슴은 벌거벗은 엄마가 아기를 업고 움직일 때 아기가 그것을 잡을 수 있도록 진화했다고 설명한다. 그러나 이 가설은 첫 출산을 하기 전인 사춘기에 가슴이 부풀어 오르는 이유를 설명하지 못한다. 또 가슴의 크기가 생산성과 수유 능력을 과시하는 수단이라고 보는 가설도 있다. 그러나 이미 지적한 대로, 젖의 생산은 가슴에 축적된 지방의 양과 크게 관련이 없다. 그럼에도 불구하고 가슴의 크기는 저장된 지방의 총량을 가늠하는 지표가 될 수 있고 여성이 식량이 부족할 때 얼마나 버틸 수 있는지를 나타낼 수 있다. 이와 관련해서 평균적으로 여성의 가슴에 축적된 지방의 비율은 전체 지방의 고작 4퍼센트에 불과하다는 점이 문제로 제기되었다.

지금까지 제시한 여러 가지 가설의 가장 큰 약점은 그 어느 것도 적절하게 연구된 적이 없다는 것이다. 이 사실은 가슴의 크기와 양육 능력 사이에 명확한 관련성이 없다는 점을 말해준다. 흥미로운 것은 의학 연구에서 나왔다. 출산 후 젖을 생산하는 능력은 크건 작건 평소 가슴의 크기와는 무관하지만 임신 후기 6개월 동안 가슴 크기의 증가분과 밀접한 관련이 있다는 결과였다. 따라서 임신 중 가슴을 키우는 능력이 결국 젖의 생산과 관련되는 것 같다.

부풀어 오른 가슴에 대한 가설이 어떠하든 서구 사회의 많은 여성들은 (성형외과 의사들이 부추긴 탓도 있겠지만) 인위적으로 가슴의 크기를 키우는 것이 성적 매력도를 높인다고 믿는 것 같다. 현대 의학의 도움을 받아 가슴의 크기를 키우는 여성들도 있다.

별스럽고 또 아마도 인간에 고유한 가슴의 또 다른 특징은 유두를 둘러싸고 피부와는 다른 색을 띠고 있는 조직인 유륜$^{areola\ mammae}$이 있다는 점이다. 유륜은 젖먹이기에 영향을 끼친다. 유두를 중심으로 15~20개의 관이 있는데 이 환상의 관이 열리면 수유하는 동안 그 관을 통해 젖이 나온다. 유륜에도 작은 여러 개의 열린 구멍이 약간 돌출되어 있다. 이 구멍을 몽고메리샘이라고 부른다. 이는 아주 특별한 피지샘이며 유두 주변에 윤활제를 분비하고 유두를 보호하는 동시에 수유를 촉진한다. 착색의 정도에 따라 유륜의 색은 밝은 분홍색부터 짙은 갈색에 이르기까지 다양하다. 또 생리 기간, 임신기 혹은 생애 주기를 지나는 동안 호르몬의 양이 변하면서 유륜의 색이 달라지기도 한다.

모든 포유동물의 어미는 출산 후 일정 기간에 걸쳐 자신의 새끼에게 젖을 먹이는데 이 기간을 수유기라고 부른다. 수유기는 출산과 함께 시작해서 이유를 하면 끝이 난다. 인간 사회에서는 자신들의 고유한 문화가 여성의 아기 돌보기에도 영향을 미친다. 결과적으로 우리 인간 종의 "자연적인" 것이 무엇인가를 결정하기란 쉽지 않다. 그 단서를 찾으려면 또다시 영장류나 다른 포유동물로 돌아가서 거기서 발견되는 일반적인 원칙을 살펴보아야 할 것이다. 많은 종에서 동물의 수유 기간은 매우 일정하다. 그러나 몸집이 크고 한 마리의 새끼를 낳는 동물의 수유 기간은 들쭉날쭉하다. 집마우스의 암컷은 보통 22일 동안 자신의 새끼들에게 젖을 먹인다. 집쥐는 31일, 나무두더지는 35일이다. 이들 숫자는 거의 변하지 않는다.

마우스, 쥐, 나무두더지 또는 그와 비슷한 동물들은 짧은 임신기를 거쳐 미숙성 새끼를 낳는 원시적인 양육방식을 취한다. 출산 후 일정 기간이 지나면 갑자기 수유를 중단하고 고형 음식으로 전환한다. 반면 임신 기간이 긴 영장류는 조숙성 새끼를 낳는다. 이들의 수유기도 변동이 심하고 시간이 지나면서 차츰 고형 음식물로 전환시킨다. 같은 영장류라 해도 종에 따라서 수유 기간이 다르다. 몸무게가 56그램 정도 나가는 쥐여우원숭이는 거의 일정하게 45일 동안 젖을 먹이지만 40킬로그램 정도 나가는 오랑우탄은 평균 수유 기간이 5년으로 어미마다 조금씩 다르다. 어떤 오랑우탄 어미는 7년 동안 수유했는데 이는 포유동물 중에서 가장 오래 수유한 기록으로 남아 있다.

다른 특징과 마찬가지로 포유동물의 수유기도 신체 크기를 기준으로 계량화할 수 있다. 몸집의 크기가 큰 동물의 수유 기간이 길다. 그러나 같은 크기를 갖는 포유동물일지라도 영장류가 상대적으로 긴 기간 동안 젖을 먹인다. 같은 영장류라 해도 종에 따라 그 정도가 달라진다. 주어진 크기에서 원숭이나 대형 유인원의 수유기가 하등 영장류보다 길다. 이러저러한 변수를 감안한다 해도 인간의 평균 수유 기간이 생물학적으로 적절한 것인지 결정하기가 매우 까다롭다. 이유를 결정짓는 사회적인 규범은 문명에 따라서도 시기에 따라서도 현격하게 다르다. 6년에 이르기도 하지만 아예 수유하지 않는 경우도 있다. 분유를 먹이거나 유모를 두는 경우도 있기 때문이다. 젖당분해효소의 생산이 대략 5세 정도에 끝난다는 사실이 인간의 자연적인 이유 시기를 알려주는 실마리가 되겠지만, 그나마도 변수가 다양해서 그저 짐작에 그칠 뿐이다.

인류학자인 캐서린 뎃와일러Katherine Dettwyler는 아프리카 말리에서 인간의 아기 돌보기를 주제로 현장 연구를 시작해서 큰 상까지 받은 사람이다. 그녀는 나중에 모유 수유의 강력한 옹호자가 되었지만 애초 수유 시기에 깊은 관심을 가졌다. 그녀는 다양한 각도에서 인간의 자연적인 이유 시기를 예측하려는 실험에 착수했다. 아직도 사냥과 수렵을 통해 삶을 영위하는 부족 사회에서의 연구가 그중 하나이다. 이들 사회는 인간 진화 99퍼센트 이상의 기간 동안 지켜왔던 삶의 조건에서 정착된 수유 기간에 대한 단서를 줄 수 있을 것이다. 사냥과 수렵을 하는 사회는 우유의 또 다른 원천인 가축이 없다. 따라서 문화적인 조건이 수유기에 큰 영향을 끼치지 않을 것이다. 그렇지만 현대 사회에서 초기 보충식이[77] 수유 기간에 전반적인 영향을 준다는 점을 잊어서는 안 된다.

수렵 채집 사회에서 수유는 일반적으로 3년 정도 지속되는 것으로 드

---

77 | 보충식이라고 번역했지만 우리는 보통 이를 이유식이라고 한다.

러났다. 인류학자인 멜빈 코너$^{Melvin\ Konner}$와 캐럴 워스먼$^{Carol\ Worthman}$은 자신들의 논문에서 보츠와나와 나미비아 쿵 족의 여성들이 아이들에게 3년 반정도 젖을 먹인다고 보고했다. 2년 동안 진행된 코너와 워스먼의 연구는 인간생물학의 현장 연구에서 선구적인 전범이 될 정도였다. 또 다른 인류학자인 미국의 대니얼 셀런$^{Daniel\ Sellen}$은 전 생애를 인간의 아기 돌보기 진화 연구에 바쳤다. 그는 3년 반 정도인 쿵 족의 수유 기간이 산업화가 되지 않은 다른 많은 인간 사회에서도 일반적으로 관찰된다고 밝혔다. 또 산업화되지 않은 100개 이상의 인간 사회를 연구한 셀런은 수유 기간이 1년에서 5.5년의 범위에서 평균 29개월이라고 2001년 논문에서 보고했다.

덴와일러가 두 번째로 취한 방법은 이유기에 대한 생물학적 단서를 추적하는 것이었다. 원숭이와 대형 유인원의 체중과 수유 기간의 전반적인 상관관계를 따져보고 이를 인간에 연역하는 것이었다. 이 상관관계에 의해 예상된 인간 여성의 수유 기간은 3년에 육박했다. 또 자신이 사람들에게 권장한 것을 몸소 실천하기 위해 그녀는 네 살이 될 때까지 자신의 딸, 미란다에게 젖을 먹였다.

사람들은 인간의 자연적 수유 기간이 3년이라는 예측치가 놀라울 정도로 길다고 여겼다. 그렇다고는 해도 인간의 사촌인 영장류에 비하면 짧은 편이다. 야생에 사는 대형 유인원의 평균치보다 밑돈다. 침팬지는 보통 4.5년, 고릴라는 3.5년, 오랑우탄은 5년이다. 암컷 침팬지의 체중은 평균 40킬로그램으로 인간 여성보다 훨씬 적다. 따라서 침팬지의 이유가 인간보다 빠를 것으로 예상되지만 실제로는 그 반대다. 사실 대형 유인원은 원숭이들보다 체중에 비해 이유하는 시기가 늦은 편이다. 이런 차이 때문에 원숭이와 대형 유인원을 조사한 뒤 자연적인 수유 기간을 3년으로 추론하는 것은 사실 상당히 낮은 수치인 셈이다.

반면 침팬지로부터 분기한 후 초기 우리 인류의 조상은 좀 더 다양한 사회적인 적응을 거친 것 같다. 예를 들면 인간 진화 단계에서 에너지가 높은 식단에 적응했기 때문에 아이들에게도 영양소가 풍부한 이유식을 제공할 수 있었을 것이다. 아마도 이런 이유로 인간은 젖을 빨리 뗄 수 있었을 것이라고 전문가들은 말한다. 그럼에도 불구하고 다른 영장류나 수렵인들의 증거를 취합하면 자연적인 이유 시기는 적어도 생후 3년이 되어서일 것이다. 인간이 대형 유인원에서 분기해 나간 직후 그들은 기본적으로 늦은 이유기를 유지했을 것이다. 이 점은 아직도 채집과 수렵을 하면서 자연적인 삶을 사는 원주민들 사이에서도 관찰할 수 있다.

자연적인 이유 시기가 최소 생후 3년경쯤이라는 사실은 3개월이나 6개월 동안 자신의 아기에게 젖을 먹인 여성에게 충격적일지 모르겠다. 그러나 3년이라는 숫자가 드문드문일지라도 모유를 먹인 전체 기간을 의미한다면 그 충격이 좀 완화될까? 대니얼 셀런과 동료 연구자들이 수행한 비교문명 연구에 의하면 완전히 모유 수유만을 하는 기간은 일반적으로 6개월에서 일 년 정도이다. 완전히 젖을 뗄 때까지 나머지 기간은 젖과 함께 아이들은 보충식 혹은 이유식을 먹게 된다. 2005년 미국 소아과학회의 수유부서는 가능하면 어디에서라도 최소 6개월 정도는 반드시 젖만 먹이고 일 년 정도가 지난 다음 이유하라는 권고안을 발표했다. 세계보건기구와 국제아동재단인 유니세프도 6개월은 젖만 먹이고 아이가 두 살쯤 되었을 때 이유하는 것이 좋다는 제안을 받아들였다. 이렇게 아기 돌보기에 관해 우리는 생물학적이고 인류학적인 시간대로 조금씩 앞으로 나아가고 있다.

엄마와 아기의 접촉이라는 인간 아기 돌보기의 생물학적 기원에 관한 또 다른 단서는 의외의 지점에서 나왔다. 바로 젖의 구성 성분이다. 피부 샘으로부터 기원한 포유동물의 젖샘은 이제 아주 특별한 젖을 생산한다. 각 종에서 젖은 성장 중인 새끼의 특별한 수요에 맞도록 진화했다. 그것은 또한 암컷의 특별한 수유 양식을 규정한다. 사실 출산과 이유를 경계로 젖의 생산은 미세 조정된다. 출산과 함께 매일 만드는 젖의 양이 늘지만 이유를 하면 더 이상 젖을 만들지 않게 된다. 아기가 먹을 수 있을 품질의 젖을 만들기까지 닷새가 걸린다. 그 뒤로 젖의 생산량은 늘기 시작해서 하루 약 500밀리리터를, 최고조에 이를 때는 1,000밀리리터 혹은 그보다 많은 양의 젖을 만들어낸다. 시간이 지나면서 젖의 구성 성분도 조금씩 달라진다. 이런 미세한 차이를 논외로 하면 종마다 젖의 성분은 일정하다.

젖은 많은 성분이 들어간 칵테일과 같다. 또 이것은 아기가 섭취해야 하는 충분한 양의 물을 공급하는 방편이기도 하다. 젖의 특정한 성분은 아기의 생존과 관련된 적응적 성격을 띤다. 그렇지만 다른 어떤 것들은 덜 중요하거나 부수적으로 첨가된 것들이다. 단순히 영양 면에서 따지면 젖은 크게 세 가지 요소, 바로 지방, 당, 단백질로 구성된다. 거칠게 말하면 주요 성장인자인 카제인을 포함하는 단백질, 쉽게 에너지원으로 전환될 수 있는 당인 갈락토오스, 장기간 저장할 수 있는 에너지 형태인 지방이 그것이다. 지방은 또 세포막 구성 성분으로서 아기의 성장에 관여한다.

서로 다른 포유동물에서 지방, 당, 단백질을 비교하면 몇 가지 중요한 원칙을 발견할 수 있다. 첫째, 발달이 덜 된 미숙성 새끼를 낳는 종의 경우 그들의 새끼를 빠르게 성장시킬 수 있도록 젖의 단백질 함량이 매우 높다. 이런 경향은 특징적으로 육식 포유동물, 식충류, 토끼류, 설치류, 나무두더지류에서 두드러진다. 반면 충분히 발달한 조숙성 새끼를 낳는 동물의 젖은 단백질 함량이 낮다. 이런 양상은 코끼리, 우제류, 인간을 포함하는 영장류에서 발견된다. 영장류 젖의 단백질 함량은 2.5퍼센트 정도이며 이 사실에서 우리는 영장류의 새끼가 다른 조숙성 새끼들보다 더 천천히 자란다는 것을 알 수 있다. 영장류 중에서도 인간의 젖은 단백질 함량이 가장 낮아서 대략 1퍼센트 정도이다.

놀라운 점은 어떤 종의 전형적인 수유 양식에 관해 가장 많은 정보를 주는 것은 지방의 함량이라는 것이다. 생물학자인 데버러 벤 숄^{Devorah Ben Shaul}은 12년에 걸친 연구에서 포유동물 간 커다란 차이를 발견했다. 그녀는 동물원에서 인간의 손을 탄 포유동물의 새끼가 먹는 젖을 분석했다. 처음 예측하기로는 젖의 성분이 아마도 포유동물 종 간의 진화적 관련성을 반영할 수 있지 않을까 하는 것이었다. 하지만 돌보는 행동과 환경이 보다 더 중요한 영향을 끼친다는 것을 그녀는 금방 깨달았다. 벤 숄은 암컷이 수유 간격을 조절하면서 규칙적으로 수유를 하는 종과, 새끼의 요구에 의해 다시 말하면 새끼가 수유의 간격을 조절하는 종 사이에 뚜렷한 차이가 있다는 것을 알게 되었기 때문이다. 이 연구에서 이끌어낸 일반적인 규칙은 이런 것이다. 암컷과 새끼가 한참 동안 떨어져 있는 포유동물은 규칙적으로 수유하는 것이 일반적이지만 새끼가 필요할 때마다 젖을 찾는 동물들은 떨어져 있는 시간이 없이 육체적으로 계속 가깝게 붙어 있다.

서로 다른 포유동물 집단 간의 수유 양식은 현격하게 다르다. 영장류와는 달리 일부 포유동물의 암컷은 출산에서 이유에 이르는 동안 새끼들과 거의 접촉하지 않는다. 나무두더지가 그 극단적인 예로 암컷이 독자적으로 시간 간격과 수유 양식을 조절하면서 규칙적인 수유를 한다. 이들 나무두더지 암컷은 이틀마다 한 번씩 그 농도가 생크림과 유사한 젖을 먹일 뿐이다. 이런 나무두더지류와 비슷한 패턴을 보이는 미숙성 포유동물은 야생 토끼뿐이다. 암토끼는 따로 떨어진 굴에 자신의 새끼를 두고 하루에 한 번 와서 젖을 먹인다. 나무두더지와 토끼는 암컷-새끼 간 접촉이 가장 적은, 스펙트럼의 한쪽 극단에 속하는 동물이다. 긴밀한 접촉을 통해 새끼를 돌보는 영장류가 다른 한쪽의 극단이다.

새끼의 요구를 수용하는 영장류의 수유 방식은 규칙적인 수유를 하는 나무두더지나 토끼와는 사뭇 다르다. 영장류는 새끼가 수유의 시간을 결정한다.[78] 대부분의 종에서 아기는 어미의 등에 직접 업혀 있기 때문에 필요할 때마다 간단히 방향을 바꾸어 암컷의 젖을 찾는다. 8,000만 년 전 공통 조상 때부터 요구에 의한 수유 방식은 포유동물에서 아기 돌보기의 핵심적인 특징이었다.

이런 관점에서 볼 때 과거 1850~1940년 사이 유럽과 미국에서 유행했던 육아 책자에 명시적으로 표현되었듯이, 규칙적으로 아기에게 젖을 먹이라는 식의 처방은 그저 놀라울 뿐이다. 산모와 아기의 복지를 높이는 자연적이고 생물학적인 배려는 딱딱한 규칙에 밀려 온데간데없이 사라져버렸던 것이다.

아이 돌보기 방식과 젖의 성분의 연관성에 관한 벤 숄의 발견은 매우 중요한 것이다. 나무두더지와 같이 덜 발달한 미숙성 새끼를 낳고 둥지 생활을 하는 포유동물에서 규칙적인 수유는 아주 전형적이다. 미숙성 새끼들

---

78 | "우는 애기 젖 준다."는 표현에 딱 맞는 말로 생각된다.

은 둥지에서 오랜 시간을 홀로 지내고 지방이 풍부하기 때문에 천천히 방출되는 에너지원에 기대어 둥지의 온기를 유지한다. 게다가 미숙성 새끼는 활동성이 크지 않다. 따라서 빠르게 이용할 수 있는 에너지원인 당의 함량이 젖에 매우 적다. 이와는 대조적으로 새끼의 요구에 응해 젖을 먹이는 동물은 조숙성 포유류들이다. 이들이 따로 떨어진 둥지를 이용하는 경우는 거의 없다. 잘 발달된 조숙성 새끼들은 움직임이 활발하고 태어나자마자 암컷을 졸졸 따라다닐 수도 있다. 코끼리, 돌고래, 소나 말 같은 우제류가 그런 예이다. 새끼들은 빨리 사용할 수 있는 에너지가 필요하기 때문에 이들의 젖은 당의 함량이 많은 대신 지방은 매우 적다.

조숙성 포유류 중 영장류 새끼는 출산 후 독자적으로 움직일 수 있기까지 긴 시간이 필요하다는 점에서도 독특하다. 물리적으로 밀접한 신체 접촉이 있어야만 움직일 수 있고 둥지 안에서도 암컷의 체온을 통해 새끼의 온기를 유지한다. 이런 행동을 통해 새끼들은 체온을 유지하기 위해 별도로 사용해야 하는 에너지를 크게 줄일 수 있다. 결론적으로 젖의 지방 함량은 일반적으로 영장류에서 낮게 유지되며 평균 4퍼센트 정도이다. 또 새끼의 요구에 따라 젖을 먹이는 포유동물은 수유 간격도 짧다. 자주 젖을 먹이는 것도 틀림없이 조숙성 포유동물의 특징이다. 따라서 전체적으로 조숙성 동물의 젖은 농도가 묽은 편이다. 그렇지만 출생 후 새끼들이 활동적이기 때문에 미숙성 동물에 비해 젖 안의 당 농도가 높게 유지된다. 이런 일반적인 경향에 걸맞게 영장류의 젖은 단백질과 지방의 양이 상대적으로 적고 당의 수준은 높아서 7퍼센트 정도이다.

인간의 모유 구성은 다른 영장류와 비슷하다. 이것도 새끼의 요구에 부응해서 젖을 먹이며 암컷 어미와 새끼의 신체 접촉의 강도가 높은 포유동물의 기본적인 방식에 인간이 생물학적으로 적응했다는 증거가 된다. 돌이켜 생각해보면 인간의 아기는 양육에 관해 최소한 하나의 독특한 특성을 가진다. 영아의 수유에 관한 논문에서 심리학자인 케네스 케이^{Kenneth} ^{Kaye}가 언급한 "집중–휴식$^{burst-pause}$" 방식이 그것이다. 신생아들은 태어나서부터 우리 종에 표준적인 수유 리듬을 보인다. 아기들이 젖을 먹는 방식에 패턴이 있다는 것이다. 20번쯤 젖을 빨다가(집중) 아기들은 젖꼭지를 입에 문 채 잠시 휴식을 취하는 리듬을 탄다. 이러한 집중–휴식 수유 방식은 인간 종에 고유한 것이다. 케이가 말했듯이 이런 동작은 가슴을 사이에 두고 엄마와 아기가 서로 소통하는 방식이다. 이런 행동이 의미하는 바는 영장류의 암컷–새끼 간의 긴밀한 접촉이 인간 집단에서 약화된 것이 아니라 보다 강화되었다는 것이다.

지금까지 나는 젖의 영양소 함량에 집중해서 얘기했지만 모유를 먹이는 목적이 단순히 아기에게 영양분을 공급하기 위한 것만은 아니다. 부가적인 이점이 있다는 말이다. 예컨대 포유동물의 암컷은 새끼에게 항생제 성분을 제공한다. 암컷은 새끼들에게 그들이 스스로 방어 기제를 발달시킬 때까지 세균에 대한 일시적이고 수동적인 방어기제를 제공하는 것이다. 사실 세균에 대한 방어기제는 수유의 초기 기능 중 하나이다. 소아과 의사인 아몬드 골드먼$^{Armond\ Goldman}$은 포유동물의 피지샘이(젖샘의 전구체로 여겨지는) 젖에 함유된 것과 비슷한 면역 성분을 가지고 있다고 말했다. 영양학자인 보 뢰네덜$^{Bo\ Lönnerdal}$은 인간 모유의 몇 가지 특징을 묘사하면서 비록 다른 면역 요소인 항생제나 면역 세포가 있기는 하지만 가장 활성이 있는 성분은 단백질이라고 말했다.

또한 모유에는 장차 장내에 정착해서 살아갈 이로운 세균도 있다. 신생아는 태어날 때 무균 상태이지만 그들이 필요로 하는 세균을 외부에서 받아들여야 한다. 자연 상태에서 그 원천은 젖을 먹이는 산모이다. 따라서 장내에 상주하는 무해한 세균의 구성은 모유를 먹은 아이와 분유를 먹은 아이가 서로 다르다. 비록 분유에 필요한 성분을 보충해서 이 문제를 해결할 수도 있을지도 모르지만.

1995년 논문에서 소아과 의사이자 수유에 관해 영향력이 큰 병원인 토론토 아동 병원의 창립자이기도 한 잭 뉴먼Jack Newman은 인간의 모유에 함유된, 병원균에 저항성이 있는 보호 성분에 대해 언급했다. 뉴먼은 몇 국가에서 산모가 아이의 눈병을 개선하기 위해 직접 모유를 사용한다고 말했다. 사실 아이의 면역체계가 충분히 성숙하려면 다섯 살 정도는 되어야 하고 따라서 모유로부터 공급되는 보호 기제가 반드시 필요하다. 의사들은 오래전부터 모유 수유를 하는 어린이가 감염에 덜 걸린다는 사실을 알고 있었다. 모유를 먹은 아이들은 분유를 소비한 아이들보다 뇌수막염이나 소화기관, 귀, 호흡계, 요로계 감염에 더 저항성이 있다. 이런 차이는 살균된 분유를 먹은 아이들에게 두드러지게 적용된다.

모든 인간의 아이는 태어나기 전부터 이미 일정한 보호를 받고 있다. 태반을 통과해서 태아에게 공급된 항체는 출생 후 몇 주 혹은 몇 달 동안 아기의 혈액을 타고 돌아다닌다. 태어나면서부터 모유를 공급받은 아이들은 항체 외에도 다른 단백질을 통해 부가적인 보호 기제를 제공받는다. 또 모유에는 면역 세포도 들어 있다. 어떤 단백질은 소화기관에 있는 세균에 직접 달라붙어 이들이 소화관 내벽을 통과하는 것을 막기도 한다. 어떤 것들은 소화기관에서 병원균이 생존하는 데 필요한 비타민과 무기 염류의 공급을 차단하기도 한다. 예를 들면 특별한 결합 단백질은 세균이 비타민 B_{12}를 이용하는 것을 막고 락토페린은 철을 붙들어 놓는다. 비피더스 인자는 아기의 소화기관에서 유익한 세균이 잘 자라도록 한다.

기본적인 항생물질 외에도 인간의 모유는 면역계 세포를 포함하고 있어서 직접 세균을 공격할 수 있다. 인간 모유에 가장 풍부한 항체는 분비성 면역글로불린 A^{IgA}이고 여기에는 이들 항체가 아기의 소화기관에서 흡수되지 않도록 하는 성분까지도 함유하고 있다. 분유를 먹은 아기는 출생 후 몇 주 혹은 몇 달의 시간이 지나 스스로 자신의 면역글로불린 A를 만들 때까지는 감염에 취약할 수밖에 없다. 결론적으로 뉴먼은 "모유는 진정 환상적인 액체이며 아기들에게 영양보다 훨씬 더한 것들을 제공한다. 그들이 스스로를 방어할 수 있을 때까지 아기들을 감염으로부터 보호한다." 라고 말했다.

출산이 다가오면 산모는 노랗고 지방 함량이 적은 젖인 초유를 만든다. 이런 현상은 광범위하게 관찰되며 아마도 모든 포유류의 공통적인 특성인 것 같다. 초유의 일차적이고 필수적인 기능은 산모의 면역계를 갓 태어난 아기에게 전달하는 것이다. 면역 세포와 항바이러스 인자인 인터페론이 초유에 농축되어 있다. 초유는 또한 신생아의 소화기관 발달을 촉진하는 성장 인자도 포함한다. 따라서 인간 아기이든 포유동물 새끼이든 산모가 처음으로 생산한 초유를 먹는 일은 매우 중요하다. 운동선수가 상처에서 빨리 회복하려고 할 때 혹은 선수의 경기력을 향상시키려 할 때, 좋은 일이라고 할 수는 없지만 소의 초유를 먹기도 한다. 17세기 후반까지도 서구 사회는 초유의 중요성을 알아차리지 못했다. 당시 초유는 오히려 해로운 것으로 간주되었다. 이러한 견해는 2세기 그리스의 의사였던 에베

소의 소라누스까지[79] 거슬러 올라가며 산업사회가 시작되기 전 중세 유럽 사회에까지 영향을 끼쳤다. 이는 문화적 규범이 때로 생물학적 사실과 부딪힐 수 있다는 전형적인 예이다.

약 25년 전 나는 컬럼비아 대학에서 영장류 뇌의 진화에 관해 세미나를 한 적이 있다. 그때 나는 분유를 먹이는 행동의 부정적인 효과에 대해서 과장하지 않고 호들갑스럽지 않게 얘기하는 법을 배웠다. 출생 후에도 계속해서 뇌가 발달을 해야 할 필요성 때문에 나는 인간의 모유가 일정한 방식으로 적응을 했을 것이라고 주장했다. 그러나 무모하게도 나는 이런 지극히 합당한 결론을 이끌어내는 과정에서 인공 모유라 할 수 있는 분유의 결점을 꼬집으면서 감정적으로 설명했다. 세미나가 끝나고 주최자였던 니컬러스 데이비스Nicholas Davies와 잠깐 복도에 서서 얘기를 나누었다. 처음 그가 꺼낸 말에 나는 사실 속으로 좀 뜨끔했다. "분유를 먹고 자란 아이로서 말을 한다면……."

여러 가지 면에서 자연적인 모유와 다른 분유를 먹고 자란 인간의 아기도 잘 자라기는 마찬가지다. 분유 수유의 단점에 관한 언급은 대개 통계적이며 또 모든 방면에 다 해당되는 것도 아니다. 또 모유와 분유 수유를 비교하는 연구 사이에는 피할 수 없는 시간의 간극이 존재한다는 것도 잊어서는 안 된다. 많은 보고서가 수십 년 전에 사용된 인공적인 분유에 관한 효과를 얘기하고 있다. 그나저나 의심할 여지없이 분유 수유도 점점 개선

---

79 | 에베소Ephesus는 로마제국 아시아 지방의 수도로 지금의 터키 서부해안에 있던 항구도시이다. 유럽과 아시아를 잇는 지역에 위치하고 있다. 소라누스Soranus는 산과, 부인과, 소아과 의사였으며 2세기경 지금의 터키 셀주크 근처 알렉산드리아와 로마에서 활동했다. 『조산과 여성 질병』이라는 책을 쓰기도 했다.

을 거듭하고 있다.

분유 수유의 역사는 인류가 사육하는 포유동물의 젖을 사용할 수 있게 되면서 시작되었다. 따라서 분유 수유는 상대적으로 그 역사가 짧다고 볼 수 있다. 동물의 사육은 지구상 수십 개 지역에서 독립적으로 일어났으며 그 역사는 길어야 1만 년이다. 우제류를 사육하고 얼마 되지 않아 동물의 젖을 아이들에게 먹이기 시작했을 것이다. 사실 아이를 키울 때 사용되었던 가장 오래된 도기라고 해봤자 겨우 4,000년밖에 되지 않았다.

인류학자인 토샤 듀프러스Tosha Dupras는 이집트 다클라 오아시스 지역에서 약 2,000년 전 로마시기 유아의 수유와 이유에 관해 연구를 진행했다. 로마가 이집트를 지배하던 시기에 대한 다른 직접적인 증거나 고문서가 턱없이 부족했기 때문에 대신 듀프러스는 유골에서 안정한 동위원소를 측정하는 방법을 사용했다. 수유하는 동안 혹은 젖을 뗐을 때 유골에 스며든 질소와 탄소 동위원소의 비율은 서로 다른 양상을 보인다. 연구 결과 이 지역에 살았던 이집트 산모들은 약 6개월 후 아기들에게 이유식을 먹이기 시작했으며 세 살 정도가 되면 젖 먹이는 것을 완전히 중단했다. 고대 부락 주변에서 발견된 동물이나 식물에서의 동위원소 연구에서도 부가적인 정보를 확보할 수 있었다. 아이가 약 6개월쯤 되었을 때 이들은 염소나 소의 젖을 먹었다.

파라오 왕조(BC 2686년~BC 332년) 시기 이집트 고문서들은 고대 사회의 수유에 관한 부가적인 정보를 제공한다. 이 문서에는 모유 수유를 생후 3년 동안 했다고 쓰여 있다. 이 당시 동물의 젖은 나이가 좀 더 든 어린아이들에게 제공되었다. 약 1만 년 전 터키 아나톨리아 지역 신석기 유적에서 발견되는 영아나 어린이의 유골에 있는 질소 동위원소 분석도 수행되었다. 이집트 사례들보다도 더 이른 시기의 증거들이다. 인류학자 제시카 피어슨^{Jessica Pearson}도 동위원소 분석법을 사용해서 신석기인들이 먹었던 음식물에 대한 단서를 수집했다. 이와 아울러 식단과 건강에 관한 상관성도 조사했고 유골에 드러난 신석기인들의 활동성에 관한 단서도 확보했다. 제시카가 연구한 집단의 구성원들은 예외 없이 1년 혹은 2년에 걸쳐 모유 수유를 했고 아이가 두 살 혹은 세 살이 되었을 때 젖을 뗐다. 아나톨리아 지역 신석기인들은 수렵과 채집에서 농경사회로 전이하는 시기를 살았으며 재배하던 식물에서 낟알을 수확하고 아직 야생성을 완전히 버리지 못한 동물들과 함께 거주했다.

그러나 인간 모유 수유의 생물학적 기원이 불분명한 틈을 타고 분유 수유는 현대사회의 보편적인 양육수단으로 자리 잡았다. 많은 여성들, 특히 직장에 다니는 여성들은 아이에게 인공적인 분유를 먹이는 것이 편할 뿐 아니라 그것 말고는 다른 방법이 거의 없기 때문에 모유 수유를 포기한다. 그러나 모유 수유에서 분유 수유로 바뀌어가는 흐름은 비교적 최근에 일어난 것이다. 분유 수유가 동물의 사육 직후에 일어난 것은 확실해 보인다. 그리고 젖의 원천도 매우 다양했다. 아마 분유 수유도 유모 젖을 먹이는 것처럼 엄마가 없는 응급상황에 대처하는 과정에서 처음 등장했을 것이다.

모유 수유는 많은 이점이 있다. 그러나 언제나 산모가 원하는 방식으로 작동하지는 않는다. 게다가 의학적인 관점에서 모유 수유를 하지 말아야 할 때도 있다. 예컨대 인간 면역 결핍성 바이러스^{HIV}는 모유를 통해 아기에게 감염될 수 있다. 이런 경우라면 분유 수유를 권장해야 할 것이다. 이유야 어찌되었든 오늘날 많은 아이들은 분유를 먹는다. 따라서 우리는 분유를 먹여야 마느냐 고민하는 대신 진화생물학을 이해하고 이를 통해 가장 최적의 보충식이 어떤 것이어야 할지를 결정해야 한다. 아이들에게 꼭 필요한 영양소와 함께 항생물질을 보충할 수 있다면 보다 "자연적인" 분유를 만들 수도 있을 것이다.

분유가 아기가 필요로 하는 영양소를 충분히 제공할 수 있는가의 문제가 분유 수유를 해야 하는가의 문제라면 우리가 물어야 할 중요한 질문이 몇 가지 있다. 우선 모유의 구성 성분이 무엇인가 조사하는 것이 출발점이 될 것이다. 모유는 상당히 많은 성분들로 구성된다. 지방산만 해도 200종이 넘는데 아기에게 반드시 필요하다고 여겨지는 것은 몇 가지가 되지 않는다. 어떤 경우라도 인간 모유를 완벽하게 재현할 수는 없다. 그러나 우리는 포유동물의 수유, 특히 영장류의 그것에 관한 귀중한 지식을 응용할수 있다. 광범위한 비교를 통해 아기의 성장에 꼭 필요한 성분을 추려낼수 있을 것이다. 여기에다가 인간의 아기에게만 특징적으로 필요한 요소를 고려해야 함은 물론이다. 태어났을 때부터 큰 인간의 뇌는 출생 후 일년 동안 비약적으로 커진다. 이런 양상은 포유동물에서도 전반에 걸쳐 나타나기 때문에 뇌의 성장과 직결되는 젖의 성분은 특별히 중요하다고 할것이다.

그러나 놀랍게도 이런 생물학적 비교 분석은 분유 수유의 역사에서 그리 중요하게 여겨지지 않았다. 대신 분유는 주로 시행착오를 거치며 발전해왔다. 처음에 인간 아기는 사육 동물의 젖을 먹었다. 그러다 특별한 문제점을 해결하기 위해 점차 다양한 방법으로 동물의 젖을 가공하기 시작했다. 최초로 인간 아기가 접한 동물의 젖은 발굽이 짝수인 동물들, 대표적으로 소를 꼽을 수 있지만 그 외에도 버펄로, 염소, 양, 낙타, 그리고 라마의 젖이 사용되기도 했다. 영장류처럼 이들 사육 동물은 모두 잘 발달된 조숙성 새끼를 낳는다. 그래서 젖의 기본적인 조성이 대체로 비슷하다. 이들 동물의 젖이 비슷한 조성을 가졌다는 것은 우리 인간의 입장에서 행운에 가깝다. 덩치가 큰 조숙성 포유동물을 사육하는 것이 더 나을 것이기 때문이다. 고양이나 개 혹은 쥐처럼 몸집이 작고 미숙성인 포유동물은 애완동물이거나 해충을 매개했을망정 인간의 노동력을 경감시킨다거나 식재료로[80] 사용되지는 않았다.

지금껏 얘기해온 것처럼 영장류는 조숙성 포유동물에서도 특이하다. 예를 들면 영장류의 젖은 짝수 개의 발굽을 가진 포유동물에 비해 덜 진하다. 곧 사람들은 사육하는 반추동물의 젖을 희석해야만 인간 아기에게 적당하다는 사실을 인지하게 되었다. 생후 일 년 동안은 소나 다른 반추동물의 젖이 안전하지 않다는 사실도 알려졌다. 아기의 장에서 출혈이 일어나기도 했기 때문이었다. 인간의 젖과 비슷하게 만들기 위해 소의 젖을 희석한 다음 당을 좀 첨가해야 한다는 사실도 마침내 알게 되었다. 재미있는 사실은 소를 비롯한 짝수 개의 발굽을 가진 포유동물의 젖보다 말의 젖 구성이 인간의 그것과 더 비슷하다는 점이다. 그러나 소나 염소, 양의 젖을 먹이는 것보다 말의 젖을 정기적으로 먹이기는 만만치 않았다. 암말의 젖 꼭지가 근육으로 뭉친 뒷다리 사이에 있었기 때문이다.

세월이 지나면서 산업화된 나라에서는 분유 제조에 개선을 거듭해왔다. 현재에도 수많은 사람들이 기본적으로 소의 젖에 여러 가지 첨가물

을 넣은 분유를 아이들에게 제공한다. 우제류와 인간이 공통 조상에서 분기된 것은 약 1억 년 전이다. 진화 역사의 골이 깊은데도 불구하고 인간의 아기들이 소의 젖을 가지고 살아갈 수 있다는 사실은 그저 놀라울 따름이다. 실제 얼핏 겉으로 보기에는 인공적인 젖이 인간의 젖만큼 좋은 것 같다. 인간 아기는 내재적으로 소화기관의 적응성이 엄청나게 뛰어나다. 적정한 영양소와 건강에 좋은 영양소의 경계에서 균형을 유지할 수 있도록 인간 아기의 소화기관은 대체alternatives 우유에서 필요한 것을 추출해낼 수 있다.

아기의 소화기관이 탄력성을 갖는 이유 중 하나는 1998년 생물학자 캐럴라인 폰드Caroline Pond가 그의 책 『지방과 생명The Fats of Life』에서 언급했듯이, 포유동물의 지방이 성장이 아니라 주로 연료로 사용된다는 점에서 찾아볼 수 있다. 젖에 포함된 특별한 종류의 지방은 젖먹이의 성장에 그리 중요하지 않을 수도 있다. 그렇지만 인간 아기의 적응성은 어디까지 확장될 수 있을까? 분유를 먹은 아이와 모유를 먹은 아이가 모든 면에서 정말로 차이가 없는지를 아는 것이 필수적이다.

명백한 것은 어떤 차이가 있다손 치더라도 모유 대신 분유를 먹은 아이가 결코 치명타를 입지는 않는다는 점이다. 심각한 건강상의 위험이 있었다면 이미 오래전에 세간의 주의를 끌었을 것이고 또 적절한 대응책이 나왔었을 것이기 때문이다. 평균적으로 보아 분유를 수유한 아이들도 충분히 잘 발달하고 건강 상태도 크게 염려할 것이 없다. 미국에서 집단 소송이 일어나지 않은 것만 보아도 이를 짐작할 수 있다. 반면 다양한 편차를 가진 아기 발달의 가변성을 감안하면 작은 차이는 쉽게 묻히기도 할 것이다. 세심한 조사와 통계 분석을 통해서만 분유 수유의 작은 결점이라도 찾아낼 수 있을 것이다.

흔히 얘기하는 분유의 단점은 아이가 수유를 조절하기 힘들다는 점이다. 그러다 보면 과하게 먹을 수도 있어서 소아 비만의 위험성이 증가할 수도 있다. 이 점은 나중에 다시 살펴볼 것이다. 또 오염된 물을 사용한다거나 너무 희석하는 것 혹은 이유식이 맞지 않는 등 다른 문제점도 있을 수 있다. 제 3세계 국가의 경우 분유 수유에서 오염의 문제를 무시할 수 없다. 또 최근 분유 수유에 사용되는 용기에서 독성 물질인 비스페놀A 성분이 검출되기도 했다. 비스페놀A는 1장에서 소개한 바 있듯이 정자 수의 감소와 관련이 있다. 비스페놀A에 노출되면 뇌와 갑상선의 발달에 문제가 생길 수도 있기 때문에 분유를 담는 용기 자체가 위험할 수도 있다. 이런 오염의 문제는 분유를 먹고 자라 성인이 된 사람들이 당뇨병이나 암 혹은 심장 질환에 더 취약하다는 역학 조사의 결과와도 부분적으로 겹치는 부분이 있다.

인간 모유의 구성 성분을 조사하면서 과학자들은 필수적인 지방산 계열의 물질에 초점을 맞추었다. 바로 긴 사슬 불포화지방산[81]이라고 하는 것이다. 단순하게 말하면 불포화지방산은 화학적 결합을 할 수 있지만 포화지방산은 그렇지 않다. 구조적인 차이는 실제적인 의미를 지닌다. 불포화지방산은 녹는점이 낮고 상온에서 액체 상태다. 이런 성질과 관련해서 긴 사슬 불포화지방산은 세포막의 주요 구성 성분이 될 수 있었다.

긴 사슬 불포화지방산은 특별히 신경세포에 필수적이다. 최적의 상태

---

81 | long chain polyunsaturated fatty acid, LCPUFAs라고 줄여 부른다.

로 신경계가 발달하고 기능하기 위해서는 이 지방산을 적절하게 공급해 주어야 한다. 수전 칼슨^{Susan Carlson}, 마이클 크로퍼드, 스티븐 커네인과 같은 영양학자들은 임신기 및 수유기에 뇌의 발달을 위한 이 지방산의 중요성을 거듭해서 강조한다. 아주 중요한 불포화지방산의 두 가지 예를 들면 아라키돈산^{AA}과 도코사헥사엔산^{DHA}이다.[82] 이 두 지방산은 독특한 영양 성분이며 각각 오메가-6, 오메가-3 지방산으로 불리는 신경세포의 주요 성분이다. DHA는 또한 빛을 감지하는 눈의 망막 세포에도 필수적이다.

자라고 있는 아이가 이런 모든 불포화지방산을 만들어낼 수 있는지 혹은 산모가 모유를 통해 이것들을 공급할 수 있는지는 불명확하다. 출생 후 인간의 뇌 발달이 지속되어야 한다는 점을 감안하면 이런 종류의 지방산은 모유의 필수적인 성분일 것이다. 실제 모유에 이런 성분이 존재하고 일반적으로 영장류의 젖도 마찬가지다. 아마도 뇌 발달에 미치는 불포화지방산의 전반적인 필요성에 부응하려면 모유 수유만으로도 충분할 것이다. 그러나 소의 젖에는 이들 불포화지방산의 양이 턱없이 부족하다.

태아 발달 과정에서 축적된 불포화지방산도 출생 후 뇌의 성장에 기여할지도 모른다. 이전 장에서 언급했지만 스티븐 커네인과 마이클 크로퍼드는 인간의 신생아가 별날 정도로 통통하다는 점을 이와 연결시켰다. 저장된 지방이 불포화지방산을 공급하고 뇌의 발달을 촉진한다는 것이다. 마찬가지로 불포화지방산이 풍부한 이유식을 일찍 제공하는 것도 이런 뇌 발달에 도움이 될 것이다.

소의 젖이 긴 사슬 불포화지방산을 적게 함유하고 있기 때문에 우유를

---

82 | 아라키돈산은 탄소 20개, 도코사헥사엔산은 탄소 22개 사슬을 갖는다. 두 물질 모두 이중 결합을 4개 가지고 있는 불포화지방산이다. 아라키돈산은 AA, 도코사헥사엔산은 DHA라고 줄여 부른다.

먹은 아기는 신경계 발달의 결함이 있을 수도 있다. 모유를 먹은 아이가 그렇지 않은 아이에 비해 혈중 긴 사슬 불포화지방산의 농도가 높다는 사실이 알려졌다. 분유를 먹은 아이들의 신경계 발달이 불리할 것이라는 증거는 상당히 많다. 전체 기간을 다 채우고 출생한 아이들의 데이터는 들쭉날쭉하지만 미숙아로 태어나서 분유를 먹고 불포화지방산의 공급을 덜 받은 아이들은 문제가 좀 심각했다는 보고가 있다. 따라서 일반적으로 분유에 불포화지방산이 더 필요하다고 생각할 수 있지만 특히 조산아의 경우에는 반드시 충분한 양의 불포화지방산을 공급해주어야 한다.

인간 임신의 마지막 세 달 동안에만 태아의 몸에 지방이 축적된다. 따라서 예정일보다 훨씬 빠르게 조산한 경우라면 통통하지도 않을뿐더러 저장된 지방의 양도 충분치 않을 것이다. 따라서 그들에게 제공하는 젖에 긴 사슬 불포화지방산을 공급해주어야 할 필요성이 더욱 커진다. 이들 불포화지방산은 신경계의 정상적인 발달에 매우 중요한 요소이기 때문에 여러 나라에서 아라키돈산이나 도코사헥사엔산이 점차 인공 분유에 추가적으로 첨가되기 시작했다. 2002년 미국 식품의약품안전처는 느지막하게 이 두 불포화지방산을 분유에 첨가하도록 승인했다. 그러나 필요성이 더 절박하다 해도 이런 인공적인 분유가 조산아를 겨냥해서 만들어진 것은 아니다. 또 다른 문제는 모유의 아라키돈산과 도코사헥사엔산이 필수적이라는 증거가 모두 간접적이라는 것이다. 그러나 직접적이지는 않다 해도 이런 사실이 크게 틀리지는 않을 것이다. 분명한 것은 이 부분에 관한 의학적 연구가 시급하게 이루어져야 한다는 사실이다.

1970년대에 이르러 과학자들은 분유를 수유한 아기들의 발달 문제를 연구하기 시작했다. 브라이언 로저스$^{Bryan\ Rodgers}$에 의해 수행된 기념비적 연구는 영국 국립건강보건청에 의해 수집된 1946년 출생자들을 조사한 것이었다. 보건청은 이들 실험군에 속한 2,000명의 아이들이 8세, 15세가 되었을 때 전수조사를 실시하였다. 연구자들이 실험 집단의 가족력을 고려하자 전적으로 분유만 먹은 집단이 모유 수유만 한 집단에 비해 점수가 통계적으로 의미 있게 낮게 나왔다. 그러나 사실 그 차이는 몇 점에 지나지 않았다.

그 뒤로도 몇 가지 연구가 비슷한 결과를 나타냈다. 분유를 먹은 아이들이 평균적으로 이해력 테스트에서 낮은 점수를 받았고 읽는 데 어려움을 겪을 가능성도 높았다. 비록 이런 차이가 미미하다고 해도 이들은 통계적으로 의미 있는 것으로 판단되었다.

2장에서 황새와 아기 예를 든 것처럼 이런 조사는 언제나 혼란스러운 면이 있다. 모유 수유의 실제 세상을 들여다보면 사실 지적 발달은 경제적인 환경에 의해 더 큰 영향을 받는다. 평균적으로 수입이 높은 집안의 아이들은 그렇지 않은 아이들에 비해 이해력 테스트에서 높은 점수를 받는다. 부유한 집안의 여성들이 모유 수유를 선택하는 경향이 높다는 증거도 있다. 이런 이유 때문에 비록 인과관계가 전혀 없다고 해도 모유 수유가 이해력 테스트 결과와 연관성이 있게 나오게 된다. 통계 분석은 언제나 이런 교란 요인을 감안해야 한다.

지적 발달이 모유 수유와 밀접한 관련이 있다는 증거는 이제 의심할 여지가 없는 단계에 이르렀다. 1999년까지 영양학자인 제임스 앤더슨$^{James\ Anderson}$은 기존에 수행되었던 스무 가지의 연구를 종합해서 분석했다. 그들은 사회 경제적 상황과 산모의 교육 수준과 같은 교란 요인을 분석에 포함시켜서 모유 수유 자체의 효과만을 분석하고자 했다. 그러자 모유 수유의 이점이 뚜렷하게 부각되었다. 생후 6개월과 2년 사이에 속하는 아이들을 검사했을 때 모유 수유를 한 아이들의 지적 수준이 일관되게 분유 수유를 한 아이들보다 높았다. 가장 큰 차이는 조산아와 정상 체중으로 태어난 아이 사이에서 나타났다. 따라서 지적 발달에 미치는 모유 수유의 이점은 미숙아에서 가장 극명하게 나타날 것이라고 볼 수 있다.

앤더슨 연구에서 또 하나 특기할 만한 점은 지적 발달의 이점이 모유 수유의 기간이 늘어날수록 커진다는 것이었다. 지적 발달을 위해서 모유가 인공 분유보다 낫기 때문에 젖을 3년 먹는 것이 몇 달 먹은 경우보다 훨씬 이로울 것이라고 볼 수 있다. 그러나 '모유 수유'를 했다고 해도 몇 달 혹은 몇 주 동안만 젖을 먹기도 한다. 우리가 모유 수유와 분유 수유의 차이를 비교 분석할 때 꼬박 3년을 모유만 섭취한 아이들과 비교해야 할 필요성도 생긴다. 1993년 발생생물학자 월터 로건[Walter Rogan]과 베스 글래든[Beth Gladen]이 이런 방향에서 연구를 수행했다. 이 전향적인 연구에는 생후 6개월에서 5세까지, 다양한 연령층의 800명이 참여했다. 그들이 발견한 것은 모유 수유를 한 아이들이 일반적으로 분유를 먹은 아이들보다 지적 능력 점수가 높게 나왔다는 사실이다. 그러나 역시 그 차이는 몇 점에 지나지 않았다. 보다 재미있는 것은 이 점수가 수유 기간과 관련이 높게 나왔다는 사실이다.

모유 수유가 지적 발달에 이롭다는 대부분의 증거는 사실 정황적인 것이다. 어떤 실험도 윤리적인 문제는 고려하지 않기 때문에 이런 결과는 불가피한 것이다. 불포화지방산인 아라키돈산과 도코사헥사엔산을 보충한 인공 분유는 지적 발달을 크게 증진시킨다는 중요한 결과도 발표되었다.

2000년 생물학자인 아일린 버치Eileen Birch는 시중에서 판매되는 분유에 두 불포화지방산을 보충한 것을 네 달 동안 먹은 아이들을 조사했다. 이들은 애초부터 모유, 분유 수유 실험에서 보였던 교란 요인을 배제하였다. 수유 후 4개월, 12개월, 18개월 후 지적 발달 테스트가 시행되었다. 18개월이 된 아기 중 두 불포화지방산을 먹인 군의 지적 테스트 점수가 표준 점수보다 7점이나 더 높았다. 그러나 근육의 활동성이나 일반적인 행동 수행 능력에는 의미 있는 차이를 보이지 않았다. 이 연구는 모유 안에 들어 있는 DHA와 AA가 뇌의 발달과 인과관계가 있다는 사실을 확증하는 결과를 보여주었다. 아니 땐 굴뚝에 연기가 나지는 않는다.[83]

분유 수유를 한 경우보다 모유 수유를 한 아기들이 지적 능력 테스트 점수를 잘 받았다고 해서 그것이 성인이 되도록 유지되는지에 대해서는 아는 바가 거의 없다. 이런 간극을 메우고자 수행된 2002년 장기간의 역학 조사에서 에릭 모텐슨Erik Mortensen과 동료들은 모유 수유와 IQ 테스트의 상관관계를 3,000건 넘게 검사했다. 여기에서는 모유 수유의 기간을 다섯 가지로 구분했다(한 달보다 적은 경우, 2~3개월, 4~6개월, 7~9개월, 9개월 이상). 이런 정보는 아이가 만 한 살이 되었을 때의 것이며 산모로부터 얻었다. 지적 테스트는 이들이 성인이 되었을 때 실시하였다. 모텐슨은 무려 13가지가 넘는 교란 요인을 고려하였다. 여기에는 사회적인 계층, 부모의 교육 정도, 결혼 여부, 엄마의 키, 나이, 임신 기간 동안 불어난 체중, 임신 후기 세 달 동안 흡연여부, 총 임신횟수, 임신한 나이, 출생 당시 아기의 키와 체중, 임신 혹은 출산에서 겪은 부작용이 포함되었다. 이런 모든 점을

---

83 | 원문에 쓰인 smoking gun은 "연기가 나는 총"이며 범죄 혹은 특정 행위에 대한 결정적인 증거라는 의미로 사용된다. 총보다는 좀 순화된 굴뚝을 사용해서 번역했다.

감안해도 모유 수유 기간이 길었던 아이가 성인이 되었을 때도 지적 능력 테스트 점수가 일관되게 높게 나왔다.

　모유 수유와 분유 수유는 다른 몇 가지 점에서도 차이를 보인다. 보 뢰네딜은 모유 수유를 한 아이들이 분유 수유를 한 아이들보다 주어진 나이에서 체중이 덜 나간다고 보고했다. 산모들도 간혹 이런 사실을 인지한다. 분유를 먹은 아이들이 좀 더 통통한 경향이 있다. 한 가지 이유는 병으로 먹을 때 분유를 더 많이 먹기 때문일 것이다. 젖병 입구의 구멍이 큰 경우 젖이 똑똑 떨어지기보다는 흐르기 쉽다. 따라서 이런 사실은 분유 수유가 나중에 비만의 위험성과 연관될 가능성이 높다는 증거가 된다.

　과학자들이 처음 분유 수유의 비만 가능성을 조사했을 때 그 결과는 일관성이 없었다. 그러나 여기서도 들쭉날쭉한 결과를 보이는 연구를 종합적으로 분석하자 썩 만족할 만한 결론을 이끌어낼 수 있었다. 2005년 논문에서 산과 의사인 토머스 하더[Thomas Harder]와 그의 동료들은 엄격한 기준에 부합하는 열일곱 건의 연구를 전반적으로 조사했다. 그들이 얻은 결론은 모유 수유 기간이 길수록 과체중에 빠질 위험성이 줄어든다는 것이었다. 평균적으로 보아 모유 수유의 기간이 한 달씩 늘어날수록 비만의 위험성은 4퍼센트씩 감소되었다.

　앞에서 열거한 것들 말고도 인간 아기에 미치는 모유 수유의 이점은 더 있다. 모유 수유의 가장 보편적인 효과는 아이에게 평안함을 제공하는 것이다. 소아과 의사인 래리 그레이[Larry Gray]와 동료들은 엄마의 모유를 먹고 보살핌을 받은 아이들이 통증에 덜 민감하게 반응한다고 말했다. 소아 병동에서는 일반적으로 혈액을 채혈할 때 아이들의 뒤꿈치에 상처를 내게 된다. 무작위 실험에서 열다섯 명의 신생아는 엄마가 안고 젖을 먹이고 있는 상태에서 나머지 열다섯 명의 아기들은 강보에 싸인 채 요람에 있는 상태에서 채혈을 진행했다. 요람에 있는 아기들보다 엄마의 품에 안긴 아기들이 덜 울거나 찡그렸고 심장 박동수도 그리 높게 올라가지 않았다. 따라서 모유 수유는 아이들의 통증 반응을 상당히 줄여줄 수 있다.

가장 극적인 증거는 침대에서 자다가 죽는 경우에도 나타난다. 이런 돌연사는 분유 수유를 받은 아기 집단에서 모유 수유보다 높게 나타난다. 1969년에 공식적으로 영아 돌연사 증후군^{SIDS, sudden infant death syndrome}이라는 명칭으로 알려진, 예측할 수도 없고 증상도 없는 아기의 죽음은 부모들에게는 지독한 경험일 것이다. 예전에는 간혹 아기들이 엄마와 함께 잠을 자다 "눌려서" 질식에 의해 갑작스레 죽었다고 생각했다. 심지어 오늘날에도 돌연사가 발생하면 죄책감이 앞서겠지만 실상 대부분 부모들에게는 책임이 없다. 오늘날 돌연사는 그 원인이 다소 불명확하기는 하지만 순전히 의학적인 문제이다. 지금까지 알려진 것은 모유 수유가 돌연사의 위험성을 낮추어준다는 사실이다. 그러나 모유의 성분과 뇌의 발달 사이의 어떤 연관성이 여기에 관여하는지는 두고 볼 일이다. 분유 수유와 관련해서는 천천히 모유를 먹는 행동과는 달리 젖병을 사용하면 분유를 급하게 먹는다는 점이 문제가 될지 모른다고 생각하고 있다.

환경이 건강에 미치는 영향을 연구하는 과학자인 아이민 첸^{Aimin Chen}과 월터 로건은 미국에서 모유 수유와 영아 돌연사의 상관성을 조사했다. 그들은 1988년 수행된 산모 유아 건강 보고서 데이터를 분석했다. 1개월에서 1년 사이에 죽은 1,000명 이상의 아이들과 한 살 넘어서까지 건강하게 살아남은 8,000명 가까운 아이들의 자료를 분석한 결과, 모유 수유를 경험한 아이들이 그렇지 않은 아이들보다 돌연사로 사망할 확률이 20퍼센트 정도 낮다고 보고했다. 게다가 모유 수유의 기간이 늘어날수록 위험성은 더 줄어들었다. 모유 수유를 한 아이들이 감염 질환으로 죽을 확률은 분유 수유를 한 경우보다 25퍼센트 낮았지만 돌연사로 죽을 확률은 16퍼센트 더 낮아서 통계적 유의값에 근접해 있었다. 이들 저자들은 모유 수유를 통해 매년 미국에서 약 700명에 이르는 영아들이 일 년 이내에 죽을 가능성을 배제할 수 있을 것이라고 말했다.

법의학 전문가인 메흐틸트 페네만(Mechtild Vennemann)과 동료들은 분유 수유와 영아 돌연사 사이의 관련성을 연구했다. 그들은 독일에서 돌연사로 사망한 300여 명의 영아들을 비슷한 나이의 살아 있는 대조군과 비교했다. 최소 한 달 동안 모유만 섭취한 아이들이 돌연사할 가능성은 그렇지 않은 경우에 비해 반으로 줄어들었다. 페네만은 최소 6개월은 모유 수유를 해야 한다는 캠페인에 돌연사를 줄이는 내용을 포함시켜야 한다고 결론을 내렸다.

종에 따라 단백질이 다르고 그 정도는 유연관계가 멀어질수록 커진다. 외부 단백질은 신체의 방어 기제를 자극한다. 따라서 서로 다른 종에서 얻은 젖에 기초한 인공 분유는 알레르기 반응을 일으킬 수도 있다. 소의 단백질이 부분적으로 돌연사를 일으킬 수도 있다. 어떤 경우에는 분유를 먹는 아이들이 특정 알레르기 반응에 취약하다. 공중보건 과학자인 마이클 버(Michael Burr)와 동료들은 알레르기 경력이 있는 약 500명의 아이들 집단에서 천명음[84]과 알레르기를 연구했다. 천명음은 모유 수유를 한 아이들 가

---

84 | 색색거리며 힘들게 숨을 쉬는 것을 말한다.

운데 절반이 조금 넘는 아이들에게서 발생하였고, 분유 수유만 한 아이들 중에서는 4분의 3가량이 발생하였다. 교란 요인을 고려한 경우에도 이런 경향은 유지되었다. 장기적으로 보았을 때 모유 수유가 호흡기계 감염을 줄여줄 수 있을 것이라고 버와 동료들은 결론 내렸다. 이것도 아마 모유 수유의 이점이 될 것이다.

아이에게 젖을 먹이는 것은 엄마의 건강에도 이로운 점이 많다. 출산 후 바로 수유를 시작하면 자궁 수축의 속도를 높여 출혈을 줄일 수 있다. 모유 수유를 시작할 즈음에 산모들이 산후통을 겪는다는 정보를 출발점으로 부인과 의사인 셀리나 추아^Selina Chua와 그의 동료들은 모유 수유와 젖꼭지 자극이 출산 후 자궁의 활동에 미치는 영향을 조사했다. 이들의 결과에 의하면 모유 수유는 자궁의 수축 속도를 배로 올렸다. 수유에 미치지는 못했지만 젖꼭지를 자극하는 것만으로도 자궁 수축이 촉진되었다. 저개발 국가에서 출산 후 출혈은 산모 사망의 주요한 요인이다. 따라서 이런 관찰은 매우 중요한 실제적 의미를 띠게 된다. 일반적으로 모유 수유는 산후 자궁의 회복을 빠르게 할 뿐 아니라 산모의 육체적 건강을 회복하는 데도 도움이 된다.

수유를 통해 산모는 보다 더 극적인 건강상의 이익을 얻을 수 있다. 모유 수유는 일종의 보호 효과가 있는 듯하다. 왜냐하면 유방암과 난소암의 이환율을 줄여줄 수 있기 때문이다. 동물원의 수의사 기록을 보면 전혀 수유를 하지 않는 포유동물 암컷의 유방암 발병률이 높다고 한다. 이와 함께 1920년대에 수행된 연구도 전혀 수유를 하지 않은 산모가 나중에 유방암으로 고생할 가능성이 더 크다고 보고했다. 생식생물학자 맬컴 포츠^Malcolm

Potts와 로저 쇼트Roger Short는 아담과 이브가 살던 시기 이후 산업사회에서 인간 유방암은 수렵 채집인들보다 120배 늘었다고 말했다. 현재 미국에서 유방암은 여성 11명 중 한 명꼴로 발견된다. 사망률은 16명 중 한 명꼴이다. 통계적인 증거도 이를 보강하는데 젖을 먹이는 아이들의 수가 늘어날수록 유방암은 줄어든다. 2002년 유방암-호르몬 공동연구그룹은 전 세계를 망라하는 대규모 연구에서 이 사실을 검증했다. 이 조사는 30개국에서 수행된 47개의 역학 연구를 통합했으며 유방암에 걸린 여성 5만 명과 그렇지 않은 여성 10만 명이 참가했다.

그렇지만 여기에도 교란 요인이 있다. 임신 그 자체도 유방암에 대항해서 보호 작용을 갖는다. 위에서 살펴본 공동 연구 결과를 보면 유방암 환자는 평균 출산율이 15퍼센트 더 낮았다. 또 출산을 경험한 유방암 환자의 70퍼센트가 넘는 여성이 수유를 전혀 하지 않았다. 그렇지만 생애 한 번이라도 일정 기간, 몇 달만이라도 수유를 한 여성의 80퍼센트는 유방암에 걸리지 않았다. 게다가 수유를 한 기간이 길어질수록 차이는 더 벌어졌다. 평균적으로 암에 걸린 여성이 수유한 기간은 10개월이었지만 그렇지 않은 여성 집단은 평균 15.5개월간 아이에게 젖을 먹였다.

가장 중요한 발견은 유방암의 위험성이 출산과 함께 7퍼센트 줄고 일 년 수유할 때마다 4퍼센트씩 줄어들었다는 것이다. 서구 사회에서 70세에 이르기까지 유방암 환자의 누적 발생 건수를 모은 조사에 의하면 서구 여성들이 제 3세계에서 나타나는 정도로 출산율을 회복하고 그만큼 모유 수유 기간을 늘릴 수 있다면 유방암으로 인한 사망률이 절반으로 줄어들 것이라고 한다. 16명당 한 명꼴에서 37명당 한 명꼴로 말이다. 이러한 감소 추세에서 모유 수유가 기여하는 바는 3분의 2가 넘을 것이다.

1970년대에 실시된 연구를 시작으로 모유 수유가 난소암 감소와 관련이 있다는 결과가 나오고 있다. 1993년 시행된 다국적 연구는 약 400건의 난소암 환자와 비슷한 연령대 2,500명의 대조군을 비교했다. 최소한 두 달이라도 모유 수유를 한 여성의 난소암 발병률은 25퍼센트 줄어들었다.

지금까지 우리는 인간 아기가 엄마와의 긴밀한 접촉을 동반하는 모유 수유에 적응해왔다는 얘기를 했다. 모유 수유가 아기 돌보기의 일부분이라는 사실을 기억하는 것은 여전히 중요하다. 아기 돌보기는 다음 장에서도 살펴볼 것이다. 사실 산모와 아기 사이의 긴밀한 물리적 접촉 자체가 아기 돌보기의 가장 핵심적인 부분이다. 모유 수유를 하는 산모는 젖을 필요로 하는 아기 옆에 있어야 한다. 산모-아기의 접촉은 이 장소에서 저 장소로 아기들을 옮길 때도 여전히 중요하다. 엄마는 모유 수유 말고도 많은 부분에서 아기를 보살펴야 한다. 이제 넓은 의미에서 아기 돌보기는 어떻게 진행되는지 살펴보도록 하자.

7장

아기 돌보기

HOW WE DO IT

모유 수유를 하는 것을 포함해서 엄마가 하는 일은 한두 가지가 아니다. 자식을 돌본다는 것은 밀접하고 긴밀한 접촉을 통해 자식의 안온함을 목표로 모든 신경을 쓴다는 것을 의미한다. 자식의 요구에 의해 수유를 하는 영장류의 기본 특성은 산모가 언제든지 새끼 옆에 있어야 한다는 뜻이고 대부분의 아이 돌봄은 이 같은 하나의 단순한 요구에 의해서 전개된다.

　다른 동물에서처럼 우리에게도 자연 환경은 무척이나 중요하다. 살아 있는 모든 생명체가 그렇듯이 인간도 자연 조건에서 진화해왔기 때문에 우리 자신을 이해하기 위해서라도 자연 조건에 관심을 두어야 한다. 우리 인간의 조상이 살면서 진화해왔던 자연 서식지에 대해서도 잘 알아야 한다. 한 지역에 정착된 공동체는 최근에 생겨난 인간의 생활방식이고 고작해야 1만 년 전쯤에야 발생한 사건이다. 그 전에 우리의 선조는 사냥과 채집을 하며 살았고 그것은 침팬지와 분기된 후 800만 년에 걸친 인간 진화 99퍼센트의 기간 동안 변치 않고 지속되었던 방식이다.

　비인간 영장류 대부분에서 암컷은 그들의 자식을 그녀의 털에 매단 채로 자식들을 운반한다. 이것이 영장류의 보편적인 자식 돌보기 양식이다.

새끼들은 자신의 손과 발을 이용해 안전하게 어미를 붙잡아 달라붙어 있을 수 있다. 우리가 엄지와 나머지 손가락을 이용해 뭔가 붙잡듯이 이들도 큰 발가락과 나머지 발가락을 이용해 어미를 부여잡는다. 진화 과정에서 인간이 직립 보행에 적응했기 때문에 우리의 다리는 영장류에서는 유일하게 부여잡는 능력을 점차 잃어버렸다. 그렇지만 반대로 우리 인간의 손은 부여잡는 힘이 더욱 커졌다. 우리 인간은 엄지와 나머지 손가락 사이에 아주 정교한 펜치 비슷한 동작을 하고 있지만 다른 영장류들은 발을 이용해서 이런 동작을 반복한다. 다음에 동물원에 가거든 어린 원숭이나 대형 유인원이 어떻게 어미의 털에 올라타는지 그리고 어떻게 발을 이용하는지 눈여겨보기 바란다.

일반적으로 오직 암컷 어미만이 자손을 돌본다. 그렇지만 다양한 신세계원숭이를 포함하는 일부 영장류는 수컷 아비나 혹은 집단의 일부 구성원이 새끼를 돌보기도 한다. 청설모와 크기가 비슷한 비단원숭이와 타마린은 전형적으로 쌍둥이를 낳는다. 체중을 고려한 기발한 실험을 통해 행동생물학자 구스틀 안첸베르거[Gustl Anzenberger]와 콘라트 슈라딘[Conrad Schradin]은 브라질에 사는 일반적인 비단원숭이 집단에서 아비나 집단의 누군가가 쌍둥이를 돌볼 경우 어미의 에너지 비용이 감소한다는 것을 보여주었다. 그러나 대부분 원숭이와 대형 유인원은 하나의 자식을 낳아서 독립적으로 성장할 때까지 일관되게 어미가 키운다. 심지어 그 뒤에도 간혹 이들은 되돌아와 어미에게 달라붙어 젖을 찾거나 위험으로부터 도피처를 구하기도 한다.

비인간 영장류 새끼들은 예외 없이 어미의 옆에서 잠이 들고 털을 부여잡거나 둥지에서 암컷 어미를 껴안고 잔다. 태어나고 나서도 계속해서 긴 시간 자식을 돌보는 과정에서 아주 긴밀한 어미-자식 간의 유대가 생겨난다. 이와 동시에 그 안에서 일정한 교육이 이루어질 기회도 생기게 된다. 모든 원숭이와 대형 유인원의 암컷은 거의 하루 종일 자식과 직접적인 접촉을 하면서 지낸다. 따라서 이들의 공통 조상도 의심할 것 없이 그랬을 것이다. 자식을 데리고 다니는 것은 인간이 진화하기 전에 이미 정형화된 오랜 진화적 전통을 가지고 있으며 인간의 공통 조상도 그 전통을 고수했다.

어떤 부모들도 아기를 데리고 다니는 일이 수고스럽고 그 부담은 아기가 커가면서 더 증가한다는 것을 잘 알고 있다. 아기를 데리고 다니는 데 소모되는 에너지 비용은 그러나 젖을 만드는 것에 비하면 부차적인 것일 뿐이다. 활동적이었던 우리의 수렵-채집인 조상 집단에서 아기를 데리고 다니는 일은 어미가 소비하는 에너지 비용의 상당 부분을 차지했을 것이다. 그러나 그 양이 얼마나 될지 정확하게 측정하는 것은 쉬운 일이 아니다. 다행스러운 것은 이런 질문에 답변할 수 있는 간접적인 방법이 존재한다는 점이다. 간단한 사실에서부터 시작해보자. 아기가 전적으로 수유에 의존하면 그 에너지는 전적으로 어미에게서 온다. 따라서 자원을 효과적으로 사용한다는 점에서 보면 같은 거리를 가는 동안 자식이 사용할 에너지보다 적은 경우에만 어미가 자식을 업고 다닐 것이다. 만약 어미보다 자식이 더 적은 에너지를 써서 길을 갈 수 있다면 업고 다니는 일은 낭비가 된다.

바로 이 점에 착안하여 야생생물학자 진 앨트먼[Jeanne Altmann]과 에이미 새뮤얼스[Amy Samuels]는 케냐 암보셀리의 사바나에서 개코원숭이 실험을 수행했다. 연구자들은 암컷들이 자식을 어떻게 데리고 다니는지 면밀하게 조사했다. 예상했던 대로 개코원숭이 암컷은 여행을 하거나 채집을 할 때에도 어린 자식을 계속해서 데리고 다녔다. 출생 후 처음 두 달 동안은 암컷이 새끼를 업고 하루 3분의 1 정도의 시간 동안 총 거리 8~9킬로미터가량을 걸었다. 그 뒤로 업고 다니는 시간이 점차 줄어들면서 자식이 8개월쯤 되었을 때는 거의 0으로 떨어졌다. 생후 첫 몇 달 동안 어린 자식이 빠른 속도로 스스로 움직여야 한다면 그는 엄청난 에너지를 사용해야 할 것이다. 이런 경우라면 어미가 새끼를 업는 편이 에너지 소모가 적다.

인류학자 퍼트리샤 크레이머^{Patricia Kramer}도 이와 비슷한 이론적인 접근을 수행했다. 그녀는 자식과 어미가 걷는 동안 소모되는 에너지를 계산했다. 놀랍게도 인간의 에너지 사용은 천천히 걸을 때 가장 효율적이었다. 천천히 걸을 때 인간의 에너지 효율은 비슷한 체중을 가진 어떤 포유동물보다 높다. 빠른 속도로 비탈을 오를 때는 포유동물이 인간보다 더 효율적이다. 따라서 인간은 천천히 걸을 때 에너지 절약의 이점이 있다. 어미가 자식을 데리고 다닐 때 천천히 걷는 것은 정확히 이런 식의 이점이 따라온다. 개코원숭이처럼 주변을 돌아다닐 때 인간 어미는 어린 자식들보다 에너지를 효과적으로 이용한다. 그렇지만 어린 자식을 어미의 어디에 업느냐에 따라 소모되는 부가적인 에너지 비용이 달라진다. 다른 어떤 부위보다 신체의 무게 중심 근처에서 아기를 운반할 때 에너지 손실이 가장 적다. 재미는 있을지 모르겠지만 생물학적으로 보아서는 목말을 타는 것은 적절한 선택이 아니다. 한편 습관을 들이면 적당한 무게의 짐을 지고 다니는 것이 오히려 에너지 소모가 줄어든다는 증거도 일부 있기는 하다.

개코원숭이처럼 인간 어미와 자식 간에 에너지 비용의 차이는 움직이는 속도가 빨라지면 더 늘어난다. 따라서 빠르게 움직일 때는 어미가 자식을 업는 것이 더 효율적이다. 흥미롭게도 크레이머의 계산에 의하면 자식이 만 세 살쯤 되면 대부분의 시간을 아이가 스스로 걷도록 훈련을 시작해야 한다고 한다. 반면 두 살이 되기 전에 아이가 스스로 걷게 된다면 정상적인 어른의 속도로 천천히 걸을 때, 굳이 에너지 소모를 생각하지 않더라도 어미가 에너지 측면에서 득을 보는 것은 거의 없을 것이다. 여기서 어미와 자식 간의 갈등이 불거진다. 에너지 소비와 관련해서 자식들은 가능하면 언제나 업히려 든다. 자식이 독립적으로 걸을 수 있다고 하더라도 그 속도는 어미가 원하는 정도에 미치지 못한다. 따라서 어미와 자식 간에는 일종의 타협이 있게 된다. 크레이머는 자신의 발견을 근거 삼아 4년 터울로 자식을 낳는 것이 가장 적합하다고 결론을 내렸다.

인간 진화가 계속되면서 어미는 두 번째 문제에 봉착한다. 아이가 엄마의 몸에 찰싹 달라붙는 것이 점점 어려워진 것이다. 몸이 털로 뒤덮여 있으면 어디든 부여잡기가 쉽지만 우리는 털을 급작스레 잃어버렸다. 털의 성장과 관련된 유전자를 분석한 결과에 의하면 인간의 털이 소실된 것은 약 200만 년 전이다. 결국 신체에서 털이 없어지고 다리로 부여잡는 능력이 줄어듦에 따라 진화 중인 인간의 아이들은 털에 매달려 어미의 몸에 붙어 있는 능력 자체를 잃어버렸다.

그래서 아이를 업은 채로도 채집이나 다른 활동을 할 수 있는 뭔가 대안이 필요하게 되었다. 최초의 아기 포대 같은 것은 동물 가죽이나 덩굴식물처럼 자연에서 얻을 수 있는 것들이었다. 아기를 운반하는 포대 같은 도구의 발달이 옷의 발명을 이끌어냈다고 보는 견해도 있다. 옷의 기원은 대략 20만 년 전으로 최근 다시 조정되었다. 머릿니 말고 몸에 기생하는 이의 유전적 증거를 보면 이들이 진화하기 위해서는 옷이 필요했다. 20만 년 전쯤에 이들은 살고 있던 머리털에서 나와 옷에 둥지를 틀었다. 경우야 어떻든 지금도 옷을 입지 않거나 거의 입지 않는 집단의 구성원들은 항상 아기를 운반할 뭔가 어떤 도구를 지니고 있다. 아기를 운반하는 고대적 방법은 확실히 부분적으로나마 우리의 진화적 유산으로 남아 있다.

영장류의 어미와 자식 간의 밀접한 신체적 접촉은 영장류에서 전형적으로 나타나고 그런 행위는 오래 지속되어왔다. 곧이어 살펴보겠지만 계속해서 아기와 함께 있는 것은 또 다른 문제를 불러일으킨다. 아기들의 배설물과 마주하는 일이다.

매력적으로 보이지는 않겠지만 대부분의 포유동물 암컷은 새끼들의 오줌이나 똥을 삼키는 방식으로 독창적인 효율성을[85] 선보인다. 인간의 어미는 고맙게도 다른 방식으로 이를 처리한다. 사냥 혹은 채집을 하는 집단에서 아기들의 배설물 처리는 쉬워서 그냥 주변에 버리면 된다. 그렇지만 인간이 정착생활을 시작하면서 주변에 버리는 것은 선택 사항이 되지 못했다. 다른 처리 방법이 모색되어야 했다. 그 결과 궁극적으로 기저귀가 나타났다. 기록이 전해지는 인간 역사 모두에서 우리는 기저귀의 흔적을 찾아볼 수 있다. 일부 고대 이집트 의서를 보면 기저귀를 찬 아이에 대한 언급이 나오고 기저귀 발진이 일어났을 때의 처방이 기록되어 있기도 하다. 기저귀의 사용이 확대되면서 부모들은 아이들의 배변 훈련이라는 성가신 문제에 봉착하게 된다.

발달이 덜 완료된 미숙성 새끼를 낳는 포유동물의 암컷은 자식들의 배

---

85 | 동물의 변은 포식자에 노출될 위험성을 높일 수도 있을 것 같다. 또한 소화가 덜된 음식물을 소화하는 수단으로 분식(똥을 먹는)을 이해한다면 눈살을 찌푸릴 일은 줄어들 것이다. 사실 포유동물에서 분식은 빈번하게 나타난다.

설물을 먹어버림으로써 둥지가 오염되는 것을 막는다. 마우스와 쥐를 예로 들면 때로 암컷은 새끼들의 전신을 핥으며 돌보고 오줌과 똥을 다 받아먹는다. 특정한 육식동물을 포함하는 일부 조숙성 포유동물의 새끼들은 어미가 핥아줄 때만 실제로 똥이나 오줌을 눈다. 이런 정보는 반려동물 새끼들을 양육하는 데도 필수적이다. 암컷이 핥아주는 것을 흉내 낼 때는 젖은 옷감으로 새끼의 아랫배를 부드럽게 마사지해준다. 이런 일을 해주지 않으면 새끼들은 오줌과 똥을 제때 배설하지 못한 채 죽음에 이를 수도 있다. 얼핏 보기에 왜 육식동물의 새끼가 그런 방식으로 배설을 하는지 이해하기 힘들지도 모르겠다. 특별히 육식동물이 둥지를 더럽히지 않으려는 생태적 압력에 놓여 있는지도 모른다. 자연 상태에서는 암컷이 둥지 주변에 있다가 그것을 처리할 수 있을 때에만 새끼들은 배설물을 내놓는다.

비록 성숙하게 발달하였다지만 비인간 영장류의 조숙성 새끼들도 그에 상응하는 배변 처리가 필요하다. 둥지에 사는 일부 종의 암컷은 둥지를 청결하게 유지하도록 새끼들의 배설물을 먹어 치운다. 예를 들어 쥐여우원숭이에서 이 말은 사실이다. 연구를 하는 동안 나는 내 새끼손가락보다 작은 쥐여우원숭이 여러 마리를 키운 적이 있었다. 그때는 축축하고 미지근한 옷감으로 아랫배를 마사지하며 오줌이나 똥을 배설하도록 했었다.

계속해서 자식과 함께 다니는 영장류 집단에서도 암컷은 비슷한 방식으로 자식들의 털이 오염되지 않도록 한다. 최소한 자식들이 아주 어린 동안만이라도 어미들은 그들의 오줌과 똥을 삼킨다. 심지어 우리와 가장 가까운 사촌인 대형 유인원도 그렇다. 포유동물에서 광범위하게 퍼진 이런 유형은 인간 진화 과정의 어느 순간에 사라졌을 것이다. 물론 아이들의 오줌과 똥을 삼킨다는 것은 우리의 비위를 거스를 수도 있다. 그러나 언제 어떤 방식으로 그런 오래된 포유동물의 특성이 인간에서 사라졌는지는 명확하지 않다.

암컷이 자식들의 배설물을 먹어버리기 때문에 다른 영장류에서는 배변 훈련이라는 성가신 문제가 불거지지 않는다. 자라면서 점점 그들은 어미로부터 떨어져 있는 동안 배설물을 처리한다. 성체들처럼 그들도 필요할 때면 어느 곳에서라도 오줌을 누거나 똥을 싼다. 파나마의 바로콜로라도 섬 우림에 서식하는 짖는원숭이howler monkey를 관찰하면서 나는 그들이 따로 손볼 필요가 없는 방식으로 배설물을 처리하는 광경을 처음으로 보게 되었다. 어느 날 나무에 기대어 기록을 할 때 나는 위에 있던 짖는원숭이가 무리를 지어 배설하고 오줌과 똥이 나무 이파리 사이를 지나 내 주변으로 큰 소리를 내며 쏟아지는 것을 보게 되었다. 그러나 머지않아 나는 적도의 우림에서는 생태계의 복잡한 사슬이 배설을 아무것도 아닌 것으로 만들어버린다는 것을 알게 되었다. 몇 분도 지나지 않아 말똥구리가 다가와 짖는원숭이의 배설물을 둥글게 말아 삽시간에 처리하는 것을 보게 되었기 때문이다. 한 시간이 지나자 그 어떤 흔적도 찾아볼 수 없게 되었다.

인간 진화의 어느 단계에서 우리는 까다로운 배변 처리 방식을 습득하면서 자유 배변하는 영장류의 삶의 양식을 버리게 되었다. 이것은 궁극적으로 정착을 하게 된 인간 집단의 '배변 훈련'으로 귀결되었다. 산업화된 사회의 여성 대부분은 신생아나 혹은 어린아이에게 기저귀를 채워서 배변을 처리한다. 화장실 사용을 교육하는 적절한 시기에 대해서는 엄격하게 시간을 지켜야 하는지 아니면 인내를 갖고 기다려야 하는지 논란이 분분하다.

총 10회에 걸쳐 발행된 정기 간행물인 미국 정부의 팸플릿,《아기 돌보기$^{Infant\ Care}$》는 배변 훈련에 관한 역사적인 흐름을 개관할 수 있는 자료를 제공한다. 전례 없이 잘 팔린 이 정부 간행물은 미국 아동국이 1914년 최초로 발간한 것이다. 그 뒤로 5,000만 부 이상이 팔렸다. 1935년판은 배변 훈련을 일찍 시작하도록 특별히 권고하는 내용이 들어 있다. "배변의 훈련은 빠를수록 좋아서 생후 1개월이 지나면 시작할 수 있다. 그러나 3개월째까지는 반드시 시작하여야 한다. 그러면 8개월째에는 훈련을 마무리할 수 있을 것이다." 훈련을 돕는 수단으로 엄마들은 매일 일정한 시간에 아이들 항문에 좌제를 삽입하듯 비누 막대를 집어넣으라는 충고를 받았다. 엄마와 아이의 옆에 시계가 놓여 있고 5분의 재량도 없이 어처구니없을 정도의 냉혹한 시간 준수를 강조한 이미지도[86] 함께하였다. 아기의 식사 시간을 엄격하게 준수해야 한다고 강하게 주장했던 루서 에멧 홀트도 그에 발맞춰 생후 2개월째 배변 훈련을 시작해야 한다고 말했다. 1894년에 집필한 그의 책 『수유와 아기 돌보기』에서 그는 배변을 위해 비누 조각을 사용하도록 제안했었다.

배변 훈련이 널리 수용되어가면서 엄격하게 규칙적이고 제한적인 배변 훈련이 감정상 심각한 부작용을 낳을 수 있다는 문제가 여기저기에서 제기되었다. 예컨대 1942년 정신분석학자 메이블 허슈카$^{Mabel\ Huschka}$는 소년 시절 신경증이 강압적인 배변 훈련과 관계가 있다고 말했다. 그녀는 특히 1935년판《아기 돌보기》의 권고 사항을 호되게 비판했다. 프로이트주의자들은 일반적으로 생후 초기에 시작된 엄격한 배변 훈련이 정서불안으

---

[86] 1935년판《아기 돌보기》는 인터넷에서 쉽게 찾아볼 수 있다. 그림에서 탁자 위의 시계는 11시 45분을 가리키고 있다.

로 이어지고 나중에 신경증으로 연결된다고 발표했다. 유명한 소아과 의사인 벤저민 스폭Benjamin Spock과 T. 배리 브래즐턴Barry Brazelton은 배변 훈련의 관점을 완전히 다른 방향으로 전개하는 데 기여했다. 그들은 배변 훈련이 아이 중심으로 이루어져야 한다고 역설했다. 그 결과 미국에서 자녀 양육과 관련된 기조는 아이가 화장실에 가는 때를 스스로 결정하도록 하는 내용으로 변화가 이루어졌다.

현재 미국 가정의학회 웹사이트는 아이가 기저귀가 지저분하다고 신호를 보내거나 실제로 화장실에 가겠다고 말하는 때가 배변 훈련을 시작할 시기라고 권고하고 있다. 이들 학회는 18개월에서 24개월 사이의 아이들은 배변 훈련을 할 준비가 되어 있다고 보고 있다. 그렇지만 3년까지는 기저귀가 필요하다. 1950년대에는 세 살 무렵의 미국 아이들 중 약 3퍼센트가 낮 시간의 배변을 조절할 수 있었다. 지금은 약 반 정도의 아이들이 그렇다. 주부의 손길을 덜어주는 일회용 기저귀를 언제든 이용할 수 있다는 점이 부분적으로 이러한 변화를 이끌었다. 그러나 환경오염의 부작용도 만만치 않다. 다 쓰고 버린 기저귀는 미국에서 열 번째로 많은 가정 폐기물이다.

오늘날 미국과 유럽 대부분의 소아과 의사들은 세 살이 될 때까지는 자유롭게 방광을 조절한다거나 소화기관의 조임근을 절제하기가 불가능하다고 믿는다. 그렇지만 문명 비교 연구에 의하면 배변 훈련은 발달상의 제약을 받는 게 아니라 문화적인 규범에 따른다고 볼 수 있다. 거의 인용되지는 않지만 1977년 논문에서 인류학자 마튼 디브리스Marten DeVries와 레이철 디브리스Rachel DeVries는 반투어를 사용하는 케냐의 디고 족을 관찰하고 디고 족 엄마들이 생후 일주일 안에 자식들의 배변 훈련을 시작한다고 말했다. 강제하지도 않고 벌을 주지도 않지만 세심한 훈련에 의해 태어나서 5~6개월이면 소화관이나 방광의 자유로운 조절이 가능하게 된다.

우선 디고 족 엄마가 다리를 앞으로 쭉 펴고 땅에 앉는다. 그녀의 다리 사이에 아이를 앉은 자세로 앉힌다. 아이는 엄마에게 기대어 앞을 보고 있다. 다음에 엄마는 "쉬" 소리를 내서 아이가 오줌을 싸는 것을 배우라는 신호를 보낸다. 성공하면 꼭 안아주거나 먹을 것을 준다. 대변을 훈련할 때도 비슷한 방법을 사용하지만 이때에는 아이를 다르게 잡는다. 적당하게 도와주기만 한다면 생후 초기에 실시하는 배변 훈련이 가능하다는 것을 디고 사람들은 행동으로 보여준다.

케냐 디고 족의 이른 배변 훈련은 독특하지만 이들만 그러는 것은 아니다. 최근 보고에 의하면 중국의 엄마들도 이른 나이에 훈련을 시작해 대략 생후 일 년쯤이면 그 과정을 끝낸다. 디고 족처럼 엄마가 땅바닥이나 변기에서 아이 다리를 부여잡고 소리 신호를 보낸다. 네덜란드의 작가인 라우리 부키^{Laurie Boucke}는 케냐, 중국 말고도 다른 지역에서의 사례를 그의 책 『아이들의 배변 교육^{Infant Potty Training}』에서 소개했다. 이 책은 2000년에 출판되어 현재 세 번째 개정판까지 나왔다. 부키와 캐슬린 친^{Kathleen Chin}은 공동으로 무료 온라인 사이트인 "배변 훈련"을 열어 운영 중인데 여기에 인간의 어린아이들은 태어나서부터 6개월까지 다양한 시기에 배변 훈련을 시작할 수 있다고 밝히고 있다. 이 웹사이트를 참조하면 아이들의 배변 훈련을 쉽게 할 수도 있을 것이다. 친과 부키는 이렇게 말한다. "서구 사회는 이른 시기에 배변 훈련을 시작하는 어떤 방식도 부정하려 든다. (…) 행복한 중국의 수백만 아기는 그렇다면 뭐가 잘못된 것일까?"

아주 어린 인간 아기들은 엄마의 몸에 매달려 있을 수 없다. 그리고 아이 돌보기를 보조하는 것들이 있어서 엄마들이 똥을 받아먹지 않아도 된다. 그렇지만 엄마의 본성에 뿌리 깊게 내재한, 아기를 업는 영장류의 유산은 아직도 살아 있다. 엄마와 아기 사이의 긴밀한 신체적 접촉은 건강한 발달을 위해 필수적이다. 그것은 온화함과 안전을 보장하는 것뿐만 아니라 엄마와 아기의 결속을 위해서도 매우 중요한 것이다. 산부인과 분만실도 암묵적으로 이를 잘 인식하고 있다. 아기가 태어나자마자 그들을 따로 격리시키는 대신 엄마에게 건네 꼭 안아주게 한다.

다른 영장류의 아기도 그렇지만 인간의 아기는 아주 긴밀한 신체 접촉을 기대하고 있다. 그것은 인간의 내재적 본성이다. 따라서 그런 접촉이 없으면 본성에 심각한 타격을 입게 된다. 아이들을 며칠 동안이라도 혹은 매일 밤 혼자 요람에 놓는다거나 다른 방에 격리시키는 것은 8,000만 년에 걸친 영장류의 표준적 규범에 어긋나는 것이다.

이런 일들이 잘못되면 어떤 일이 일어날까? 포유동물의 어미가 어떤 이유로 젖을 먹이지 못하게 되면 자식의 생존도 그렇거니와 자신의 생식적 성공도 보장할 수 없다. 아이 양육의 성공을 촉진하는 것이라면 자연선택은 어떤 식의 적응도 불사했을 것이라고 생각할 수 있다. 임신 기간 동안 이미 투자를 시작했으므로 어미는 출생 후라도 그녀의 투자분을 지키고 북돋울 것이라는 점은 논리적으로 전혀 무리가 없다. 그러나 사정이 언제나 녹록한 것은 아니다. 특정 조건에서 포유동물의 암컷들은 자식들을 버릴 수도 있다. 심지어 태어나자마자 잡아 먹어버리기도 한다. 이런 일은 설치류나 나무두더지에서 쉽게 관찰할 수 있다. 그들은 덜 발달하고 조그마한 미숙성 새끼를 낳는다. 애완용 햄스터가 새끼를 낳을 때 그들의 새끼가 위협을 받거나 누군가 건드리기라도 하면 어미는 즉시 새끼들을 먹어버린다. 불리한 조건에서 어미가 취하는 아주 자연스런 반응이다.

어미가 자신의 자원을 분배하는 측면에서 보면 임신하고 있을 때보다 수유할 때가 더 많은 에너지를 소모한다. 따라서 상황이 좋지 않을 때 자식을 돌보지 않는 것은 비용을 절감하는 전략이라 볼 수 있다. 보다 좋은 상황에서 태어날 새끼들을 위해 자원을 절약하는 최선의 방법이 불리한 조건에서 태어난 한 배의 새끼를 버리는 것이 될 수 있다는 말이다. 이런 관점에서 자식을 먹는 습성은 무시무시한 종류의 재활용이라고 볼 수 있다. 영장류를 비롯해 조숙성 새끼를 낳는 포유동물에서 이런 일은 매우 드물거나 아예 일어나지 않는다. 어미들은 자식들을 버리거나 죽일 수는 있지만 결코 먹지는 않는다. 조숙성 포유동물이 긴 임신 기간을 거치면서 투자한 것이 너무 크기 때문에 비용을 절감하는 차원에서 새끼를 먹는 것은 아주 사소한 것이 될 수도 있다. 그렇다면 조숙성 새끼를 낳은 어미는 상황이 좋지 않을 때라도 자식을 살리려고 최선을 다할 것이라 예상할 수 있다. 그것은 실제로 사실이다.

수유는 상황에 매우 민감하다. 물리적 혹은 환경적으로 부정적인 영향을 받아 스트레스를 겪게 되면 수유도 억제될 수 있다는 연구 결과가 많이 나와 있다. 나무두더지는 좋은 예를 보여준다. 그들은 자연 상태에서 일부일처제를 이루고 살며 동물원에서도 한 쌍을 유지해주어야 한다. 한 우리 안에 같은 성을 두세 마리 넣어주면 사회적 스트레스 문제가 야기된다. 행동생리학자 디트리히 폰 홀스트는 사회적 스트레스의 부정적 효과를 연구했다. 이런 연구에는 나무두더지가 적격이다. 연구자들이 나무두더지의 꼬리를 건드리면 혈중 스트레스 호르몬의 양이 바로 증가하기 때문이다. 따라서 꼬리를 건드리는 것만으로도 이들 나무두더지에게 충분한 만큼의 스트레스를 줄 수 있다. 이런 접근 방법을 써서 폰 홀스트는 암컷의 생식 요소 중에서 스트레스에 의해 가장 방해를 많이 받는 것이 바로 수유라는 것을 밝혀냈다. 스트레스 수치가 높으면 자식을 잡아먹거나 임신이 실패로 돌아가고 궁극적으로는 난소가 완전히 망가진다.

런던 대학에서 나무두더지를 키우면서 나는 간혹 스트레스를 받아도 젖을 먹이는 일이 줄어들 수 있다는 것을 자연스럽게 알게 되었다. 어미가 그들을 이틀에 한 번씩만 방문하기 때문에 나무두더지의 새끼들은 수유 연구를 하기에는 최적의 조건을 갖추고 있다. 그래서 나는 어미 나무두더지가 새끼들을 방문해 젖을 먹였는지 아닌지 이틀 간격으로 새끼들의 무게를 측정하기 시작했다. 한 배의 새끼를 관찰하며 계획대로 매일 기록을 해나가다가 나는 이상한 점을 발견하게 되었다. 한 주가 지나자 어미가 보이던 이틀 간격의 방문 주기가 흐트러져버린 것이다. 실제 어미는 자주 새끼들을 방문했지만[87] 전체적으로 먹이는 젖의 양이 줄어들었다. 결국 새끼들은 심각한 저체중에 시달리게 되었다.

걱정이 되었던 터라 나는 동물시설 관리자에게 뭔가 이상한 것을 보지 못했느냐고 물었다. 이 동물실에서는 마우스나 쥐를 주로 다루었기 때문에 그 동물들도 혹시 이상한 낌새가 없었나 물었다. 그는 괜찮다고 설명하려는 듯이 눈을 히끗 들어 올렸다. 그러면서 과거에 화재경보기를 시험하

---

87 | 야생동물을 실험실에서 다루는 것이 쉽지는 않을 것이다. 새끼가 누군가에 의해 감시를 당한다는 것을 알게 된 어미가 보이는 행동을 보면 즉시 이 말을 이해할 수 있다. 어미는 자식을 잃을까 하는 심각한 스트레스를 받았음에 분명하다.

느라 소리가 요란하게 울렸을 때 이들 설치류 동물의 교배가 좀 영향을 받았노라고 했다. 그 일로 그는 다음에 경보기를 시험할 때는 벨을 덮고 있는 금속판을 떼고 하라는 경고를 받았다고 했다. 그러나 신참에다 예민한 안전 관리자가 예고 없이 경보기를 시험했고 한 주 뒤에 한 번 더 경보기를 시험했다. 두 번의 경보기 시험 날짜는 내가 키우던 나무두더지가 수유하는 데 문제를 보였던 바로 그 시기와 정확히 일치했다. 그제야 동물실 관리자는 그 기간 동안에 기록했던 마우스와 쥐의 교배 일지를 내게 보여주었다. 거기에는 경보기 시험 직후 태어난 새끼들의 수가 격감했다는 기록이 뚜렷하게 나와 있었다. 아마 정상적인 숫자의 새끼들이 태어났을 것이지만 그들은 죽었거나 혹은 걱정에 사로잡힌 어미에게 잡아먹혔을 것이다. 커다란 소음 같은 급작스런 스트레스가 실험실에서 오랫동안 길들여왔던 설치류에게도 영향을 주어서 그들의 교배 유형을 흩트려놓은 것이다.

몇 가지 두드러진 차이가 있지만 조숙성 새끼를 낳은 영장류도 비슷하게 스트레스에 반응한다. 동물원에서 사육되는 영장류 암컷은 간혹 자식들을 키우지 못한다. 젖의 생산량이 줄어드는 것도 부분적으로 문제가 된다. 그렇기 때문에 적절한 때 암컷으로부터 떼어내 사육사들이 직접 돌보지 않으면 새끼들이 죽을 수도 있다.

내가 런던에서 박사 과정 학생으로 머물고 있을 때 생물학자 크리스토퍼 프라이스는 아마존에 서식하는, 배 부위가 붉은 비단원숭이 암컷의 행동을 연구하고 있었다. 비단원숭이는 아주 작은 신세계원숭이로 보통 쌍둥이를 낳는다. 일반적인 영장류의 유형을 보이기는 하지만 이들 집단의 어떤 암컷은 새끼를 키우고 다른 암컷은 그렇지 않다. 연구가 진행되는 동안 프라이스는 이들 암컷 사이에 호르몬의 수치가 다르다는 것을 알게 되었다. 놀라운 점은 호르몬의 이런 차이가 이미 임신 중간에도 나타난다는 것이다. 다시 말하면 임신 중에 있는 암컷의 호르몬 수치를 바탕으로 나중에 이들 암컷이 자신의 자식을 키울지 아닐지 알 수 있다는 것이다. 이것은 영장류 집단에서 엄마 역할을 포기하는 것이 호르몬에 기초를 두고 있다는 최초의 연구 결과였다.

인간도 그럴지 모르기 때문에 영장류의 호르몬이 엄마 역할에 어떤 영향을 끼치는지 과학자들은 알고 싶어 했다. 원숭이나 대형 유인원 및 인간 집단에서 엄마의 역할은 그게 전적으로 다는 아니겠지만 주로 학습에 달려 있다고 흔히 이야기한다. 예를 들어 어떤 동물원은 침팬지나 고릴라 사육실에 비디오를 설치하고 암컷이 새끼 젖을 먹이는 것을 보여주면서 영장류들이 자신의 새끼를 무리 없이 키우기를 낙관적으로 희망한다. 이런 행동의 근저에는 아기를 양육하는 엄마 역할이 일반적으로 사회적 영향이라는 전제가 깔려 있는 것이다. 그렇기에 영장류 집단에서 암컷이 엄마 역할을 포기하는 경우에도 스트레스가 중요한 역할을 할 것이라고는 잘 생각되지 않는다.

영장류의 엄마 역할이 주로 학습에 의존한다는 생각이 널리 퍼진 것은 쉽게 설명할 수 있다. 자식을 낳을수록, 특히 첫째를 낳은 뒤 엄마의 양육 행동이 나아진다는 사실이 아주 잘 알려져 있기 때문에 아마도 학습이 중요하다는 생각이 퍼진 것 같다. 영장류 전반에 걸친 일반적인 규칙이 있다면 그것은 자식을 여러 배 낳은 암컷이 첫 출산을 한 암컷보다 자식을 훨씬 성공적으로 키운다는 것이다. 이런 진전이 학습과 관련된다고 보는 것이다. 그러나 다른 설명도 가능하다. 예를 들어 초산은 어떤 산모에게도 엄청난 스트레스를 부여하기 때문에 그 바탕에 깔린 생리적 기제가 조정될 필요가 있을지도 모른다. 진화적인 관점에서 생식 성공에 필수적인 엄마 역할이 생리학적 안전장치 없이 오로지 학습에 의존한다는 것은 전혀 있을 법하지 않은 일이기 때문이다.

1957년부터 시작해서 위스콘신 메디슨 대학 심리학자 해리 할로^{Harry Harlow}는 붉은털원숭이를 대상으로 장차 논란이 될 몇 개의 실험을 수행했다. 이 실험의 결과는 데버러 블룸^{Deborah Blum}의 책 『사랑의 발견^{Love at Goon Park}』에 멋지게 소개되어 있다. 이 책은 영장류 엄마 역할에 관한 해석에 엄청난 반향을 불러일으켰다. 암컷이 없으면 어떤 일이 생기는지 알아보기 위해 이들 연구자들은 어미로부터 새끼 붉은털원숭이를 떼어냈다. 할로는 인공적으로 대리모를 고안해서 새끼가 업히도록 했다. 이 유명한 실험에서 그는 떼어낸 원숭이를 별개의 사육실에 가두고 두 대리모 중 하나를 선택하도록 했다. 하나는 벌거벗은 철제 프레임이었고 다른 하나는 부드러운 옷을 걸쳤지만 역시 철제 대리모였다. 우유병은 임의로 둘 중 하나의 대리모에게 붙여주었다. 대부분의 새끼들은 젖병이 있든 없든 부드러운 옷을 입은 대리모에 찰싹 달라붙었다. 새끼들은 우유를 마실 때만 벌거벗은 철제 대리모에 잠깐씩 접근했을 뿐이다. 놀라면 새끼들은 바로 옷을 입은 대리모에게로 숨었다. 젖병이 있거나 없거나 마찬가지 행동을 보였다.

할로는 옷을 입은 철제 프레임이 격리된 새끼 원숭이에게 어떤 종류의 위안을 주었다고 결론을 내렸지만 정상적인 발달 과정에는 사실 턱없이 못 미치는 것이다. 단순한 철제 대리모에게만 접근이 허용되었던 새끼 원숭이는 젖을 소화시키는 데 문제를 겪었고 자주 설사를 했다. 나중에 다른 원숭이와 함께 우리에 있을 때에도 철제 대리모와 살았던 원숭이들은 제대로 적응하지 못했다. 그들은 자주 고립되었고 사회성이 떨어졌으며 머리를 쾅 하고 박거나 앞뒤로 흔들고는 했다. 그 결과 이렇게 어미 없이 자란 원숭이들은 성적으로 성숙했을 때도 정상적인 교미를 하지 못했다. 이때 할로가 끼어들었다. 그는 자신이 냉담하게 묘사한 "강간 그물 선반"을 사용해서 암컷 원숭이를 강제로 교미하도록 했다. 임신이 되고 출산을 한 경우라도 이들 어미 없이 자란 암컷 원숭이들은 아이들을 돌보지 않았고 심지어 학대하기까지 했다. 이런 행동에 대한 할로의 해석은, 초기 발달 과정에서 어미와 강한 유대를 경험하지 못한 암컷 어미는 자신의 자식과도 적절하게 교류하지 못한다는 것이었다. 그들은 자신의 자식들과 신체적 접촉을 꺼렸고 양육도 제대로 하지 못했다. 그러나 자식을 여럿 낳은 후 상황이 나아지기도 했다. 할로의 실험과 그에 따른 결론은 격렬하게 비판을 받았다. 그렇지만 반대로 새끼 암컷이 제대로 양육되어야만 나중에 성공적인 어미가 될 수 있다는 결론은 비판만큼이나 광범위하게 수용되었다.

1992년 영장류학자 메리베스 챔푸Maribeth Champoux는 어미 없이 자라 어미가 된 붉은털원숭이 논문을 다시 언급하면서 할로가 제기한 문제에 대한 또 다른 설명이 가능하다고 덧붙였다. 나중에 어미 역할을 제대로 하지 못한 것은 그들이 제대로 양육받지 못해서일 수도 있지만 한편으로 그들이 사회적으로 격리되었기 때문일 수도 있다고 그녀는 생각했다. 어미에 의한 양육 방식은 정상적으로 자란 짧은꼬리원숭이 집단 내에서도 천차만별이다. 게다가 어미 없이 자란 원숭이들은 나중에 또래 집단과의 경험을 통해 정상적인 아이 돌보기를 할 수도 있다. 챔푸는 어미의 양육을 제대로 경험한 정상적인 개체들과 격리되었지만 어린 시절을 비슷한 또래 집단 속에서 자란 개체, 그리고 완전히 격리되어 자란 개체 세 그룹을 비교하였다. 동료들 틈에서 자란 어미들은 정상적으로 자란 어미들과 비교해서 자식들과 신체적으로 덜 접촉했다. 그러나 완전히 격리되어 자라 어미가 된 개체들은 실제로 아이들을 밀쳐냈다. 완전 격리의 극단적인 효과는 같은 처지에 있는 어미 없는 자식들 틈에 섞여서 살게 되면 다소 누그러진다.

1980년대 어느 날 우연히 나는 야생 현장 연구원인 페기 오닐$^{Peggy\ O'Neill}$을 만났다. 내가 공동 주최한 더럴^{Durrell} 야생동물 보호 재단의 여름학교에 그녀가 참석했기 때문이었다. 그녀는 할로의 붉은털원숭이 생존 실험을 이어받아서 보다 광활한 야외 공원에서 실험을 계속하고 있었다. 이런 변화된 환경에서 어미 없이 자란 원숭이 어미는 이전에 보여주었던 많은 사회적 부적응의 문제를 극복했다. 실제 그 암컷들은 어미 역할을 꽤 성공적으로 수행했다. 원래의 자연 조건에서라면 어린 시절 격리된 상처쯤은 쉽게 치유될 수도 있다는 점을 나는 깨달았다.

수년에 걸친 실험을 통해 나도 원숭이나 대형 유인원이 어미 역할을 수행하지 못하는 것은 학습의 부재가 아니라 스트레스 때문일 거라고 확신하게 되었다. 1980년대 이루어진 조사에 의하면 동물원 사육실에서 자란 침팬지, 고릴라, 오랑우탄 등 대형 유인원의 새끼들 중 약 반 정도만이 어미에 의해 제대로 양육된 것으로 드러났다. 이런 이유로 많은 새끼들은 사육사의 손에서 키워진다. 이것은 대형 유인원을 사육하는 동물원이 여전히 해결하지 못하는 문제이다. 동물원의 대형 유인원은 포획된 후 아니면 어린 시절 격리되어 부적절한 환경에서 키워졌기 때문이라는 것이 이에 대한 전통적인 설명이었다. 이런 각본에 따르면 격리되어 사육사의 손에서 자라는 것은 악순환을 계속하는 것이다. 대를 거듭하면서 어미 역할이 점점 부실해지는 것이다.

그렇지만 사육사가 키워낸 몇몇 대형 유인원은 자식들을 완벽하게 키워내기도 한다. 성공적인 어미 역할을 하기 위해 결속력 높은 사회적 유대 관계가 반드시 필요한 것은 아니다. 비좁고 이상한 것들로 채워진 사육실에 살면서 받은 스트레스는 어미 역할을 적절히 수행하지 못하는 현상을 단지 부분적으로밖에 설명하지 못한다는 생각이 차츰 들기 시작했다. 더럴 야생동물 보호 재단에서 고릴라 생식에 관한 장기 실험을 하는 동안 흥미로운 발달 과정을 목격하면서 나의 이런 의심은 더욱 굳어져갔다. 세 번의 임신을 경험한 두 암컷을 수컷과 한 우리에 집어넣었다. 매번 출생하고 난 뒤 키우기에 적절한 환경이 아니었기 때문에 자식들은 며칠 이내 격리되어야만 했다. 나중에 비좁고 불편한 사육실 대신 보다 넓고 야생과 비슷한 공간을 마련한 뒤 이들을 다시 집어넣어주었다. 마침내 이들 암컷들이 임신을 했다. 이런 조건에서 암컷 어미들은 정상적으로 자식들을 양육했다. 지금껏 어떤 암컷도 새로운 환경에서 자식을 키워본 경험이 없는데도 말이다. 무슨 일이 생긴 것일까? 그럴싸한 한 가지 가능성은 원래 그들이 있던 좁은 사육실이 스트레스를 야기했을 것이라는 점이다. 반면 널찍한 자연 공간이 이런 스트레스와 그에 따르는 호르몬의 효과를 없앴을 것이라고 볼 수 있다.

한참 지난 뒤 나는 고릴라 연구를 통해 이런 생각을 확인해볼 소중한 기회를 얻었다. 고릴라 임신 말기와 출산 후 몇 주 동안 이들의 혈중 호르몬 농도를 측정하게 된 것이다. 자식 양육에 성공적인 어미와 그렇지 못한 어미 사이에 어떤 감지할 수 있는 호르몬 농도의 차이가 있을 것인가 찾아보는 것이 이번 실험의 목적이었다. 취리히 대학의 박사 과정 학생이었던 니나 바르[Nina Bahr]가 나중에 실험에 투입되었다. 그녀는 몇 주 동안 사육실에 있는 아홉 마리 고릴라의 임신 전후 소변과 대변을 받아내는 고된 일에 착수했다. 그리고 그녀는 호르몬 수치와 자식 양육에 관한 연결 고리를 찾으려 시간을 보냈다. 니나가 발견한 것은 어미 역할의 질적 완성도는 실제 스테로이드 호르몬인 에스트로겐과 프로게스테론 그리고 스트레스 호르몬인 코티솔 농도와 관련이 있다는 것이었다. 대형 유인원에서 스트레스와 호르몬 그리고 어미 역할 사이의 인과 관계를 찾기 위해서는 보다 많은 연구가 진행되어야 할 것이다. 그러나 이 실험 결과는 사회적인 학습이 성공적인 어미 역할의 절대적인 전제조건이 아니라는 사실을 여실히 보여주는 것이다.

1997년 심리학자 앨리슨 플레밍[Alison Fleming]과 그 동료들이 수행한 실험을 포함하여 몇 종류의 연구 결과는 여성의 호르몬 수치가 엄마-아기 간의 상호 유대와 관련된다는 결론을 내리고 있다. 플레밍 연구팀은 두 가지 목적을 가지고 실험을 수행했다. 하나는 설문지를 통해 다른 포유동물이 그러는 것처럼 인간 여성도 임신 말기에 엄마의 의무감에 관해 어떤 변화를 겪는지 알아보는 것이었다. 다른 하나는 호르몬 수치의 변화가 엄마의 느낌과 태도에 어떤 영향을 주는가였다. 이 실험의 일부에서 플레밍은 다양한 스테로이드 호르몬의 수치를 측정했다. 양육에 관한 책임 의식은 임신기에 증가하다가 출산 후에 더욱 커졌다. 임신 초기와 후기 사이에 에스트로겐과 프로게스테론 함량의 차이가 클수록 아기와의 친밀감에 대한 감정이 더 강해졌다. 플레밍은 이 결과를 두 가지로 해석할 수 있다고 보았다. 한 가지는 호르몬이 양육에 대한 책임 의식에 미치는 직접적인 영향, 그리고 나머지는 육체적·정신적 건강에 대한 전반적인 인식이 미치는 간접적인 효과가 그것이다. 그러나 마찬가지로 여기에서도 직접적인 인과적 관련성에 대한 연구가 더 필요하다.

출산 후 간혹 일부 여성들은 뭔가 손해를 보았다거나 혹은 실망스런 감정을 겪으며 불유쾌한 경험을 한다. 그러나 다행인 것은 그 정도가 심하지 않고 오래 가지 않는다는 것이다. 그럼에도 처음 출산한 산모의 거의 반 넘는 여성들이 '산후 우울증'을 겪는다. 그러나 일부 산모들은 오랫동안 출산 후 우울증을 호소하기 때문에 병원 신세를 지기도 한다. 증세는 출산 직후에 나타나지만 한 달쯤 지나야 본격적으로 시작된다. 나른하고 잠이 늘어나는 대표적인 증상 외에도 이유 없이 슬퍼서 소리 내서 울거나 사람들을 만나기 싫어하는 등 심리 변화도 동반한다. 입맛도 떨어지고 근심스러우며 매사에 과민해진다. 산후 우울증은 지독하면서도 매우 흔하게 발견되지만 의학적 문제로 알려진 것은 1850년대경이다. 그 뒤에야 정기적으로 이런 증세를 염두에 두고 관찰하게 되었다. 산업화된 사회에서 첫 출산 여성의 7분의 1이 이 증세를 나타낸다. 이런 증세를 가진 여성들이 죄의식을 느끼며 수치스러워 하다가 자살을 시도하려 한다는 것은 더욱 심각한 일이다. 그러나 불필요한 수치심 때문에 의사를 찾아가 전문적인 도움을 받지 않는 경우가 대다수이다.

"옛날에 엄마가 되고픈 소녀가 있었습니다. 그녀가 원하는 것은 오직 아이를 갖는 것뿐이었습니다. (…) 마침내 어느 날 그녀는 임신을 하게 되었습니다. 뛸 수도 없이 기뻤습니다. 그녀는 황홀한 임신기를 보내고 어여

쁜 딸을 낳았습니다. 오랫동안 엄마가 되는 것이 바람이었던 그녀의 소원은 마침내 실현되었습니다. 안도하고 행복해하는 대신 그녀는 소리 내어 울었습니다." 이 문장은 부룩 실즈가 산후 우울증으로 고생하던 경험을 써내려간 그녀의 책 『비가 내렸어요 *Down Came the Rain*』에 담긴 것이다. 그녀는 여성이라면 누구라도 겪을 수 있는 일에 맞서 용감하게 대중 앞에 자신을 드러냈다.

산후 우울증의 위험 요소를 다룬 연구는 수없이 많다. 위험 요소에 속하는 것들은 가난, 사회적으로 부족한 도움, 우울증을 앓은 전력, 불행한 결혼생활, 한 부모 가정, 계획에 없던 임신, 낮은 자존감, 산통의 후유증, 출산 당시 마취제의 사용, 호르몬 불균형, 스트레스 넘치는 생활, 흡연 등이다. 여기에는 또한 모유 수유를 대신하는 젖병 수유도 있다.

2006년 논문에서 산과학자 세라 브리즈 매코이 ^{Sarah Breese McCoy}와 동료들은 산후 우울증으로 진단받은 81명의 여성을 그렇지 않은 128명의 여성과 비교 분석했다. 위험 요인들을 고려하자 우울증과 가장 큰 관련성을 보이는 것은 놀랍게도 젖병 수유였다. 이런 수유 방식을 택하는 경우 우울증은 훨씬 늘어나서 모유 수유를 하는 산모의 두 배를 넘어섰다. 이전에 우울증을 경험한 여성들도 역시 90퍼센트나 높은 비율로 우울증을 나타내었다. 그러나 흡연은 60퍼센트 정도였다. 제왕절개를 통해 출산한 여성들도 비교적 높은 우울증을 나타내었지만 그 차이는 통계적으로 의미가 없었다. 몇 가지 요소들은 상가적인[88] 효과를 나타내기도 했다.

---

88 | additive이다. 담배를 피우는 것이 정상인 경우보다 우울증이 40퍼센트 더 많다고 치자. 제왕절개는 30퍼센트 더 많다고 하자. 이때 제왕절개를 하고 담배를 피우는 여성은 우울증에 걸릴 확률이 정상인보다 70퍼센트 더 늘어난다. 그게 상가적이다.

젖병 수유, 호르몬, 산후 우울증의 상관관계는 그 전에도 아랍에미리트 연구진에 의해 제기된 바 있다. 모하메드 아부살레^{Mohammed Abou-Saleh}가 이끄는 연구진들은 출산 후 몇 주가 지난 70명의 여성을 상대로 혈중 호르몬 수치를 측정했다. 에스트로겐, 프로락틴[89] 그리고 코티솔의 농도는 막 출산한 여성들이 임신하지 아니한 여성들보다 높게 나타났다. 그러나 산후 우울증으로 진단받은 여성들의 프로락틴 농도는 정상적인 산모에 비해 그 양이 훨씬 적었다. 젖병으로 분유를 먹이는 여성들의 프로락틴 수치는 모유 수유를 하는 여성에 비해 훨씬 낮고 또 산후 우울증도 더 많이 겪는다. 아부살레와 그의 팀은 이전에 우울증을 경험한 여성의 프로락틴 수치가 매우 낮고 산후 우울증을 겪을 가능성이 높다는 것을 발견했다.

현재 사람들은 임신 후기와 출산 후 호르몬 수치의 차이가 산후 우울증을 초래하는 것이라는 견해를 폭넓게 받아들인다. 산모의 감정과 엄마 노릇하기는 호르몬의 균형, 특히 에스트로겐, 프로게스테론 그리고 프로락틴의 수치와 관계가 있다는 증거는 많다. 따라서 이들 호르몬은 산후 우울증을 치료하는 목적으로 사용될 수 있다. 의학적인 도움과 약물의 사용이 아주 효과가 좋다는 점은 반가운 소식이다. 시간은 걸리더라도 여성들은 대개 회복한다.

비인간 영장류 실험을 통해 내가 배운 모든 것은 인간 산모의 산후 우울증은 부분적으로 스트레스에 의해 촉발된다는 것이었다. 스트레스는 호르몬 균형을 깬다. 그것은 또 엄마 노릇하기의 생리학에 영향을 준다. 이런 정황이 다 맞는다면 우리가 해야 하는 것은 산모가 스트레스를 덜 받도

---

89 |　유즙분비자극 호르몬. 모유 수유를 책임지는 호르몬이다.

록 모든 수단을 강구하는 것이다. 산후 우울증은 모유 수유를 하는 경우에 적게 나타나지만 스트레스에 노출되면 그 효과가 줄어들고 모유의 생산도 감소한다. 따라서 이런 모든 문제는 폭넓은 시각에서 접근해야 한다.

스트레스가 고려해야 할 유일한 요소는 아니다. 모유 수유를 포함한 자연적인 기제를 우리가 가끔 무시하기는 하지만 정말 중요한 요소가 하나 더 있다. 수유를 하는 빈도가 생식률과 되먹임 관계에 있다는 것이다. 아리스토텔레스가 이미 오래전에 간파한 것처럼 수유를 하는 여성이 임신을 하기란 쉽지 않다. 이 말이 의미하는 것은 모유 수유가 배란을 억제한다는 것이다. 그러나 이런 관점은 수유를 하는 동안에도 상당히 많은 여성들이 임신을 한다는 사실을 배제하는 듯 보인다. 생식생물학자 피터 하우이Peter Howie와 앨런 맥나일리Alan McNeilly는 과학계의 탐정처럼 일을 하면서 마침내 이 사실을 규명했다. 그들이 밝혀낸 것은 수유가 실제로 여성의 배란을 억제한다는 것이다. 그러나 그것은 여성이 하루 종일 모유 수유를 할 경우로 한정된다. 아기가 밤에 모유를 먹지 않는다면 배란이 억제되는 정도는 약화된다. 때문에 출산 후 배란을 억제하기 위해서는 온종일 자식들에게 젖을 먹여야 한다.

모유 수유에 의해 배란이 억제된다면 이것은 엄마의 영양상태가 임신 가능성과 관련이 있다는 말이다. 어미가 잘 먹는다면 그녀의 젖은 매우 풍부한 영양소를 포함하고 있을 것이다. 그녀의 젖을 먹는 아이는 쉽게 포만감을 느낄 것이고 얼마 있다 다시 젖을 먹을 수 있을 것이라 예상할 것이다. 그러나 엄마의 영양상태가 좋지 않으면 모유는 묽어질 것이다. 아이들은 좀 더 오랫동안 젖을 물고 있을 테지만 금방 배가 고파질 것이다. 잘 먹지 못하는 어미의 젖을 먹은 아이들은 그렇지 않은 아이들에 비해 자주 어미젖을 찾을 것이다. 따라서 아이가 하루 종일 젖을 먹는다면 출산 후 배란의 억제는 영양상태가 좋지 않은 엄마들에게서 더 오래 지속될 가능성이 크다. 실제로 이것이 자연적인 되먹임 현상이다.

1983년 앤드루 라우든^{Andrew Loudon}과 그의 동료들이 수행한 붉은사슴의 실험에서 이런 기제가 실제로 작동함을 밝혔다. 영양상태가 좋은 어미의 젖을 먹은 새끼들은 젖을 덜 찾고 따라서 이런 어미들은 그렇지 않은 암컷에 비해 쉽게 임신할 수 있다. 인간의 아이를 수유하는 것도 비슷한 방식으로 작동할 수 있을 것이다. 밤에도 그리고 낮에도 수유한다면 그것은 매우 자연스러운 피임법이고 그 기간도 출산 후 일 년 이상 지속될 수 있다. 실제 영국의 생물학자 로저 쇼트는 1976년 논문에서 그 어떤 형태의 피임법보다도 모유 수유에 의해 전 세계적으로 출산율이 줄어들었다고 주장했다.

자연적인 피임이라는 주제에 대해 이왕 말을 시작했으니까 이제 우리 인간의 생식에 관여하는 여러 가지 피임 방법에 대해 알아보자. 또 인간 생식에 관한 생물학적 지식을 바탕으로 인공적 시술이라는 특별한 주제에 좀 더 다가가보자.

8장

인간 생식의 미래

HOW WE DO IT

영국의 신학자이자 수학자인 토머스 맬서스가 『인구론』[90]을 펴낸 것은 1798년이다. 이 책의 영향을 받아 찰스 다윈과 앨프리드 러셀 월리스는 자연선택이라는 개념을 발전시켰고 진화론의 길을 다졌다. 맬서스는 어떤 제약이 없다면 인구는 시간이 지남에 따라 기하급수적으로 팽창할 것이라고 말했다. 기하급수적 증가는 마치 복리 같은 것이어서 숫자가 가속을 받아 팽창한다. 반면 식량은 기껏해야 단리처럼 산술급수적으로 증가한다. 어떤 인간 집단도 별다른 제약이 없다면 매 25년마다[91] 두 배로 늘어난다. 따라서 머지않아 식량의 공급을 성큼 앞질러버린다. 이제 극심한 경쟁이 예고되는 상황을 피할 수 없다. 빈곤, 기근 그리고 대개의 경우 전쟁이 뒤따른다. 모든 식물과 동물은 기하급수적으로 팽창하는 자연적인 경향을 보이고 곧 가용한 자원이 줄어들 것이기에 다윈과 월리스는 생존을 위한 경쟁이 일어날 수밖에 없다는 것을 알아차렸다. 경쟁적인 환경에서 자연선택은 생존의 가능성을 높이는 유전형질을 선호한다.

---

90 |　원래 제목은 『미래 사회의 개선에 영향을 미치는 인구 원리에 관한 소론 *An Essay on the Principles of Population as It Affects the Future Improvement of Society*』이다.
91 |　지수 로그함수를 공부했던 옛 기억을 되살려 계산해보면 인구증가율이 2.8~2.9퍼센트 정도가 되어야 25년 후 두 배의 인구가 된다.

맬서스는 피임과 유산 모두를 반대했다. 대신 그는 결혼을 늦게 하고 성적 접촉을 억제하면 인구의 증가를 막을 수 있다고 보았다. 서른여덟에 결혼하고 아이를 셋 낳아서 스스로 본보기를 보였음에도 불구하고 계속해서 세상은 그가 정곡을 찔렀던 바로 그 근본적 문제로 골치를 썩고 있다. 계획적인 간섭이 없다면 인간 집단은 복리처럼 팽창하고 쓸 수 있는 자원은 냉혹할 정도로 쉽게 사라져버린다. 게다가 고삐 풀린 인간 집단은 극심한 환경오염을 동반한 파국적 국면에 이미 접어들었다. 현재 세계 인구는 지난 세기의 네 배가 넘는 70억 정도다. 유엔은 현재의 인구 증가율 30퍼센트가 지속된다면 2050년이면 세계 인구가 90억을 넘을 것으로 내다보고 있다.

맬서스와 그의 추종자들 덕분에 지난 두 세기 동안 인류는 인구 폭발의 위협을 폭넓게 인식하여왔다. 인류가 곤경에 빠지고 환경 파괴와 오염에 소모되는 엄청난 비용을 부담해야 하는 상황에서 전 지구적으로 급증하는 인구 증가를 좌시하는 것은 도덕적으로 받아들일 수 없다. 종교적인 신념, 경제적인 요소들, 정치적인 편의와 같은 장애물을 애써 넘어 정부가 적극적으로 인구 문제에 개입하는 경우는 거의 찾아볼 수 없다. 결국 인구 재앙이라는 문제는 "자연적인" 것이 무엇인가 하는 질문으로 귀결된다. 가난과 기근 혹은 전쟁이 우리를 휩쓸 때까지 인구가 기하급수적으로 증가하는 것을 받아들이는 것이 자연적인가? 아니면 유별나게 큰 우리의 뇌를 이용해서 인구 집단의 크기를 조절하고 전 지구적인 부담을 감소하는 것이 자연적인가?

스스로의 번식에 신중하게 개입하고 조절하는 것은 인간만의 고유한 특성이고 그 역사도 수천 년 전까지 올라간다. 지금까지 논의했던 것과는 달리 산아제한에는 진화적인 선례가 없다. 인간의 출산을 간섭하는 것은 결단코 자연적이지 않다. 다른 경우와 마찬가지로 자연적인 배경을 이해하는 것은 필수적이다. 우리 인간의 종족 번식에 성공적으로 개입하기 위해서라면 그 배후에 존재하는 생물학적 과정, 특히 원치 않는 부작용에 대한 확실한 파악이 필요하다. 더군다나 도덕적·법적인 강제를 통해 종교나 정부가 종종 이 부분에 개입하기도 한다. 인간 생식의 윤리적인 논쟁은 무엇이 자연적인 것이냐를 근거로 이루어지기도 한다. 그렇지만 미신이 과학적 실재와 하나가 되려면 얼마나 먼 길을 돌아가야 할까? 이것이 이번 장에서 내가 살펴보려 하는 주요한 이슈이다.

인간이 생식에 개입하는 방법은 두 가지다. 한 가지 방향은 생물학적 이해를 바탕으로 산아제한의 여러 가지 방법을 사용해서 출산을 줄이는 것이다. 그와 반대로 같은 지식을 바탕으로 불임과 싸우는 것이다. 역설적일 수밖에 없는 인간의 조건이다. 수없이 많은 사람들이 임신을 피하려고 갖은 방법을 찾는 한편 일군의 사람들은 아이를 갖기 위해 온갖 노력을 아끼지 않는다.

산아제한과 생식을 돕기 위한 의학적 진보는 많은 가능성을 열어놓았다. 그렇지만 많은 사람들이 종교적인 이유 때문에 가능성의 일부 혹은 전부를 아예 받아들이지 않는다. 종교적인 믿음이나 신앙 행위는 꼭 지켜져야 할 인간의 권리이다. 그와 동시에 믿음이 생물학적 실재와 충돌하게 될 때 이러지도 저러지도 못하는 상황에 처할 수도 있다.

어떤 경우에는 산아제한이나 생식을 보조하는 방식을 거부하는 종교적인 파급력이 약해지고 있지만 여전히 일부 종교는 그 완고함을 풀려하지 않는다. 예를 들면 1920년에 열린 영국 국교회의 램버스 회의에서는 임신을 피하려는 어떠한 부자연스러운 수단도 인정할 수 없다고 선언했다. 그러나 정확히 10년 뒤 영국 국교회는 결혼한 부부가 출산을 조절하는 것을 수용하기로 했다. 미국 교회연합회는 11년 뒤 영국의 방식을 수용했다. 그러나 1930년 로마 가톨릭 교회는 회칙 "정결한 결혼 생활$^{Casti\ Connubii}$"을 발표해 어떤 종류의 인공적인 피임제도 확고하게 반대한다고 말했다.

이 장에서 나는 우선 산아제한에 대해 살펴본 다음 생식을 돕는 방식에 대해 알아보겠다. 이 두 가지 주제는 생물학적이고 도덕적인 문제를 제기하지만 나는 이 마지막 장이 낙관적인 희망을 전하기를 바란다. 이 장에서 나는 인간의 개입이 부모가 되기 위해 힘든 나날을 보내고 있는 많은 부부들에게 행복을 가져다준다는 점을 강조하려 한다.

산아제한을 하는 가장 오래되고 가장 단순한 방법은 정자가 난자를 만나지 못하게 하는 것이다. 가장 기본적인 방법은 물론 금욕이다. 완전한 금욕, 즉 평생 독신으로 사는 것이 가장 엄격하고 안전한 피임법이며 자신의 유전자를 후대로 전달할 가능성을 0으로 낮춘다. 완전 금욕보다 조금 완화된 방법은 부분적인 금욕이고 상대적으로 해가 적으면서 자연적으로 출산을 억제하는 것이다. 맬서스가 제안한 것처럼 가능한 한 교접을 하는 시기를 늦추고 임신하려는 욕망을 억제하는 것도 한 방법이다. 그러나 실제 세계에서 이런 방법은 잘 먹히지 않는다. 금욕 생활을 하지 않고도 임신을 피할 수 있는 대체 수단은 사정 전에 교접을 멈추는 중절성교$^{coitus\ interruptus}$다. 그러나 이 방법은 불안정해서 실패할 확률이 매우 높다. 이런 방법에 의존하는 여성 네 명 중 한 명이 일 년 후 임신을 한다.

금욕도 하지 않고 교접을 중단하지 않으면서 피임하는 일반적인 방법은 정자가 난자를 만나기 전에 이를 포획하는 어떤 물리적 방벽을 사용하는 것이다. 남성들이 주로 사용하는 것은 콘돔이다. 여성들은 피임용 페서리^{cap}, 격막^{diaphragm}, 혹은 스펀지 등을 질 안에 넣어 사용한다. 스팔란차니의 개구리용 태피터 바지의[92] 현대적 변형물인 콘돔은 최소한 4세기 넘게 사용되어왔다. 초기에는 양의 소장이나 방광과 같은 동물성 막으로 만든 덮개를 음경에 씌워서 피임했다. 이에 관한 믿을 만한 기록에 의하면 16세기 중반 이탈리아 해부학자인 가브리엘레 팔로피오$^{Gabriele Falloppio}$가 화학 물질을 처리한 린넨 덮개를 만든 것이 가장 앞선 것이다. (그의 이름을 따서 나팔관 혹은 수란관을 '팔로피안 관'이라고 한다.) 19세기에 접어들면서 남성들의 콘돔 사용은 점차 증가해서 전 세계적으로 산아제한의 가장 보편적인 수단으로 자리 잡았다. 최초의 고무 콘돔은 1885년에 만들어졌고 라텍스로 만든 것은 1920년에 시장에 등장했다. 물론 소장에서 분리한 '양의 피부'로 만든 콘돔도 여전히 사용되었다.

그러나 단순한 장벽 방법은 모두 두 가지 문제점을 안고 있다. 배우자 사이의 친밀감을 떨어뜨리고 피임에 실패할 확률도 상당히 높다는 점이다.

여기서 실패율이 의미하는 것은 무엇일까? 매년 두 가지 종류의 통계값이 집계된다. 하나는 특정한 피임법을 정확하고 일관되게 사용하는 '완벽한 사용'을 전제로 한다. 다른 하나는 부정확하고 일관성이 떨어지는 피임의 '전형적인 사용' 사례를 조사하는 것이다. 전자를 그림의 떡으로 비유할 수 있다면 후자는 실제 사람들이 실생활에서 사용하는 피임법에 관한 것이다.

---

92 | 태피터는 광택이 있는 엷은 견직물이라고 한다. 이를 이용해 정자를 난자로부터 분리하였다. 스팔란차니는 양서류와 포유류(개)의 인공 수정에 성공했다. (353쪽 참고)

1990년 인간 집단 연구자인 제임스 트루셀James Trussell과 동료들은 '전형적인 사용'에서 콘돔의 실패율은 12퍼센트라고 보고했다. 격막과 페서리 및 스펀지는 18퍼센트 정도였다. '완벽한 사용'은 콘돔의 실패율을 3퍼센트, 격막은 6퍼센트로 낮추었다. 지금까지 서술한 장벽을 사용하는 모든 방법은 정자를 죽이는 약물인 살정제와 함께 사용하면 성공률이 크게 늘어난다. 살정제 단독으로는 실패율이 매우 높아서 30퍼센트에 이르지만 장벽 방법의 효율성을 크게 높일 수 있다.

콘돔의 사용은 부가적인 이점이 있고 최근 들어 그 중요성이 급격히 증가하고 있다. 바로 콘돔의 사용이 성을 통해 매개되는 질병을 감소시킬 수 있기 때문이다. 과거에는 의심할 것 없이 매독이 가장 흔했지만 다행스럽게도 시간이 지나면서 그 병원성은 줄어들고 있다. 1490년대 유럽에서 매독이 창궐한 것이 최초의 기록이다. 증세는 심각해서 몇 달 안에 죽을 수도 있었다. 1564년 매독에 관한 논문을 쓴 팔로피오는 자신의 실험에서 린넨 덮개를 쓰면 매독으로부터 남성을 보호할 수 있다고 했다. 그 뒤 광범위한 경험을 통해서 최소한 콘돔이 성병을 예방할 수 있다는 사실이 밝혀졌다. 에이즈는 현재 성을 통해 매개되는 천형으로 간주되며 콘돔을 사용하면 감염이 줄어든다는 사실이 확인되었다.

여성의 자궁에 장착하는 장벽 개념의 특별한 피임법도 있다. 자궁 내 장치intrauterine device, IUD가 그것이다. 다른 장벽형 피임법과 달리 이 장치를 집어넣기 위해서는 매우 세심한 과정이 필요하기 때문에 병원의 도움을 받아야 하고 정기적으로 검사해야 한다. 자궁 속에 외인성 물질이 들어오면 면역 반응을 유도할 수 있기 때문에 정자에게 적대적인 환경을 만들 것이다. IUD가 수정을 막는 데는 이 기제가 주요하게 작용하는 것 같다. 초기 IUD

는 탄성 있는 은고리에 금테두리가 달린 것으로 1928년 부인과 의사인 에른스트 그라펜베르크Ernst Gräfenberg가 만들었다. 나중에 은테두리가 달린 보다 효과적인 장치가 개발되었다. 그러나 이 장치의 효력은 금속에 불순물로 포함된 구리 때문인 것으로 드러났다. 이 장치에 포함된 구리 불순물은 25퍼센트나 된다. '코일coil'이라는 이름이 붙은 현대적 버전은 이름과는 달리 실제로는 T자 모양을 하고 있다. 플라스틱으로 만들었지만 간혹 구리가 코팅되어 있기도 하다. 이 장치는 나중에 임신이 가능한 상태로 되돌릴 수 있는 산아제한 방법으로 현재 세계에서 가장 널리 사용되고 있다. 오늘날 1억 6,000만 명에 이르는 여성이 이 장치를 하고 있다. 그중 3분의 2가 중국 여성이며 결혼한 중국 여성의 반 정도가 이 장치를 사용하고 있다. '전형적인 사용'에 따른 IUD의 피임 실패율은 매우 낮아서 한 해당 1~2퍼센트 정도이다. 그러나 어쩌다 덜컥 임신이라도 되면 이 장치를 제거해야 한다. 유산이나 조산의 위험성이 커지기 때문이다.

장벽형 피임법은 부정할 것 없이 비자연적이고 때로 거부 반응을 일으킨다. 한편에서는 콘돔의 사용, 중절성교, 자위행위를 "죄받을 짓"으로 보는 시각도 존재한다. 정자를 낭비하는 것은 비유하자면 서툰 정원사가 "씨를 쏟아버리는" 행위라는 것이다. 특히 남성의 자위행위는 타락한 것이며 무슨 수를 쓰더라도 막아야 한다는 주장도 있다. 그러나 인간이 아닌 영장류, 특히 원숭이나 대형 유인원 집단에서 자위행위는 매우 보편적으로 발견된다. 자위행위하는 모습을 무리의 누군가가 보더라도 특별한 반응을 보이지 않는다. 앨런 딕슨은 『영장류의 성생활Primate Sexuality』이란 책에서 35종이 넘는 원숭이와 대형 유인원이 자위행위를 한다고 말했다. 그중

20종은 자연 상태에서 관찰한 것들이었다. 간혹 가다 자위행위가 동물원에 사육 중인 동물들에게 나타나는 이상 행동이라는 견해가 제기되지만 이것은 사실과 다르다.

남성은 많은 수의 잉여 정자를 오줌을 통해 배출한다. 금욕생활이 길어지면 잠자는 동안 자신도 모르게 정자가 새어 나오기도 한다. 따라서 "정자를 소실하는" 것이 본질적으로 비자연적일 것은 하나도 없다. 이런 점에서 금욕은 역설적이게도 자위행위를 하는 것과 다를 바가 없다. 생리학자인 로이 레빈^{Roy Levin}이 1975년에 쓴 에세이를 보면 자위행위나 몽정을 통해 정자를 배출하는 것은 일정한 양의 정액을 적절한 범위 내에서 유지하고 또 비정상적인 정자가 출현하는 것을 줄이는 방법이다. 레빈은 영장류가 아니더라도 많은 포유동물이 자위행위를 하거나 혹은 자발적으로 정자를 방출한다고 했다. 야생에 있건 동물원에 있건 마찬가지다. 나무두더지, 햄스터, 쥐, 고양이, 개, 사슴, 수소, 말, 고래 모두 그렇다. 호주에서 수행된 최근 연구에 따르면 정기적으로 사정하는 것은 정자의 질적 우수성을 확보하는 데 매우 중요하다고 한다.

정자나 난자를 낭비하는 것은 생명의 존엄함이라는 도덕적 원칙과 밀접한 관련이 있다. 정자가 살아 있는 것이며 복잡한 과정을 거쳐 인간 아기의 탄생으로 귀결되는 존재라는 믿음은 이해할 만하다. 서구 사회에서 하나의 정자가 한 생명체와 동등하다는 믿음은 그 역사가 오래되었다. 3세기 전 현미경이 처음 등장했을 때 일부 연구자들은 정자의 머리 안에 호문쿨루스^{homunculus}라는 축소된 인간이 들어 있다고 믿었다. 1694년 덴마크의 수학자이자 물리학자인 니콜라스 하르트쇠케르^{Nicolaas Hartsoeker}는 정자의 머리에 웅크려 앉아 있는 호문쿨루스의 그림을 그렸다. 그토록 유명한 그

그림은 실제 관찰한 것이 아니라 그가 순순히 자백했듯이 거기 있을 것이라고 상상한 모습에 불과했다. 그 뒤 소위 "정자 학파"는 수동적인 난자와 수정이 일어나면 정자의 머리에 있는 호문쿨루스가 일어나 나와서 발생을 계속한다는 생각을 고수했다. 이런 유의 해석은 생식에서건 사회에서건 남성을 활동적이지만 여성은 수동적이라는 편견을 낳았다.

남성 중심주의자들만 있었던 것은 아니다. 그와 완전히 반대편에 선 난자"주의자"들도 존재했다. 이들은 난자가 발생의 주도권을 쥐고 있으며 정자는 그저 촉매 정도의 역할에 그친다고 보았다. 이들 두 그룹의 전성설[93] 주창자들은 축소형 소인간이 정자 혹은 난자에 존재할 뿐 아니라 원래 그렇게 창조된 것이었다고 믿었다. 그들은 그들 추론에서 피할 수 없는 근본적인 문제를 별 생각 없이 무시해버렸다. 바로 무한 회귀이다. 만약 정자 혹은 난자가 미리 만들어진 소인간을 가지고 있다면 그 소인간의 정자 안에 그보다 훨씬 작은 소인간이 존재해야 하고 그 축소는 끝없이 계속되어야 한다. 생물학자 클라라 핀토코레이아^{Clara Pinto-Correia}는 『이브의 난소^{The Ovary of Eve}』에서 이를 러시아 인형 세트[94]에 적절하게 비유했다. 비록 정자에 비해 난자가 훨씬 크기는 하지만 무한 회귀의 문제는 여기에도 적용시킬 수 있다. 1766년 알브레히트 폰 할러^{Albrecht von Haller}는 지구의 나이를 6,000년으로만 잡아도 난자에는 2,000억 개의 소인간이 있어야 한다고 계산했다. 전성설은 종간의 잡종이라는 또 다른 고전적인 문제에도 봉착한다. 말의 정자나 난자가 조그마한 말을 가지고 있다면 이들이 당나귀를 만들어낼 수 있는 근거는 무엇인가?

---

93 | 당연한 추론이지만 후성설epigenesis도 있다. 다 오래된 얘기들이다.
94 | 마트료시카라고 하는 것이다. 정확한 비율로 줄어드는 인형 여러 개가 한 인형에 들어간다.

잡종이나 러시아 인형의 역설이라는 문제와는 별개로 전성설로만 인간을 설명하기에는 또 다른 어려운 점이 있다. 인간 남성은 한 번에 평균 약 2억 5,000만 개의 정자를 방출한다. 남성은 평생 수십조 개 이상의 정자를 만들지만 상대적으로 적은 수의 자손을 낳아 기른다. 한 번에 방출되는 2억 5,000만 개의 정자 중 실제 수란관에 도달하는 숫자는 수백 개 정도다. 이 점을 감안하면 다음 세대에 기여하는 데 필요한 숫자보다 훨씬 많은 수의 정자를 생산하는 것은 엄청난 낭비일 것이다. 정자 입장에서 수정에 성공하는 것은 커다란 도박과도 같다. 질적인 면은 차치하고라도 실제 성공률은 거의 0에 가깝다. 교접이 실제 임신으로 연결되는 경우는 아주 적어서 2억 5,000만 분의 1이다.

2006년 출간된 『정자 전쟁Sperm Wars』이라는 책을 통해 생물학자 로빈 베이커Robin Baker는 하나의 아기가 탄생하기 위해서는 약 500번의 교접이 있어야 한다고 말했다. 다시 말해 임신에 성공하기 위해서는 교접하는 동안 총 1,250억 개의 정자가 방출되어야 한다. 평생 성인 남성은 놀랄 만한 수의 정자를 레테의 강으로 흘려보낸다. 정자주의자들은 지금까지 살았던 모든 남성들이 평생 수십조 개에 달하는 소인간, 호문쿨루스를 잃어야 하는 비극을 목도해야만 했다. 이런 견해는 오늘날까지도 살아남아서 헛되이 인간의 정자를 소모하는 것이 생명의 존엄성을 훼손하는 것이라고 한다. 모든 시기에 소모는 불가피한 것이었다. 그것이 생명의 진실이고 자연적인 것이다. 물론 현미경이 발달하고 연구가 계속되면서 마침내 인간의 정자나 난자에 소인간이 존재하지 않는다는 사실이 밝혀졌다. 모든 정자와 난자는 반쪽의 유전자를 가지고 있다가 수정하면서 합쳐지면서 원래의 유전 요소를 회복한 채 발생에 참여한다. 이런 의미에서 정자나 난자는 불완전한 것이다. 한 번 방출되면 그들은 불과 며칠을 버티지 못한다.

임신을 피하기 위해 널리 사용되는 또 하나의 방법은 대체로 종교의 반대에 부딪히지 않았다. 그것은 바로 배란이 시작될 즈음에 금욕하는 방법이다. 이 방법의 뚜렷한 목적은 수정 가능한 주기를 피해 안전한 시기에 국한해서 교접을 하는 것이다. 이러한 계획적인 금욕은 의도적으로 정자와 난자를 버리는 것이지만 따로 특별한 장치나 처치를 필요로 하지 않는다. 따라서 비교적 자연스런 산아제한의 한 방법으로 폭넓게 자리를 잡았다. 사실 이 방법은 거의 유일하게 로마 가톨릭이 도덕적으로 용납한 것이다. 1951년 교황 비오^{Pius} 12세는 이 방법을 공식적으로 인정하였고 특정 지역에서 매우 보편적인 피임법으로 자리 잡았다.

1장과 3장에서 서술한 인간의 생리 주기의 가임기, '난자 시계' 모델에 근거하여 성적으로 절제하는 기간이 결정된다. 이 방법은 대략 한 달 주기로 진행되는 생리 주기의 중간쯤에 배란이 일어난다는 관찰에 따른 것이다. 1920년대까지만 해도 생리 주기 중에서 임신할 수 있는 기간은 주기의 중간이 아니라 생리가 진행될 때라는 믿음이 팽배했었다. 따라서 당시 여성들은 생리가 끝난 후부터 주기의 중간에 걸친 기간을 임신을 피할 수 있는 안전한 시기라고 생각했다. 생리 주기의 중간쯤에 배란한다는 개념이 처음 생긴 것은 1920년대로 일본의 산과 의사인 오기노 규사쿠와 오스트리아의 부인과 의사인 헤르만 크나우스에 의해서다. 그들은 배란을 체크하는 달력을 만들어서 이런 결과를 얻었다. 나중에 이들이 제창한 산아제한법은 오기노-크나우스^{OK} 혹은 크나우스-오기노^{KO}법으로 불리게 되었다. 재미있는 것은 이들 이름의 약칭이 OK 혹은 KO라는 점이다. 1930

년 로마 가톨릭계 의사인 존 스멀더스^{John Smulders}는 임신 주기의 중간을 임신을 피할 수 있는 시기라고 말했다. 정자가 대략 2일 정도 살아 있지만 난자는 기껏해야 하루 정도 생존한다는 믿음에 근거한 권고안이었다. 스멀더스가 강력히 옹호한 탓에 이 방법은 곧 로마 가톨릭의 승인을 받았다. H. L. 멘켄은 이를 빗대어 이렇게 조롱했다. "임신을 피하기 위해 가톨릭 여성이 수학에 호소해야 하는 것은 이제 합법적인 것이 되었다. 그러나 물리학과 화학은 아직 그렇지 않다."

달력에 바탕을 둔 산아제한법은 주기 피임법^{rhythm method}이란 이름으로 널리 알려졌다. 그런 이름이 붙은 것은 아마도 시카고의 의사인 리오 라츠^{Leo Latz}가 1932년에 쓴 『여성의 가임과 피임 주기^{The Rhythm of Fertility and Sterility in Women}』라는 책 때문일 것이다. 이 책은 26쇄나 출판되었다. 라츠는 책의 머리말에 어떻게 이 방법을 미국에 소개했는지 언급하면서 자신이 고안한 방법이 건강 관련 전문가라면 누구라도 3분 안에 일반인에게 가르칠 수 있을 정도로 체계가 있다는 말도 덧붙였다. 그는 생리 주기에서 임신이 되는 시기와 그렇지 않은 시기를 확인하는 기본적인 법칙을 개발했다. 가장 간단하게 말하면 생리 주기의 12~19일째가 가장 임신이 되기 쉬운 시기이다. 좀 더 엄격하게 적용하면 지난 8~12개월 동안 생리 주기를 측정하고 가장 긴 주기에서 짧은 주기를 뺀 다음 이 수치를 가임 시작일인 12일에서 거꾸로 빼주는 것이다. 예를 들자. 지난 일 년 동안 어떤 여성의 가장 짧고 긴 생리 주기가 26일, 31일이었다 치면 그 차이는 5가 된다. 그렇다면 가임 기간은 5일 연장되며 12일에서 5를 뺀 7일째부터 19일째까지가 임신 가능성이 있는 시기가 된다. 이런 계산이 어렵다고 느껴진다면 그런 사람이 당신 혼자만은 아니라는 점을 기억하자!

주기 피임법은 자연적인 것처럼 보인다. 그러나 여기에는 결정적인 흠이 있다. '전형적인' 사용자라면 이 방법은 전혀 신뢰할 만한 것이 못 된다. 일 년 동안 이 주기 피임법을 시행한 여성 다섯 명 중 한 명은 임신을 한다. 1996년 생식생물학자 로버트 캠빅Robert Kambic과 버지니아 램프레히트Virginia Lamprecht가 시행한 임상 시험은 일 년간 이 방법의 실패율이 약 15퍼센트에 이른다고 밝히고 있다. 사실 일반인들 사이에서 이 방법의 실패율은 최고 25퍼센트에 이르며 중절성교보다 나을 것이 없다. 따라서 이 방법이 "바티칸 룰렛"이라는 경멸적인 말로 불리는 것도 그리 놀랄 일은 아니다.

이 주기 피임법은 여러 가지 다양한 방법으로 개량되었으며 그중에서 의사 존 빌링스John Billings의 방법이 주목을 받았다. 1981년 논문에서 빌링스는 자궁의 입구에서 분비되는 점액질이 믿을 만한 배란의 표식이라고 언급했다. 질의 젖은 정도나 미끄러움 혹은 점액의 방출을 봄으로써 여성들이 가임기와 그렇지 않은 시기를 명확하게 알 수 있을 것이라고 본 것이다. 확신에 찬 로마 가톨릭주의자였던 크나우스와 라츠처럼 빌링스도 가족계획에 관한 자신의 믿음을 설파하고 다녔다. 그 결과 1969년 그는 로마 교황의 작위를 받기도 했다. 빌링스의 배란 피임법의 추종자들은 급속도로 늘어났다. 특히 호주에서 그러했는데 공식적인 웹사이트에서는 이 방법의 실패율이 1.5퍼센트밖에 되지 않는다고 주장했다. 인구학자 제임스 트루셀은 2011년 통계 분석을 통해 배란 피임법을 완벽하게 수행했을 때조차도 피임 실패율이 3퍼센트를 넘는다고 보고했다. 또 실제 일반인들 사이에서 계획적인 금욕을 통한 피임법은 그 실패율이 24퍼센트였다.

주기적인 금욕법을 개량하기 위한 여러 가지 방법이 모색되었지만 여전히 이 방법은 신뢰할 만하지 못했다. 가장 간단한 방법은 생리 주기의 특정한 날에 금욕을 하는 것이었다. 그렇지만 앞에서 살펴본 것처럼 평균 생리 주기는 여성마다 다르다. 따라서 라츠는 여성들이 꼼꼼하게 자신의 주기를 체크해서 자신의 리듬을 아는 것이 중요하다고 말했다. 이 말이 의미하는 것은 모든 여성이 자신만의 고유한 배란 주기를 가지며 그 주기가 빨라지기도 하고 늦춰지기도 한다는 사실이다. 개별적으로 배란 주기를 추적하면서 피임을 계획하는 것을 달력 피임법이라고 한다.

　1장에서 보여준 것처럼 개인마다 여성의 생리 주기는 천차만별이다. 변이가 매우 크기 때문에 각 개인이 자신의 배란 주기를 기록하는 것은 가임기를 알 수 있는 기회를 높일 것이다. 그러나 특정 여성의 생리 주기가 일정하지 않고 매 주기의 길이가 달라지기 때문에 사정은 더욱 복잡해진다.

　이런 달력 피임법을 보강하는 방법은 이미 한 세기 전부터 알려졌다. 그것은 휴식 상태에서 가장 안정된 기초 체온[95]을 측정하는 방법이다. 배란이 시작되면 기초 체온은 섭씨 0.2~0.5도가량 올라가며 배란 기간 내내 그 온도가 유지된다.

　그러나 유감스럽게도 기초 체온은 배란이 시작되고 하루나 이틀이 지나서야 올라간다. 따라서 주기가 진행되는 도중에 배란 시기를 예측하는 것은 의미가 없다. 배란기가 이미 시작된 다음에 알게 되기 때문이다. 대신 여러 달에 걸쳐 체온을 기록한다면 특정 여성의 배란 주기를 비교적 정확하게 예측할 수 있을지도 모른다. 그러나 기초 체온에 의해 배란을 감지한다는 것은 늘 맞아떨어지지 않는다. 앞뒤로 사흘 정도 편차가 있어서 불

---

95 | 　basal body temperature, BBT라고 약칭한다.

확실한 데가 있기 때문이다. 부인과 의사인 캠런 모기시$^{Kamran\ Moghissi}$는 정상적인 생리를 보이는 서른 명의 여성에서 호르몬과 기초 체온의 상관성을 조사했다. 이 조사에 따르면 다섯 명 중 한 명의 여성은 정상적인 호르몬 양상을 보였음에도 체온의 변화가 관찰되지 않았다.

계획적인 금욕에 대한 믿음이 과하더라도 가임기가 아닌 안전기에 임신이 되는 것을 완벽하게 피할 수는 없다. 인간의 생리 주기에 관한 표준 배란 시계 모델이 전체 여성의 평균치라는 것이 한 가지 이유가 된다. 그것은 통계적인 값이지 생물학적 실재는 아니다. 게다가 주기 피임법은 전적으로 배란기에 가장 근접한 시간을 피하려는 방법이다. 따라서 배란기 가까운 시기에 교접을 하면 임신이 될 가능성이 높다고 가정한다. 3장에서 보았듯이 배란이 생리 주기의 중간쯤에 일어난다고 해도 이 시기의 성교가 반드시 임신으로 연결되는 것은 아니다. 실제로 생리 주기의 어떤 날이라도 단 한 번의 성교로 임신이 성사될 수 있다. 생리 주기의 전반부 절반에 이르는 시기(여포기)에 임신의 가능성이 더 높다. 그 뒤쪽 나머지 반(황체기)은 임신 확률이 좀 떨어진다. 이런저런 정보를 취합하면 한 번의 사정으로 임신될 확률은 주기의 중간인 14일째나 15일째보다는 10일째 즈음에 가장 높다고 한다.

그러나 보다 긴박한 문제는 좀 오래되어 낡은 성세포들 때문에 초래된다. 배란 시계 모델에 의하면 배란이나 임신은 주기의 중간에 일어난다고 한다. 반면 교접은 언제라도 할 수 있다. 정자와 난자는 제한된 수명을 갖고 있어서 배란기에 근접한 시기에 교접을 해야만 임신에 이를 것이다. 만약 배란 시계 모델이 정확하다 해도 건강하지 않은 성세포에 의한 수정은 불가피한 것이다. 또 교접이 배란 이틀 전에 이루어졌다면 기력을 잃은 정자가 막 난소를 빠져나온 건강한 난자를 만날 수도 있다. 배란이 되고 나서 하루가 지난 다음 교접이 이루어졌다면 그 반대의 상황을 맞이해야 할 것이다. 건강하지 않은 정자나 난자가 만나 수정이 이루어지면 유산이 되거나 기형아를 낳을 가능성이 높아진다는 결과가 동물실험에서도 관찰되었다. 그러나 이런 문제는 과학계의 큰 관심을 끌지 못했다. 생리 전체 주기에 걸쳐 우리 인간은 교접을 하는데도 상황이 그렇다.

주기 전반에 걸쳐 교미를 하는 원숭이나 유인원도 그렇겠지만 우리 인간도 건강하지 않은 성세포가 수정에 참여하는 것을 제한하는 어떤 기제를 적용시켜왔을 가능성이 있다. 아마도 기력이 떨어지는 성세포가 수정의 정상 궤도에 접어드는 것을 막는 여과 장치가 분명히 있을 것이다. 아니면 발생 중에 뭔가 조치가 취해질 수도 있을지 모른다. 그러나 이런 유의 연구는 제대로 수행된 적이 없다. 건강하지 않은 성세포가 수정을 할 수 있는지에 대한 답은 아직까지 인간에서는 없다. 설령 수정이 일어난다 해도 그 뒤에 무슨 일이 일어날지 모른다. 주기 피임법과 관련된 이런 심각한 상황을 우리는 지금껏 무시해왔다.

만약 주기 피임법이 잘 작동해서 임신을 피할 수 있다 해도 상황이 다 좋은 것은 아니다. 이 방법이 실패로 끝나 원치 않는 임신을 하게 되었을 때 교접 시기와 배란기가 벌어지는 상황이 생길 수 있다. 안전한 시기에 교접이 이루어졌다면 그것은 건강하지 않은 세포가 수정에 참여할 가능성을 더욱 높이게 된다. 정자가 긴 시간 동안 어찌어찌 살아남아 신선한 난자를 만날 수 있고 반대로 막 사정된 정자가 오래된 난자를 만날 수 있다. 어떤 경우라도 바티칸 룰렛은 불길한 기운을 내뿜는다.

주기가 들쭉날쭉하기 때문에 주기 피임법은 산아제한의 방법으로 신뢰가 떨어진다. 비록 배란이 주기의 중간쯤에 일어난다는 여러 가지 증거들이 있지만 주기의 길이와 시간은 크게 달라질 수 있다. 호르몬을 측정해서 표준법을 만들 수 있다는 말도 규칙성에 대한 환상을 심어준다. 주기의 편차가 심해서 호르몬 수치가 일정한 주기를 갖는다고 볼 수 없기 때문이다. 대신 배란기에 초점을 맞추기도 한다. 보통 이때에는 황체형성 호르몬의 수치가 껑충 뛴다. 배란기를 0일째로 하고 나머지 기간의 주기를 앞뒤로 양으로 음으로 번호를 매긴다. 그러나 이 방법도 실제 세계에서는 잘 작동하지 않는다.

부인과 의사인 마리아 엘레나 알리엔데^{Maria Elena Alliende}는 생리 주기에 대한 평균적인 수치를 확보하기 위해 건강한 가임기 여성 스물다섯 명의 호르몬 수치를 비교하는 실험에 착수했다. 세 번 이상의 주기에 걸쳐서 기초 체온과 점액도 측정했고 소변 시료를 이용해서 일별 호르몬 변화도 추적했다. 전체적인 호르몬의 변화는 기존의 결과와 비슷했고 평균 주기는 28일이었다. 그러나 75퍼센트의 여성이 이런 평균 주기와 많은 차이를 보였다. 에스트로겐과 황체형성 호르몬의 피크도 항상 명쾌하게 관찰되지 않았다. 어떤 주기에서는 지속적으로 높았지만 다른 경우에는 여러 개의 피크를 보이기도 해서 전반적으로 정확한 배란에 대한 단서를 찾기 힘들었다. 그러나 프로게스테론의 수치는 비교적 일정했다.

보다 더 큰 문제가 있다. 만약 정자나 난자가 우리가 일반적으로 알고 있는 것보다 오래 산다면 교접이 꼭 배란과 일치해야 할 필요가 없다. 난자가 하루 이상 생존할 가능성은 매우 낮다. 3장에서 살펴보았듯이 단 한 번의 교접으로 임신에 이를 확률은 황체기보다 여포기가 높다. 따라서 배란과 교접의 시간차가 있음에도 임신이 되었다면 그것은 정자의 생존 기간이 늘어날 수도 있음을 의미한다. 만약 우리가 알고 있는 이틀보다 정자가 더 오래 산다면 이들은 자궁이나 수란관 어디엔가 자리 잡고 있어야 한다. 자궁 목 부위에 분기해 움푹 파인crypt 곳은 점액을 만들기도 하지만 수십만 개의 정자가 숨어 쉴 수 있는 장소이기도 하다. 이 음와crypt에서 정자는 움직임이 현저히 줄어서 완전히 멈춰 있기도 한다. 그다음에 최소 닷새혹은 그 이상에 걸쳐 이들 정자 세포는 조금씩 방출될 수 있다. 정자가 이움푹 파인 음와에 쉼터를 마련할 수 있다는 사실이 연구된 적은 거의 없어서 많은 의문점이 여전히 해소되지 않고 있다. 예를 들면 음와에서 며칠머물다 방출된 정자가 수정될 수 있는가 하는 질문이 그런 것이다. 또 수란관에 짧게 머무는 정자도 있을 가능성이 있어서 이 부분도 좀 더 철저한연구가 진행되어야 한다.

산아를 제한하는 주기 피임법에서 표준 배란 시간 모델과 정자의 생존기간을 다룬 모델 간의 차이는 한 가지 면에서 매우 중요한 의미를 띤다. 만약 표준 모델이 정확하다면 생리 주기의 중간쯤에 금욕을 하는 것은 건강하지 않은 정자가 그렇지 않은 신선한 난자를 만날 가능성을 키운다. 반대로 정자 생존 모델은 이런 위험성을 줄이거나 없앨 수 있다. 어떤 경우든 건강하지 않은 난자가 생길 가능성은 어찌해볼 도리가 없다. 주기 중간금욕법은 시들해가는 난자가 건강하거나 혹은 보관된 정자와 만나 임신에 이를 가능성을 높인다.

이제 정말 중요한 지점에 도착했다. 주기 피임법을 따르면 아마도 건강하지 않은 정자가 역시 오래된 난자와 수정에 이를 가능성이 더 커질 수 있다. 이런 예측은 표준 배란 피임법을 고려하면 더욱 심각해진다. 여성의 생식기관에서 정자가 얼마동안 살아남을 수 있다면 건강하지 않은 성세포가 임신에 끼어들 가능성에 대한 걱정은 다소 누그러질 수 있을지도 모르겠다. 그러나 이 경우 수정을 하지 않기 위해 안전기에 사정된 정자가 수정에 관여할 수 있게 된다. 이때 문제는 오직 난자에 국한된다. 이런 모든 점을 고려할 때 내릴 수 있는 논리적인 결론은 인간의 생리 주기 중간쯤에 금욕을 하는 그 어떤 방법도 발생학적 사고의 위험성이 크다는 것이다. 인간의 생리 주기 중간쯤에 배란하고 임신한다는 것이 사실이라면 그 위험성은 상당할 것이다. 또 정자가 여성 생식기관에서 오랜 시간을 버틸수 있다 해도 적을망정 여전히 위험은 상존한다. 배란 후 방출된 정자보다 배란이 일어나기 전에 방출된 정자가 난자를 만나 수정될 개연성이 더욱 커지기 때문이다.

건강하지 않은 성세포가 수정하면 유산에 이를 가능성이 늘어날 것이라고 예측할 수 있다. 임신 4주 안에 일어나는 조기 유산은 미처 인식하지도 못한 채 지나갈 수 있기 때문에 이러한 가능성을 테스트하기란 결코 쉽지 않다. 건강하지 않은 성세포는 빈번하게 염색체 이상 소견을 보인다는 결과가 동물실험에서 나왔다. 1970년 부인과 의사인 로드리고 게레로Rodrigo Guerrero와 클로드 랑토트Claude Lanctot는 여성의 유산과 건강하지 않은 성세포 간의 관련성이 크다고 발표했다. 인간 임신의 75퍼센트는 발생 과정을 다 마치지 못하고 어느 단계에선가 실패한다고 예측하고 있다. 그런 실패는 임신 초기에 더욱 자심하지만 임상에서 검출되는 것은 열 건당 하나 정도다.

동물실험은 상황이 보다 심각할 수도 있음을 말해준다. 생리 주기 중간에 금욕하는 것은 인간 태아의 비정상적 발생 빈도를 높일 수도 있다. 이런 현상이 연구된 적은 많지 않지만 1960년대와 1970년대를 지나며 부인과 의사인 레슬리 이피Leslie Iffy는 중요한 사실을 알아냈다. 임신 기형 연구, 특히 자궁 외 임신에 관심이 있던 이피는 이 현상과 임신 시기와의 상관성을 조사했다. 임신 일자에 대한 정확한 정보는 부족할 것이기 때문에 이피는 신생아의 발생학적 나이를 예측하는 표준 테이블을 만들었다. 이로부터 역으로 임신 시기를 예측할 수 있었다. 1963년 이피는 자궁 외 임신 일자가 생리 주기 중간 뒤쪽에 몰려 있음을 발견했다. 황체기에 접어든 때이다. 그러나 놀라기에는 아직 이르다. 상당수의 임신이 마지막 생리 직전의 황체기에도 가능하다는 것이다. 다시 말하면 통상 임신이 시작되었다고 생각한 시기 이전에 이미 수정이 될 수 있다는 말이다. 다른 종류의 임신 기형에서도 이런 연관성이 확인되었다.

이런 결과를 설명하기 위해 이피는 그가 이름 붙인 "환류⁹⁶ 이론"을 제안했다. 수정 후 생리를 시작하면 수란관에 있는, 착상되기 전의 배아가 복강이나 자궁 아래쪽으로 자리를 잘못 잡을 수 있다는 것이다. 이피와 마틴 윈게이트Matin Wingate는 1970년 후속 연구에서 주기 피임법에 의한 산아제한의 위험성을 제기했다. 주기 피임법과 태아의 기형은 무척 상관성이 높다는 것이 그들의 궁극적 결론이었다.

또 다른 중요한 논문이 제임스 저먼James German에 의해 발표되었다. 그는

---

96 | 이 말은 증류 장치를 설명할 때 주로 쓴다. 열을 가하면 증기가 위로 올라간다. 이때 플라스크 위쪽에 냉각수를 가해주면 식어버린 증기가 다시 내려온다. 이런 것을 환류reflux, 還流라고 하는데 여기서는 자궁에 미처 착상하지 못한 수란관에 있는 배아가 위로(수란관의 끝은 복강이다) 혹은 아래로(자궁 아래쪽) 간다는 의미이다.

늦은 임신이 다운 증후군과 관련이 있다고 보았다. 다운 증후군이 비정상적인 염색체 때문에 발생한다는 점은 잘 알려져 있다. 또 이 증후군은 산모가 35세가 넘었을 경우 더 빈발한다. 사람들은 나이 든 산모의 난자 질이 좀 떨어지기 때문이라고 흔히들 생각했다. 저먼은 이것 말고 나이가 들면서 교접하는 횟수가 줄어들기 때문일지도 모른다고 다른 대안을 제시했다. 임상 데이터를 분석하면서 그는 어떤 예측할 수 있는 패턴을 발견했다. 저먼은 주기 피임법과 관련해서 연관성을 파악하지는 않았지만 그 연관성은 명백했다. 교접의 빈도가 줄면서 늘어난 태아의 기형은 생리 주기 중간에 금욕하는 것과 밀접하게 연결된다.

역학자인 피엣 용블로엣Piet Jongbloet은 계획된 금욕이 발생학적 결함과 상관성이 있는지를 연구했다. 피임의 실패에 따른 태아의 기형, 특히 염색체 이상을 살펴보면서 그는 젊은 가톨릭 여성들 사이에서 다운 증후군 증상이 두 배 높다는 점을 발견했다. 높은 빈도를 나타낸 것은 아일랜드 사람들과, 네덜란드와 호주에 사는 로마 가톨릭 신도들이었다. 유전학자 이바 밀스테인모스카치Iva Milstein-Moscati와 윌리 베사크Willy Beçak는 1978년과 1981년에 발표한 논문에서 오랜 금욕을 한 사람들 집단에서 다운 증후군이 일반적으로 높게 나타난다고 말했다. 정신지체를 보이는 아이들과 정상적인 그들의 형제를 대상으로 하는 후향적 연구에서 비정상적인 발생은 주기 피임법을 취했던 부모들이 생리 주기 후반기에 임신했을 때 많이 일어났다. 용블로엣은 그의 관찰이 "생리 주기 후반부에 임신하는 것 혹은 다른 종류의 소위 자연적인 피임법의 실패가 자손들에게 해를 끼친다."는 가설을 입증한다고 결론을 내렸다.

이런 심각한 문제가 로마 가톨릭 신자들에게만 국한된 것은 아니다. 생식생물학자 테레사 샤라브Teresa Sharav는 예루살렘에 거주하는 정통 유대인들 사이에서 다운 증후군과 건강하지 않은 성세포 사이의 관계를 연구했다. 정통 유대인 여성들은 생식에 관한 한 매우 엄격한 규칙을 따른다. 그들은 생리가 시작된 날로부터 생리가 끝난 7일 후 미크바mikve라 불리는 정결 의식을 마칠 때까지 금욕을 실천한다. 정상적인 28일 생리 주기라면 이는 배란기에 상당히 접근한 주기의 12일째에 금욕을 푸는 것이다. 그러나 생리가 좀 더 길어진다면 혹은 여포기가 짧아지거나 여성이 정결 의식을 늦추거나 하게 되면 수정이 늦어질 수도 있다. 이런 의식을 치르기 때문에 이들 집단은 임신 시기와 출산에 관한 연구를 할 매우 독특한 기회를 제공하는 셈이다. 샤라브는 다른 집단들 여성보다 정통 유대인 여성, 특히 35세가 넘은 산모가 젊은 산모에 비해 다운 증후군을 보이는 아이를 낳을 확률이 높다는 사실을 알게 되었다. 그녀는 늦은 임신이 이런 결과를 설명할 수 있다고 생각했다. 어떤 경우라 해도 금욕의 시기를 정해서 실천하는 것은 출산의 결함을 초래할 가능성을 높인다.

이런 결론은 생식생물학자인 어니스트 훅Ernest Hook과 의학자인 수잔 하르라프Susan Harlap가 발표한 1979년 논문의 결과와도 일치한다. 그들은 다운 증후군의 빈도가 아시아와 북아프리카 정통 유대인 집단에서 두 배 가까이 높다는 것을 발견했다. 반면에 유럽 출신의 유대인 여성은 미국이나 북유럽 여성들과 크게 다르지 않았다. 이는 유럽에 있는 유대인 여성이 과거의 관습을 엄격하게 따르지 않기 때문이라고 설명할 수 있다.

이상의 발견은 큰 반향과 관심을 불러일으켰지만 그렇다고 후속 연구가 뒤따르지는 않았다. 저간의 사정을 보면 진짜 이유를 뒷받침하는 증거가 상당히 많다는 것을 알 수 있다. 발표된 논문을 종합하면 배란기에 초점을 맞춘 금욕의 실패에 따른, 의도하지 않은 임신은 유산의 가능성을 높이고 태아의 기형성을 초래하기 쉽다는 중요한 한 가지 결론을 이끌어낼 수 있다.

1986년부터 시작해서 산과 의사인 조 리 심프슨^{Joe Leigh Simpson}은 달력 피임법의 안전성을 조사했다. 자연적인 가족계획을 연구해온 여섯 곳의 센터가 참여하는 대규모 공동 연구였다. 많은 여성들이 자궁 점액이나 기초체온의 증가를 보이면서 배란을 시작했다. 교접 시기에 관한 기록으로부터 산모의 임신 시기를 추론했다. 배란일과 가까운 날에 교접을 하면 임신하기 쉽다는 단순한 가정은 많은 변이를 동반하는 결과를 낳았다. 심프슨은 적절한 시기의 교접에 의한 임신과 그렇지 않은 임신 두 가지로 크게 구분했다. 실제 배란일과 그 하루 전날 교접한 것을 "적절한" 것으로 판단했다. 이를 제외한 주기의 다른 날에 이루어진 교접은 따라서 적절하지 않은 것이 된다.

1997년 컨소시엄에서 심프슨은 임상적인 유산과 태아 기형성의 비율은 적절하지 않은 임신 집단에서 그리 과히 높지 않았다고 발표했다. 그렇지만 한 가지 의미 있는 차이도 발견되었다. 그 전에 유산을 한 경험이 있는 여성이 비적절 임신을 했을 경우 유산의 비율은 세 배 정도 높아졌다. 그럼에도 불구하고 저자들은 다음과 같이 결론을 내렸다. "우리의 관찰은 자연적인 가족계획을 실천하는 사람들에게 위안을 준다." 대중 매체들은 이 결론을 대대적으로 발표했으며 달력 피임법에는 건강하지 않은 성세포가 문제될 것이 없다는 믿음을 심어주었다. 배란의 시기를 그럴 것으로 예측되는 시기 이틀에 한정해서 "적절한" 교접이라는 잣대를 들이댄 것은 어떤 정황적 근거도 가지지 못하기 때문이 이런 결론을 받아들이기는 쉽지 않다. 또 달력 피임법에 따르면 성적 절제는 주기 10~14일째에 한정된다. 배란기 이틀이 아니라 4일이다. 배란에 가까운 중간 즈음이 아니라 오랜 금욕기의 앞쪽이나 뒤쪽 끝 부분의 시기에 건강하지 않은 성세포의 문제가 불거진다. 심프슨은 질문 자체를 잘못 던진 것이다.

2006년 철학자인 룩 보번스$^{Luc\ Bovens}$는 사려 깊은 에세이집을 출판했다. 이 책에서 그는 주기 피임 방법이 태아 발생에 미치는 영향을 기술했다. 보번스는 배아 혹은 태아의 죽음을 초래하는 어떤 산아제한도 거부하고 낙태에 반대해야 한다고 주장했다. 그는 사정하는 시기와 배란의 시기 사이의 간격이 늘어날수록 배아의 생존율이 줄어든다는 합리적인 가설로부터 얘기를 시작했다. 가임기 끝 무렵에 수정되어 발생한 태아가 기형일 확률이 높다고 본 그의 추론은 옳다. 주기 피임법의 예상 가능한 결과는 배아 기형을 줄이기 위한 자연 유산의 증가로 귀결된다고 예측할 수 있다. 마지막으로 보번스는 "다른 피임법에 비해 주기 피임법에 의한 산아제한법이 태아의 기형성에 큰 영향을 미친다."고 결론을 내렸다.

여성의 출산을 조절하기 위한 주요한 혁명이 시작된 지는 50년이 넘었다. 편리하게 입으로 복용할 수 있는 호르몬 제제가 등장하면서부터다. 하루 일정량의 스테로이드 호르몬을 투여하도록 제조된 경구용 피임제는 출산 조절용 알약으로 잘 알려졌다. 대부분의 제제가 프로게스테론과 에스트로겐 유사 성분으로 구성된다. 과량의 특정한 스테로이드 화합물은 포유동물의 배란을 억제할 수 있는 것으로 알려졌다. 이런 호르몬은 뇌하수체에서 여포자극 호르몬과 황체형성 호르몬이 분비되는 것을 막아 결국 난소에서의 자연적인 되먹임 조절을 파괴한다. 이들의 주요한 효과는 여포의 발생을 중단시키고 배란을 억제하는 것이다. 수정을 조절하는 자연적인 기제를 건드리는 전략은 독창적인 데가 있었다. 임신 기간 동안 혈류를 타고 도는 호르몬, 특히 프로게스테론은 배란을 막는다. 따라서 임신 초기에 발견되는 양만큼의 호르몬의 수치를 유지하면 임신하지 않은 채로도 여성은 더 이상 배란을 하지 않는다. 다른 말로 하면 출산 조절용 알약은 여성의 신체가 마치 임신 초기 상태에 있는 것처럼 만들어버린다. 이것은 자연적인 기제를 이용하여 출산을 조절하는 대표적인 예이다.

사실상 이런 출산 조절용 알약에 버금가는 효능을 갖는 식물도 있다. 나이지리아의 야생 개코원숭이 두 집단의 배설물을 연구하는 과정에서 생물학자 제임스 하이엄James Higham과 그의 동료들은 개코원숭이의 시료에서 감지되는 프로게스테론 유사 물질의 양이 계절적 편차를 보인다는 사실을 알게 되었다. 면밀히 조사한 결과 이 호르몬 대사체의 양이 가장 많을 때 개코원숭이들이 특정한 음식물을 먹는다는 것도 알게 되었다. 과일과 아프리카 검은 자두의 어린 이파리가 그런 것들이었다. 실험실로 가져와 조사한 결과 이 식물은 프로게스테론 유사 물질을 고농도로 함유하고 있었다. 이들 식물을 먹은 개코원숭이 암컷의 배설물에서 검출된 프로게스테론 유사 물질의 양은 실제 임신 초기에 발견되는 호르몬의 양보다 더 많았다. 식단에 포함된 비정상적으로 많은 양의 프로게스테론은 활동적인 난소의 외부 상징이라 할 수 있는 성기 팽창sexual swelling을 억제했다. 게다가 아프리카 검은 자두를 먹는 동안 개코원숭이 암컷은 결코 임신을 하지 않았다. 이런 식물을 개코원숭이가 섭취하면 마치 피임제를 먹은 것과 같은 효과가 나타난다. 출산 조절 알약이 임신을 흉내 내는 것과 마찬가지 원리이다.

인간도 식물에서 유래한 피임제를 사용한다. 유럽 지중해 연안에서 발견되는 아프리카 검은 자두의 사촌뻘인 식물을 섭취하면 혈중 프로게스테론 유사 물질의 양이 늘어난다. 지중해 연안 종인 이들 식물의 일반명은 체이스트베리chasteberry 혹은 수도사의 후추monk's pepper이다. 후자의 이름에서 우리는 이 식물이 중세 수도승들의 성적 열망을 억누르는 약물로 사용되었음을 짐작할 수 있다. 그렇지만 2,000년 전 고대 이집트와 그리스에서 체이스트베리는 산부인과 질환을 치료하는 데 주로 사용되었다. 주로 생리를 촉진하는 목적이었다. 현대적인 임상 연구에 의하면 이 식물은 생리불순과 불임에 효과가 있다고 한다. 의학사가인 존 리들John Riddle은 체이스트베리가 피임에도 사용되었다고 말한다. 1세기경 고대 약학계의 거목이었던 디오스코리데스는 그의 저서 『약물에 대하여De materia medica』에서 체이스트베리가 "출산을 막고 생리를 촉진한다."고 말했다. 소량의 체이스트베리는 생리를 촉진하지만 과량을 사용하면 임신을 막을 수 있다. 또한 소량의 이들 식물은 수도승들이 금욕의 계율을 고수하는 것도 도왔음을 알 수 있다. 이런 것들보다 더 자연적인 것들이 있을까?

중세 수도승들은 아마도 '스페인의 피터'로도 알려진 포르투갈인 페드루 줄리앙Pedro Julião97으로부터 영감을 얻었을 것이다. 1272년 그는 대중적으로 큰 반향을 일으킨 책 『대중을 위한 보물Thesaurus pauperum』을 썼다. 성적 열망을 억제하는 혼합물 이야기로 시작해서 이 책은 서민들이 출산을 조

---

97 | 교황 요한 21세(1215~?)의 세속명. 그는 교황이라기보다 철학자, 과학자, 신학자로 더 유명한 사람이다. 『논리학』이란 책은 중세의 철학을 지배할 정도로 유명했다.

절하는 방법을 서술하고 있다. 줄리앙은 먹을 수 있는 여러 가지 식물 처방을 언급했다. 물론 여기에는 체이스트베리가 포함되어 있다. 출생을 조절하기 위한 식물의 사용을 옹호했던 줄리앙은 1276년에 교황 요한 21세가 되었다. 그러나 그가 실제로 교황으로 재직했던 기간은 겨우 8개월 남짓이었다. 교황 재임 중에도 과학 연구를 멈추지 않았으며 이 분야에서 상당한 성취를 이루었지만 건물 지붕이 무너지면서 죽고 말았다.

경구 피임약 이전에도 동일한 목적으로 식물이 사용되어왔다. 현대적 의미의 경구 피임약이 개발되기 위해서는 두 가지 장애를 넘어서야 했다. 가장 중요한 것은 많은 사람들이 입으로 먹어서 충분한 효과를 내기 위해서는 많은 양의 스테로이드를 필요로 한다는 점이다. 동물의 조직에서 스테로이드 호르몬을 추출하는 방식은 돈이 너무 많이 든다. 보다 값싼 자원이 필요하다. 펜실베이니아 주립대학의 유기화학자 러셀 마커^{Russell Marker}가 나서서 이 문제를 해결했다. 그는 식물 추출물을 이용해 합성을 진행해서 많은 양의 프로게스테론을 만들 수 있었다. 이런 혁신이 가능했던 것은 그가 멕시코 베라크루스 우림에 자라는 참마^{yam}를 추출해서 싼 가격의 호르몬 원재료를 얻을 수 있었기 때문이었다. 그 뒤로 칼 제라시^{Carl Djerassi}를 비롯한 많은 화학자들이 실험실에서 프로게스테론과 유사한 화합물을 만들어내기 시작했다. 두 번째 장애물은 그 누구도 선선히 나서서 경구용 피임제를 만들려 하지 않는다는 사실이다. 정부 기관, 대학 연구소, 제약 업계 모두 마지못해서 일을 하곤 했다. 예를 들어 미국 국립보건원은 1959년까지 산아제한을 위한 연구 기금을 마련하지 않았다.

국립보건원의 지원 없이 생식생리학자 그레고리 핑커스^{Gregory Pincus}는

1951년부터 미국 산아제한 운동의 창시자인 마거릿 생어^{Margaret Sanger}의 도움을 받아 여러 가지 실험에 착수했다. 이런 결과는 곧 실제 현실에서의 연구로 이어졌다. 박애주의자 캐서린 덱스터 매코믹^{Katharine Dexter McCormick}의 자금 지원을 받아 로마 가톨릭 신자인 하버드 대학의 존 록과 그의 동료 장민줴^{Min-Chueh Chang}는 의미 있는 성과를 내놓기 시작했다. 사실 록은 산아를 제한하는 것이 아니라 불임을 치료하는 데 관심이 있었다. 그러나 이런 공동 연구를 통해 얻어진 실제적 지식은 출산을 촉진하려는 목표, 반대로 억제하려는 목표 모두에 봉사할 수 있다. 록은 경구용 스테로이드 호르몬을 먹어서 몇 달 동안 여성들이 임신한 것과 비슷한 상태를 유지하도록 하려 했다. 그러다 투약을 중지한다. 튕겨 오르는 효과(록의 메아리 효과) 덕분에 이전에 불임이었던 환자 여섯 명 중 한 명꼴로 임신을 할 수 있게 되었다. 초기 버전인 핑커스 경구용 피임약을 이용해서 록은 자신의 이전 실험에서 얻었던 결과와 비슷한 정도로 불임 여성의 임신을 유도할 수 있었다.

록의 주요한 관심사가 불임 치료였음에도 불구하고 그는 로마 가톨릭의 호된 비판을 받았다. 클리블랜드의 사제 프랜시스 카니^{Francis Carney}는 록을 "도덕적 강간범"이라 불렀다. 반면 미국의 한 산과 의사는 보스턴의 리처드 쿠싱^{Richard Cushing} 추기경이 실제로 록을 파면했다는 사실을 알게 되었다. 법적으로 피임제를 최초로 금지한 매사추세츠 주 하버드 대학에서 30년 넘게 록은 산과학을 가르쳤다. 1963년 그가 쓴 책『때가 왔다: 산아제한과의 전쟁을 끝내기 위한 가톨릭 의사의 제안^{The Time Has Come: A Catholic Doctor's Proposals to End the Battle over Birth Control}』은 논란이 되기도 했지만 일부에서 환영을 받기도 했다.

1956년 경구용 피임제 임상 연구가 최초로 시행된 곳은 푸에르토리코이다. 그들이 사용한 약물은 제라시 박사가 합성한 정제로 프로게스테론 유사 물질과 에스트로겐이 혼합된 것이다. 1960년 미 식약처는 경구 피임제의 사용을 허가했다. 그 뒤로 이 피임제는 급속하게 확산되고 전 세계적으로 산아제한의 보편적인 방법으로 자리 잡기 시작했다. 현재 경구 피임제를 사용하는 사람들은 미국에서만 1,200만 명이 넘고 전 세계적으로도 1억 명에 이른다. 영국에서는 16세에서 49세에 이르는 여성의 25퍼센트가 경구용 피임제를 사용한다. 이 약물을 사용하면서 출산율이 반으로 줄었다는 조사 결과가 나왔다.

원하는 결과를 얻기 위해 하루에 먹어야 하는 스테로이드의 양은 엄격하게 조절되어야 한다. 대부분의 경우 이들 용량은 28일 주기를 흉내 내도록 고안되었다. 의학적으로 필수적인 것은 아니지만 이 방법은 통상적으로 프로게스테론이 없는 약물을 1주 정도 처방해서 정상적인 생리가 나오도록 한다. 인류학자 비벌리 스트라스만이 지적했듯이 유감스럽게도 많은 부인과 의사들은 여성들이 매월 생리를 해야 한다고 믿고 있다.

경구 피임제는 기본적으로 두 가지 종류의 연속적인 배합으로 구성된다. 한 가지는 21개의 정제이고 매일 3주를 먹은 다음 나머지 1주일 동안 아무것도 먹지 않는 구성이다. 다른 하나는 모두 28개의 정제이며 그중 21개는 스테로이드 호르몬이 들어 있지만 나머지 7개는 호르몬이 없는 대신 설탕이 들어가 있어서 매일 알약을 먹도록 고안되었다. 어떤 경우라해도 호르몬이 없는 주에 임신이 되는 것을 예방할 수 있도록 설계되어 있다. 보다 최근에 개발된 것은 세 달을 기준으로 매일 일정한 양의 호르몬이 들어 있는 정제를 먹는 방법이다. 이때는 생리가 덜 일어난다.

배란을 막는 자연적인 기제를 모방한 이 산아제한용 경구 피임제에 대해서는 논란이 끊이지 않는다. 프로게스테론 유사 물질이 들어 있는 모든 경구 피임제는 또한 부가적인 효과를 나타낸다. 자궁 경부에서 점액의 분비를 감소시키고 그 부위를 보다 찐득찐득하게 함으로써 이들 약물은 정자의 침투를 억제하게 된다. 따라서 경구 피임제는 정자의 움직임을 제한할 수 있다. 더군다나 이들 피임약은 자궁 내막을 변화시켜 착상을 억제하기도 한다. 이런 이유 때문에 이들 피임제가 조기 유산을 초래할 수 있는 것이다. 그러나 경구 피임제는 스테로이드 호르몬을 이용하여 배란을 억제하도록 특별하게 고안된 것이다. 이들을 사용할 때 수정이 일어날 가능성은 매우 낮거나 거의 없다. 따라서 이 약물에 의해 부수적으로 정자의 움직임이 방해받는 것은 크게 문제될 것이 없고 또 조기 유산이 일어날 확률도 매우 적다. 그럼에도 불구하고 "인간 생명: 출산의 조절에 관하여 *Humanae Vitae: On the Regulation of Birth*"라는 영향력이 큰 1968년 칙서에서 교황 바오로 6세는 경구 피임약을 비도덕적이라고 해석했다. 존 록이 무척 실망했겠지만 이 경구용 피임약은 이른바 "인공적인" 피임법이라 할 수 있는 것들과 한 묶음이 되었다. 2008년 교황 베네딕토 16세는 로마 가톨릭의 공식적인 규범을 재천명했다.

경구용 피임약이 산아제한의 한 방법으로서 매우 신뢰할 만하다는 것은 의심할 여지가 없다. 이런 정제를 일상적으로 사용하게 되면서 연간 임신율은 2~8퍼센트 정도가 되었다. 그러나 엄격한 방법으로 이 정제를 사용하면 그 비율은 0.3퍼센트로 떨어진다. 따라서 이들 피임법은 장벽 피임법이나 계획적인 금욕 피임법보다 믿을 만한 수단이다. 가족의 크기를 조절하는 것만이 이들 경구 피임약의 장점은 아니다. 이들 경구 피임약의 사용을 법제화한 지역에서 고등 교육을 이수하는 여성들의 수가 급격히 늘어났다.

　그러나 경구 피임제의 사용이 건강을 해칠지도 모른다는 견해도 팽팽하다. 1960년대 말까지 이루어진 연구 결과에 의하면 피임제의 사용은 혈액 응고, 뇌졸중, 심장 질환의 이환율을 높일 수 있다. 그 결과 1975~1984년 사이 미국에서 경구 피임제를 사용하는 여성의 수는 절반으로 줄었다. 경구 피임제의 사용은 혈액 응고 과정에서 부정적인 영향을 끼칠 수 있다. 응고된 혈액이 폐나 안쪽 깊은 곳의 정맥에 침착되면 뇌졸중이나 심장 질환의 위험이 증가할 수 있는 것이다. 이런 위험성 때문에 심장 질환이 있거나 선천적으로 혈액 응고에 문제가 있는 여성, 살이 많이 찌고 콜레스테롤 수치가 높은 여성들에게는 경구용 피임제를 처방하지 않게 되었다. 담배를 피우는 35세 이상의 여성에게도 경구용 피임약이 적절하지 않은 것으로 간주되었다. 체중 증가에 관한 피임약의 효과도 이슈가 되었지만 결론은 없다. 일부 연구에서 피임제 사용은 살을 조금 찌운다는 결과가 나왔지만 반대의 결과도 나왔기 때문이다.

　이런 다양한 견해들이 있지만 한 가지만은 확실하다. 피임제와 관련해서 불거진 건강상의 위험성은 자연 상태에서 출산과 임신에 수반되는 위험성에 비하면 사실 별것이 아니라는 점이다. 게다가 피임제의 사용은 장점도 있다. 소소한 것일 수도 있겠지만 특기할 만한 것은 이것이 여드름을 방지할 수 있다는 점이다. 사실 피임제는 젊은 여성의 여드름을 치료하는데 사용되기도 한다. 이때 피임은 그에 따른 부수적인 효과인 셈이다. 보다 중요한 것은 피임제의 사용이 생리 불순이나 생리 전 증후군, 자궁 경부의 염증을 완화시킬 수 있다는 사실이다. 그보다 더 중요한 것은 경구 피임제를 5년 이상 사용하게 되면 말년에 난소암이나 자궁암 발생이 줄어들고 그 효과는 피임제 사용 기간에 비례하여 더 커진다.

호르몬에 기초한 피임법과 유방암의 상관성도 많이 연구된 분야이다. 그러나 많은 연구는 매우 복잡하고 상호 관련성이 있거나 간혹 상반되는 결과를 내놓았다. 1996년 15만 명의 여성을 포괄하는 54종류의 개별적 연구를 통합적으로 조사한 '유방암의 호르몬 인자' 공동연구그룹에 의해 비교적 명쾌한 결론이 나오게 되었다. 복합 경구 피임제를 사용한 여성들 사이에서 적은 폭이지만 유방암의 가능성이 증가한다. 그러나 유방암의 진행 정도는 피임제를 전혀 복용한 적 없는 여성들보다 이전에 사용했거나 사용 중인 여성들에게서 덜하다. 또 출산을 조절하기 위해 병원을 찾는 여성들은 유방암을 조기 발견할 가능성도 클 것이다.

다른 방향에서 경구 피임제 사용의 문제점을 지적하기도 한다. 하수구에 버려진 수백만 개의 피임약에 포함된 스테로이드가 환경에 미치는 영향을 기록한 문서들도 매우 많다. 자연적인 것이든 인공적이든 스테로이드, 특히 에스트로겐은 소변이나 대변을 통해 배설된다. 생활하수에 포함된 오염물들이 야생 어류 집단의 호르몬 상태를 교란시킬 수도 있을 것이다. 환경으로 방출된 에스트로겐은 수컷 물고기를 암컷화시키고 산란율을 줄인다는 보고도 많다. 피임약 사용의 골수 반대자들이 이들 경구 피임제를 환경오염 물질과 동일시하고 그 폐해를 지적하는 것은 전혀 놀라운 일이 아니다. 이쯤에서 경구로 투여된 에스트로겐과 프로게스테론 유사 물질이 피임의 목적으로만 사용된 것이 아니라는 점을 지적하고 넘어가자. 이들 복합 호르몬은 호르몬 불균형 및 폐경기 증후군을 겪는 여성들에게도 사용되었다. 게다가 스테로이드 호르몬은 성장 촉진제로 축산 농가에서도 많이 사용된다. 임신 말기 여성은 많은 양의 에스트로겐과 프로게스테론을 만들고 계속해서 소변을 통해 배출한다. 그러나 경구 피임약의 환경오염을 거론하는 환경론자들이 이 점을 언급하는 경우는 거의 없다.

　늘상 그렇지만 이면을 자세히 연구하면 복잡한 상호 작용이 드러나게 된다. 영국의 브루넬 대학, 엑서터 대학, 레딩 대학에서 수행한 대규모의 공동 연구는 오염된 물이 물고기의 호르몬 체계를 뒤흔들었다는 것을 확인했다. 그렇지만 하수 오물을 처리하기 위해 사용한 비스테로이드성 화합물들이 강이나 호수로 흘러들어간 뒤 물고기 수컷의 테스토스테론 기능을 억제한 것이었다. 이런 항안드로겐 화합물[98]들이 아마도 물고기의 암컷화를 촉진했을 것이다. 항안드로겐 화합물에 노출되면 인간의 생식 건강도가 떨어진다는 또 다른 연구 결과도 있다. 따라서 에스트로겐이나 프로게스테론 유사물질 단독이 아니라 여러 가지 화합물의 복합체가 호르몬 교란이라는 문제의 책임이 있는 것 같다.

　콘돔을 제외하면 남성을 위한 피임법의 발달은 여성의 그것에 가려 거의 잊혀져왔다. 1장에서 언급한 것처럼 한 가지 방법은 오래전부터 중앙아시아, 특히 터키에서 시행되었던 것으로 고환에 열을 가하는 것이다. 정상적인 조건에서 정자는 체온보다 낮은 온도에서 만들어지고 보관된다. 일시적이라도 음낭의 온도를 올리면 여러 주 동안 불임 상태가 유지된다. 음낭을 뜨거운 물에 노출시키거나 초음파를 적용하는 방법, 음낭을 복부 쪽으로 붙들어 매는 속옷을 입어서 음낭의 온도를 높이기도 한다. 존 록이 수행한 일부 실험을 포함해서 이런 다양한 방법들은 음낭의 온도를 높이

---

98 |　남성화를 촉진하는 대표적인 호르몬인 안드로겐의 생산과 기능을 억제하는 약제이다.

는 것이 안전하고 효과적이며 가역적인 피임 효과를 가진다는 것을 보여주었다. 그러나 장기간에 걸쳐 시행하면 건강상의 문제를 야기하는지 아닌지, 중단 후에도 정자의 질에 계속 영향을 미치는지 아닌지 아직까지 모르는 것도 많다. 이에 대한 연구는 거의 진행되지 않았다. 후속 연구가 절실히 필요한 것이다.

남성용 경구 피임제를 만드는 방법은 많이 연구되었다. 그러나 그것이 실제로도 유용한 방법인지는 아직 잘 모른다. 1994년 《네이처》에 소개된 단평에서 칼 제라시와 생식생리학자 스탠리 리보Stanley Leibo는 2010년까지 남성용 피임제가 개발될 여지는 불투명하다고 언급했다. 남성용 경구 피임제의 개발, 시험 및 법적인 승인을 받는 데는 15~20년이 소요되는 까닭에 당분간은 아무런 변화가 없을 것 같다. 간단히 말하면 여권 주장자들이 불평하는 것처럼 지금까지 피임제 연구는 여성에 초점이 맞추어져왔다.

여기에 균형을 맞추려는 시도가 없지는 않았다. 예를 들면 정자의 생산을 억제하는 합성 프로게스테론 주사제와 그 부작용을 줄이기 위해 테스토스테론 겔을 함께 적용하는 프로토콜이 마련되기도 했다. 불행히도 이런 처방은 성적인 욕망에 제동을 걸었고 체중 증가나 피로와 같은 원치 않는 부작용을 나타내었다. 부고환에서 정자의 성숙을 방해하려는 다른 연구도 있었다. 페녹시벤자민phenoxybenzamine은 정자의 활력에는 영향을 미치지 않지만 사정을 못하게 하는 것으로 밝혀졌다. 게다가 이런 효과는 투여를 멈추면 원래 상태로 돌아간다. 남성용 피임제 개발이 계속되지 못한 이유는 의심할 것 없이 이 모든 방법이 사정을 억제하기 때문이었다. 1929년 중국 장시성에서 수행된 연구는 면화씨 기름[99]이 남성의 수정률을 감소시킨다는 결과를 나타냈다. 피임 효과는 기름에 포함된 화합물인 고시

폴^{gossypol}에 귀속된다. 오크라[100]나 면화씨에서 발견되는 고시폴 화합물을 포함하는 정제는 특정 효소의 활성을 억제할 수 있다. 중국 정부는 이 정제를 15년 가까이 시험했다. 고시폴이 믿을 만한 피임 효과를 가진 것은 확실하지만 역시 건강에 악영향을 끼치고 사용자의 10~20퍼센트에서 영구적으로 불임을 초래할 수 있다. 1986년 중국은 남성용 경구 피임제를 만들려는 시도 자체를 아예 포기했다.

최근 발생생물학자인 마이클 오랜드$^{Michael\ O'Rand}$는 가역적 남성용 피임제를 고안했다. 그의 팀은 인간 정자의 표면에 특이하게 존재하는 에핀^{eppin}이라는 단백질의 항체를 붉은털원숭이에게 반복적으로 주사하였다. 항체를 접종받은 원숭이는 불임이 되었다. 또 에핀 항체는 인간 정자의 운동성을 현저하게 줄이는 것으로 나타났다. 이 결과는 적절한 항체를 사용하면 궁극적으로 인간 남성의 피임약을 만들 수 있을 수 있겠다는 밝은 전망을 내놓았다.

지금까지 얘기한 여러 피임법은 대체로 가역적이다. 그러나 어떤 사람이 더 이상 자식을 낳지 않겠다고 결심하고 불임을 감수하겠다고 하면 비가역적인 방법을 쓸 수도 있다. 각각의 고환에서 남성 정자를 운반하는 관인 정관을 절단하는 정관 수술을 시행할 수 있다. 이와 비슷하게 여성도 수란관을 절단할 수 있다.

정관 수술은 무척이나 간단한 수술이며 사정을 하더라도 정자가 아예

---

99 |　　면실유라고 한다.

100 |　　오크라okra의 원산지는 이집트 등 북동부 아프리카이지만 지금은 열대, 온대 기후의 비옥한 토양에서 재배된다. 열매의 생김새가 여성의 손가락을 닮아 ladies finger라고 불리기도 한다. 변비와 여성의 미용에 효과가 좋다고 알려졌다.

나오지 않는다. 고환은 여전히 음낭 속에 있고 거기서는 테스토스테론과 정자를 계속해서 만들어낸다. 정자가 채워진 정액은 전체 사정액 양의 10퍼센트 정도에 불과하기 때문에 정관 수술을 했다고 해서 정액의 양이 크게 줄어들지는 않는다. 남성이 정관을 잘라냈다고 해도 변하는 것은 거의 없다. 그렇지만 정관 수술을 받은 남성 열 명 중 한 명은 성적 욕망이 줄어든다. 또 10퍼센트 정도의 남성이 바로 그 자리에서 수술을 결심한 것을 후회한다. 어떤 경우든 정관 수술을 받기 전에 은행에 정자를 보관하기를 바란다. 다른 피임법처럼 정관 수술도 실패율이 매우 적다. 수술 후 몇 달 안에 원치 않는 임신은 1퍼센트 이하로 줄어든다. 전 세계적으로 약 6퍼센트의 부부가 이런 방법으로 피임을 한다.

여성은 수란관을 자른 후 절단 부위를 양쪽에서 묶음으로써 영구적 불임을 유도할 수 있다. 난소에서 난자가 나와 수정에 참여하는 것을 막는 방법이다. 정관 수술처럼 수술이 필요하지만 남성보다는 조금 복잡해서 복강경^{laparoscope}을 사용하기도 한다. 호르몬의 생산, 생리 주기, 그리고 성적 욕망 모두가 이 수술의 영향을 받는다. 정관 수술처럼 수술이 첫 해에 실패로 돌아갈 확률은 1퍼센트를 밑돈다. 수란관이 가끔 새롭게 연결되면서 재생되기도 하기 때문에 시간이 지나면서 수술의 효과는 줄어들 수 있다. 이런 일이 발생하면 3분의 1 정도 자궁 외 임신이 될 수도 있다. 전 세계적으로 이런 방법을 써서 피임하는 부부는 정관 수술을 하는 경우보다 다섯 배나 더 많다.

수술로 난소를 적출하는 방법은 난소 절제술이라고 한다. 수란관과 함께 난소를 들어내는 것이 아마도 가장 적극적이고 공격적인 여성 피임법일 것이지만 잘 시행되지는 않는다. 난소를 제거하면 호르몬 수치가 급격히 달라지고 폐경기에서나 볼 법한 부작용이 찾아온다. 이 수술 후 의사들은 환자들에게 호르몬 대체 요법을 쓰자고 권한다. 난소를 절제하면 놀랍게도 심장병의 발병 위험이 일곱 배나 올라간다. 이와 함께 이른 나이에 골밀도가 줄어들[101] 가능성이 높아진다.

전 세계적으로 볼 때 수술적 방법에 의존한 피임법이 가장 빈번하게 사용된다. 중국에는 약 40퍼센트에 이르는 결혼한 부부가 불임수술을 받은 배우자와 살고 있다. 다른 곳은 그 비율이 낮아서 미국은 대략 세 커플당 하나 정도이지만 정관 수술이나 난소 수술은 가장 보편적인 피임법으로 자리 잡았다.

영구적 불임의 가장 극단적인 형태는 두 말할 것 없이 거세하는 것이다. 이 용어는 보통 남성에 국한되어 사용된다. 복강 안에 들어 있는 난소를 수술적으로 제거해야 하는 것과는 달리 거세는 단순히 고환을 잘라내는 것이다. 의과학에서는 남성의 거세orchidectomy와 여성의 거세ovariectomy를 다른 용어를 써서 구분한다.

신앙심을 상징하는 징표로서 거세를 행하는 것은 인간 종교 집단의 고문서에도 기록되어 있다. 1만 년 전 신을 숭배하는 의미로 스스로 거세하는 종교 의식이 터키 아나톨리아 남부 신석기 유적인 카탈회위크에서도 발견된다. 이런 행위는 로마에도 계승되었고 일부 기독교 집단에서도 지속되었다. 어떤 종교는 거세 자체를 거부하기도 했다. 유대교나 이슬람에서는 인간이나 동물의 거세를 공식적으로 금지하였다.

---

101 | 골다공증이라고 흔히 부른다.

사춘기 이후 거세를 하면 유약한 사내가 되고 성적인 충동이 크게 줄거나 거의 전부 사라지는 증상이 전형적으로 나타난다. 근육의 무게가 줄고 신체 능력이 떨어지며 체모도 거의 나지 않는다. 간통을 방지하기 위해 남성을 거세시켜 하렘의 시종이나 호위군으로 삼는 것은 오랜 전통을 지녔다. 일반적으로 내시들은 반란을 일으키지 않기 때문에 집사나 가신, 나이든 정치 지도자, 군 사령관, 혹은 심지어 위정자들까지도 거세하는 경우가 역사에서 자주 발견된다.

의도적으로 거세를 하고 내시를 만든 최초의 기록은 4,000년 전 수메르 왕국의 라가시에서 발견되었다. 형벌의 한 형태로 혹은 황궁의 시종으로 삼기 위해 고대 중국에서도 흔히 거세를 시행하였다. 심지어 명조 말기에는 7만 명에 이르는 내시들이 황궁에서 혹은 수도 주변에서 호위무사로 일하기도 했다. 중국에서 이런 거세 행위가 마지막으로 중단된 것은 1912년이다. 인도에서도 호위병, 연락병, 혹은 왕비의 호위군사로 내시를 고용한 전례가 발견된다. 이들 중 일부는 황족의 측근으로서 사회적으로 높은 지위에 오르기도 했다.

노예를 보다 순종적으로 만들기 위해, 범죄자를 벌주기 위해, 혹은 성범죄자가 다시 범죄를 저지르지 않도록 거세를 하는 경우는 흔히 발견된다. 『아담과 이브 이후*Ever Since Adam and Eve*』라는 책에서 맬컴 포츠와 로저 쇼트는 미국의 스무 개 주가 넘는 지역에서 20세기 초반까지 성범죄자나 정신 이상자를 거세하는 경우가 많았다고 전한다. "자발적"이란 명목으로 수술을 하거나 화학물질을 써서 거세를 하는 예가 북아메리카와 유럽에서도 발견된다. 매우 드물기는 하지만 피임을 목적으로 거세를 하는 경우도 있었다. 자신들의 식량이자 의복의 재료였던 바다표범을 영국인들이 싹쓸이해버리자 뉴질랜드 채텀 섬 모리오리 원주민들은 인구를 조절하기 위해 어린 사내아이들을 거세해버렸다.

유럽에서는 어린 사내아이들이 변성기에 접어드는 것을 막기 위해 거세를 하기도 했다. 사춘기 이전에 거세를 하면 후두가 변화하는 것을 막을 수 있기 때문에 어린이 특유의 고음을 유지할 수 있지만 근육이 덜 발달하고 외성기 크기도 줄어든다. 로마 가톨릭 교회에서 여성들은 성가대에 참여할 수 없었다. 그래서 사내아이들을 거세시켜 소프라노나 메조소프라노, 콘트랄토 수준의 맑은 고음을 내도록 하였다. 이런 목적으로 거세를 실시했다는 최초의 기록은 1550년대 이탈리아 교회에서 발견된다. 1558년 시스티나 성당[102] 합창단의 주축은 바로 거세된 사내아이들이었다. 1589년 교황 식스투스 5세는 교서에서 성피터 바실리카 성당의 합창단을 재조직하고 거세된 사내아이들로 교체하라고 지시했다. 목소리를 인위적으로 보존하기 위해 거세를 하는 관습은 1720~1730년대에 최고조에 이르러 매년 4,000명의 소년이 거세를 당했다는 집계도 있다. 사실 교황 베네딕토 14세는 1748년 교회에서 거세를 몰아내자는 운동을 벌이기도 했지만 이런 관습은 그 뒤로도 130년이 넘게 지속되어서 장장 3세기 동안 유지되었다. 1878년 교황 리오 13세는 마침내 로마 가톨릭 교회에서 거세된 소년을 고용하지 못하게 했다. 그러나 거세가 공식적으로 금지된 것은 1903년 새로 교황이 된 비오 10세에 이르러서다. 시스티나 성가대의 대원이자 거세를 당한 마지막 생존자는 알렉산드로 모레스키였으며 1922년에 죽었다.

---

102 │ 시스티나Sistine 성당은 바티칸의 교황 관저인 사도 궁전 안에 있는 성당이다. 오늘날에는 전 세계의 추기경들이 모두 모여 새로운 교황을 선출하는 종교적 의식인 콘클라베를 여는 장소로 이용되고 있다.

피임의 마지막 부분에서 거세를 얘기하는 것이 좀 이상하다고 생각할지도 모르겠다. 그러나 언급할 만한 가치는 충분히 있다. 살펴봤듯이 인간의 생식에 개입하는 생물학적 작은 시도가 종교적 격분을 불러일으켰는가 하면, 한편에서는 단지 성가대를 미려하게 꾸미기 위해(여성을 받아들이는 것을 거부하면서까지) 20세기가 다 되도록 소년의 거세가 용인되고 심지어 칭송되기까지 했으니까 말이다.

이제 주제를 바꿔 생물학적 과정에 관한 지식이 생식을 촉진하는 데 사용되었던 실제, 즉 생식을 돕는 행위에 대해 알아보자. 불임을 타계하기 위한 어떤 노력도 인간의 생리 주기에 대한 적절한 이해가 없이는 불가능하다. 헤르만 크나우스, 오기노 규사쿠와 같은 여성 생리 주기의 선구자들은 불임치료의 기초를 닦았고 산아제한의 근거를 마련했다. 사실 오기노는 가임 시기를 정확하게 예측하여 임신을 원하는 부부를 돕고자 하는 의도로 생리 주기 추적 방법을 개발했다. 그는 자신의 방법이 실패할 확률은 매우 높다고 하면서 그 방법을 이용해 임신을 피하려는 시도를 하지 말라고 했다. 오기노는 효과적인 피임법과 경쟁하듯 주기 추적법을 발전시키는 것이 낙태로 귀결될 수도 있는 원치 않는 임신으로 이어진다고 느꼈다. 그런 면에서 주기 피임법을 오기노-크나우스 방법이라 부르는 것은 얼마나 우스꽝스러운가?

불임은 매우 큰 문제이다. 1985년 미국에서 200만 쌍에 이르는 불임 부부를 치료하는 데 640억 달러가 소모되었다. 그럼에도 불구하고 일곱 부부 중 한 부부만이 성공을 거두었을 뿐이다. 그 뒤로 25년에 걸쳐 불임 치료법의 많은 진보가 있었다지만 성공률은 여전히 낮다. 인간 임신의 역동적인 과정에 대한 지식이 누적될수록 생식을 돕는 방법도 개선될 것이라는 점은 의심할 것이 없다. 특히 건강하지 않은 성세포가 임신에 참여했을 때 이들을 제거하는 여과 기제에 관한 지식은 더욱 절실하다.

생식을 돕는 가장 직접적인 방식은 정액을 여성의 생식기관에 집어넣어 임신을 유도하는 인공 수정artificial insemination, AI이다. 개구리의 수정을 막는 태피터 팬츠를 고안했던 라차로 스팔란차니가 포유동물의 인공 수정을 최초로 성공시킨 사람이다. 1784년 인공 수정된 개가 2개월이라는 정상 임신 기간을 거쳐 세 마리의 새끼를 낳았다고 그는 보고했다. 실험실이나 수의학 분야에서 인공 수정의 역사는 제법 오래되었고 지금도 선택적 육종을 위한 동물의 인공 수정은 폭넓게 행해지고 있다. 정확한 기원은 알려지지 않았지만 말의 육종을 위해 아라비아에서는 일찍이 14세기에 인공 수정이 행해졌다고 한다.

1897년 이전부터 토끼, 개, 말에서 인공 수정이 성공적으로 이루어진 지가 100년이 넘었다. 발정기estrus라는 용어의 창시자인 생식생물학자인 월터 히페는 인공 수정을 적용하기 위해 여러 종의 동물에서 심도 있는 연구를 진행했다.

1785년 스코틀랜드의 저명한 의사인 존 헌터John Hunter는 진취적으로 인간의 인공 수정을 시도해서 출산에 성공한 바 있다. 그렇지만 사육 포유동물에서처럼 인간 세상에서 인공 수정 기법이 일상적으로 사용되기까지는 100년이 넘게 걸렸다. 현재 인간의 인공 수정은 기본적으로 두 방향에서 접근이 이루어진다. 우선 이전에 임신에 실패한 반쯤 불임인 남성의 정액을 모은다. 이들 정액에 여러 가지 방법으로 활력을 불어넣은 다음 배우자의 자궁에 집어넣는다. 이는 남성 배우자에 의한 인공 수정artificial insemination by husband, AIH이다. 두 번째는 남성 배우자가 완전히 불임인 경우 적용되며 임신에 성공한 적이 있는 남성 공여자의 정액을 대신해서 사용하는 방법으로 공여자에 의한 인공 수정법artifical insemination by donor, AID103이다. 두 가지 접근법 모두 자궁 안으로 정액을 주입하는 시술은 배란 시기에 근접했을 때 혹은 호르몬을 처리하여 배란을 유도한 후에 시행된다. 부인과 의사들이 배란을 유도하는 방법을 선호하는 이유는 생리 주기의 중간쯤 자연스럽게 진행되는 배란이 들쭉날쭉 매우 불규칙하게 일어나기 때문이다.

널리 사용되기는 하지만 인공 수정의 저변에 있는 생물학적 과정은 연구가 더 필요하다. 두 가지 예를 들어보자. 1984년 부인과 의사인 에스테번 케세뤼Esteban Kesserü는 인공 수정 시술 후 몇 시간 안에 불임인 남편과 교접을 하면 공여자로부터 정자를 제공받은 여성의 임신 가능성이 더 커진다고 보고했다. 이와 비슷하게 대만의 부인과 의사인 황푸런Fu-Jen Haung도 시술 후 대략 16시간 뒤 교접을 하는 경우가 그렇지 않을 때에 비해 임신율이 높다고 보고했다. 황과 그의 동료들은 남성 배우자의 활동적인 정자의 수가 적은 경우에는 성행위가 임신율을 높이지만 반대로 정자의 수가 많으면 그렇지 않다는 후속 연구 결과를 발표했다.

남성 배우자의 문제가 불임의 일차적인 원인일 경우(이런 경우는 대략 절반 정도다) 인공 수정이 시행된다. 그러나 여성에게 문제가 있어서 불임이라면 다른 접근이 필요하다. 불임 여성 다섯 명 중 한 명에서 나타나는 가

103| 우리에게 AIH는 배우자 간 인공 수정, AID는 비배우자 간 인공 수정이란 용어로 좀 더 친숙하게 알려져 있다.

장 흔한 여성 불임의 원인은 수란관이 막힌 경우다. 이런 여성들도 배란을 동반한 정상적인 생리 주기를 갖지만 정자가 통과해야 할 곳을 가로막은 물리적 장벽 때문에 임신이 되지 않는다. 이런 경우 여성의 난소에서 난자를 확보한 다음 시험관에서 성숙시키고 수정을 완료한다. 그다음 이 수정란을 다시 자궁에 이식하는 것이다. 시험관 수정을 통해 태어난 아기들은 보통 '시험관 아기'라고 부른다. 그러나 실제로 이 과정은 평평하고 넓적한 페트리 접시에서 이루어진다.

물론 시험관 수정[104] 이후에는 배아를 이식해야 한다. 여기서도 월터 히페가 등장한다. 그는 1890년 토끼에서 배아 이식 실험을 수행한 이 분야의 선구자이다. 존 록은 건강한 수정란을 얻는 방법을 찾아내고 섭씨 영하 80도 냉동고에 보관된 정자를 사용하여 시험관 수정을 연구했다. 1944년 미국에서 아서 허티그[Arthur Hertig]와 미리엄 멘킨은 록과 함께 인간에서 최초의 시험관 수정을 연구했다.

시험관 수정에 이어 인간에서 배아의 이식 시술이 최초로 성공한 곳은 영국이었다. 1977년 당시 서른 살이었던 레슬리 브라운[Lesley Brown]은 자신의 수란관이 막혀 있었기 때문에 이 시술을 받았다. 부인과 의사인 패트릭 스텝토[Patrick Steptoe]와 생리학자 로버트 에드워즈[Robert Edwards]가 집도한 수술을 무사히 마친 레슬리는 1978년 7월 25일 루이즈 브라운을 낳았다. 1981년에 에드워즈는 최초 시술 이후 3년 동안 진행된 시험관 수정과 수정란 이식의 진척 상황을 보고했다. 당시 난자는 배란 직전 난소의 여포에서 얻었다. 어떤 경우 여성의 생리 주기를 추적해서 난자를 확보하기도 한다. 또

---

104 | In vitro fertilization의 약자이다.

호르몬을 처리하기도 한다. 어떤 경우라도 여포의 발생을 확인하기 위해 혈중 에스트로겐 함량을 조사하거나 초음파를 이용한다. 호르몬 요법에서는 배란을 촉진하기 위해 적절한 시간에 인간 임신 호르몬인 hCG를[105] 주사한다. 남성 배우자의 정액에 문제가 없다면 시험관 수정의 성공률은 매우 높아서 90퍼센트 정도다. 대부분의 경우 오직 하나의 정자만이 수정에 참여한다. 하지만 가장 어려운 단계는 수정된 배아를 착상시키는 과정으로 알려졌다. 다섯 개 중 하나의 배반포만이 성공적으로 자궁 안에 착상된다.

2010년 생식생물학자 마크 코널리[Mark Connolly]와 동료들은 1978년부터 2010년까지 350만 명의 신생아가 시험관 수정과 배아 이식 혹은 그와 흡사한 방법을 이용하여 태어났다고 보고했다. 이런 엄청난 성과 덕분에 최초의 시술이 수행된 지 30여 년이 지난 2010년 에드워즈는 노벨생리의학상을 수상했다.

그렇지만 시험관 시술은 단점도 있다. 다둥이가 나올 확률이 25퍼센트 정도다. 이 수치는 자연적인 임신에서 쌍둥이가 나올 확률이 출생 100건당 하나꼴인 점을 감안하면 매우 높은 것이다. 게다가 많은 시험관 아기들이 미숙아로 태어나고 출산 즈음 사망률이 2퍼센트에 이른다. 정상 임신의 2배 정도다. 기형아 출산도 다소 높다. 시험관 수정 이후 배아 이식 과정이 출생의 결함으로 연결된다는 증거가 있다. 캐나다 온타리오 지역에서 6만 건 이상의 출생을 조사한 연구에서 오타와 대학의 다린 엘차[Darine El-Chaar]는 정상 임신보다 시험관 아기가 결함을 보일 확률이 60퍼센트나 높

---

105 | 임신-특이적 호르몬은 4장, 168~169쪽 참고.

다는 것을 관찰했다. 그와 비슷하게 미국의 출산 결함 방지 연구를 이끈 제니타 리프하우스Jennita Reefhuis도 어떤 종류의 출생 결함이 시험관 아기에서 더 높게 발견된다고 밝혔다. 시험관 수정과 관련해서 출생 결함의 위험성이 증가하는 이유가 무엇인지는 잘 모른다. 배란을 유도하는 의학적 처치가 이런 결함의 한 가지 중요한 원인이다. 다른 연구는 불임을 초래한 원인 자체가 시험관 수정의 고위험성과 관련이 있다고 밝혔다. 실험실에서 난자와 정자를 처리하는 과정도 일부 이유가 될 것이다. 마지막으로 결함이 있는 배아를 제거하는 자연적인 여과 과정을 거치지 않는 것도 일부분 결함의 원인이 된다.

시험관 수정 기법이 진일보하면서 인간의 배아를 바로 자궁에 이식하는 대신 액체 질소에 보관할 수 있게 되었다. 1984년 생식생물학자 헤라르 제일마커Gerard Zeilmaker와 동료들은 냉동된 배아를 이용한 임신에 성공했다. 이 방법으로 2008년까지 약 50만 명의 시험관 아기가 태어났다. 시험관 수정을 통해 한 번에 여러 개의 수정란이 생길 수 있지만 그중 일부는 즉시 이식되지 않는다. 환자들은 이들 배아를 장기간 액체 질소통 안에서 보관할 수 있다. 미국에서만 약 50만 개 이상의 수정란이 이런 방식으로 액체 질소통 안에 보관되어 있는 것으로 추정된다. 이런 배아는 다른 여성에게 기부할 수도 있다. 냉동된 정자나 난자는 수정란을 만들기 위해 쓰일 수 있고 기부를 위해 보관할 수도 있는 것이다. 그렇지만 이런 여분의 수정란은 도덕적이고 법적으로 첨예한 문제를 야기할 수도 있다.

냉동 배아의 가장 큰 문제는 그것이 손상될 수도 있다는 점이다. 2010년 논문에서 부인과 의사 라이언 리그스Ryan Riggs와 동료들은 보관 기간과 배아의 생존 및 임신 가능성 사이의 상관성을 조사했다. 1986년에서 2007년 사이에 만들어진 약 1만 2,000개의 냉동 배아를 세심하게 관찰한 결과 그들은 냉동 보관 시간이 배아의 생존에 큰 영향을 미치지 않는다고 보고했다. 더구나 오래 보관했다고 해서 이 시험관 배아의 임신율 혹은 유산, 착상, 출산에 문제가 있는 경우는 거의 없었다. 시험관 수정의 일차적인 문제는 사실 다둥이 출산이다. 말할 것도 없이 여러 개의 배아를 이식하면 임신 가능성이 높아질 것이기 때문에 의사들이 한 개의 배아만을 쓰지 않을 수 있기 때문이다.

인공 수정처럼 시험관 수정과 그에 따른 배아의 이식법도 철저히 부부 사이에서 이루어지지만 공여된 다른 여성의 난자를 이용해서 시행되기도 한다. 산모의 자궁에 문제가 있는 경우 그 환자의 난자를 시험관 수정에 사용하지만 다른 여성의 자궁을 빌려 대리 임신을 하는 경우도 있다. 이성간 부부일 때는 남편의 정액 혹은 공여자의 정액을 쓸 수도 있다. 레즈비언 부부도 공여된 정액을 이용해서 임신하고 아이를 가질 수 있다. 한 여성에게서 확보한 시험관 수정란을 다른 여성에게 이식하여 임신에 이르고 출산까지 한 최초의 사건은 1984년에 있었다. 이러한 대리모 수정이나 임신은 다양한 방식으로 일어날 수 있고 매우 복잡한 법적 문제를 야기하기도 한다. 대리모는 수고한 대가를 받을 수 있지만 '자궁 대여' 혹은 '자궁 아웃소싱'이라는 오명을 뒤집어쓸 수도 있다. 특정 국가에서 이런 과정은 불법이어서 공식적으로 금지된 행위이다.

미세조작을 거친 주사를 통해 시험관 수정은 하나의 정자를 이용하여 난자를 수정시키는 방법론상의 진보를 이끌어냈다. 1992년 배아발생학자 폴 드브로이$^{Paul\ Devroey}$와 안드레 반스테이르테그험$^{André\ Van\ Steirteghem}$은 세포질 내 정자 주사[106]라는 혁신적인 기법을 개발했다. 특히 이 기법은 남성이 문제가 있을 경우 더 효과적이지만 난자 안으로 정자가 쉽게 들어가지 않을 때에도 사용될 수 있다. 또 이 방법은 정자를 공여받았을 때 시험관 수정을 확실히 하기 위해 사용되기도 한다. 수정 과정에서 정자의 선별이 이루어지지 않기 때문에 이 방법을 우려의 시선으로 바라보는 사람들도 많다. 세포질 내 정자 주사방법은 여러 정자를 하나의 난자에 노출하는 시험관 수정처럼 다양한 출산 결함을 야기할 수도 있다. 2002년 이 문제를 최초로 제기한 사람은 공중보건 전문가인 미셸 핸슨$^{Michèle\ Hansen}$이다. 그는 세포질 내 정자 주사를 통해 낳은 아이가 결함을 가질 확률이 그렇지 않고 자연 임신을 한 경우보다 두 배나 높다고 얘기한다. 그러나 이런 정도의 위험성은 오로지 시험관 수정을 했을 때의 위험성과 큰 차이가 없다. 2004년 드브로이와 반스테이르테그험은 지난 10년 동안 수행된 세포질 내 정자 주사의 시술을 요약했다. 이들은 많은 부부들이 공여된 정자를 써서 인공 수정하는 대신 유전적으로 동일한 자신의 아이를 갖게 되었다는 점을 특별히 강조했다. 세포질 내 정자 주사법은 상대적으로 선천적 기형의 위험성이 높지만 그것이 시험관 수정과 크게 다르지 않다는 점도 재차 확인했다.

출산에 인위적으로 개입하는 추세 혹은 출산 조절이라는 문제에 관해 사람들이 종교적인 이유를 들어 거부 의사를 보이리라는 것은 충분히 예

---

106 | intracytoplasmic sperm injection, ICSI이다.

측할 수 있다. 출산을 돕는 행위를 종교적으로 금지하기도 한다. 그것이 "자연적이지" 않다는 이유에서다. 예를 들면 1968년 로마 가톨릭 교회의 회람지인 "인간 생명"에는 정상적인 부부 간의 출산과 분리된, 시험관 수정을 포함하는 모든 인공 수정을 반대한다는 내용이 들어 있다. 비슷한 맥락으로 "인간의 존엄성*Dignitas personae*"이라는 2008년 칙서에서 교황 베네딕토 16세는 세포질 내 정자 주사를 명시적으로 비난했다. 시험관 수정을 마친 배아를 폐기하는 것에 관해 윤리적·종교적 이유를 들어 반대를 분명히 하는 집단이 있다. 철학자 존 해리스*John Harris*는 다음과 같은 질문을 했다. 실제 시험관 수정이 자연적인 생식보다 배아를 덜 죽게 할 수 있다면 그 방법을 적극적으로 시행하는 것이 보다 윤리적인 것이 아니겠는가?

인간 생식에 개입하는 문제는 사회적으로 첨예한 사안이다. 우리 모두에게 영향을 끼칠 인구 폭발이라는 문제와 관련해서 산아제한을 하는 것과 아이를 가질 수 없는 부부를 도와 출산을 돕는 것 사이의 대립각이 분명히 존재한다는 말이다. 우리의 진화적 사촌으로부터 분기한 후 인간으로 지내온 지 긴 세월이 흘렀다. 그간 인간은 큰 뇌를 사용하여 우리의 삶의 방식을 다각도로 변화시켜왔다. 인간 존재의 다양한 측면과 마찬가지로 생식도 많은 변화 과정을 거쳐왔다. 우리는 결코 수렵 채집을 하던 시대로 돌아갈 수 없을 것이다. 그렇지만 최소한 인간 생식의 자연스러운 과정이 무엇인지 그리고 그 과정에 개입하는 것이 생물학적으로 적절한지 질문해야 한다.

진화적인 증거를 들어 인간 생식의 미래에 관한 이야기를 몇 가지 언급하자.

성인 남성은 한 번 사정할 때 평균 2억 5,000개의 정자를 방출하지만 난자를 수정시키는 것은 오직 한 개의 정자이다. 이런 일을 하는 데 왜 많은 수의 정자가 필요한지 여전히 확실하게 알지 못한다. 여성의 생식관을 따라 여과 장치가 존재하고 그 장치를 성공적으로 넘어서는, 건강하고 활력이 넘치는 정자가 난자에 도달하도록 하는 기제가 분명히 있을 것이다. 최소한 우리는 한 가지 여과 장치에 대해서는 잘 알고 있다. 자궁의 목 부위에서 분비되는 점액이 형태가 뒤틀린 정자를 제거한다는 점이다. 수란관에 부착되는 정자는 품질이 매우 우수하다는 점도 알고 있다. 그렇다면 그외의 여정은 모두 무작위로 이루어지는 것일까? 연구가 집중되어야 하는 부분이다. 성인 남성의 정자 수가 줄어드는 문제도 심각해서 결코 무시할수 없는 주제이다.

아마도 가장 우려스러운 점은 유전적 조작을 가해 인간을 복제하는 문제일 것이다. 현재 미국이나 유럽에서는 특정한 유전자 조작을 통해 인간 개체를 복제하거나 생식세포를 의도적으로 가공하는 것을 법적으로 금지하고 있다. 인간 개체를 유전적으로 건드리는 것이나 생식선 세포 가공을 피하는 것은 반대할 이유가 없다. 환자에게 어떤 매개체를 써서 DNA를 도입하는 기술은 믿을 만할까? 혹 다른 부작용은 없을까? 고의적이거나 우발적인 사고로 인간의 생식세포에 유전자를 집어넣는다면 그것은 다음 세대로 전달될 수 있는 것일까? 생식세포를 가공하고 생명을 복제하는 것을 여러 국가가 금지하고는 있지만 이 기법은 쉽게 사용이 가능하다.

다른 모든 생명체와 마찬가지로 인간도 자연선택을 거친 진화의 산물이다. 우리 자신을 이해하고 미래를 보장하기 위해서라도 우리는 그 진화적 배경을 이해해야 한다. 그러나 성공적인 교배가 자연선택의 핵심에 있음에도 불구하고 여태껏 인간 생식의 진화 과정은 심도 있게 다루어지지 않았다. 인간 생식의 진화적 역사를 재구성하기 위한 노력은 화석의 부재로 어려움을 겪는다. 그러나 우리 인간은 자신을 연구하면서 또는 다른 종과 비교 분석을 통해 몇 가지 일반적인 원칙을 찾아가는 중이다. 생명의 가지를 구성하는 다양한 종을 분석하면 인간 생식의 진화에 관한 몇 가지 기본적인 질문에 답할 수 있을 것이다. 내 40년의 여정을 밝혀준 횃불은 바로 인간 생식의 자연사를 추적하는 것이었으며 이 책에 그 정수가 기록되어 있다. 정자와 난자의 생물학에서 시작해서 복잡하기 그지없는 산아제한 및 생식 보조에 이르기까지 알아보고 그것을 실제적으로 적용해온 사례를 추적하여왔다. 나처럼 독자 여러분들도 인간 생식에 관한 새로운 식견을 얻었으면 더 바랄 것이 없겠다.

감사의 말

인간 생식 진화의 궤적을 드러내는 단서 하나하나를 추적하는 과정은 나의 연구 생활을 추동했던 힘이자 커다란 기쁨이었다. 동물원에서 사육하는 다양한 영장류를 연구했고 또 그것은 자연 상태인 야생에서의 연구로도 이어졌다. 박물관에 보관된 종(가끔은 해부도 했다)을 면밀하게 조사했고 미세한 양의 호르몬을 측정하기 위해 수많은 시간을 투자했다. 물론 기본적인 유전 물질인 DNA의 서열을 분석하고 종합하는 연구도 함께 수행했다. 이러한 실험 연구도 중요한 것이었지만 인간 생식의 진화적 의문을 해소하기 위해 함께 연구했던 동료 연구자들의 방대한 논문을 읽는 것도 연구 전반에 커다란 도움이 되었다. 전문 저널에 발표된 논문은 그야말로 금맥 같아서 거의 매 순간마다 번뜩이는 통찰을 얻을 수 있었다. 이 책에는 5,000종이 넘는 논문과 책자에 담긴 귀중한 정수가 녹아들어 있다.

지난 수십 년 동안 나는, 교육과 연구에 기여했던 수많은 사람들에게 어쩔 수 없이 빚을 져왔다. 옥스퍼드 대학 동물학과 학생 시절, 나는 동물의 행동이 진화하는 과정에서 자연적인 환경의 중요성을 역설했던 니코 틴버겐의 강의를 기억한다. 결코 잊을 수 없는, 깊은 감화를 받았다. 니코는 내가 장차 연구의 길로 접어들 수 있게 길을 비춰준 과학자였다. 리처드 도킨스는 동물 행동에 관한 나의 관심에 불을 지폈고 박사 학위 과정에도 기꺼이 시간을 할애해주었다. 리처드는 나의 첫 번째 연구 프로젝트를 물심양면으로 지도하면서 용기를 북돋워주었다. 1964년 옥스퍼드 대학을 졸업하고 독일 제비젠의 막스 플랑크 행동생리학 연구소에서 동물행동의 환상적인 세계로 발을 디디게 되었다. 이레네우스 아이블-아이버스펠트가 설립한 포유동물 실험실에서 나무두더지 연구를 수행하는 동안 콘라트 로렌츠와 격의 없는 토론도 할 수 있었다. 그 인연으로『털 없는 원숭이』의 집필을 막 끝낸 데즈먼드 모리스가 내 박사 학위 논문의 외부 심사 위원회에 참여하게 되었다.

　영장류 현장 연구를 수행하면서 장자크 피테르의 신세를 많이 졌다. 그는 프랑스 브뤼노이 자연사 박물관에서 나의 박사 후 연구 과정을 지도해주었다. 장자크가 갖고 있던 실험동물 모델인 쥐여우원숭이를 연구하고 나서 1968년 드디어 나는 런던 왕립학술 재단의 지원을 받아 옥스퍼드 마다가스카르 탐사단과 함께 현장으로 진출할 수 있었다. 역시 왕립학술 재단의 지원 덕택에 탁월한 영장류 연구자인 사이먼 비어더와 함께 남아프리카 오지의 신생아 연구를 2년 동안 수행했다.

　1969년 런던 대학 생물인류학과에서 전임 강사 자리를 얻으면서 학자로서 첫발을 내디뎠다. 거기에서는 동료이자 뛰어난 멘토였던 나이절 바

니콧의 도움을 받을 수 있었지만 그 기간은 그리 오래 가지 않았다. 그가 일찍 사망하는 바람에 길을 잃고 한동안 허무에 빠져 있기도 했다. 런던 동물학회가 주관하는 웰컴 비교생리학 연구소에서의 4년을 빼고 나면 런던 대학 인류학과에서만 꼬박 13년을 지냈다. 동물학회 연구소에 있는 동안 수행했던 올빼미원숭이 연구에는 앨런 딕슨이 박사 후 연구원으로 참여했다. 이 연구 외에도 앨런과 나는 여러 가지 프로젝트를 함께했고 금방 절친한 친구가 되었다. 또 동물학회의 동료인 브라이언 시턴, 마야 스태비와 함께 동물원에서 사육하던 고릴라의 소변 시료에서 성 호르몬을 검사하는 연구에 관여했다. 멸종 위기종인 동물의 교미 유형을 연구하면서 저지 야생동물 보호 재단과(나중에 더럴 야생동물 보호 재단으로 이름이 바뀌었다) 인연을 맺게 되었고 이후로도 이 단체의 책임자인 제럴드 더럴, 제러미 맬린슨과 오랜 교분을 쌓게 되었다.

1986~2001년 스위스 취리히 인류학 연구소에서 교수이자 연구소장으로 재직하면서 나는 영장류 생식에 관한 귀중한 경험을 하게 되었다. 그 와중에 런던 대학 박사 과정 학생이었던 크리스토퍼 프라이스가 볼리비아 꼬리원숭이 연구 프로젝트에 연구원으로 참여하게 되었다. 크리스는 귀중한 동료였으며 우리는 곧 절친한 친구가 되었다. 크리스와 나는 소변, 나중에는 대변 시료에서 성 호르몬을 조사하면서 근처 수의학 연구소 막스 되벨리와도 인연을 맺었다. 이런 경험은 나중에 여러 가지 프로젝트를 수행하는 동안 우리의 기본 자산이 되었다. 그것은 특히 니나 바르의 박사 학위 프로젝트였던 성 호르몬 수치와 고릴라 암컷의 모성 행위 관계 연구에 요긴하게 써먹을 수 있었다. 취리히 인류학 연구소에서 포획한 동물 관리에 탁월한 재능을 발휘했던 구스틀 안첸베르거를 만나게 된 것도 커다

란 행운이었다. 나와 마찬가지로 구스틀도 막스 프랑크 연구소에서 일했고 곧 영장류 행동학에 관심을 공유하는 오랜 친구가 될 수 있었다.

2001년 시카고에 있는 필드 박물관의 부관장으로 일하게 되면서 동시에 학과장도 맡았다. 5년에 걸친 행정 업무가 끝나고 나서 나는 생물인류학 부서의 왓슨 아머 3세 큐레이터로 일하게 되었다. 다시 연구 생활로 복귀한 것이다. 여기서는 필드 박물관 관장인 존 맥카터의 도움이 지대했다. 그는 내가 새로운 연구를 할 수 있게 길을 터주었고 또 과학의 대중적 이해를 돕는 일에 종사할 수 있도록 도움을 아끼지 않았다. 시카고 대학의 동료들의 도움도 컸다. 다리오 마에스트리피에리, 캘럼 로스, 러셀 터틀은 영장류학의 전문성을 기꺼이 공유해준 귀중한 분들이다.

이름을 언급한 사람들 외에도 현명하고 열광적인 호응을 보이면서 내가 매 순간 적절한 선택을 할 수 있도록 도와준 학생들 세대 모두에게 기꺼이 고마움을 표하고 싶다. 그들이 없었다면 이 책이 나오기 힘들었을 것이다. 무엇보다도 나의 부인, 영원한 친구이자 후견인인 앤 엘리스 마틴에게 빚을 많이 졌다. 이 책이 빚어지는 모든 순간 그녀는 통찰력 있고 귀중한 충고를 해주었다. 대리인인 에즈먼드 함스워스는 대중적인 언어로 과학을 이야기하는 방법을 내게 귀띔해주었다. 알베르트 아인슈타인이 이렇게 말한 적이 있다. "쉽게 설명할 수 없다면 당신은 그것을 잘 이해하지 못하는 것이다." 에즈먼드는 이야기를 흥미롭게 다루는 방법을 가르쳐주었다. 단순하고 쉬운 것이 능사는 아닌 것이다. 책의 출판 과정을 담당했던 베이직북스사 티세 다카기, TJ 켈러에게도 고마움을 전한다. 끈기 있고 능숙한 편집자인 존 도너휴와 수 와가에게 특별히 고맙다고 말하고 싶다.

초고를 읽고 귀중한 충고를 해준 친구들도 잊으면 안 된다. 저술가인 켄

케이, 편집자인 크리스티 헨리와 글린 미터는 모든 장을 꼼꼼히 읽고 글을 어떻게 써야 하는지 가르쳐주었다. 다른 사람들도 초고를 다 읽고 이런저런 충고를 해주었다. 나의 아들인 올리버 마틴과 크리스토퍼 마틴, 딸 알렉산드라 마틴, 여동생인 밸러리 앵거스, 친구인 마저리 벤턴, 앨런 딕슨, 피터 프리먼, 동료인 알라카 왈리, 연구원인 에드나 데이비온, 인턴인 티머시 머피, 루 야오, 해너 코크, 앤드리아 럼멜이 그들이다. 혼란스럽기 그지없는 참고문헌과 자료를 일목요연하게 정리해준 연구원들과 지원자들도 모두 고맙다. 캐서린 알트하우스, 헤더 베이커, 조 코드럴, 빅토리아 디마텔리, 해너 코크, 팀 머피, 앤드리아 럼멜, 세라 스티차 그리고 메이건 화이트. 귀중한 시간을 함께하며 도움을 아끼지 않았던 여러 사람들의 노고에도 불구하고 이 책 어딘가에 실수가 있다면 그것은 모두 내 과실이다.

오랫동안 내 실험실에서 함께 연구를 수행했던 학생들, 동료 연구자들, 귀중한 실험 재료를 기꺼이 제공해주었던 사람들에게도 고마움뿐이다. 앤드루 바버, 로즈메리 보니, 헤더 브랜드, 브라이언 캐럴, 맷 카트밀, 피에르 샤를 도미니크, 제니스 클리프트, 줄리엣 크로스, 데버러 커티스, 크리스토퍼 딘, 앤드리아 데틀링, 프랜시스 디수자, 애나 페이스트너, 스티븐 퍼라리, 더크 플레밍, 미셸 제누, 폴 하비, 마이클 하이스터만, 하를로터 헤멜레이크, 마르셀 흘라딕, 키스 하지스, 캐서린 홈우드, 루이즈 험프리, 커린 이슬러, 마이크 저키, 앨리슨 졸리, 수전 킹즐리, 고(故) 데브라 클레이먼, 레슬리 냅, 롤프 퀴멀리, 엘리자베스 랑게네거, 안 맥클라론, 앨런 맥넬리, 라라 모돌라, 테야 몰리슨, 알렉산드라 밀러, 토머스 무쉴러, 캐럴라인 니에버겔트, 안-카트린 외커, 제니퍼 파스토리니, 마르틴 페레, 윌리엄 페슬, 아레테 피터-루소, 앨리슨 리처드, 캐럴라인 로스, 벤 러더, 제프리 슈워

츠, 크리스토프 솔리고, 로버트 서스먼, 이언 태터설, 우르스 탈만, 크리스티나 바사렐리, 프란치스카 폰 세게서, 뤼디거 비너, 지빌 비너, 진 위킹스, 레슬리 윌너. 모두에게 고맙다.

　마지막으로 이 책을 어떻게 썼는지 잠깐 얘기하겠다. 일반 독자를 위한 종설은 몇 번 쓴 적이 있지만 사실 대중서는 처음이다. 학자로서 전문 용어를 쓰고 싶은 욕구가 없었던 것도 아니다(점차 나는 수업 시간에서도 그런 전문 용어를 최소한도로 쓰고 있었다). 또 적절한 도해를 빽빽하게 채우고 발표했던 원래 논문도 집어넣고 싶었다. 그렇기에 뜻을 알 수 없는 모호한 말과 도식, 형식적인 참고 문헌을 일상적인 어투로 교체하는 작업은 지난하고 어려운 작업이었다. 그럼에도 정확성만큼은 버릴 수 없었기에 여기저기 고심한 흔적이 남아 있을 것이다. 내가 보기에 일반 독자들이 적극적으로 호응하는 책은 복잡한 것을 설명하면서도 진실을 왜곡하지 않는다. 나도 그러기를 바랐다. 서서히 움직이는 시카고 도로가 잔뜩 지겨워질 무렵 나는 앞 차의 범퍼에 쓰인 글귀를 보게 되었다. "Eschew obfuscation." 그 말이 뜻하는 것은 이런 것이다. "믿어라, 나는 최선을 다했다."

- 가상 임신Pseudopregnancy: 일부 포유동물 암컷에서 나타난다. 황체가 있지만 수정이 이루어지지 않았거나 혹은 종양 때문에 호르몬 수치가 변했을 때도 임신한 것으로 착각할 수 있다. 개dog에서 흔히 관찰되지만 인간 여성에서는 드문 편이다.
- 거세Orchidectomy: 일반적으로 수컷의 생식기를 없애버리는 것을 말한다.
- 경련Eclampsia: 전자간증의 증세 중 하나. 드물지만 경련이 동반되기도 한다.
- 경산부Multigravida: 두 번 이상 임신을 경험한 여성.
- 계절성 우울증Seasonal affective disorder: 일 년 중 특정한 시기에 집중되는 우울증을 지칭하는 의학 용어. 주로 겨울에 많이 발생한다.
- 고등 영장류Higher primates: 원숭이, 대형 유인원, 인간을 일컫는 용어. 하등 포유류에 비해 특히 뇌의 성장이 두드러진다. 원인류simian라고도 말한다.
- 고환Testis: 정자를 만들고 테스토스테론을 분비하는 수컷의 생식기관.
- 골다공증Osteoporosis: 골밀도가 줄어드는 현상.
- 공여자 인공 수정Artificial insemination by donor(AID): 남성 배우자가 불임일 경우 공여자의 정액을 받아 직접 자궁 안으로 주입하는 시술.
- 구세계원숭이Old World monkey: 아프리카, 아시아, 동남아시아에 사는 원숭이.
- 그라프여포Graafian follicle, ovarian follicle: 여포가 발생을 거듭하여 가장 커진 것을 그라프여포라고 한다. 난자가 배란되어 빠져 나가면 이 조직은 누렇게 변하며 황체가 된다.
- 기초 체온Basal Body Temperature, BBT: 휴식하는 동안, 주로 잠을 자고 있는 동안의 체온. 배란 후 여성의 기초 체온은 황체기 내내 섭씨 약 0.5도 올라가 있다. 이와 함께 황체기 에너지의 순환turnover도 증가해 있다.
- 긴 사슬 불포화지방산Long-chain polyunsaturated fatty acid, LCPUFA: 18개 이상의 탄

소를 가진 지방산이며 두 개 이상의 이중 결합을 갖고 있다. 단순하게 말하면 이들 이중 결합은 화학 반응에 참여할 수 있다. 인간의 모유에 포함된 두 가지 불포화지방산은 아라키돈산과 도코사헥사엔산이다.

· 난생Ovipary: 알을 낳는 생식 방법을 말한다. 배아의 발생은 대부분 암컷의 몸 밖에서 일어난다. 대부분의 어류, 양서류, 모든 조류, 단공류를 포함하는 척추동물, 대부분의 무척추동물(곤충, 연체동물)이 난생을 한다.

· 난소Ovary: 난자를 생산하는 암컷의 생식기관. 오른편, 왼편에 쌍으로 존재한다. 난자를 내놓기도 하지만 호르몬도 생산한다.

· 난소 절제술Oophorectomy, ovariectomy: 여성의 난소를 제거하여 피임하는 방법.

· 난소 주기Ovarian cycle: 난소에서 배란이 일어나는 주기적인 과정을 일컫는다. 배란이 일어나기 전인 여포기와 배란 후인 황체기로 나뉜다.

· 난소주머니Ovarian vursa: 안경원숭이나 고등 영장류를 제외한 포유류의 난소를 둘러싸는 막 주머니.

· 난원세포Oogonium: 암컷 태아의 난소에서 장차 난자가 될 세포로 분화하는 초기의 세포를 지칭한다.

· 난자Oocyte, ovum: 배란 직전의 성숙한 성세포.

· 난자 형성Oogenesis: 난소에서 난자를 만드는 과정.

· 남성의학Andrology: 남성의 생식기관 혹은 남성 불임과 관련된 생리 · 병리를 다루는 학문.

· 내글르 법칙Nägele's rule: 출산 시기를 계산하는 표준적인 방법. 마지막 생리의 첫째 날로부터 일 년을 더하고 거기에서 세 달을 뺀 다음 7일을 더하면 된다. 마지막 생리로부터 대략 280일 후이다.

· 뇌하수체Pituitary gland: 몸체의 호르몬을 관장하는 지휘자로 알려졌다. 뇌의 아래 부분에 존재하는 작은 샘이며 여포자극 호르몬, 황체형성 호르몬과 프로락틴을 만든다.

· 다산Multiparous: 암컷이나 여성이 한 번 이상 임신 · 출산한 것을 일컫는 말.

· 다정자증Polyzoospermy: 정액 1밀리리터당 2억 5,000개 이상의 정자 또는 8억 개가 넘는 정자를 사정하는 것을 말한다.

· 단공류Monotreme: 알을 낳는 포유동물. 오리너구리, 바늘두더지가 여기에 해당한다.

· 도코사헥사엔산Docosahexaenoic acid, DHA: 뇌 발생과 발달에 중요한 긴 사슬 불포화지방산 중 하나이다.

· 둔위출산 혹은 역위출산Breech birth: 태아가 거꾸로 나옴. 태아가 산도를 들어갈 때 머리 대신 엉덩이나 발이 먼저 들어가는 현상. 역위출산은 더디기도 하고 위험하기도 하다.

· 릴랙신Relaxin: 난소의 황체, 태반 혹은 유방에서 만들어지는 호르몬. 남성은 전립선에

서 만들어지고 정액에 포함된다. 출산할 때 치골 부위, 양쪽 골반이 만나는 곳의 인대를 느슨하게 한다. 물론 다른 기능도 있다.

- 만삭 출산Full-term birth: 37~40주에 이르는 임신 기간을 다 채운 출산.
- 멜라토닌Melatonin: 송과선에서 분비되는 호르몬이다. 생물학적 시계에 의해 조율되고 밤에만 분비되기 때문에 '어둠의 호르몬'으로 알려졌다.
- 무성생식Asexual reproduction: 단성 생식clonal reproduction의 다른 용어.
- 무월경Amenorrhea: 가임기 여성이 생리를 하지 않는 현상.
- 무정액증Aspermia: 정액이 아예 없는 증세.
- 무정자증Azoospermia: 정액에 정자가 없는 증세.
- 미성숙 새끼Altricial offspring: 출생 당시 발생이 덜된 새끼. 눈과 귀가 막으로 덮이고 털이 거의 없다. 육식 포유동물, 설치류, 나무두더지 등이 여기에 속한다.
- 미숙아Premature baby: 마지막 생리 주기의 첫째 날부터 따져서 37주 이전에 태어난 신생아. 정상인 경우보다 3주 이상 먼저 태어난 셈이다.
- 미토콘드리아Mitochondria: 핵을 가진 세포(진핵세포) 안에 포함된 미세 구조. 애초 자유 생활을 영위하던 세균이(발진티푸스를 일으키는) 세포 내 영구적인 거주자가 된 것이다. 이들은 진핵세포의 발전소 역할을 한다.
- 발정기Estrus: 암컷 포유류가 성적으로 무르익어 교미할 준비가 되어 있는 상태. 일반적으로 "달뜨고", "암내를 풍긴다"고 말한다. 배란 직전의 시기이며 암컷이 임신 준비가 되어 있는 상태다. 그러나 원숭이, 대형 유인원, 인간을 포함하는 고등 영장류는 따로 발정기가 없다.
- 배Abdomen: 복부.
- 배란Ovulation: 난소에서 난자가 나오는 것을 말한다.
- 배반포Blastocyst: 척추동물 초기 발생 과정에 수정란으로부터 만들어진 약 80개의 세포로 이루어진 구조물. 수정 후 닷새가 지나면 인간의 배반포가 만들어진다. 배반포는 장차 배아가 될 내부세포집단inner cell mass과 배반포 바깥층을 둘러싼 영양세포로 이루어져 있다. 영양세포는 착상 후 태반을 형성한다.
- 배아Embryo: 포유동물의 배아기는 서로 다른 조직이 발생하면서 몸의 구성이 시작되는 초기 단계이다. 임신되고 착상이 이루어지면 배아는 태반을 통해 모체와 물질을 교환한다. 인간 발생에서 배아기는 약 8주 지속된다. 그 이후는 태아 발생기라고 말한다.
- 배아 이식Embryo transfer: 불임 시술 방법이다. 한 개 혹은 여러 배아를 암컷의 자궁에 이식하는 것이며 보통 시험관 수정과 함께하는 시술이다.
- 배아발생학Embryology: 동물이나 식물의 초기 발생과 성장을 다루는 학문 분야이다.
- 배우자외 자식Extrapair paternity: 혼외임신 결과 태어난 자식.

· **배우자 인공 수정**Artifical insemination by husband(AIH): 불임부부에서 남성 배우자의 정액을 여성 배우자의 자궁 안으로 직접 넣어주는 시술.

· **복강**Abdominal cavity: 복부의 빈 공간.

· **복강경**Laparoscope: 복강 안에 집어넣어 내부의 기관을 관찰할 수 있는 좁은 관 모양의 장치.

· **부계 확실성**Paternity certainty: 자식의 생물학적 부계일 확률.

· **부고환**Epididymis: 포유동물의 고환 뒤편 경계에 꼬여 있는 긴 관이다. 정자의 보관, 성숙을 담당하고 정관을 통해 정자를 운반한다. 인간 부고관의 길이는 약 6미터 정도이다. 정자가 이 부고환을 통과하는 데 걸리는 시간은 12~21일이다.

· **부인과학**Gynecology: 임신하지 않은 여성의 생식기관을 다루는 학문.

· **분만의 첫 번째 단계**First stage of labor: 규칙적이고 고통스런 통증이 시작되고 자궁 경부가 활짝 열리는 시기를 지칭한다.

· **분만의 두 번째 단계**Second stage of labor: 자궁의 경부(목 부분)가 활짝 열리면서 시작되고 출산으로 끝맺는 단계.

· **분만의 세 번째 단계**Third stage of labor: 출산과 함께 태반이 몸 밖으로 나오는 단계.

· **불임**Infertility: 생식할 수 없음. 세계보건기구의 정의에 의하면 불임은 "12개월 정상적인 교접을 했음에도 불구하고 임신이 되지 않는" 것이다.

· **불임 시술**Assisted reproduction: 불임을 극복하는 모든 방법 혹은 시술을 말함. 인공 수정, 시험관 수정, 세포질 내 정자 주사, 배아 이식 등의 방법이 여기에 포함된다.

· **비뇨생식기학**Urology: 남성과 여성의 비뇨기, 생식기관을 연구하는 학문.

· **산과학**Obstetrics: 임신 상태의 여성 생식기관을 다루는 학문 분야.

· **산후 우울증**Postpartum depression: 심리적 원인이 아니라 출산에 수반되는 우울증.

· **살정제**Spermicide: 정자를 죽이는 화학물질.

· **생리**Menstruation: 난소 주기의 마지막에 자궁의 내막이 붕괴되면서 출혈하는 것.

· **생리 주기**Menstrual cycle: 고등 영장류와 포유류에서는 난소 주기라고도 한다. 생리가 시작되면서 한 주기가 끝난다.

· **생식력**Fecundity: 임신할 수 있는 능력.

· **생식세포**Germ line: 성세포. 암컷은 난자, 수컷은 정자.

· **서혜관**Inguinal canal: 체강 안에 있는 고환이 몸 밖으로 나가 음낭에 들어가는 길.

· **성세포**Sex cells: 정자와 난자. 다세포 생명체는 생식세포를 두 벌 가지고 있어서 각각 정자와 난자를 만든다.

· **성적 이형성**Sexual dimorphism: 다 자란 특정한 종의 암컷과 수컷의 육체적 차이를 일컫는다. 성 기관과 직접적 연관성은 없다. 체형의 크기 혹은 모습에서 두드러지게 나타

난다.

· 세메노겔린Semenogelin: 정액에 포함된 단백질. 사정 후 정액의 응고에 참여한다.

· 세포질 내 정자 주사Intracytoplasmic sperm injection, ICSI: 하나의 정자를 난자의 세포질에 직접 주입하는 시술.

· 소아과 의사Pediatrician: 영아나 어린이를 주로 다루는 임상 의사.

· 송과선Pineal gland: 초기 파충류 머리 윗부분에 존재했던 제 3의 눈이 포유동물의 뇌에 흔적 기관으로 남은 것이다. 생물학적 시계 역할을 하는 멜라토닌을 생산한다.

· 수란관Oviduct: 난소에서 성숙한 난자가 자궁으로 나오는 관. 팔로피안fallopian 관으로도 불린다.

· 수란관 결찰Tubal ligation: 양쪽 수란관을 묶어서 피임하는 방법.

· 수란관 내 수정란 이식Gamete intrafallopian transfer, GIFT: 난소에서 난자를 취한 다음 정자와 함께 수란관에 이식하는 불임 시술법. 이 방법은 자연적인 장소에서 수정이 일어나게끔 할 수 있다.

· 수란관 지협Isthmus: 수란관 아래 좁은 부위.

· 수유(젖분비)Lactation: 새끼나 아기를 먹이기 위한 젖의 생산. 포유동물의 특성이다.

· 수컷의 아기 돌보기Parental care: 자식의 적응도를 증가시킬 수 있는 부계의 행동을 통틀어 일컫는 말.

· 수컷의 투자Parental investment: 자손의 생존 및 생식 성공에 기여하는 부계 동물의 투자 행위를 말함. 자손의 적응도를 높이는 수컷 아비의 행위나 특성을 말한다.

· 수태능력Fertility: 임신할 수 있는 생물학적 능력.

· 스테로이드 호르몬Steroid hormone: 스테로이드 골격을 가진 호르몬을 통칭한다. 성적 기능을 갖는 대표적인 호르몬인 안드로겐, 에스트로겐, 프로게스테론이 여기에 포함된다.

· 시간생물학Chronobiology: 생물학적 리듬을 연구하는 학문. 빛에 대한 생명체의 반응 양상을 주로 다룬다.

· 시험관 수정in vitro fertilization, IVF: 신체가 아닌 시험관에서 정자와 난자를 수정시키는 방법. 이런 시술을 통해 태어난 신생아를 '시험관 아기'라고 부른다. 그러나 수정은 평평한 배양접시 안에서 이루어진다. 이런저런 방법을 써도 임신이 되지 않으면 시험관 수정 방법을 사용한다.

· 신경Neuron: 신경세포nerve cell의 전문 용어.

· 신세계원숭이New World monkey: 중남부 아메리카에 사는 원숭이.

· 아라키돈산Arachidonic acid, AA: 가장 중요한 긴 사슬 불포화지방산 중의 하나. 뇌 발생과 발달에 관여한다.

· 안드로겐Androgen: 포유동물이나 척추동물 수컷의 성징을 유지하고 발달하는 데 관여

하는 화합물, 특히 스테로이드 호르몬을 말한다.

· **약한 자궁 수축**Contracture: 임신 기간 전반에 걸쳐 자궁의 수축이 약하게 일어나지만 나중에 출산하면서 강력한 자궁 수축으로 전환된다.

· **양막**Amnion: 배아 나중에는 태아를 둘러싸고 있는 막. 물리적인 충격으로부터 태아를 보호하는 양수가 들어 있다.

· **양수**Amniotic fluid: 양막으로 둘러싸인 공간에 들어 있는 용액. 태아를 보호한다. 출생할 때 양막이 터지면서 양수가 쏟아져 나온다.

· **에스트로겐**Estrogen: 포유동물이나 척추동물 암컷의 성징을 발달하고 유지하는 데 필수적인 스테로이드 호르몬이다. 주요한 세 형태는 에스트라디올, 에스트리올, 에스트론이다.

· **여러 마리 수컷 집단**Multimale group: 두 마리 이상의 수컷과 두 마리 이상의 암컷으로 구성된 교미 집단.

· **여포**Ovarian follicle: 발생 중인 난자를 둘러싸고 있는 작은 주머니. 난포라고도 한다. 난자를 방출하면 황체가 된다.

· **여포기**Follicular phase: 생리에서 배란에 이르는 난소 주기의 앞쪽 절반. 여포가 성숙하는 기간이다.

· **여포자극 호르몬**Follicle-stimulating hormone: 뇌하수체가 만드는 호르몬. 이름이 암시하듯 여포의 성장을 촉진한다.

· **역학**Epidemiology: 집단 단위에서 건강, 질병과 관련된 요소를 파악하는 학문.

· **염색체**Chromosome: 유전 물질 DNA와 단백질로 구성된 세포핵 내 구조물. 대부분의 유전 정보는 염색체 안에 있는 DNA에 암호화되어 있다. 적기는 하지만 미토콘드리아에도 일부 유전 정보가 암호화되어 있다.

· **영아 돌연사 증후군**Sudden infant death syndrome, SIDS: 12개월 이내의 영아가 갑작스레 죽는 현상. 오랫동안 의학적 연구를 해왔지만 그 원인은 잘 모른다. 주로 아기가 자고 있을 때 사망하기 때문에 '요람에서의 죽음'이라고 부르기도 한다.

· **영양막세포**Trophoblast: 배반포의 바깥층에 있으며 착상과 태반의 형성에 관여하는 세포.

· **옥시토신**Oxytocin: 출산하는 동안 혹은 출산 후 포유동물의 생식에 관여하는 뇌하수체 유래 호르몬. 산통이 시작되면 자궁 경부에서 많은 양의 옥시토신이 분비되고 출산을 촉진한다. 젖꼭지가 자극을 받으면 젖이 분비되면서 암컷 어미와 자식 간의 유대가 강화된다. 오르가즘과 배우자 간 결속을 강화시키고 암컷의 행위를 촉진하기 때문에 옥시토신은 '사랑의 호르몬'으로 불린다.

· **외음부**Vulva: 여성의 바깥 생식기관.

· **외음절개술**Episiotomy: 출산할 때 외음부를 넓히는 시술.

· **우식**Oosik: 알래스카 사람들이 해마의 음경골을 일컫는 말.

· **원원류**Prosimian: 하등 영장류를 통칭함. 여우원숭이, 로리스원숭이, 안경원숭이를 포함한다.

· **원인류**Simian: 고등 영장류. 원숭이, 대형 유인원, 인간을 포함한다.

· **유대류**Marsupial: 짧은 임신 기간을 거쳐 태어난 작은 새끼를 주머니 안에서 키우는 동물군. 캥거루가 여기에 속한다.

· **유도된 배란**Induced ovulation: 교미와 함께 시작되는 배란.

· **유산**Miscarriage: 임신 초기 18주 안에 임신이 무효화되는 것. '자동 유산'이라는 말로 불린다.

· **유선염**Mastitis: 유방의 염증. 주로 감염 때문이다.

· **융모성 생식선 자극호르몬**Chorionic gonadotrophin: 착상 후 배반포가 만들어내는 호르몬. 그 뒤 출생할 때까지 태반에서 이 호르몬이 만들어진다. 융모성 생식선 자극호르몬은 황체형성 호르몬과 화학적으로 구조가 비슷하다.

· **음경골**Baculum, os penis: 음경 안에 있는 뼈.

· **음낭**Scrotum: 고환이 들어 있는 몸 밖의 주머니scrotal sac.

· **이형접합**Anisogamy: 암컷, 수컷 성세포의 차이. 특별히 크기의 차이를 말한다.

· **인공 수정**Artificial insemination: 암컷(여성)의 생식기관에 수컷(남성)의 정액을 넣어 수정시키는 방법. 초창기 인간의 인공 수정은 정액을 질이나 수란관에 집어넣는 방법이었지만 지금은 이들을 직접 자궁에 집어넣는다.

· **일년주기 시계**Circannual clock: 일 년을 주기로 반복되는 생물학적 과정을 관장하는 내부의 시계. 환경 조건, 특히 낮의 길이에 반응하여 이 주기는 미세 조정된다.

· **일부다처제**Polygyny: 수컷 하나에 둘 이상의 암컷이 관여하는 교미 형태.

· **일부일처제**Monogamy: 하나의 수컷과 하나의 암컷이 쌍을 이룬 교미 형태.

· **일주기 시계**Circadian clock: 하루 24시간을 주기로 반복되는 생물학적 과정을 관장하는 내부의 시계. 24시간 주기의 시계는 일조량에 반응해서 미세하게 조율된다. circadian이란 용어는 라틴어로 '대략'을 뜻하는 circa와 '하루'를 뜻하는 dies에서 유래한 것이다.

· **일처다부제**Polyandry: 암컷 하나에 둘 이상의 수컷이 관여하는 교미 형태.

· **임신기**Gestation period: 엄격하게 말하면 임신에서 출산에 이르는 기간이다. 실제 인간의 임신기는 마지막 생리 주기의 첫째 날부터 계산한 것보다 두 주 짧다.

· **자궁**Uterus, womb: 태아가 자라는 모체의 생식기관.

· **자궁 경부**Cervix: 자궁의 목 부위.

· **자궁 경부 점액**Cervical mucus: 자궁의 목 부위에서 분비되는 점액. 이 부위의 점액을 조사하여 배란의 시간을 예측하기도 한다. 이 점액은 보통 엷고 물기가 많다.

· **자궁 내막**Endometrium: 자궁의 안쪽 벽이다.

· **자궁 내 인공 수정**Intrauterine insemination: 정액을 직접 자궁 안으로 넣어주는 인공 수정 방법으로 이러한 체내 수정이 어려운 경우 체외 인공 수정법인 시험관 수정을 시도한다.

· **자궁 내 장치**Intrauterine device, IUD: 구리가 포함된 장치를 자궁에 집어넣어 산아제한을 하는 방법. 장기간에 걸친 가역적인 피임법이다. 이 장치는 '코일coil'이라고 불리지만 실제는 'T'자 모양이다.

· **자궁 수축**Contraction: 산통이 시작되면서 자궁의 근육이 간헐적으로 수축되는 것. 자궁의 부피가 줄어들고 태아를 산도 밖으로 몰아내면서 통증이 뒤따른다.

· **자궁 외 임신**Ectopic pregnancy: 배아가 수란관이나 복강과 같은 잘못된 장소에 착상하여 발생하는 것.

· **자궁 절제술**Hysterectomy: 자궁을 수술적으로 제거함.

· **자동 배란**Spontaneous ovulation: 교미와 상관없이 배란이 일어나는 것. 뇌하수체가 만드는 황체형성 호르몬에 반응하여 배란이 촉진된다. 인간을 포함하는 영장류는 자동 배란한다.

· **자연발생설**Spontaneous generation: 무생물에서 자연적으로 생명체가 탄생한다고 보는 견해. 예컨대 쥐는 저장된 곡식에서, 파리는 썩은 고기에서 탄생한다고 생각한 적이 있었다.

· **자연 유산**Spontaneous abortion: 임신 초기 18주 안에 일어나는 유산. 교접 후 한 달 이내 유산되면 실패한 임신으로 간주한다. 임상 의사들은 4~18주 사이에 발생하는 유산을 '자연 유산'으로 본다.

· **자웅동체**Hermaphrodite: 암컷과 수컷의 생식기관을 동시에 가지고 있는 개체.

· **잠복고환**Cryptochidism: 한쪽 혹은 양쪽 고환이 몸 밖으로 나가지 못하는 현상을 일컫는다. 처음 인간 태아에서 만들어진 고환은 임신 7개월까지는 복부에 머물러 있다. 출생하기 전까지 약 97퍼센트 정도의 고환은 태아의 몸 밖으로 나가 음낭에 도달한다. 그렇지 않은 약 80퍼센트의 잠복고환은 출생 후 일 년 이내에 몸 밖으로 나간다. 그렇지만 보통 생후 세 달 안에 이런 일이 마무리된다. 따라서 전체로 보아 잠복고환은 1퍼센트 정도이며 양쪽의 고환이 모두 체내에 머무르는 비율은 0.15퍼센트 정도이다.

· **장벽 피임법**Barrier contraception: 물리적인 장벽을 써서 임신을 억제하는 모든 방법. 콘돔이 대표적이다.

· **전립선**Prostate gland: 대부분의 포유동물 수컷의 방광과 음경 사이에 있는, 호두알 크

기의 생식샘. 전립선은 인간 정액의 3분의 1에 해당하는 양의 젖빛 액체를 분비한다. 그 나머지는 정낭에서 분비되는 것이다.

· **전성설**Preformationism or preformation theory: 수정란의 발생에 의해서가 아니라 축소형 생명체가 자라서 성체가 된다고 하는 생각. 정자주의자들은 호문쿨루스가 정자의 머리 부분에 있다고 믿었지만 난자주의자들은 초소형 여아가 난자에 숨어 있다고 생각했다.

· **전자간증**Preeclampsia: 고혈압을 동반하는 임신 부작용 중의 하나. 요 단백질이 유실되고 물이 고이면서 부종이 일어난다. 증세가 심하면 경련이 일어나기도 한다.

· **정계정맥류**Varicocele: 고환에서 나오는 혈액이 흐르는, 음낭의 정맥이 비정상적으로 확장된 것을 말한다. 약 15퍼센트의 남성이 이러한 증세를 보이며 이는 아마도 인간이 직립 보행을 하게 된 진화의 원치 않는 결과인 것으로 보고 있다. 80퍼센트가 넘는 정계정맥류는 좌측에, 나머지는 양쪽 모두에 나타난다. 남성 불임의 약 3분의 1 정도가 정계정맥류 때문이라고 추산하고 있다.

· **정관**Vas deferens: 척추동물 수컷의 생식기관. 사정을 하게 되면 부고환 꼬리 부분에 저장된 정자가 이 관을 따라 몸 밖으로 나온다. 길이는 약 30센티미터 정도이다.

· **정관 수술**Vasectomy: 남성의 정관을 절제하여 피임하는 방법.

· **정낭**Seminal vesicle: 포유동물 수컷의 방광 아래쪽 뒤편, 골반강에 있는 관 모양의 샘을 일컫는다. 쌍으로 존재하며 여기서 정액의 대부분이 만들어진다. 조류도 이런 구조물을 갖고 있지만 정자를 저장하는 데 사용한다.

· **정액**Semen, seminal fluid: 음경에서 나오는 우윳빛 액체. 정자를 운반한다.

· **정자**Spermatozoon(복수형: spermatozoa): 수컷의 성세포. 그리스어로 sperma는 '씨'를 zōon은 '생명체'를 의미한다. 영어로 sperm이라고도 한다.

· **정자 형성**Spermatogenesis: 고환에서 정자가 만들어지는 과정. 인간의 정자가 만들어지기까지는 두 달이 더 걸린다.

· **제왕절개**Caesarean delivery: 태아나 태반, 양막 등을 수술에 의해 꺼내는 방법.

· **조산**Premature birth: 마지막 생리 주기의 첫째 날부터 따져서 37주 이전에 출산하는 현상을 일컫는 말이다.

· **조숙성 새끼**Precocial offspring: 출생 당시 발달 상태가 아주 좋은 포유동물의 새끼. 눈과 귀가 열리고 털도 풍성하다. 발굽 동물인 우제류와 영장류가 여기에 속한다.

· **주기 피임법**Rhythm method: 주기적인 금욕을 통해 임신을 조절하는 산아제한법. 간혹 "자연적"이라고도 불린다. 여성의 생리 주기에 맞추어 가임 기간을 산출하고 이 시기에는 교접을 하지 않는다. 여성의 생리 주기가 일정하지 않기 때문에 개인적으로 자신의 주기를 세심하게 조사할 필요가 있다고 말한다. 기초 체온을 측정하거나 자궁 경부의

점액을 검사하면서 조정될 수 있다.

· **중추신경계**Central Nervous System, CNS: 뇌와 척수.

· **질**Vigina: 음경이 삽입되는 여성의 생식기관으로 자궁과 외음부를 연결하는 통로이다. 생리혈이 배출되는 관이자 출산 시 아기가 나오는 중요한 기관이다.

· **착상**Implantation: 임신 초기 배반포가 자궁벽에 부착되는 것. 실제 인간의 배반포는 자궁 내벽에 스며든다.

· **초경**Menarche: 소녀가 성적으로 성숙하면서 생리가 시작되는 것.

· **초산 임신부**Primigravida: 첫 번째 아이를 낳은 임산부.

· **초유**Colostrum: 출산 직후 갓 짜낸 젖을 일컬음. 출산 후 하루, 길어야 나흘을 넘지 않은 시기의 젖을 말한다. 초유에는 항체가 포함되어 있어서 신생아의 질병에 대한 저항력을 높인다. 지방의 함량은 적지만 단백질 함량이 나중에 만들어지는 젖보다 훨씬 많다.

· **초음파 스캔**Ultrasound scan: 초음파를 이용하여 몸체 내부의 기관의 형태를 조사하는 방법. 통증이 없다. 보통 발생 중인 태아를 촬영할 때 사용하지만 배란을 확인하기 위해 특별히 사용되기도 한다.

· **출산**Parturition, birth: 인간 여성을 비롯한 포유동물 암컷의 자궁 속에서 자란 태아와 태반이 모체 밖으로 나오는 현상.

· **카제인**Casein: 포유동물의 젖에 포함된 특별한 단백질. 우유에 포함된 단백질의 5분의 4, 인간의 젖 단백질의 3분의 1은 카제인이다.

· **코티솔**Cortisol: 부신이 만드는 스테로이드 호르몬이다. 스트레스에 의해 만들어지기 때문에 스트레스의 척도로 사용된다. 혈당의 수치를 높이거나 면역 반응을 억제하기도 한다. 지질, 단백질, 탄수화물 대사를 촉진한다.

· **콘돔**Condom: 교접하는 동안 피임을 위해 사용되는 물리적 장치이다. 발기한 남성의 음경에 덧씌우는 것이지만 여성용도 있다. 수정을 막는 것 외에 콘돔은 성병을 예방하는 효과도 기대할 수 있다.

· **태반**Placenta: 자궁 내벽에 배아 혹은 태아를 붙이는 구조물. 이를 통해 영양분과 노폐물의 교환이 이루어진다. 넓적한 케이크를 의미하는 그리스어 plakos에서 유래했다. 인간 태반은 '후산afterbirth'으로도 불린다.

· **태반 전치**Placenta previa: 자궁의 목 부위를 빗겨난 자리에 태반이 위치하는 비정상적인 임신. 출산이 다가오면 태반이 떨어져 나가면서 출혈이 심해진다. 따라서 이때는 제왕절개를 해야 한다.

· **태반섭취**Placentophagy: 출산 후 태반을 먹는 행위. 대다수 포유동물 암컷에서 이런 행동이 나타난다.

· **태생**Vivipary: 암컷의 몸 안에서 배아가 발생하는 생식의 한 방법. 알이 아니라 새끼를 낳

는다. 모든 태반 포유류, 유대류는 태생이다. 일부 어류, 양서류, 파충류도 태생을 한다.

· 태아Fetus: 주요 기관, 예컨대 뇌, 심장, 소화기관, 비뇨생식기관의 식별이 가능한, 자궁에서 발생 중인 자식을 일컫는 말이다. 배아와는 달리 태아는 신생아와 비슷하지만 크기가 작다. 인간의 태아는 30주 동안 발생한다. 즉, 임신 8주부터 시작하여 출생에 이르는 기간의 자손을 말한다. 그 이전의 상태는 배아라고 부른다.

· 테스토스테론Testosterone: 잘 알려진 남성호르몬이다. 포유동물 수컷의 성징을 발달하고 유지하는 호르몬.

· 팔로피안 관Fallopian tube: 수란관의 다른 이름.

· 팽대부Ampulla: 수란관 위쪽의 확장된 부위.

· 페서리Pessary: 자궁을 보조하거나 피임약과 같은 약물을 전달하기 위해 질 내에 장착하는 구조물. '피임격막' 참고.

· 폐경Menopause: 여성의 생식이 종료되는 것. 인간 여성은 약 50세가 되면 폐경기에 이른다.

· 폐쇄Atresia: 난소에서 여포의 퇴화, '여포' 참고.

· 포상기태Hydatiform mole: 수컷의 염색체만 존재하면서 거대한 태반이 있지만 배아는 없는 비정상적인 임신.

· 프로게스테론Progesterone: 생리 주기와 임신에서 중요한 역할을 하는 호르몬. 일반적으로 배란 뒤 황체기의 황체에서 만들어진다. 출산하기까지 임신을 유지하는 역할을 한다.

· 프로게스테론 유사 호르몬Progestogen: 프로게스테론과 비슷한 역할을 하는 화학물질, 특히 스테로이드를 말한다.

· 프로락틴Prolactin: 뇌하수체에서 만들어지는 호르몬. 포유동물의 수유를 담당하는 물질이다. 또한 스트레스와도 관련이 있고 수컷의 행동을 조절하기도 한다.

· 프로스타글란딘Prostaglandin: 국소적인 활성을 갖는 지방산 계열의 신호물질이다. 이들은 평활근을 수축하고 이완하는 등 다양한 생리 활성을 갖는다. 특정한 장소가 아니라 몸의 여기저기서 만들어지기 때문에 이들은 호르몬이 아니다. 정액에서 처음 발견되었고 전립선prostate gland에서 만들어진 물질이라고 생각했기 때문에 프로스타글란딘이라는 이름을 갖게 되었다. 그렇지만 정액에서 발견된 프로스타글란딘은 사실 정낭에서 만들어진 것이다.

· 피임Contraception: 성행위, 장치, 화학물질, 혹은 수술적 방법을 동원하여 의도적으로 수정을 피하는 행위 일체를 말한다. 산아제한 가족계획법이라고도 말한다. 빈번하게 사용되는 방법은 정자가 난자에 도달하지 못하도록 하는 물리적 방법이다. 정자를 죽이는 화합물을 사용하기도 한다. 한편 배란을 억제하는 방법, 착상을 못 하게 하는 방

법, 정액에서 정자를 제거하는 방법도 있다. 주기 피임법이나 질외 사정은 성적인 행위에 직접 개입하는 방법이다.

· **피임격막**Diaphragm: 돔dome과 비슷한 장치이다. 라텍스나 실리콘으로 만들어서 자궁의 목 부위를 막고 수정을 억제한다. 횡격막의 테두리는 스프링이고 질 벽을 옥죄어서 정액이 침투하는 것을 막는다. '페서리' 참고.

· **하등 영장류**Lower primates: 여우원숭이, 로리스원숭이, 안경원숭이들이 포함되며 고등 영장류에 비해 뇌의 분화가 덜 이루어졌다. 원원류prosimian라고도 말한다.

· **한 수컷 집단**One-male group: 한 마리의 수컷과 한 마리 혹은 여러 마리의 암컷이 이루는 교미 형태.

· **혼외임신(배우자외 임신)**Extrapair copulation: 서로 짝을 이룬 배우자 밖에서 임신이 일어나는 것.

· **황체**Corpus luteum: 말 그대로 '노란 물체'라는 뜻으로 배란 후 여포가 변한 것이다. 황체형성 호르몬에 반응해서 황체는 프로게스테론을 만들어낸다.

· **황체기**Luteal phase: 난소 주기의 후반부 절반. 배란이 된 후 다음 생리가 일어날 때까지의 시기이다. 배란 후 여포는 황체가 되어 나머지 절반의 기간 동안 유지된다.

· **황체형성 호르몬**Leutenizing hormone, LH: 뇌하수체가 만드는 호르몬 중의 하나. 황체형성 호르몬의 수치가 상승하면 포유동물의 배란이 촉진된다. 이 호르몬은 황체의 성장을 돕고 수컷의 고환에 영향을 끼친다.

· **회음부**Parineum: 해부학 용어. 여성 생식기와 항문 사이 혹은 남성의 음낭과 항문 사이의 공간.

참고문헌

도서

· Abitbol, M. M., F. A. Chervenah, and W. J. Ledger. 1996. *Birth and Human Evolution: Anatomical and Obstetrical Mechanisms in Primates*. Westport, CT: Bergin and Garvey.

· Allman, J. 1999. *Evolving Brains*. New York: W. H. Freeman/Scientific American.

· Asdell, S. A. 1946. *Patterns of Mammalian Reproduction*. London: Constable.

· Baker, R. R. 2006. *Sperm Wars: Infidelity, Sexual Conflict and Other Bedroom Battles*. New York: Basic Books.

· Baker, R. R., and M. A. Bellis. 1994. *Human Sperm Competition: Copulation, Masturbation and Infidelity*. London: Chapman & Hall.

· Bancroft, J. 2009. *Human Sexuality and Its Problems*. 3rd ed. Edinburgh: Churchill Living-stone, Elsevier.

· Beischer, N. A., E. V. Mackay, and P. B. Colditz. 1997. *Obstetrics and the Newborn: An Il-lustrated Textbook*. 3rd ed. London: Baillière Tindall.

· Betzig, L. L., M. Borgerhoff Mulder, and P. Turke. 1988. *Human Reproductive Behaviour: A Darwinian Perspective*. Cambridge: Cambridge University Press.

· Billings, J. J. 1983. *The Ovulation Method: The Achievement or Avoidance of Pregnancy by a Technique Which Is Reliable and Universally Acceptable*. Melbourne: Advocate Press.

· Birkhead, T. R. 2000. *Promiscuity: An Evolutionary History of Sperm Competition and Sexual Conflict*. London: Faber and Faber.

· Blum, D. 2002. *Love at Goon Park: Harry Harlow and the Science of Affection*. New York: Basic Books.

· Boucke, L. 2008. *Infant Potty Training: A Gentle and Primeval Method Adapted to Modern Living.* 3rd ed. Lafayette, CO: White-Boucke Publishing.

· Cobb, M. 2006. *The Egg and Sperm Race: The Seventeenth-Century Scientists Who Unravelled the Secrets of Sex, Life and Growth.* London: Free Press.

· Cunnane, S. C. 2005. *Survival of the Fattest: The Key to Human Brain Evolution.* Hackensack, NJ: World Scientific.

· De Jonge, C. J., and C. L. R. Barratt. 2002. *Assisted Reproductive Technology: Accomplishments and New Horizons.* Cambridge: Cambridge University Press.

· Dettwyler, K., and P. Stuart-Macadam, eds. 1995. *Breastfeeding: Biocultural Perspectives.* Piscataway, NJ: Aldine Transaction.

· Diamond, J. M. 1997. *Why Is Sex Fun? The Evolution of Human Sexuality.* New York: Basic Books.

· Dixson, A. F. 2009. *Sexual Selection and the Origins of Human Mating Systems.* Oxford: Oxford University Press.

· _____. 2012. *Primate Sexuality: Comparative Studies of the Prosimians, Monkeys, Apes and Human Beings.* 2nd ed. Oxford: Oxford University Press.

· Djerassi, C. 2001. *This Man's Pill: Reflections on the 50th Birthday of the Pill.* Oxford: Oxford University Press.

· Edwards, R. G. 1980. *Conception in the Human Female.* London: Academic Press.

· Ellison, P. T. 2001. *On Fertile Ground: A Natural History of Human Reproduction.* Cambridge, MA: Harvard University Press.

· Fildes, V. A. 1986. *Breasts, Bottles and Babies: A History of Infant Feeding.* Edinburgh: Edinburgh University Press.

· Ford, C. S. 1945. *A Comparative Study of Human Reproduction.* New Haven, CT: Yale University Press.

· Ford, C. S., and F. A. Beach. 1951. *Patterns of Sexual Behaviour.* New York: Harper & Bros.

· Gould, S. J. 1996. *The Mismeasure of Man.* 2nd ed. New York: W. W. Norton & Co.

· Grosser, O. 1909. *Vergleichende Anatomie und Entwicklungsgeschichte der Eihäute und der Placenta.* Vienna: Wilhelm Braumüller.

· Hartman, C. G. 1962. *Science and the Safe Period: A Compendium of Human Reproduction.* Baltimore: Williams and Wilkins Co.

· Hellin, D. 1895. *Die Ursache der Multiparität der uniparen Thiere überhaupt und der Zwillingsschwangerschaft beim Menschen insbesondere.* Munich: Seitz & Schauer.

· Hrdy, S. B. 2009. *Mothers and Others: The Evolutionary Origins of Mutual Understanding.* Cambridge, MA: Belknap Press of Harvard University Press.

· Huntington, E. 1938. *The Season of Birth.* New York: John Wiley.

· Jelliffe, D. B., E. F. P. Jelliffe, and L. Kersey. 1989. *Human Milk in the Modern World.* Oxford: Oxford University Press.

· Jerison, H. J. 1973. *Evolution of the Brain and Intelligence.* New York: Academic Press.

· Jirásek, J. E. 2001. A*n Atlas of the Human Embryo and Fetus: A Photographic Review of Human Prenatal Development.* Boca Raton, FL: Parthenon Publishing.

· Jolly, A. 1999. *Lucy's Legacy: Sex and Intelligence in Human Evolution.* Cambridge, MA: Harvard University Press.

· Jordan, B. 1992. *Birth in Four Cultures: A Crosscultural Investigation of Childbirth in Yucatan, Holland, Sweden, and the United States.* 4th ed. Prospect Heights, IL: Waveland Press.

· Kaye, K. 1982. *The Mental and Social Life of Babies: How Parents Create Persons.* Chicago: University of Chicago Press.

· Klaus, M. H., and P. H. Klaus. 2000. *Your Amazing Newborn.* Cambridge, MA: Da Capo.

· Konner, M. 2010. *The Evolution of Childhood: Relationships, Emotion, Mind.* Cambridge, MA: Belknap Press of Harvard University Press.

· Latz, L. J. 1932. *The Rhythm of Sterility and Fertility in Women: A Discussion of the Physiological, Practical, and Ethical Aspects of the Discoveries of Drs. K. Ogino (Japan) and Prof. H. Knaus (Austria) Regarding the Periods When Conception Is Impossible and When Possible.* Chicago: Latz Foundation.

· Leakey, M. D. 1984. *Disclosing the Past.* London: Weidenfeld & Nicolson.

· Low, B. S. 2000. *Why Sex Matters: A Darwinian Look at Human Behavior.* Princeton, NJ: Princeton University Press.

· Malthus, T. R. 1798. *An Essay on the Principles of Population as It Affects the Future Improvement of Society.* London: J. Johnson.

· Marantz Henig, R. 2004. *Pandora's Baby: How the First Test Tube Babies Sparked the Reproductive Revolution.* Boston: Houghton Mifflin.

· Marshall, J. 1963. *The Infertile Period—Principles and Practice.* London: Darton, Longman and Todd.

· Martin, R. D. 1990. *Primate Origins and Evolution: A Phylogenetic Reconstruction.* Princeton, NJ: Princeton University Press.

· Masters, W. H., and V. E. Johnson. 1966. *Human Sexual Response.* London: Churchill.

· McLaren, A. 1992. *A History of Contraception: From Antiquity to the Present Day*. Oxford: Blackwell.

· Michael, R. T., J. H. Gagnon, B. O. Laumann, and G. Kolata. 1994. *Sex in America: A Definitive Survey*. New York: Little, Brown.

· Miller, G. F. 2000. *The Mating Mind: How Sexual Choice Shaped the Evolution of Human Nature*. London: Heinemann.

· Morris, D. 1967. *The Naked Ape: A Zoologist's Study of the Human Animal*. London: Jonathan Cape.

· Nesse, R. M., and G. C. Williams. 1995. *Why We Get Sick: The New Science of Darwinian Medicine*. New York: Times Books.

· Ogino, K. 1934. *Conception Period of Women*. Harrisburg, PA: Medical Arts.

· Paterniti, M. 2000. *Driving Mr. Albert: A Trip Across America with Einstein's Brain*. New York: The Dial Press.

· Pinto-Correia, C. 1997. *The Ovary of Eve: Eggs and Sperm and Preformation*. Chicago: University of Chicago Press.

· Pollard, I. 1994. *A Guide to Reproduction: Social Issues and Human Concerns*. Cambridge: Cambridge University Press.

· Pond, C. M. 1998. *The Fats of Life*. Cambridge: Cambridge University Press.

· Portmann, A. 1990. *A Zoologist Looks at Human Kind*. New York: Columbia University Press.

· Potts, M., and R. V. Short. 1999. *Ever Since Adam and Eve: The Evolution of Human Sexuality*. Cambridge: Cambridge University Press.

· Profet, M. 1997. *Pregnancy Sickness: Using Your Body's Natural Defenses to Protect Your Baby-to-Be*. Reading, MA: Perseus.

· Quetelet, A. 1869. *Physique sociale ou essai sur le développement des facultés de l'homme*. Paris: J.-B. Baillière et Fils.

· Redshaw, M. E., R. P. A. Rivers, and D. B. Rosenblatt. 1985. *Born Too Early: Special Care for Your Preterm Baby*. Oxford: Oxford University Press.

· Riddle, J. M. 1992. *Contraception and Abortion from the Ancient World to the Renaissance*. Cambridge, MA: Harvard University Press.

· Robin, P. 1998. *When Breastfeeding Is Not an Option: A Reassuring Guide for Loving Parents*. Roseville, CA: Prima Lifestyles.

· Rock, J. C. 1963. *The Time Has Come: A Catholic Doctor's Proposals to End the Battle over*

Birth Control. New York: Knopf.

· Shields, B. 2005. *Down Came the Rain: My Journey Th rough Postpartum Depression*. New York: Hyperion.

· Small, M. 1998. *Our Babies, Ourselves: How Biology and Culture Shape the Way We Parent*. New York: Anchor Books.

· Smolensky, M. H., and L. Lamberg. 2000. *The Body Clock Guide to Better Health: How to Use Your Body's Natural Clock to Fight Illness and Achieve Maximum Health*. New York: Henry Holt.

· Symons, D. 1979. *The Evolution of Human Sexuality*. Oxford: Oxford University Press.

· Tanner, J. M. 1989. *Foetus into Man: Growth from Conception to Maturity*. 2nd ed. Hertfordshire, UK: Castlemead.

· Taylor, G. 2000. *Castration: An Abbreviated History of Western Manhood*. London: Routledge.

· Thornhill, R., and S. W. Gangestad. 2008. *The Evolutionary Biology of Human Female Sexuality*. Oxford: Oxford University Press.

· Tone, A. 2001. *Devices and Desires: A History of Contraception in America*. New York: Hill and Wang.

· Trevathan, W. R. 1987. *Human Birth: An Evolutionary Perspective*. Hawthorne, NY: Aldine de Gruyter.

· Vollman, R. F. 1977. *The Menstrual Cycle*. Philadelphia: W. B. Saunders.

· Wolf, J. H. 2001. *Don't Kill Your Baby: Public Health and the Decline of Breastfeeding in the Nineteenth and Twentieth Centuries*. Columbus: Ohio State University Press.

· Wood, J. W. 1995. *Dynamics of Human Reproduction: Biology, Biometry, Demography*. New York: Aldine de Gruyter.

· World Health Organization. 2003. *Global Strategy for Infant and Young Child Feeding*. Geneva: WHO Press.

· _____. 2005. *Guiding Principles for Feeding Non-Breastfed Children 6–24 Months*. Geneva: WHO Press.

· _____. 2006. *Pregnancy, Childbirth, Postpartum and Newborn Care: A Guide for Essential Practice*. 2nd ed. Geneva: WHO Press.

· _____. 2010. *WHO Laboratory Manual for the Examination and Processing of Human Semen*. 5th ed. Geneva: WHO Press.

· Worth, J. 2002. *Call the Midwife: A True Story of the East End in the 1950s*. Twickenham,

UK: Merton Books.

· Wrangham, R. 2009. *Catching Fire: How Cooking Made Us Human*. New York: Basic Books.

과학 기사 및 논문

· Abou-Saleh, M. T., R. Ghubash, L. Karim, M. Krymski, and I. Bhai. 1998. Hormonal Aspects of Postpartum Depression. *Psychoneuroendocrinology* 23: 465–475.

· Ahlfeld, F. 1869. Beobachtungen über die Dauer der Schwangerschaft. *Monatschr Geburtsh Frauenkrankh* 34: 180–225.

· Aitken, R. J., P. Koopman, and S. E. M. Lewis. 2004. Seeds of Concern. *Nature* 432: 48–52.

· Albers, L. L. 1999. The Duration of Labor in Healthy Women. *J Perinatol* 19: 114–119.

· Alliende, M. E. 2002. Mean Versus Individual Hormonal Profiles in the Menstrual Cycle. *Fertil Steril* 78: 90–95.

· Allsworth, J. E., J. Clarke, J. F. Peipert, M. R. Hebert, A. Cooper, and L. A. Boardman. 2007. The Influence of Stress on the Menstrual Cycle Among Newly Incarcerated Women. *Wom Health Iss* 17: 202–209.

· Altmann, J., and A. Samuels. 1992. Costs of Maternal Care: Infant-carrying in Baboons. *Behav Ecol Sociobiol* 29: 391–398.

· Anderson, J. W., B. M. Johnstone, and D. T. Remley. 1999. Breast-feeding and Cognitive Development: A Meta-analysis. *Am J Clin Nutr* 70: 525–535.

· Anderson, K. G. 2006. How Well Does Paternity Confidence Match Actual Paternity? *Curr Anthropol* 47: 513–520.

· Anderson, M. J., and A. F. Dixson. 2002. Motility and the Midpiece in Primates. *Nature* 416: 496.

· Anderson, M. J., J. Nyholt, and A. F. Dixson. 2005. Sperm Competition and the Evolution of Sperm Midpiece Volume in Mammals. *J Zool Lond* 267: 135–142.

· Andrade, A. T. L., J. P. Souza, S. T. Shaw, E. M. Belsey, and P. J. Rowe. 1991. Menstrual Blood Loss and Iron Stores in Brazilian Women. *Contraception* 43: 241–249.

· Auger, J., J. M. Kunstmann, F. Gzyglik, and P. Jouannet. 1995. Decline in Semen Quality Among Fertile Men in Paris During the Past Twenty Years. *New Engl J Med* 332: 281–285.

· Backe, B. 1991. A Circadian Variation in the Observed Duration of Labor. *Acta Obstet Gy-*

necol Scand 70: 465–468.

· Baker, T. G. 1963. A Quantitative and Cytological Study of Germ Cells in Human Ovaries. *Proc R Soc Lond B Biol Sci* 158: 417–433.

· Ben Shaul, D. M. 1962. The Composition of the Milk of Wild Animals. *Int Zoo Yearb* 4: 333–342.

· Benshoof, L., and R. Thornhill. 1979. The Evolution of Monogamy and Concealed Ovulation in Humans. *J Soc Biol Struct* 2: 95–106.

· Bergsjø, P., D. W. Denman, H. J. Hoff man, and O. Meirik. 1990. Duration of Human Singleton Pregnancy: A Population-Based Study. *Acta Obstet Gynecol Scand* 69: 197–207.

· Bernier, M. O., G. Plu-Bureau, N. Bossard, L. Ayzac, and J. C. Th alabard. 2000. Breast-feeding and Risk of Breast Cancer: A Meta-analysis of Published Studies. *Hum Reprod Update* 6: 374–386.

· Bielert, C., and J. G. Vandenbergh. 1981. Seasonal Influences on Births and Male Sex Skin Coloration in Rhesus Monkeys *(Macaca mulatta)* in the Southern Hemi sphere. *J Reprod Fertil* 62: 229–233.

· Billings, J. J. 1981. Cervical Mucus: The Biological Marker of Fertility and Infertility. *Int J Fertil* 26: 182–195.

· Birch, E. E., S. Garfield, D. R. Hoffman, R. Uauy, and D. G. Birch. 2000. A Randomized Controlled Trial of Early Dietary Supply of Long-Chain Polyunsaturated Fatty Acids and Mental Development in Term Infants. *Dev Med Child Neurol* 42: 174–181.

· Bogin, B. 1997. Evolutionary Hypotheses for Human Childhood. *Yearb Phys Anthropol* 40: 63–89.

· Boklage, C. E. 1990. Survival Probability of Human Conceptions from Fertilisation to Term. *Int J Fertil* 35: 75–94.

· Bonde, J. P., E. Ernst, T. K. Jensen, N. H. Hjollund, H. Kolstad, T. B. Henriksen, T. Scheike, A. Giwercman, J. Olsen, and N. E. Skakkebaek. 1998. Relation Between Semen Quality and Fertility: A Population-Based Study of 430 First-Pregnancy Planners. *Lancet* 352: 1172–1177.

· Bostofte, E., J. Serup, and H. Rebbe. 1982. Relation Between Sperm Count and Semen Volume, and Pregnancies Obtained During a Twenty-Year Follow-Up Period. *Int J Androl* 5: 267–275.

· Bovens, L. 2006. The Rhythm Method and Embryonic Death. *J Med Ethics* 32: 355–356.

· Boyle, P., S. N. Kaye, and A. G. Robertson. 1987. Changes in Testicular Cancer in Scotland. *Eur J Cancer Clin Oncol* 23: 827–830.

· Bronson, F. H. 1995. Seasonal Variation in Human Reproduction: Environmental Factors. *Quart Rev Biol* 70: 141–164.

· Brophy, J. T., M. M. Keith, A. Watterson, R. Park, M. Gilbertson, E. Maticka-Tyndale, M. Beck, H. Abu-Zahra, K. Schneider, A. Reinhartz, R. DeMatteo, and I. Luginaah. 2012. Breast Cancer Risk in Relation to Occupations with Exposure to Carcinogens and Endocrine Disruptors: A Canadian Case-Control Study. *Environm Health* 11, 87.

· Brosens, J. J., M. G. Parker, A. McIndoe, R. Pijnenborg, and I. A. Brosens. 2009. A Role for Menstruation in Preconditioning the Uterus for Successful Pregnancy. *Am J Obstet Gynecol* 200(6): 615.e1–6.

· Brown, J. E., E. S. Kahn, and T. J. Hartman. 1997. Profet, Profits, and Proof: Do Nausea and Vomiting of Early Pregnancy Protect Women from "Harmful" Vegetables? *Am J Obstet Gynecol* 176: 179–181.

· Brummelte, S., and L. A. M. Galea. 2010. Depression During Pregnancy and Postpartum: Contribution of Stress and Ovarian Hormones. *Prog Neuro-Psychopharmacol Biol Psychiatry* 34: 766–776.

· Buckley, S. J. 2006. Placenta Rituals and Folklore from Around the World. *Midwifery Today Int Midwife* 80: 58–59.

· Bujan, L., M. Daudin, J.-P. Charlet, P. Thonneau, and R. Mieusset. 2000. Increase in Scrotal Temperature in Car Drivers. *Hum Reprod* 15: 1355–1357.

· Burley, N. 1979. The Evolution of Concealed Ovulation. *Am Nat* 114: 835–858.

· Burr, M. L., E. S. Limb, M. J. Maguire, L. Amarah, B. A. Eldridge, J. C. Layzell, and T. G. Merrett. 1993. Infant Feeding, Wheezing, and Allergy: A Prospective Study. *Arch Dis Childh* 68: 724–728.

· Byard, R. W., M. Makrides, M. Need, M. A. Neumann, and R. A. Gibson. 1995. Sudden Infant Death Syndrome: Effect of Breast and Formula Feeding on Frontal Cortex and Brainstem Lipid Composition. *J Paediatr Child Health* 31: 14–16.

· Cancho-Candela, R., J. M. Andres-de Llano, and J. Ardura-Fernandez. 2007. Decline and Loss of Birth Seasonality in Spain: Analysis of 33 421 731 Births over 60 Years. *J Epidemiol Commun Health* 61: 713–718.

· Carlsen, E., A. Giwercman, N. Keiding, and N. E. Skakkebaek. 1992. Evidence for Decreasing Quality of Semen During Past 50 Years. *Brit Med J* 305: 609–613.

· Carnahan, S. J., and M. I. Jensen-Seaman. 2008. Hominoid Seminal Protein Evolution and

Ancestral Mating Behavior. *Am J Primatol* 70: 939–948.

· Caro, T. M. 1987. Human Breasts, Unsupported Hypotheses Reviewed. *Hum Evol* 2: 271–282.

· Carpenter, C. R. 1942a. Sexual Behavior of Free Ranging Rhesus Monkeys (*Macaca mulatta*). I. Specimens, Procedures and Behavior Characteristics of Estrus. *J Comp Psychol* 33: 113–142.

· _____. 1942b. Sexual Behavior of Free Ranging Rhesus Monkeys (*Macaca mulatta*). II. Periodicity of Estrus, Homosexual, Autoerotic and Non-conformist Behavior. *J Comp Psychol* 33: 143–162.

· Chandwani, K. D., I. Cech, M. H. Smolensky, K. Burau, and R. C. Hermida. 2004. Annual Pattern of Human Conception in the State of Texas. *Chronobiol Int* 21: 73–93.

· Chard, T. 1991. Frequency of Implantation and Early-pregnancy Loss in Natural Cycles. *Baillière's Clin Obstet Gynaecol* 5: 179–189.

· Chauhan, S. P., J. A. Scardo, E. Hayes, A. Z. Abuhamad, and V. Berghella. 2010. Twins: Prevalence, Problems, and Preterm Births. *Am J Obstet Gynecol* 203: 305–315.

· Chen, A. M., and W. J. Rogan. 2004. Breastfeeding and the Risk of Postneonatal Death in the United States. *Pediatrics* 113: e435–e439.

· Chilvers, C., M. C. Pike, D. Forman, K. Fogelman, and M. E. J. Wadsworth. 1984. Apparent Doubling of Frequency of Undescended Testis in England and Wales in 1962–81. *Lancet* 324: 330–332.

· Chua, S., S. Arulkumaran, I. Lim, N. Selamat, and S. S. Ratnam. 1994. Influence of Breastfeeding and Nipple Stimulation on Postpartum Uterine Activity. *Brit J Obstet Gynaecol* 101: 804–805.

· Clark, N. L., and W. J. Swanson. 2005. Pervasive Adaptive Evolution in Primate Seminal Proteins. *PLoS Genet* 1(3): e35.

· Collaborative Group on Hormonal Factors in Breast Cancer. 1996. Breast Cancer and Hormonal Contraceptives: Collaborative Reanalysis of Individual Data on 53 297 Women With Breast Cancer and 100 239 Women Without Breast Cancer from 54 Epidemiological Studies. *Lancet* 347: 1713–1727.

· _____. 2002. Breast Cancer and Breastfeeding: Collaborative Reanalysis of Individual Data from 47 Epidemiological Studies in 30 Countries, Including 50,302 Women With Breast Cancer and 96,973 Women Without the Disease. *Lancet* 360: 187–196.

· Conaway, C. H., and C. B. Koford. 1964. Estrous Cycles and Mating Behavior in a Free-

Ranging Band of Rhesus Monkeys. *J Mammal* 45: 577–588.

· Conaway, C. H., and D. S. Sade. 1965. The Seasonal Spermatogenic Cycle in Free Ranging Rhesus Monkeys. *Folia Primatol* 3: 1–12.

· Connolly, M. P., S. Hoorens, and G. M. Chambers. 2010. The Costs and Consequences of Assisted Reproductive Technology: An Economic Perspective. *Hum Reprod Update* 16: 603–613.

· Consensus Statement: Breastfeeding as a Family Planning Method. 1988. *Lancet* 332: 1204–1205.

· Cooper, T. G., E. Noonan, S. von Eckardstein, J. Auger, H. W. G. Baker, H. M. Behre, T. B. Haugen, T. Kruger, C. Wang, M. T. Mbizvo, and K. M. Vogelsong. 2010. World Health Organization Reference Values for Human Semen Characteristics. *Hum Reprod Update* 16: 231–245.

· Coqueugniot, H., J.-J. Hublin, F. Veillon, F. Houët, and T. Jacob. 2004. Early Brain Growth in *Homo erectus* and Implications for Cognitive Ability. *Nature* 431: 299–302.

· Cowgill, U. M. 1966a. Historical Study of the Season of Birth in the City of York, England. *Nature* 209: 1067–1070.

· _____. 1966b. The Season of Birth in Man. *Man n.s.* 1: 232–241.

· _____. 1966c. Season of Birth in Man: Contemporary Situation with Special Reference to Europe and the Southern Hemi sphere. *Ecology* 47: 614–623.

· Cunnane, S. C., and M. A. Crawford. 2003. Survival of the Fattest: Fat Babies Were the Key to Evolution of the Large Human Brain. *Comp Biochem Physiol A* 136: 17–26.

· Cunningham, A. S., D. B. Jelliffe, and E. F. P. Jelliffe. 1991. Breastfeeding and Health in the 1980s: A Global Epidemiological Review. *J Pediatr* 118: 659–666.

· Czeizel, A. E., E. Puho, N. Acs, and F. Banhidy. 2006. Inverse Association Between Severe Nausea and Vomiting in Pregnancy and Some Congenital Abnormalities. *Am J Med Genet* 140A, 453–462.

· Danilenko, K., and E. A. Samoilova. 2007. Stimulatory Effect of Morning Bright Light on Reproductive Hormones and Ovulation: Results of a Controlled Crossover Trial. *PLoS Clin Trials* 2(2): e7.

· de Boer, C. H. 1972. Transport of Particulate Matter Through the Female Genital Tract. *J Reprod Fertil* 28: 295–297.

· DeSilva, J. M. 2011. A Shift Toward Birthing Relatively Large Infants Early in Human Evolution. *Proc Natl Acad Sci USA* 108: 1022–1027.

· Dettwyler, K. A. 2004. When to Wean: Biological Versus Cultural Perspectives. *Clin Obstet Gynecol* 47: 712–723.

· deVries, M. W., and M. R. deVries. 1977. Cultural Relativity of Toilet Training Readiness: A Perspective from East Africa. *Pediatrics* 60: 170–177.

· Dixson, B. J., G. M. Grimshaw, W. L. Linklater, and A. F. Dixson. 2010. Eyetracking of Men's Preferences for Waist-to-Hip Ratio and Breast Size of Women. *Arch Sex Behav* 40: 43–50.

· Djerassi, C., and S. P. Leibo. 1994. A New Look at Male Contraception. *Nature* 370: 11–12.

· Dodds, E. C., and W. Lawson. 1936. Synthetic Estrogenic Agents Without the Phenanthrene Nucleus. *Nature* 137: 996.

· _____. 1938. Molecular Structure in Relation to Oestrogenic Activity. Compounds Without a Phenanthrene Nucleus. *Proc Roy Soc Lond B* 125: 222–232.

· Dorus, S., P. D. Evans, G. J. Wyckoff, S. S. Choi, and B. T. Lahn. 2004. Rate of Molecular Evolution of the Seminal Protein Gene SEMG2 Correlates with Levels of Female Promiscuity. *Nature Genet* 36: 1326– 1329.

· Doyle, R. 1996. World Birth-Control Use. *Sci Am* 275(9): 34.

· Dunn, P. M. 2000. Dr. Emmett Holt (1855– 1924) and the Foundation of North American Paediatrics. *Arch Dis Child Fetal Neonatal Ed* 83: F221–F223.

· Dupras, T. L., H. P. Schwarcz, and S. I. Fairgrieve. 2001. Infant Feeding and Weaning Practices in Roman Egypt. *Am J Phys Anthropol* 115: 204–212.

· Dyroff, R. 1939. Beiträge zur Frage der physiologischen Sterilität. *Zentralbl Gynäkol* 1939: 1717–1721.

· Edwards, C. A., and A. M. Parrett. 2002. Intestinal Flora During the First Months of Life: New Perspectives. *Brit J Nutr* 88, S1: s11–s18.

· Edwards, R. G. 1981. Test-Tube Babies, 1981. *Nature* 293: 253–256.

· Egli, G. E., and M. Newton. 1961. The Transport of Carbon Particles in the Human Female Reproductive Tract. *Fertil Steril* 12: 151–155.

· Eiben, B., I. Bartels, S. Bähr-Porsch, S. Borgmann, G. Gatz, G. Gellert, R. Goebel, W. Hammans, M. Hentemann, R. Osmers, R. Rauskolb, and I. Hansmann. 1990. Cytogenetic Analysis of 750 Spontaneous Abortions with the Direct-Preparation Method of Chorionic Villi and Its Implications for Studying Genetic Causes of Pregnancy Wastage. *Am J Hum Genet* 47: 656–663.

· El-Chaar, D., O. Y. Yang, J. Bottomely, S. W. Wen, and M. Walker. 2006. Risk of Birth Defects in Pregnancies Associated with Assisted Reproductive Technology. *Am J Obstet Gynecol* 195: S21.

· Ellington, J. E., D. P. Evenson, R. W. Wright, A. E. Jones, C. S. Schneider, G. A. Hiss, and R. S. Brisbois. 1999. Higher-Quality Human Sperm in a Sample Selectively Attach to Oviduct (Fallopian Tube) Epithelial Cells in Vitro. *Fertil Steril* 71: 924-929.

· Emera, D., R. Romero, and G. Wagner. 2012. The Evolution of Menstruation: A New Model for Genetic Assimilation. *BioEssays* 34: 26–35.

· Evans, K. M., and V. J. Adams. 2010. Proportion of Litters of Purebred Dogs Born by Caesarean Section. *J Small Anim Pract* 51: 113–118.

· Falk, H. C., and S. A. Kaufman. 1950. What Constitutes a Normal Semen? *Fertil Steril* 1: 489–503.

· Figà-Talamanca, I., C. Cini, G. C. Varricchio, F. Dondero, L. Gandini, A. Lenzi, F. Lombardo, L. Angelucci, R. Di Grezia, and F. R. Patacchioli. 1996. Effects of Prolonged Autovehicle Driving on Male Reproductive Function: A Study Among Taxi Drivers. Am J Industr Med 30: 750–758.

· Finn, C. A. 1998. Menstruation: A Non-adaptive Consequence of Uterine Evolution. *Quart Rev Biol* 73: 163– 173.

· Fisch, H., E. T. Goluboff , J. H, Olson, J. Feldshuh, S. J. Broder, and D. H. Barad. 1996. Semen Analyses in 1,283 Men from the United States over a 25-Year Period: No Decline in Quality. *Fertil Steril* 65: 1009–1014.

· Flaxman, S. M., and P. W. Sherman. 2000. Morning Sickness: A Mechanism for Protecting Mother and Embryo. *Quart Rev Biol* 75: 113–148.

· Fleming, A. S., D. Ruble, H. Krieger, and P. Y. Wong. 1997. Hormonal and Experiential Correlates of Maternal Responsiveness During Pregnancy and the Puerperium in Human Mothers. *Horm Behav* 31: 145–158.

· Foote, R. H. 2002. The History of Artificial Insemination: Selected Notes and Notables. *J Anim Sci* 80: 1–10.

· Fox, C. A., S. J. Meldum, and B. W. Watson. 1973. Continuous Measurement by Radio-Telemetry of Vaginal pH During Human Coitus. *J Reprod Fertil* 33: 69–75.

· Francis, C. M., E. L. P. Anthony, J. A. Brunton, and T. H. Kunz. 1994. Lactation in Male Fruit Bats. *Nature* 367: 691–692.

· Franciscus, R. G. 2009. When Did the Modern Human Pattern of Childbirth Arise? New

Insights from an Old Neandertal Pelvis. *Proc Natl Acad Sci USA* 106: 9125–9126.

· Fuller, B. T., J. L. Fuller, D. A. Harris, and R. E. M. Hedges. 2006. Detection of Breast-feeding and Weaning in Modern Human Infants with Carbon and Nitrogen Stable Isotope Ratios. *Am J Phys Anthropol* 129: 279–293.

· Galloway, T., R. Cipelli, J. Guralnik, L. Ferrucci, S. Bandinelli, A. M. Corsi, C. Money, P. McCormack, and D. Melzer. 2010. Daily Bisphenol A Excretion and Associations with Sex Hormone Concentrations: Results from the InCHIANTI Adult Population Study. *Environm Health Perspect* 118: 1603–1608.

· Garwicz, M., M. Christensson, and E. Psouni. 2009. A Unifying Model for Timing of Walking Onset in Humans and Other Mammals. *Proc Natl Acad Sci USA* 106: 21889–21893.

· German, J. 1968. Mongolism, Delayed Fertilization and Human Sexual Behaviour. *Nature* 217: 516–518.

· Gibbons, A. 2008. The Birth of Childhood. *Science* 322: 1040–1043.

· Gibson, J. R., and T. McKeown. 1950. Observations on All Births (23,970) in Birmingham, 1947. I: Duration of Gestation. *Brit J Soc Med* 4: 221–233.

· _____. 1952. Observations on All Births (23,970) in Birmingham, 1947. VI: Birth Weight, Duration of Gestation and Survival Related to Sex. *Brit J Soc Med* 6: 152–158.

· Gilbert, S. F., and Z. Zevit. 2001. Congenital Human Baculum Deficiency: The Generative Bone of Genesis 2: 21– 23. *Am J Med Genet* 101: 284–285.

· Glasier, A., and A. S. McNeilly. 1990. Physiology of Lactation. *Clin Endocrinol Metab* 4: 379–395.

· Goldman, A. S. 2002. Evolution of the Mammary Gland Defense System and the Ontogeny of the Immune System. *J Mammary Gland Biol Neoplas* 7: 277–289.

· Goldwater, P. N. 2011. A Perspective on SIDS Pathogenesis. The Hypotheses: Plausibility and Evidence. *BMC Med* 9(64): 1–13.

· Gomendio, M., and E. R. S. Roldan. 1993. Co-evolution Between Male Ejaculates and Female Reproductive Biology in Eutherian Mammals. *Proc R Soc Lond B Biol Sci* 252: 7–12.

· Gould, J. E., J. W. Overstreet, and F. W. Hanson. 1984. Assessment of Human Sperm Function after Recovery from the Female Reproductive Tract. *Biol Reprod* 31: 888–894.

· Gray, J. P., and L. D. Wolfe. 1983. Human Female Sexual Cycles and the Concealment of Ovulation Problem. *J Soc Biol Struct* 6: 345–352.

· Gray, L., L. W. Miller, B. L. Philipp, and E. M. Blass. 2002. Breastfeeding Is Analgesic in

Healthy Newborns. *Pediatrics* 109: 590–593.

· Groer, M. W., M. W. Davis, and J. Hemphill. 2002. Postpartum Stress: Current Concepts and the Possible Protective Role of Breastfeeding. *J Obstet Gynecol Neonat Nurs* 31: 411–417.

· Guerrero, R., and C. A. Lanctot. 1970. Aging of Fertilizing Gametes and Spontaneous Abortion: Effect of the Day of Ovulation and the Time of Insemination. *Am J Obstet Gynecol* 107: 263–267.

· Guerrero, V., and O. I. Rojas. 1975. Spontaneous Abortion and Aging of Human Ova and Spermatozoa. *New Engl J Med* 293: 573–575.

· Gunz, P., S. Neubauer, B. Maureille, and J.-J. Hublin. 2010. Brain Development After Birth Differs Between Neanderthals and Modern Humans. *Curr Biol* 20: R921–R922.

· Guzick, D. S., J. W. Overstreet, P. Factor-Litvak, C. K. Brazil, S. T. Nakajima, C. Coutifaris, S. A. Carson, P. Cisneros, M. P. Steinkampf, J. A. Hill, D. Xu, and D. L. Vogel. 2001. Sperm Morphology, Motility, and Concentration in Fertile and Infertile Men. *New Engl J Med* 345: 1388–1393.

· Häger, R. M., A. K. Daltveit, D. Hofoss, S. T. Nilsen, T. Kolaas, P. Oian, and T. Henriksen. 2004. Complications of Cesarean Deliveries: Rates and Risk Factors. *Am J Obstet Gynecol* 190: 428–434.

· Haimov-Kochman, R., R. Har-Nir, E. Ein-Mor, V. Ben-Shoshan, C. Greenfield, I. Eldar, Y. Bdolah, and A. Hurwitz. 2012. Is the Quality of Donated Semen Deteriorating? Findings from a 15 Year Longitudinal Analysis of Weekly Sperm Samples. *Isr Med Assoc J* 14: 372–377.

· Hallberg, L., A.-M. Hogdahl, L. Nilsson, and G. Rybo. 1966. Menstrual Blood Loss—A Population Study. *Acta Obstet Gynecol Scand* 45: 320–351.

· Hammes, L. M., and A. E. Treloar. 1970. Gestational Interval from Vital Records. *Am J Public Health* 60: 1496–1505.

· Hansen, M., J. J. Kurinczuk, C. Bower, and S. Webb. 2002. The Risk of Major Birth Defects After Intracytoplasmic Sperm Injection and In Vitro Fertilization. *New Engl J Med* 346: 725–730.

· Hansen, M., J. J. Kurinczuk, N. de Klerk, P. Burton, and C. Bower. 2012. Assisted Reproductive Technology and Major Birth Defects in Western Australia. *Obst Gynecol* 120: 852–863.

· Harcourt, A. H., P. H. Harvey, S. G. Larson, and R. V. Short. 1981. Testis Weight, Body

Weight and Breeding System in Primates. *Nature* 293: 55–57.

· Harcourt, A. H., A. Purvis, and L. Liles. 1995. Sperm Competition: Mating System, Not Breeding Season, Affects Testes Size of Primates. *Funct Ecol* 9: 468–476.

· Harder, T., R. Bergmann, G. Kallischnigg, and A. Plagemann. 2005. Duration of Breast-feeding and Risk of Overweight: A Meta-analysis. *Am J Epidemiol* 162: 397–403.

· Harlow, H. F., and M. K. Harlow. 1962. Social Deprivation in Monkeys. *Sci Am* 207(5): 136–146.

· _____. 1966. Learning to Love. *Am Sci* 54: 244–272.

· Hartman, C. G. 1931. The Phylogeny of Menstruation. *J Am Med Ass* 97: 1863–1865.

· _____. 1932. Studies in the Reproduction of the Monkey *Macacus (Pithecus) rhesus*, with Special Reference to Menstruation and Pregnancy. *Contrib Embryol Carnegie Inst Wash* 23: 1–161.

· Heape, W. 1900. The "Sexual Season" of Mammals and the Relation of the "Prooestrum" to Menstruation. *Quart J Micr Sci* 44: 1–70.

· Hedges, L. V., and A. Nowell. 1995. Sex Differences in Mental Test Scores, Variability, and Numbers of High-Scoring Individuals. *Science* 269: 41–45.

· Heikkilä, K., A. Sacker, Y. Kelly, M. J. Renfrew, and M. A. Quigley. 2011. Breast Feeding and Child Behaviour in the Millennium Cohort Study. *Arch Dis Childh* 96: 635–642.

· Heird, W. C. 2001. The Role of Polyunsaturated Fatty Acids in Term and Preterm Infants and Breastfeeding Mothers. *Pediatr Clin N Am* 48: 173–188.

· Helland, I. B., L. Smith, K. Saarem, O. D. Saugstad, and C. A. Drevon. 2003. Maternal Supplementation with Very-Long-Chain n-3 Fatty Acids During Pregnancy and Lactation Augments Children's IQ at 4 Years of Age. *Pediatrics* 111: e39–e44.

· Heres, M. H. G., M. Pel, M. Borkent-Polet, P. E. Treffers, and M. Mirmiran. 2000. The Hour of Birth: Comparisons of Circadian Pattern Between Women Cared for by Midwives and Obstetricians. *Midwifery* 16: 173–176.

· Higham, J. P., C. Ross, Y. Warren, M. Heistermann, and A. M. MacLarnon. 2007. Reduced Reproductive Function in Wild Baboons (*Papio hamadryas anubis*) Related to Natural Consumption of the African Black Plum (*Vitex doniana*). *Horm Behav* 52: 384–390.

· Hill, S. A. 1888. The Life Statistics of an Indian Province. *Nature* 38: 245–250.

· Hinde, K., and L. A. Milligan. 2011. Primate Milk: Proximate Mechanisms and Ultimate Perspectives. *Evol Anthropol* 20: 9–23.

· Hirata, S., K. Fuwa, K. Sugama, K. Kusunoki, and H. Takeshita. 2011. Mechanism of

Birth in Chimpanzees: Humans Are Not Unique Among Primates. *Biol Lett* 7: 686–688.

· Holdcroft, A., A. Oatridge, J. V. Hajnal, and G. M. Bydder. 1997. Changes in Brain Size in Normal Human Pregnancy. *J Physiol* 499P: 79P–80P.

· Holt, L. E. 1890. Observations upon the Capacity of the Stomach in Infancy. *Arch Pediatr* 7: 960–967.

· Honnebier, M. B. O. M. 1994. The Role of the Circadian System During Pregnancy and Labor in Monkey and Man. *Acta Obstet Gynecol Scand* 73: 85–88.

· Honnebier, M. B. O. M., and P. W. Nathanielsz. 1994. Primate Parturition and the Role of Maternal Circadian System. *Eur J Obstet Gynaecol Reprod Biol* 55: 193–203.

· Hook, E. B., and S. Harlap. 1979. Difference in Maternal-Age Specific Rates of Down's Syndrome Between Jews of Europe an Origin and of North African or Asian Origin. *Teratology* 20: 243.

· Howie, P. W., J. S. Forsyth, S. A. Ogston, A. Clark, and C. D. Florey. 1990. Protective Effect of Breast Feeding Against Infection. *Brit Med J* 300: 11–16.

· Howie, P. W., and A. S. McNeilly. 1982. Effect of Breast-feeding Patterns on Human Birth Intervals. *J Reprod Fertil* 65: 545–557.

· Huang, F. J., S. Y. Chang, F. T. Kung, J. F. Wu, and M. Y. Tsai. 1998. Timed Intercourse After Intrauterine Insemination for Treatment of Infertility. *Eur J Obstet Gynecol Reprod Biol* 80: 257–261.

· Hubrecht, A. A. W. 1898. Über die Entwicklung der Placenta von *Tarsius* und *Tupaia*, nebst Bemerkungen über deren Bedeutung als haemopoeitische Organe. *Proc Int Congr Zool* 4: 345–411.

· Huyghe, E., T. Matsuda, and P. Thonneau. 2003. Increasing Incidence of Testicular Cancer Worldwide: A Review. *J Urol* 170: 5–11.

· Iffy, L. 1963a. Embryonic Studies of Time of Conception in Ectopic Pregnancy and First Trimester Abortion. *Obstet Gynecol* 26: 490–498.

· Iffy, L. 1963b. The Time of Conception in Foetal Monstrosities. *Gynaecologia* 156: 140–142.

· Iffy, L., and M. B. Wingate. 1970. Risks of Rhythm Method of Birth Control. *J Reprod Med* 5: 11–17.

· Insler, V., M. Glezerman, L. Zeidel, D. Bernstein, and N. Misgav. 1980. Sperm Storage in the Human Cervix: A Quantitative Study. *Fertil Steril* 33: 288–293.

· Irvine, S., E. Cawood, and D. Richardson. 1996. Evidence of Deteriorating Semen Quality in the United Kingdom: Birth Cohort Study in 577 Men in Scotland over 11 Years. *Brit Med J* 312: 467–471.

· Itan, Y., A. Powell, M. A. Beaumont, J. Burger, and M. G. Thomas. 2009. The Origins of Lactase Persistence in Europe. *PLoS Comput Biol* 5(8): e1000491; doi:10.1371/journal.pcbi.1000491.

· James, W. H. 1971. The Distribution of Coitus Within the Human Inter-Menstruum. *J Biosoc Sci* 3: 159–171.

· _____. 1980. Secular Trend in Reported Sperm Counts. *Andrologia* 12: 381–388.

· _____. 1990. Seasonal Variation in Human Births. *J Biosoc Sci* 22: 113–119.

· _____. 1996. Down Syndrome and Natural Family Planning. *Am J Med Genet* 66: 365.

· Jarnfelt-Samsioe, A. 1987. Nausea and Vomiting in Pregnancy: A Review. *Obstet Gynecol Surv* 41: 422–427.

· Jenny, E. 1933. Tagesperiodische Einflüsse auf Geburt und Tod. *Schweiz med Wochenschr* 63: 15–17.

· Jensen, T. K., N. Jørgensen, M. Punab, T. B. Haugen, J. Suominen, B. Zilaitiene, A. Horte, A.-G. Andersen, E. Carlsen, Ø. Magnus, V. Matulevicius, I. Nermoen, M. Vierula, N. Keiding, J. Toppari, and N. E. Skakkebaek. 2004. Association of In Utero Exposure to Maternal Smoking with Reduced Semen Quality and Testis Size in Adulthood: A Cross-Sectional Study of 1,770 Young Men from the General Population in Five European Countries. *Am J Epidemiol* 159: 49-58.

· Jensen-Seaman, M. I., and W.-H. Li. 2003. Evolution of the Hominoid Semenogelin Genes, the Major Proteins of Ejaculated Semen. *J Mol Evol* 57: 261–270.

· Jöchle, W. 1973. Coitus-Induced Ovulation. *Contraception* 7: 523–564.

· Jolly, A. 1972. Hour of Birth in Primates and Man. *Folia Primatol* 18: 108–121.

· _____. 1973. Primate Birth Hour. *Int Zoo Yearb* 13: 391–397.

· Jongbloet, P. H. 1985. The Ageing Gamete in Relation to Birth Control Failures and Down Syndrome. *Europ J Pediatr* 144: 343–347.

· Jongbloet, P. H., A. J. M. Poestkoke, A. J. H. Hamers, and J. H. J. van Erkelens-Zwets. 1978. Down Syndrome and Religious Groups. *Lancet* 312: 1310.

· Jørgensen, N., A.-G. Andersen, F. Eustache, D. S. Irvine, J. Suominen, J. H. Petersen, J. Holm, A. N. Andersen, A. Nyboe, J. Auger, E. H. H. Cawood, A. Horte, T. K. Jensen, P. Jouannet, N. Keiding, M. Vierula, J. Toppari, and N. E. Skakkebaek. 2001. Regional Differences in Semen Quality in Europe. *Hum Reprod* 16: 1012–1019.

· Jørgensen, N., M. Vierula, R. Jacobsen, E. Pukkala, A. Perheentupa, H. E. Virtanen, N. E. Skakkebaek, and J. Toppari. 2010. Recent Adverse Trends in Semen Quality and Testis Cancer Incidence Among Finnish Men. *Int J Androl* 34: e37–e48.

· Juberg, R. C. 1983. Origin of Chromosome Abnormalities: Evidence for Delayed Fertilization in Meiotic Nondisjunction. *Hum Genet* 64: 122–127.

· Kaiser, I. H., and F. Halberg. 1962. Circadian Periodic Aspects of Birth. *Ann NY Acad Sci* 98: 1056–1068.

· Kakar, D. N., S. Chopra, S. A. Samuel, and K. Singar. 1989. Beliefs and Practices Related to Disposal of Human Placenta. *Nurs J India* 80: 315–317.

· Kambic, R. T., and V. M. Lamprecht. 1996. Calendar Rhythm Efficacy: A Review. *Adv Contraception* 12: 123–128.

· Kang, J. H., F. Kondo, and Y. Katayama. 2006. Human Exposure to Bisphenol A. *Toxicology* 226: 79–89.

· Katz, G. 1953. The Seasonal Variation in the Incidence of Premature Deliveries. *Nord Med* 50: 1638.

· Katzenberg, M. A., D. A. Herring, and S. R. Saunders. 1996. Weaning and Infant Mortality: Evaluating the Skeletal Evidence. *Yearb Phys Anthropol* 39: 177–199.

· Kenagy, G. J., and S. C. Trombulak. 1986. Size and Function of Mammalian Testes in Relation to Body Size. *J Mammal* 67: 1–22.

· Kennedy, K. J., R. Rivera, and A. S. McNeilly. 1989. Consensus Statement on the Use of Breastfeeding as a Family Planning Method. *Contraception* 39: 477–496.

· Kesserü, E. 1984. Sexual Intercourse Enhances the Success of Artificial Insemination. *Int J Fertil* 29: 143–145.

· Khatamee, M. A. 1988. Infertility: A Preventable Epidemic. *Int J Fertil* 33: 246–251.

· Kielan-Jaworowska, Z. 1979. Pelvic Structure and Nature of Reproduction in Multituberculata. *Nature* 277: 402–403.

· Kiltie, R. A. 1982. Intraspecific Variation in the Mammalian Gestation Period. *J Mammal* 63: 646–652.

· Kintner, H. J. 1985. Trends and Regional Differences in Breastfeeding in Germany from 1871–1937. *J Fam Med* 10: 163–182.

· Klaus, M. H. 1987. The Frequency of Suckling: A Neglected but Essential Ingredient of Breast-feeding. *Obstet Gynecol Clin N Am* 14: 623–633.

· Knodel, J. E. 1977. Breastfeeding and Population Growth: Assessing the Demographic Impact of Changing Infant Feeding Practices in the Third World. *Science* 198: 1111–1115.

· Kobeissi, L., M. C. Inhorn, A. B. Hannoun, N. Hammoud, J. Awwad, and A. A. Abu-Musa. 2008. Civil War and Male Infertility in Lebanon. *Fertil Steril* 90: 340–345.

· Koletzko, B., E. Lien, C. Agostoni, H. Böhles, C. I. Campoy, T. Decsi, J. W. Dudenhausen, C. Dupont, S. Forsyth, I. Hoesli, W. Holzgreve, A. Lapillonne, G. Putet, N. J. Secher, M. Symonds, H. Szajewska, P. Willatts, and R. Uauy. 2008. The Roles of Long-Chain Polyunsaturated Fatty Acids in Pregnancy, Lactation, and Infancy: Review of Current Knowledge and Consensus Recommendations. *J Perinat Med* 36: 5–14.

· Konner, M., and C. Worthman. 1980. Nursing Frequency, Gonadal Function, and Birth Spacing Among !Kung Hunter-Gatherers. *Science* 207: 788–791.

· Kovar, W. R., and R. J. Taylor. 1960. Is Spontaneous Abortion a Seasonal Problem? *Obst Gynecol* 16: 350–353.

· Kramer, P. A. 1998. The Costs of Human Locomotion: Maternal Investment in Child Transport. *Am J Phys Anthropol* 107: 71–86.

· Kunz, G., H. Deininger, L. Wildt, and G. Leyendecker. 1996. The Dynamics of Rapid Sperm Transport Through the Female Genital Tract: Evidence from Vaginal Sonography of Uterine Peristalsis and Hysterosalpingoscintigraphy. *Hum Reprod* 11: 627–632.

· Kuruto-Niwa, R., Y. Tateoka, Y. Usuki, and R. Nozawa. 2007. Measurement of Bisphenol A Concentration in Human Colostrum. *Chemosphere* 66: 1160–1164.

· Kuzawa, C. W. 1998. Adipose Tissue in Human Infancy and Childhood: An Evolutionary Perspective. *Yearb Phys Anthropol* 41: 177–209.

· Labbok, M. H. 2001. Effects of Breastfeeding on the Mother [review]. *Pediatr Clin N Am* 48: 143–158.

· Lam, D. A., and J. A. Miron. 1994. Global Patterns of Seasonal Variation in Human Fertility. *Ann NY Acad Sci* 709: 9–28.

· Lansac, J., F. Thepot, M. J. Mayaux, F. Czyglick, T. Wack, J. Selva, and P. Jalbert. 1997. Pregnancy Outcome After Artificial Insemination or IVF With Frozen Semen Donor: A Collaborative Study of the French CECOS Federation on 21,597 Pregnancies. *Eur J Obstet Gynecol Reprod Biol* 74: 223–228.

· Lanting, C. I., V. Fidler, M. Huisman, B. C. L. Touwen, and E. R. Boersma. 1994. Neurological Differences Between 9-Year-Old Children Fed Breast-Milk or Formula-Milk as Babies. *Lancet* 344: 1319–1322.

· Lau, C. 2001. Effects of Stress on Lactation. *Pediatr Clin N Am* 48: 221–234.

· Lee, P. C. 1987. Nutrition, Fertility and Maternal Investment in Primates. *J Zool Lond* 213: 409–422.

· Leigh, S. R., and P. B. Park. 1998. Evolution of Human Growth Prolongation. *Am J Phys Anthropol* 107: 331–350.

· Lerchl, M., M. Simoni, and E. Nieschlag. 1993. Changes in the Seasonality of Birth Rates in Germany from 1951 to 1990. *Naturwiss* 80: 516–518.

· Leutenegger, W. 1973. Maternal-Fetal Weight Relationships in Primates. *Folia Primatol* 20: 280–293.

· Levin, R. J. 1975. Masturbation and Nocturnal Emissions: Possible Mechanisms for Minimising Teratospermie and Hyperspermie in Man. *Med Hypoth* 1: 130– 131.

· Lewy, A. J., T. A. Wehr, F. K. Goodwin, D. A. Newsome, and S. P. Markey. 1980. Light Suppresses Melatonin Secretion in Humans. *Science* 210: 1267–1269.

· Li, D., Z. Zhou, D. Qing, Y. He, T. Wu, M. Miao, J. Wang, X. Weng, J. R. Ferber, L. J. Herrinton, Q. Zhu, E. Gao, H. Checkoway, and W. Yuan. 2010. Occupational Exposure to Bisphenol-A (BPA) and the Risk of Self-reported Male Sexual Dysfunction. *Hum Reprod* 25: 519– 527.

· Li, D.-K., Z.-J. Zhou, M. Miao, Y. He, J.-T. Wang, J. Ferber, L. J. Herrinton, E.-S. Gao, and W. Yuan. 2011. Urine Bisphenol-A (BPA) Level in Relation to Semen Quality. *Fertil Steril* 95: 625–630.

· Lijeros, F., C. R. Edling, L. A. N. Amaral, H. E. Stanley, and Y. Åberg. 2001. The Web of Human Sexual Contacts. *Nature* 411: 907–908.

· Linzenmeier, G. 1947. Zur Frage der Empfängniszeit der Frau: Hat Knaus oder Stieve recht? *Zentralbl Gynäkol* 69: 1108–1110.

· Lloyd, J., N. S. Crouch, C. L. Minto, L.-M. Liao, and S. M. Creighton. 2005. Female Genital Appearance: "Normality" Unfolds. *Brit J Obstet Gynaecol* 112: 643–646.

· Lönnerdal, B. 2000. Breast Milk: A Truly Functional Food. *Nutrition* 16: 509–511.

· Lopata, A. 1996. Implantation of the Human Embryo. *Hum Reprod* 11 (Suppl. 1): 175– 184.

· Loucks, A. B., and L. M. Redman. 2004. The Effect of Stress on Menstrual Function. *Trends Endocrinol Metab* 15: 466–471.

· Loudon, A. S. I., A. S. McNeilly, and J. A. Milne. 1983. Nutrition and Lactational Control of Fertility in Red Deer. *Nature* 302: 145–147.

· Loy, J. 1987. The Sexual Behavior of African Monkeys and the Question of Estrus. In *Com-*

400

parative Behavior of African Monkeys, ed. E. Zucker, 175–195. New York: Alan Liss.

· Luckett, W. P. 1974. The Comparative Development and Evolution of the Placenta in Primates. *Contrib Primatol* 3: 142–234.

· MacDorman, M. F., F. Menacker, and E. Declercq. 2008. Cesarean Birth in the United States: Epidemiology, Trends, and Outcomes. *Clin Perinatol* 35: 293–307.

· MacLeod, J., and R. Z. Gold. 1951. The Male Factor in Fertility and Infertility. II. Spermatozoon Counts in 1000 Men of Known Fertility and 1000 Cases of Infertile Marriage. *J Urol* 66: 436–449.

· _____. 1957. The Male Factor in Fertility and Infertility. IX. Semen Quality in Relation to Accidents of Pregnancy. *Fertil Steril* 8: 36–49.

· MacLeod, J., and R. S. Hotchkiss. 1941. The Effect of Hyperpyrexia upon Spermatozoa Counts in Men. Endocrinology 28: 780–784.

· MacLeod, J., and Y. Wang. 1979. Male Fertility Potential in Terms of Semen Quality. A Review of the Past, a Study of the Present. *Fertil Steril* 31: 103–116.

· Macomber, D., and M. B. Sanders. 1929. The Spermatozoa Count. *N Engl J Med* 200: 981–984.

· Málek, J., J. Gleich, and V. Maly. 1962. Characteristics of the Daily Rhythm of Menstruation and Labor. *Ann NY Acad Sci* 98: 1042–1055.

· Mancuso, P. J., J. M. Alexander, D. D. McIntire, E. Davis, G. Burke, and K. J. Leveno. 2004. Timing of Birth After Spontaneous Onset of Labor. *Obstet Gynaecol* 103: 653–656.

· Mann, D. R., and H. M. Fraser. 1996. The Neonatal Period: A Critical Interval in Male Primate Development. *J Endocrinol* 149: 191–197.

· Marshall, J. 1968. Congenital Defects and the Age of Spermatozoa. *Int J Fertil* 13: 110–120.

· Martin, R. D. 1968. Reproduction and Ontogeny in Tree-Shrews (*Tupaia belangeri*) with Reference to Their General Behaviour and Taxonomic Relationships. *Z Tierpsychol* 25: 409–532.

· _____. 1969. The Evolution of Reproductive Mechanisms in Primates. *J Reprod Fertil Suppl* 6: 49–66.

· _____. 1981. Relative Brain Size and Metabolic Rate in Terrestrial Vertebrates. *Nature* 293: 57–60.

· _____. 1984. Scaling Effects and Adaptive Strategies in Mammalian Lactation. *Symp Zool Soc Lond* 51: 87–117.

_____. 1992. Female Cycles in Relation to Paternity in Primate Societies. In *Paternity in Primates: Genetic Tests and Theories. Implications of Human DNA Fingerprinting*, ed. R. D. Martin, A. F. Dixson, and E. J. Wickings, 238–274. Basel: Karger.

_____. 1996. Scaling of the Mammalian Brain: The Maternal Energy Hypothesis. *News Physiol Sci* 11: 149–156.

_____. 2003. Human Reproduction: A Comparative Background for Medical Hypotheses. *J Reprod Immunol* 59: 111–135.

_____. 2007. The Evolution of Human Reproduction: A Primatological Perspective. *Yearb Phys Anthropol* 50: 59–84.

_____. 2008. Evolution of Placentation in Primates: Implications of Mammalian Phylogeny. *Evol Biol* 35: 125–145.

_____. 2012. Primer: Primates. *Curr Biol* 22: R785– R790.

Martin, R. D., and K. Isler. 2010. The Maternal Energy Hypothesis of Brain Evolution: An Update. In *The Human Brain Evolving: Paleoneurological Studies in Honor of Ralph L. Holloway*, ed. D. Broadfield, M. Yuan, K. Schick, and N. Toth, 15–35. Bloomington, IN: Stone Age Institute Press.

Martin, R. D., and A. M. MacLarnon. 1985. Gestation Period, Neonatal Size and Maternal Investment in Placental Mammals. *Nature* 313: 220–223.

_____. 1988. Comparative Quantitative Studies of Growth and Reproduction. *Symp Zool Soc Lond* 60: 39–80.

Martin, R. D., L. A. Willner, and A. Dettling. 1994. The Evolution of Sexual Size Dimorphism in Primates. In *The Differences Between the Sexes*, ed. R. V. Short and E. Balaban, 159–200. Cambridge: Cambridge University Press.

Matsuda, S., and H. Kahyo. 1992. Seasonality of Preterm Births in Japan. *Int J Epidemiol* 21: 91–100.

McCance, R. A., M. C. Luff, and E. E. Widdowson. 1937. Physical and Emotional Periodicity in Women. *J Hygiene* 37: 571–611.

McCoy, S. J. B., J. M. Beal, S. B. M. Shipman, M. E. Payton, and G. H. Watson. 2006. Risk Factors for Postpartum Depression: A Retrospective Investigation at 4-Weeks Postnatal and a Review of the Literature. *J Am Osteopath Assoc* 106: 193–198.

McGrath, J. J., A. G. Barnett, and D. W. Eyles. 2005. The Association Between Birth Weight, Season of Birth and Latitude. *Ann Hum Biol* 32: 547–559.

McKenna, J. J., H. L. Ball, and L. T. Gettler. 2007. Mother-Infant Cosleeping, Breastfeeding and Sudden Infant Death Syndrome: What Biological Anthropology Has Discovered About Normal Infant Sleep and Pediatric Sleep Medicine. *Yearb Phys Anthropol* 45: 133–161.

· McKeown, T., and J. R. Gibson. 1951. Observations on All Births (23,970) in Birmingham, 1947. II: Birth Weight. *Brit J Soc Med* 5: 98–112.

· _____. 1952. Period of Gestation. *Brit Med J* 1: 938–941.

· McKeown, T., and R. G. Record. 1952. Observations on Foetal Growth in Multiple Pregnancy in Man. *J Endocrinol* 8: 386–401.

· McNeilly, A. S. 2001. Lactational Control of Reproduction. *Reprod Fert Dev* 13: 583– 590.

· McTiernan, A., and D. B. Thomas. 1986. Evidence for a Protective Effect of Lactation on Risk of Breast Cancer in Young Women. Results from a Case Control Study. *Am J Epidemiol* 124: 353–358.

· Menacker, F., and B. E. Hamilton. 2010. Recent Trends in Cesarean Delivery in the United States. *NCHS Data Brief* 35: 1–8.

· Mendiola, J., N. Jørgensen, A.-M. Andersson, A. M. Calafat, X. Ye, J. B. Redmon, E. Z. Drobnis, C. Wang, A. Sparks, S. W. Thurston, and S. H. Swan. 2010. Are Environmental Levels of Bisphenol A Associated with Reproductive Function in Fertile Men? *Environm Health Perspect* 118: 1286–1291.

· Michael, R. P., and E. B. Keverne. 1971. An Annual Rhythm in the Sexual Activity of the Male Rhesus Monkey, *Macaca mulatta*, in the Laboratory. *J Reprod Fertil* 25: 95– 98.

· Michaelsen, K. F., L. Lauritzen, and E. L. Mortensen. 2009. Effects of Breastfeeding on Cognitive Function. *Adv Exp Med Biol* 639: 199–215.

· Mieusset, R., and L. Bujan. 1994. The Potential of Mild Testicular Heating as a Safe, Effective and Reversible Contraceptive Method for Men. *Int J Androl* 17: 186–191.

· Miller, J. F., E. Williamson, J. Glue, Y. B. Gordon, J. G. Grudzinskas, and A. Sykes. 1980. Fetal Loss After Implantation. *Lancet* 316: 554–556.

· Milligan, L. A., and R. P. Bazinet. 2008. Evolutionary Modifications of Human Milk Composition: Evidence from Long-Chain Polyunsaturated Fatty Acid Composition of Anthropoid Milks. *J Hum Evol* 55: 1086–1095.

· Milstein-Moscati, I., and W. Beçak. 1978. Down Syndrome and Frequency of Intercourse. *Lancet* 312: 629–630.

· _____. 1981. Occurrence of Down Syndrome and Human Sexual Behavior. *Am J Med Genet* 9: 211– 217.

· Moffett, A., and Y. W. Loke. 2006. Immunology of Placentation in Eutherian Mammals. *Nature Rev Immunol* 6: 584–594.

· Moghissi, K. S. 1976. Accuracy of Basal Body Temperature for Ovulation Detection. *Fertil Steril* 27: 1415–1421.

· Møller, A. P. 1988. Ejaculate Quality, Testes Size and Sperm Competition in Primates. *J Hum Evol* 17: 479–488.

· ———. 1989. Ejaculate Quality, Testes Size and Sperm Production in Mammals. *Funct Ecol* 3: 91–96.

· Montagu, A. 1961. Neonatal and Infant Immaturity in Man. *JAMA* 178: 56.

· Morrow-Tlucak, M., R. H. Haude, and C. B. Ernhart. 1988. Breastfeeding and Cognitive Development in the First 2 Years of Life. *Soc Sci Med* 26: 635–639.

· Mortensen, E. L., K. F. Michaelson, S. A. Sanders, and J. M. Reinisch. 2002. The Association Between Duration of Breastfeeding and Adult Intelligence. *J Am Med Ass* 287: 2365–2371.

· Mortimer, D. 1983. Sperm Transport in the Human Female Reproductive Tract. *Oxford Rev Reprod Biol* 5: 30–61.

· Mulcahy, M. T. 1978. Down Syndrome and Parental Coital Rate. *Lancet* 312: 895.

· Munshi-South, J. 2007. Extra-Pair Paternity and the Evolution of Testis Size in a Behaviorally Monogamous Tropical Mammal, the Large Treeshrew (*Tupaia tana*). *Behav Ecol Sociobiol* 62: 201–212.

· Münster, K., L. Schmidt, and P. Helm. 1992. Length and Variation in the Menstrual Cycle—A Cross-Sectional Study from a Danish County. *Brit J Obstet Gynecol* 99: 422–429.

· Nadler, R. D. 1994. Walter Heape and the Issue of Estrus in Primates. *Am J Primatol* 33: 83–99.

· Nathanielsz, P. W. 1998. Comparative Studies on the Initiation of Labor. *Europ J Obstet Gynecol Reprod Biol* 78: 127–132.

· Nelson, C. M. K., and R. G. Bunge. 1974. Semen Analysis: Evidence for Changing Parameters of Male Fertility Potential. *Fertil Steril* 25: 503–507.

· Neugebauer, F. L. 1886. Eine bisher einzig dastehende Beobachtung von Polymastie mit 10 Brustwarzen. *Zentralbl Gynakol* 10: 720–736.

· Newman, J. 1995. How Breast Milk Protects Newborns. *Sci Am* 273(12): 76–79.

· Oatridge, A., A. Holdcroft, N. Saeed, J. V. Hajnal, B. K. Puri, L. Fusi, and G. M. Bydder. 2002. Change in Brain Size During and After Pregnancy: Study in Healthy Women and

Women with Preeclampsia. *Am J Neuroradiol* 23: 19–26.

· Odeblad, E. 1997. Cervical Mucus and Their Functions. *J Irish Coll Phys Surg* 26: 27–32.

· Oftedal, O. T., and S. J. Iverson. 1995. Phylogenetic Variation in the Gross Composition of Milks. In *The Handbook of Milk Composition*, ed. R. G. Jensen, M. P. Thompson, and R. Jenness, 749– 789. Orlando, FL: Academic Press.

· O'Hara, M. W., and A. M. Swain. 1996. Rates and Risk of Postpartum Depression—A Metaanalysis. *Int Rev Psychiatr* 8: 37–54.

· O'Rand, M. G., E. E. Widgren, S. Beyler, and R. T. Richardson. 2009. Inhibition of Human Sperm Motility by Contraceptive Anti-eppin Antibodies from Infertile Male Monkeys: Effect on Cyclic Adenosine Monophosphate. *Biol Reprod* 80: 279–285.

· Papanicolaou, G. N. 1933. The Sexual Cycle of the Human Female as Revealed by Vaginal Smears. *Am J Anat* 52: 519–637.

· Paraskevaides, E. C., G. W. Pennington, and S. Naik. 1988. Seasonal Distribution in Conceptions Achieved by Artificial Insemination by Donor. *Brit Med J* 297: 1309– 1310.

· Parazzini, F., M. Marchini, L. Luchini, L. Tozzi, R. Mezzopane, and L. Fedele. 1995. Tight Underpants and Trousers and the Risk of Dyspermia. *Int J Androl* 18: 137–140.

· Parente, R. C. M., L. P. Bergqvist, M. B. Soares, and O. B. Moraes. 2011. The History of Vaginal Birth. *Arch Gynecol Obstet* 284: 1–11.

· Parker, G. A. 1982. Why So Many Tiny Sperm? The Maintenance of Two Sexes with Internal Fertilization. *J Theor Biol* 96: 281– 294.

· Pawłowski, B. 1998. Why Are Human Newborns So Big and Fat? *Hum Evol* 13: 65–72.

· _____. 1999. Permanent Breasts as a Side Effect of Subcutaneous Fat Tissue Increase in Human Evolution. *Homo* 50: 149–162.

· Pearson, J. A., R. E. M. Hedges, T. I. Molleson, and M. Özbek. 2010. Exploring the Relationship Between Weaning and Infant Mortality: An Isotope Case Study from Asikli Höyuk and Cayönü Tepesi. *Am J Phys Anthropol* 143: 448–457.

· Penrose, L. S., and J. M. Berg. 1968. Mongolism and Duration of Marriage. *Nature* 218: 300.

· Pepper, G. V., and S. C. Roberts. 2006. Rates of Nausea and Vomiting in Pregnancy and Dietary Characteristics Across Populations. *Proc Roy Soc Lond* B 273: 2675–2679.

· Piovanetti, Y. 2001. Breastfeeding Beyond 12 Months: An Historical Perspective. *Pediatr Clin N Am* 48: 199–206.

· Plavcan, J. M. 2012. Sexual Size Dimorphism, Canine Dimorphism, and Male-Male Competition in Primates: Where Do Humans Fit In? *Hum Nat* 23: 45–67.

· Poikkeus, P., M. Gissler, L. Unkila-Kallio, C. Hyden-Granskog, and A. Tiitinen. 2007. Obstetric and Neonatal Outcome After Single Embryo Transfer. *Hum Reprod* 22: 1073–1079.

· Ponce de León, M. S., L. Golovanova, V. Doronichev, G. Romanova, T. Akazawa, O. Kondo, H. Ishida, and C. P. E. Zollikofer. 2008. Neanderthal Brain Size at Birth Provides Insights into the Evolution of Human Life History. *Proc Natl Acad Sci USA* 105: 13764–13768.

· Procopé, B.-J. 1965. Effect of Repeated Increase of Body Temperature on Human Sperm Cells. *Int J Fertil* 10: 333–339.

· Profet, M. 1993. Menstruation as a Defence Against Pathogens Transported by Sperm. *Quart Rev Biol* 68: 335–386.

· Racey, P. A. 1979. The Prolonged Storage and Survival of Spermatozoa in Chiroptera. *J Reprod Fertil* 56: 391–402.

· Ramlau-Hansen, C. H., G. Toft, M. S. Jensen, K. Strandberg-Larsen, M. L. Hansen, and J. Olsen. 2010. Maternal Alcohol Consumption During Pregnancy and Semen Quality in the Male Off spring: Two De cades of Follow-Up. *Hum Reprod* 25: 2340–2345.

· Ramm, S. A. 2007. Sexual Selection and Genital Evolution in Mammals: A Phylogenetic Analysis of Baculum Length. *Am Nat* 169: 360–369.

· Ramm, S. A., P. L. Oliver, C. P. Ponting, P. Stockley, and R. D. Emes. 2008. Sexual Selection and the Adaptive Evolution of Mammalian Ejaculate Proteins. *Mol Biol Evol* 25: 207–219.

· Record, R. G. 1952. Relative Frequencies and Sex Distributions of Human Multiple Births. *Brit J Soc Med* 6: 192–196.

· Reefhuis, J., M. A. Honein, L. A. Schieve, A. Correa, C. A. Hobbs, S. A. Rasmussen, and National Birth Defects Prevention Study. 2009. Assisted Reproductive Technology and Major Structural Birth Defects in the United States. *Hum Reprod* 24: 360–366.

· Rehan, N., A. J. Sobbero, and J. W. Fertig. 1975. The Semen of Fertile Men: Statistical Analysis of 1300 Men. *Fertil Steril* 26: 492–502.

· Reinberg, A. 1974. Aspects of Circannual Rhythms in Man. In *Circannual Clocks: Annual Biological Rhythms*, ed. E. T. Pengelley, 423–505. New York: Academic Press.

· Reinberg, A., and M. Lagoguey. 1978. Circadian and Circannual Rhythms in Sexual Activity and Plasma Hormones (FSH-LH, Testosterone) of Five Human Males. *Arch Sex Behav* 7: 13–30.

· Renaud, R. L., J. Macler, I. Dervain, M.-C. Ehret, C. Aron, S. Plas-Roser, A. Spira, and H. Pollack. 1980. Echograpic Study of Follicular Maturation and Ovulation During the Normal Menstrual Cycle. *Fertil Steril* 33: 272–276.

· Reynolds, A. 2001. Breastfeeding and Brain Development. *Pediatr Clin N Am* 48: 159–171.

· Richard, A. F. 1974. Patterns of Mating in *Propithecus verreauxi*. In *Prosimian Biology*, ed. R. D. Martin, G. A. Doyle, and A. C. Walker, 49–75. London: Duckworth.

· Riggs, R., J. Mayer, D. Dowling-Lacey, T.-F. Chi, E. Jones, and S. Oehninger. 2010. Does Storage Time Influence Postthaw Survival and Pregnancy Outcome? An Analysis of 11,768 Cryopreserved Human Embryos. *Fertil Steril* 93: 109–115.

· Roberts, C., and C. Lowe. 1975. Where Have All the Conceptions Gone? *Lancet* 305: 498–499.

· Robinson, D., J. Rock, and M. F. Menkin. 1968. Control of Human Spermatogenesis by Induced Changes in Intrascrotal Temperature. *JAMA* 204: 290–297.

· Rock, J. C., and D. Robinson. 1965. Effect of Induced Intrascrotal Hyperthermia on Testicular Function in Man. *Am J Obstet Gynecol* 93: 793–801.

· Rodgers, B. 1978. Feeding in Infancy and Later Ability and Attainment: A Longitudinal Study. *Dev Med Child Neurol* 20: 421–426.

· Roenneberg, T., and J. Aschoff . 1990a. Annual Rhythm of Human Reproduction. I. Biology, Sociobiology or Both? *J Biol Rhythms* 5: 195–216.

· _____. 1990b. Annual Rhythm of Human Reproduction. II. Environmental Correlations. *J Biol Rhythms* 5: 217–239.

· Rogan, J. W., and B. C. Gladen. 1993. Breast Feeding and Cognitive Development. *Early Hum Dev* 31: 181–193.

· Rojansky, N., A. Brzezinski, and J. G. Schenker. 1992. Seasonality in Human Reproduction: An Update. *Hum Reprod* 7: 735–745.

· Rolland, M., J. Moal, V. Wagner, D. Royère, and J. De Mouzon. 2012. Decline in Semen Concentration and Morphology in a Sample of 26 609 Men Close to General Population between 1989 and 2005 in France. *Hum Reprod* 28: 462–470.

· Ron-El, R., A. Golan, H. Nachum, E. Caspi, A. Herman, and Y. Softer. 1991. Delayed Fertilization and Poor Embryonic Development Associated with Impaired Semen Quality. *Fertil Steril* 55: 338–344.

· Rosenberg, K. R. 1992. The Evolution of Modern Human Childbirth. *Yearb Phys Anthropol*

35: 89–124.

· Rosenberg, K. R., and W. Trevathan. 1996. Bipedalism and Human Birth: The Obstetrical Dilemma Revisited. *Evol Anthropol* 4: 161–168.

· _____. 2002. Birth, Obstetrics and Human Evolution. *Brit J Obstet Gynaecol* 109: 1199–1206.

· Rowley, M. J., F. Teshima, and C. G. Heller. 1970. Duration of Transit of Spermatozoa Through the Human Male Ductular System. *Fertil Steril* 21: 390–396.

· Rubenstein, B. B., H. Strauss, M. L. Lazarus, and H. Hankin. 1951. Sperm Survival in Women: Motile Sperm in the Fundus and the Tubes of Surgical Cases. *Fertil Steril* 2: 15–19.

· Sacher, G. A. 1982. The Role of Brain Maturation in the Evolution of the Primates. In *Primate Brain Evolution*, ed. E. Armstrong and D. Falk, 97– 112. New York: Plenum.

· Sacher, G. A., and E. F. Staffeldt. 1974. Relation of Gestation Time to Brain Weight for Placental Mammals: Implications for the Theory of Vertebrate Growth. *Am Nat* 108: 593–615.

· Sade, D. S. 1964. Seasonal Cycle in Size of Testes of Free-Ranging *Macaca mulatta*. *Folia Primatol* 2: 171–180.

· Sanders, D., and J. Bancroft. 1982. Hormones and the Sexuality of Women—The Menstrual Cycle. *Clin Endocrinol Metab* 11: 639–659.

· Sas, M., and J. Szollösi. 1979. Impaired Spermiogenesis as a Common Finding Among Professional Drivers. *Arch Androl* 3: 57–60.

· Schaffir, J. 2006. Sexual Intercourse at Term and Onset of Labor. *Obstet Gynaecol* 107: 1310–1314.

· Schernhammer, E. S., and S. E. Hankinson. 2005. Urinary Melatonin Levels and Breast Cancer Risk. *J Nat Cancer Inst* 97: 1084–1087.

· Schiebinger, L. 1993. Why Mammals Are Called Mammals: Gender Politics in Eighteenth-Century Natural History. *Am Hist Rev* 90: 382–411.

· Schneiderman, J. U. 1998. Rituals of Placenta Disposal. *Am J Matern Child Nurs* 23: 142–143.

· Schradin, C., and G. Anzenberger. 2001. Costs of Infant Carrying in Common Marmosets, *Callithrix jacchus*: An Experimental Analysis. *Anim Behav* 62: 289–295.

· Sellen, D. W. 2001. Comparison of Infant Feeding Patterns Reported for Nonindustrial Populations with Current Recommendations. *J Nutr* 131: 2707–2715.

· _____. 2009. Evolution of Human Lactation and Complementary Feeding: Implications for Understanding Contemporary Cross-Cultural Variation. *Adv Exp Med Biol* 639: 253–282.

· Setchell, B. P. 1997. Sperm Counts in Semen of Farm Animals 1932–1995. *Int J Androl* 20: 209–214.

· _____. 1998. The Parkes Lecture: Heat and the Testes. *J Reprod Fertil* 114: 179–194.

· Settlage, D. S. F., M. Motoshima, and D. R. Tredway. 1973. Sperm Transport from the External Cervical Os to the Fallopian Tubes in Women. *Fertil Steril* 24: 655–661.

· Shafik, A. 1992. Contraceptive Efficacy of Polyester-Induced Azoospermia in Normal Men. *Contraception* 45: 439–451.

· Sharav, T. 1991. Aging Gametes in Relation to Incidence, Gender, and Twinning in Down Syndrome. *Am J Med Genet* 39: 116–118.

· Sharpe, R. M. 1994. Could Environmental, Oestrogenic Chemicals Be Responsible for Some Disorders of Human Male Reproductive Development? *Curr Opin Urol* 4: 295–302.

· Sharpe, R. M., and N. E. Skakkebaek. 1993. Are Oestrogens Involved in Falling Sperm Counts and Disorders of the Male Reproductive Tract? *Lancet* 341: 1392–1395.

· Sheard, N. F., and W. A. Walker. 1988. The Role of Breast Milk in the Development of the Gastrointestinal Tract. *Nutr Rev* 46: 1–8.

· Sheynkin, Y., R. Welliver, A. Winer, F. Hajimirzaee, H. Ahn, and K. Lee. 2011. Protection from Scrotal Hyperthermia in Laptop Computer Users. *Fertil Steril* 95: 647–651.

· Short, R. V. 1976. The Evolution of Human Reproduction. *Proc R Soc Lond B Biol Sci* 195: 3–24.

· _____. 1979. Sexual Selection and Its Component Parts, Somatic and Genital Selection, as Illustrated by Man and the Great Apes. *Adv Stud Behav* 9: 131–158.

· _____. 1984. Breast Feeding. *Sci Am* 250, 4: 35–41.

· _____. 1994. Human Reproduction in an Evolutionary Context. *Ann NY Acad Sci* 709: 416–425.

· Simmons, L. W., L. C. Firman, G. Rhodes, and M. Peters. 2004. Human Sperm Competition: Testis Size, Sperm Production and Rates of Extrapair Copulations. *Anim Behav* 68: 297-302.

· Simpson, J. L., R. H. Gray, A. Perez, P. Mena, M. Barbato, E. E. Castilla, R. T. Kambic, F. Pardo, G. Tagliabue, W. S. Stephenson, A. Bitto, C. Li, V. H. Jennings, J. M. Spieler, and J. T. Queenan. 1997. Pregnancy Outcome in Natural Family Planning Users: Cohort and Case-

Control Studies Evaluating Safety. *Adv Contraception* 13: 201–214.

· Slama, R., F. Eustache, B. Ducot, T. K. Jensen, N. Jørgensen, A. Horte, S. Irvine, J. Suominen, A. G. Andersen, J. Auger, M. Vierula, J. Toppari, J. N. Andersen, N. Keiding, N. E. Skakkebaek, A. Spira, and P. Jouannet. 2002. Time to Pregnancy and Semen Parameters: A Cross-Sectional Study Among Fertile Couples from Four European Cities. *Hum Reprod* 17: 503–515.

· Small, M. 1992. The Evolution of Female Sexuality and Mate Selection in Humans. *Hum Nat* 3: 133–156.

· _____. 1996. "Revealed" Ovulation in Humans? *J Hum Evol* 30: 483–488.

· Smits, J., and C. Monden. 2011. Twinning Across the Developing World. *PLoS One* 6(9): e25239.

· Sokol, R. Z., P. Kraft, I. M. Fowler, R. Mamet, E. Kim, and K. T. Berhane. 2006. Exposure to Environmental Ozone Alters Semen Quality. *Environ Health Perspect* 114: 360–365.

· Spira, A. 1984. Seasonal Variations of Sperm Characteristics. *Arch Androl* 12 (Suppl): 23–28.

· Stallmann, R. R., and A. H. Harcourt. 2006. Size Matters: The (Negative) Allometry of Copulatory Duration in Mammals. *Biol J Linn Soc* 87: 185–193.

· Stanislaw, H., and F. J. Rice. 1988. Correlation Between Sexual Desire and Menstrual Cycle Characteristics. *Arch Sex Behav* 17: 499–508.

· Steklis, H. D., and C. H. Whiteman. 1989. Loss of Estrus in Human Evolution: Too Many Answers, Too Few Questions. *Ethol Sociobiol* 10: 417–434.

· Stephens, W. N. 1961. A Cross-Cultural Study of Menstrual Taboos. *Genet Psychol Monogr* 64: 385–416.

· Steptoe, P. C., and R. G. Edwards. 1978. Birth After the Reimplantation of a Human Embryo. *Lancet* 312: 366.

· Storgaard, L., J. Bonde, E. Ernst, M. Spano, C. Y. Andersen, M. Frydenberg, and J. Olsen. 2003. Does Smoking During Pregnancy Affect Sons' Sperm Counts? *Epidemiology* 14: 278–286.

· Strassmann, B. I. 1996a. Energy Economy in the Evolution of Menstruation. *Evol Anthropol* 5: 157–164.

· _____. 1996b. The Evolution of Endometrial Cycles and Menstruation. *Quart Rev Biol* 71: 181–220.

· _____. 1997. The Biology of Menstruation in *Homo sapiens*: Total Lifetime Menses, Fecundity, and Nonsynchrony in a Natural-Fertility Population. *Curr Anthropol* 38: 123–129.

· Suarez, S. S., and A. A. Pacey. 2006. Sperm Transport in the Female Reproductive Tract. *Hum Reprod Update* 12: 23–37.

· Sugarman, M., and K. A. Kendall-Tackett. 1995. Weaning Ages in a Sample of American Women Who Practice Extended Breastfeeding. *Clin Pediatr (Philadelphia)* 34: 642–647.

· Suomi, S. J., and C. Ripp. 1983. A History of Motherless Mothering at the University of Wisconsin Primate Laboratory. In *Child Abuse: The Nonhuman Primate Data*, ed. M. Reite and N. G. Caine, 49–78. New York: Alan Liss.

· Swan, S. H., E. P. Elkin, and L. Fenster. 2000. The Question of Declining Sperm Density Revisited: An Analysis of 101 Studies Published 1934– 1996. *Environm Health Persp* 108: 961–966.

· Sydenham, A. 1946. Amenorrhoea at Stanley Camp, Hong Kong, During Internment. *Brit Med J* 2: 159.

· Thiery, M. 2000. Intrauterine Contraception: From Silver Ring to Intrauterine Contraceptive Implant. *Eur J Obstet Gynecol Reprod Biol* 90: 145–152.

· Tiemessen, C. H. J., J. L. Evers, and R. S. G. M. Bots. 1995. Tight Fitting Underwear and Sperm Quality. *Lancet* 347: 1844–1845.

· Tietze, C. 1965. History of Contraceptive Methods. *J Sex Res* 1: 69–85.

· Topinard, P. 1882a. Le Poids du Cerveau d'après les Registres de Paul Broca. *Rev d'Anthropol, sér* 2 5: 1–30.

· _____. 1882b. La Mensuration de la Capacité du Crâne. *Rev d'Anthropol, sér* 2 5: 385– 411.

· Treloar, A. E., R. E. Boynton, B. G. Behn, and B. W. Brown. 1967. Variation of the Human Menstrual Cycle Through Reproductive Life. *Int J Fertil* 12: 77–126.

· Trevathan, W. R. 2007. Evolutionary Medicine. *Ann Rev Anthropol* 36: 139–154.

· Trinkaus, E. 1984. Neandertal Public Morphology and Gestation Length. *Curr Anthropol* 25: 509–513.

· Trussell, J. 2011. Contraceptive Failure in the United States. *Contraception* 83: 397–404.

· Trussell, J., R. A. Hatcher, W. Cates, F. H. Stewart, and K. Kost. 1990. Contraceptive Failure in the United States: An Update. *Stud Fam Plann* 21: 51–54.

· Tummon, I. S., and D. Mortimer. 1992. Decreasing Quality of Semen. *Brit Med J* 305: 1228–1229.

· Tycko, B., and A. Efstratiadis. 2002. Genomic Imprinting: Piece of Cake. *Nature* 417:

913–914.

· Tyler, E. T. 1953. Physiological and Clinical Aspects of Conception. *J Am Med Ass* 153: 1351–1356.

· Udry, J. R., and N. M. Morris. 1967. Seasonality of Coitus and Seasonality of Birth. *Demography* 4: 673–679.

· _____. 1968. Distribution of Coitus in the Menstrual Cycle. *Nature* 220: 593– 596.

· _____. 1977. The Distribution of Events in the Human Menstrual Cycle. *J Reprod Fertil* 51: 419–425.

· Vandenberg, L. N., I. Chahoud, J. J. Heindel, V. Padmanabhan, F. J. R. Paumgartten, and G. Schoenfelder. 2010. Urinary, Circulating, and Tissue Biomonitoring Studies Indicate Widespread Exposure to Bisphenol A. *Environm Health Perspect* 118: 1055–1070.

· van Os, J. L., M. J. de Vries, N. H. den Daas, and L. M. K. Lansbergen. 1997. Longterm Trends in Sperm Counts in Dairy Bulls. *J Androl* 18: 725–731.

· Vennemann, M. M., T. Bajanowski, B. Brinkmann, G. Jorch, K. Yücesan, C. Sauerland, E. A. Mitchell, and the GeSID Study Group. 2009. Does Breastfeeding Reduce the Risk of Sudden Infant Death Syndrome? *Pediatrics* 123: e406–e410.

· Viterbo, P. 2004. I Got Rhythm: Gershwin and Birth Control in the 1930s. *Endeavour* 28: 30–35.

· Vitzthum, V. J. 1994. Comparative Study of Breastfeeding Structure and Its Relation to Human Reproductive Ecology. *Yearb Phys Anthropol* 37: 307–349.

· von Holst, D. 1974. Social Stress in the Tree-Shrew: Its Causes and Physiological and Ethological Consequences. In *Prosimian Biology*, ed. R. D. Martin, G. A. Doyle, and A. C. Walker, 389–411. London: Duckworth.

· Waldinger, M. D., P. Quinn, M. Dilleen, R. Mundayat, D. H. Schweitzer, and M. Boolell. 2005. A Multinational Population Survey of Intravaginal Ejaculation Latency Time. *J Sex Med* 2: 492–497.

· Wang, Y. S., and S. Y. Wu. 1996. The Effect of Exclusive Breastfeeding on Development and Incidence of Infection in Infants. *J Hum Lact* 12: 27–30.

· Weaver, T. D., and J.-J. Hublin. 2009. Neandertal Birth Canal Shape and the Evolution of Human Childbirth. *Proc Natl Acad Sci USA* 106: 8151– 8156.

· Wehr, T. A. 1991. The Durations of Human Melatonin Secretion and Sleep Respond to Changes in Daylength (Photoperiod). *J Clin Endocrinol Metab* 73: 1276–1280.

· _____. 2001. Photoperiodism in Humans and Other Primates: Evidence and Implications. *J Biol Rhythms* 16: 348–364.

· Wehr, T. A., H. A. Giesen, D. E. Moul, E. H. Turner, and P. J. Schwartz. 1995. Suppression of Men's Responses to Seasonal Changes in Day-Length by Modern Artificial Lighting. *Am J Physiol* 269: R173–R178.

· Weigel, R. M., and M. M. Weigel. 1989. Nausea and Vomiting of Early Pregnancy and Pregnancy Outcome: A Meta-analytical Review. *Brit J Obstet Gynaecol* 96: 1312–1318.

· Weiss, K. 2004. The Frog in Taffeta Pants. *Evol Anthropol* 13: 5–10.

· Westoff , C. F. 1976. The Decline of Unplanned Births in the United States. *Science* 91: 38–41.

· Whitcome, K., and D. E. Lieberman. 2007. Fetal Load and the Evolution of Lumbar Lordosis in Bipedal Hominins. *Nature* 450: 1075–1078.

· White, D. R., E. M. Widdowson, H. Q. Woodard, and J. W. T. Dickerson. 1991. The Composition of Body Tissues (II). Fetus to Young Adult. *Brit J Radiol* 64: 149–159.

· Wickings, E. J., and E. Nieschlag. 1980. Seasonality in Endocrine and Exocrine Function of the Adult Rhesus Monkey (*Macaca mulatta*) Maintained in a Controlled Laboratory Environment. *Int J Androl* 3: 87–104.

· Wilcox, A. J., D. D. Baird, D. B. Dunson, D. R. McConnaughey, J. S. Kesner, and C. R. Weinberg. 2004. On the Frequency of Intercourse Around Ovulation: Evidence for Biological Influences. *Hum Reprod* 19: 1539–1543.

· Wilcox, A. J., D. Dunson, and D. D. Baird. 2000. The Timing of the "Fertile Window" in the Menstrual Cycle: Day Specifi c Estimates from a Prospective Study. *Brit Med J* 321: 1259–1262.

· Wilcox, A. J., C. R. Weinberg, J. F. O'Connor, D. D. Baird, J. P. Schlatterer, R. E. Canfield, E. G. Armstrong, and B. C. Nisula. 1988. Incidence of Early Loss of Pregnancy. *New Engl J Med* 319: 189–194.

· Williams, G. C., and R. M. Nesse. 1991. The Dawn of Darwinian Medicine. *Quart Rev Biol* 66: 1–22.

· Williams, M., C. J. Hill, I. Scudamore, B. Dunphy, I. D. Cooke, and C. L. R. Barratt. 1993. Sperm Numbers and Distribution Within the Human Fallopian Tube Around Ovulation. *Hum Reprod* 8: 2019–2026.

· Wittmann, M., J. Dinich, M. Merrow, and T. Roenneberg. 2006. Social Jetlag: Misalignment of Biological and Social Time. *Chronobiol Int* 23: 497–509.

· Wolf, D. P., W. Byrd, P. Dandekar, and M. M. Quigley. 1984. Sperm Concentration and the Fertilization of Human Eggs In Vitro. *Biol Reprod* 31: 837–848.

· Wolff, P. H. 1968a. The Serial Organization of Sucking in the Young Infant. *Pediatrics* 42: 943–956.

· _____. 1968b. Sucking Patterns of Infant Mammals. *Brain Behav Evol* 1: 354–367.

· Wood, J. W. 1989. Sperm Longevity. *Oxf Rev Reprod Biol* 11: 61–109.

· Wood, S., A. Quinn, S. Troupe, C. Kingsland, and I. Lewis-Jones. 2006. Seasonal Variation in Assisted Conception Cycles and the Influence of Photoperiodism on Outcome in In Vitro Fertilization Cycles. *Hum Fertil* 9: 223–229.

· Work Group on Breastfeeding. 1997. Breastfeeding and the Use of Human Milk. *Pediatrics* 100: 1035–1039.

· World Health Organisation. 1985. Appropriate Technology for Birth. *Lancet* 326: 436–437.

· Wright, L. E., and H. P. Schwarcz. 1998. Stable Carbon and Oxygen Isotopes in Human Tooth Enamel: Identifying Breastfeeding and Weaning in Prehistory. *Am J Phys Anthropol* 106: 1–18.

· Yang, C. P. 1993. History of Lactation and Breast Cancer Risk. *Am J Epidemiol* 138: 1050–1056.

· Yoshida, Y. 1960. Studies on Single Insemination with Donor's Semen. *J Jap Obstet Gynecol Soc* 7: 19–34.

· Young, S. M., D. C. Benyshek, and P. Lienard. 2012. The Conspicuous Absence of Placenta Consumption in Human Postpartum Females: The Fire Hypothesis. *Ecol Food Nutr* 51: 198–217.

· Zalko, D., C. Jacques, H. Duplan, S. Bruel, and P. Perdu. 2011. Viable Skin Efficiently Absorbs and Metabolizes Bisphenol A. *Chemosphere* 82: 424–430.

· Zeilmaker, G. H., A. T. Alberda, I. Vangent, C. M. P. M. Rijkmans, and A. C. Drogendijk. 1984. 2 Pregnancies Following Transfer of Intact Frozen-Thawed Embryos. *Fertil Steril* 42: 293–296.

· Zhang, X., C. Zhu, H. Lin, Q. Yang, Q. Ou, Y. Li, Z. Chen, P. Racey, S. Zhang, and H. Wang. 2007. Wild Fulvous Fruit Bats (*Rousettus leschenaulti*) Exhibit Human-like Menstrual Cycle. *Biol Reprod* 77: 358–364.

· Ziegler, E. E., A. M. O'Donnell, S. E. Nelson, and S. J. Fomon. 1976. Body Composition of the Reference Fetus. *Growth* 40: 329–341.

· Zimmer, C. 2009. On the Origin of Sexual Reproduction. *Science* 324: 1254–1256.

414

· Zinaman, M., E. Z. Drobnis, P. Morales, C. Brazil, M. Kiel, N. L. Cross, F. W. Hanson, and J. W. Overstreet. 1989. The Physiology of Sperm Recovered from the Human Cervix: Acrosomal Status and Response to Inducers of the Acrosome Reaction. *Biol Reprod* 41: 790–797.

· Zorn, B., J. Auger, V. Velikonja, M. Kolbezen, and H. Meden-Vrtovec. 2008. Psychological Factors in Male Partners of Infertile Couples: Relationship with Semen Quality and Early Miscarriage. *Int J Androl* 31: 557–564.

· Zukerman, Z., L. J. Rodriguez-Rigau, K. D. Smith, and E. Steinberger. 1977. Frequency Distribution of Sperm Counts in Fertile and Infertile Males. *Fertil Steril* 28: 1310–1313.

옮긴이의 말

첫걸음을 떼는 아이를 바라보는
세상 모든 부모들과 기쁨을 함께하며

혼자 있을 때 나는 에어컨을 틀지 않는다. 차를 타도 그렇고 사무실에서도 그렇다. 휘발유 1갤런을 만드는 데 예전에 지구를 살았던 나무 99톤이 필요했다는 것을 굳이 의식하지 않는데도 그렇다. 이유는 사실 별것 없지만 에어컨을 틀자마자 바로 코가 간질거리고 재치기가 나는 생리적인 현상을 어찌할 수 없기 때문이다. 내가 "나이 들면서 새로운 알레르기가 생겼나봐." 그랬더니 집사람은 "그게 뭐가 새롭게 생긴 거야, 언제 에어컨을 써봤어?"라고 응수했다. 생각해보니 틀린 말이 아니었다.

사실 이런 문답은 진화학의 새로운 융합 분야인 진화의학이 다루는 내용이다. 어린 시절 나도 그랬지만 콧구멍에 에어컨 바람을 집어넣은 구석기인은 단언컨대 단 한 명도 없었다. 열대에서 진화한 인간의 육체가 북극해의 찬바람을 맞은 역사가 과연 얼마나 되겠는가? 에어컨 바람에 대한 우리 몸의 반응을 알고자 한다면 우리 인간과 그들이 살아온 지구의 환경에 대해 한참 생각해보아야 한다. 좀 공부가 필요하다는 말이지만 그 얘기는 딱 여기까지만 하겠다.

그렇지만 나에게 꽃가루 알레르기는 최근 들어 새로 생긴 게 확실하다. 어린 시절 풍매화(쌀이나 보리는 풍매화이다) 틈새에서 공기를 호흡했을 때는 아무런 일이 없었기 때문이다. 서울에서 매번 맞이하는 봄에도 꽃가루 알레르기에 대한 기억은 없다. 서울 말고는 가장 오래 살았던 미국에서도 콧물을 흘린다거나 '익스큐즈 미'를 급하게 외쳐야 할 일은 없었다. 그러나 다시 한국에 돌아온 지금은 한바탕 광풍에 누렇게 휘날리는 꽃가루를 슬슬 피해 다니고 있다. 해안가 모래톱에 밀려든 파래 줄거리처럼 비에 씻겨 시멘트 바닥을 장식하는 꽃가루는 사실 인간으로 치면 고환에서 만들어내는 정자와 다를 것이 없다. 그런 눈으로 세상을 보면 꿀벌이나 벌새는 온종일 정자를 실어다 난자에 옮기는 매파 비슷한 것들이 된다. 꽃이 피는 곳에는 항상 그런 종류의 동물이 존재하는 것 아니던가? 우리가 눈으로 보는 튼실한 나무나 가녀린 패랭이 줄기는 궁극적으로 사라지고 결국은 그들의 유전자만 남는다. 몸뚱어리는 유전자를 운반하는 임시방편이라고 누가 그랬던가? 그런 눈으로 다시 세상을 보면 이제는 온통 유전자를 운반하는 성세포들만 보인다. 아름다운 꽃 안쪽에서는 바쁘게 수정이 일어나고 얼마 지나지 않아 열매를 맺는다.

몇 가지 예외가 없지는 않겠지만 성세포는 딱 두 종류이다. 하나는 거의 맹목적일 정도로 많은 수가 참여하여 고지를 향해 인해전술식 각축전을 벌이지만 결국 승자독식의 방식을 취하는 정자들이다. 다른 한 가지는 가릴 수 있는 껏 옥석을 골라 정수로만 구중심처에 보관되어 있는 난자들이다. 인간을 예로 들면 최소한 1억 개 정도의 정자가 있어야 하나의 난자를 수정시킬 수 있다. 문제는 이런 방식이 매우 보편적이라는 점이다. 왜 두 가지 성만이 존재하는가? 이는 아직도 해결되지 않은 생물학 난제이다. 한 가지 첨언하면 여기에 미토콘드리아가 관여할지도 모른다는 점이다. 왜냐하면 두 성세포 중 단 한 종류만 미토콘드리아를 전달하기 때문이다. 따라서 미토콘드리아를 전달하는 세포와 그렇지 않은 세포, 두 가지가 있는 것이다. 과거 한때 자유로운 생활을 하던 세균이었던 미토콘드리아 간의 투쟁이라는 점에서 보면 셋은 많을 수도 있다. 그렇기 때문에 사내아이만을 가진 어머니의 미토콘드리아는 그 당대에 소멸되는 운명에 처하는 것이다.

우리의 생활 속에 전깃불은 마치 산소처럼 그 존재를 누구도 괘념치 않지만 그 인공적인 빛이 우리 인간생물학에 끼치는 영향에 대해서는 연구가 상당히 진척되었다. 그렇지만 아이의 출생이 일정한 계절성을 갖는다는 점은 상당히 흥미롭다. 성세포의 정합성과 활력이 낮의 길이 혹은 빛에 의해 조절될 수 있다는 의미를 함축하고 있기 때문이다. 한편 인공적인 빛이 인간의 생식에 뭔가 영향을 끼친다는 의미일 수도 있기 때문이기도 하다. 인간의 임신 기간은 꽤 길지만 왜 약 280일 정도일까? 그 기간 동안 무슨 일이 일어날까? 앞발을 들고 직립 보행하게 된 후 인간은 손을 얻었지만 골반의 위치가 변하는 것은 어찌할 수 없었다. 그래서 태아와 산모는 출산하는 동안 약간의 기예를 부려야 한다. 그렇지만 출산하기까지의 기간도 만만치 않다. 이 기간 동안 임신의 약 70퍼센트가 이러저러한 이유로 실패로 돌아가기 때문이다.

저자는 평소 우리가 자주 질문하지 않은 생식 문제에 대해 비교생물학적 관점을 취해 필요하다면 과감하게 과거로 돌아가 그 질문의 근저를 파헤치고 답을 구해낸다. 그 과정은 매우 간결하고 선명해서 절로 고개가 끄덕여질 정도다. 골반의 좁은 틈새를 무사하게 나오기 위해 태아의 뇌는 어느 정도의 타협안을 제시하여 자랄 수 있는 만큼 최대한 자라지만 그것만으로 충분하지 않아서 생후 일 년까지는 거의 전적으로 뇌를 키워야 한다. 그동안 인간의 아기는 부모의 도움을 절대적으로 필요로 한다. 두 발로 첫걸음을 떼던 아이를 경이의 눈으로 바라보던 부모의 환희를 기억할 것이다. 그러나 그런 행위의 배경에는 원인류로부터 분기해 나와 인간으로 진화를 거듭해왔던 과거가 그대로 녹아 있는 것이다.

임신하는 동안 산모의 뇌가 쪼그라든다는 사실을 알고 나는 깜짝 놀랐다. 그렇다면 일곱 자식을 낳았던 우리 어머니는 일곱 번이나 머리가 위축되면서도 당신의 에너지를 자손들에게 나누어주었다는 말이 아니던가? 아기에게 집중하기 위해 수유하는 동안에는 보통 새로 임신을 하지 않는다. 반복되는 임신과 수유 기간을 모두 합치면 이 기간은 폐경기 이전 성인 여성의 사실상 전 생애였던 것이고 그것은 우리 어머니에게도 예외가 아니었다. 여기에도 일부일처제니 하렘이니 하는 인간 집단의 역사가 살아 숨어 있다. 인간은 일부일처 방식에 적응한 것일까? 고환의 크기와 정자의 미토콘드리아를 고릴라, 침팬지 및 다른 종류의 포유동물과 비교함으로써 인간이 일부일처제에 근접했다는 저자의 결론은 아름답기까지 하다.

마지막 부분에 이르러 저자는 아기와 어미 사이의 육체적 접촉의 중요성을 강조한다. 사실 육체적 접촉은 인간의 아기가 누군가의 도움이 없다면 생존 자체가 불가능하다는 생물학적 한계가 낳은 필연적 과정이다. 또 직립하는 어느 순간 털을 벗어버렸기 때문에 아기가 부여잡고 산모의 몸체에 붙어 있어야 할 새로운 방법이 모색되어야 했다. 포대기를 기억하는가? 아니면 광주리를 사용하기도 하지만 어쨌거나 이런 도구가 옷의 발명으로 이어졌을지 모른다는 추상도 신선한 것이었다.

저자는 마지막으로 산아제한과 그 정반대의 과정, 즉 임신을 돕는 방법에 대해 살펴본다. 그런 과정의 결과로 인간이 한 번에 아홉의 아이를 임신한 경우가 목격되기도 했다. 바다에서의 삶을 버리고 지구 전체의 약 5퍼센트만을 사용하는 인류의 숫자는 70억을 넘어섰다. 바로 이 점에서도 생식생물학이 필요한 지점으로 저자는 우리를 이끈다. 우리는 당대를 함께 살아가는 우리의 이웃을 어떻게 볼 것인가? 인구는 조절이 가능한 것인가?

이 책은 번역하게 된 것은 사실 음경골 때문이다. 남성의 외부 생식기관에 다른 어떤 것과도 연결되지 않은 독자적인 뼈를 가진 동물들이 있기 때문이다. 일종의 남성 쇼비니즘적 시각으로 이를 좀 찾아보다가 『우리는 어떻게 태어나는가*How we do it*』를 발견하게 되었고 좀 읽다가 이 책을 결혼한 신혼부부가 한번 살펴보면 좋겠다는 생각이 들었다. 또 성적으로 성숙기에 접어든 젊은이들도 자신의 상태를 이해하기 최적의 책이라는 느낌도 확 다가왔다. 흥밋거리 이상의 역사와 과학이 행간에 듬뿍 녹아 있다는 것을 금방 알아챘기 때문이다.

우리 아이들은 젖을 먹지 못하고 분유로 살았다. 수유에 관한 부분을 읽으면서 나는 얼굴이 뜨거워지는 것을 느꼈다. 내가 우리 아이들에게 먹였던 분유에 대해 나는 얼마나 알고 있었던가. 그러므로 알면 달라지는 것이다. 상큼하고 개운했다. 책을 다 읽고 난 뒤 내가 느낀 감정이다.

김주희 씨를 포함한 궁리 식구들과 이갑수 사장님의 미소와 따뜻한 어조로 돌아오는 이메일이 마음을 훈훈하게 해주었다. 고마운 일이다.

용인에서 2015년 여름

김홍표

ㄱ

『가장 통통한 자의 생존』(커네인) 208

거세 18, 39, 349~352

계절성 교미 81~83, 86

계절성 우울증 92~94

고환

　기온과- 78

　스트레스와- 39~40

　-암 42~43

　-의 구조 29~30, 32~33

　-의 발생 81

　-의 에너지 소비 117

　-의 온도 상승 34~36, 345

　-의 위치 31~34

　-의 크기 30, 117~118

　자연선택과- 117

　(→ 정자)

골반 210~219, 221~222, 224

『과거를 찾아서』(리키) 161

교미/성교

　발정기 129, 139~140, 144, 371

　배란과- (→ 배란)

빈도 72, 127~130, 146~150, 173

생리와- 77~78

수정과- 135~137, 316~317, 322~323,
　326~331

-시간 28

-시기 70

은폐된 배란과- 132, 143~144

-의 기작 56, 124

-의 유형 106~107, 116

임신과- 17, 127

교미마개 121

교황 바오로 6세 342

교황 비오 12세 323

구토 11, 171, 173

굴드, 스티븐 제이(Gould, Stephen Jay)
　230

그로서, 오토(Grosser, Otto) 177~178

근친교배 113~116

근친상간 113~115, 246

금욕 148, 316, 320, 323, 325~327,
　330~336, 338, 342

기초 체온(BBT) 51, 149, 326~327, 329,

335, 369
긴 사슬 불포화지방산(LCPUFAs) 208,
270~272, 369

ㄴ

난생 22, 156, 370
난소 47~51, 94
난소 절제술 348~349
난소 주기 50~52, 54~55, 58, 61, 63, 70, 94,
117, 127~136, 138~140, 144~146, 370
(→ 배란, 여포기, 황체기)
난자
시험관 수정 355, 357~358
-의 기능 24~25, 320~322
-의 발생 49~50
-의 수정 19, 48, 328
-의 질 333
-의 크기 18, 24, 123
난교 101~102, 104~105, 111, 118, 122
내글르 법칙(출산예정일 계산법) 162, 370
네안데르탈인 186, 224~225
뇌
생식과- 199~201
언어 발달 229
-의 발생과 발달 201~206, 209,
232~234, 264
-의 에너지 소비 199~201, 233
-의 진화 199~200, 210~211, 218~227
초기 인류의 뇌 크기 218~224
태반과- 155
(→ 인간, 포유동물)
『뇌와 지성의 진화』(제리슨) 226

ㄷ

다둥이 출산 163~165, 182, 356, 358
다운 증후군 332~334
다윈, 찰스(Darwin, Charles) 113, 229,
247~248, 251, 313
대리모 310, 358
도코사헥사엔산(DHA) 271~272, 274~275,
370
독신 316
딕슨, 앨런(Dixson, Alan) 28, 110,
117~119, 319

ㄹ

레이우엔훅, 안톤 판(Leeuwenhoek, Anton
van) 18
로렌츠, 콘라트(Lorenz, Konrad) 237
리처드, 앨리슨(Richard, Alison) 109
리키, 메리(Leakey, Mary) 161~162
릴랙신 213, 370

ㅁ

맬서스, 토머스(Malthus, Thomas)
313~314, 316
멜라토닌 91~93, 95, 371
멘켄, H. L.(Mencken, H. L.) 110, 324
모리스, 데즈먼드(Morris, Desmond) 127,
132, 186, 240, 250
모유 수유
가슴 크기와- 249~252
면역력 261~263
영아 돌연사 증후군과- 277~278, 374
영양분 241~243, 257
-의 역사적 사례 265~266

-의 장점 241, 266, 276~279
일람표 238~239, 293
지적 발달과- 272~275
초유 263, 378
(→ 모유 수유, 분유 수유, 젖, 젖꼭지)
몬터규, 애슐리(Montagu, Ashley) 206
미숙아/조산아
긴 사슬 불포화지방산(LCPUFAs) 272
다둥이 출산 158, 165~166
모유 수유 274
시험관 수정(IVF)과- 105
-의 고환 32
-의 발생 90
자궁 내 장치(IUD)와- 319
지방 함량 208

ㅂ

발정기 129, 132, 139~140, 144, 353, 371
배냇솜털 186
배란
계절성 변화 87
교미와- 51, 131
금욕과- 323~335
빛의 노출 93~94
생리 70, 155, 162
시험관 수정(IVF) 355
심리적 스트레스 63
-억제 63, 71, 75, 309, 337, 342
영장류의- 49, 52, 63, 83~84, 134, 143,
170
온도 326, 335
유도된- 52, 134~136, 354, 357
은폐된- 132, 143
-의 시기 58, 61, 147, 162

-의 징후 143~144, 149
인공 수정(AI)과- 137
일어나는 장소 49
임신과- 85, 134~137, 167, 170, 334
자발적인- 52, 134, 136
주기 피임법 323~326, 329
포유동물의- 51~52, 61, 336~337
피임과- 71, 326
(→ 난소 주기)
배반포 160, 170, 356, 371
배변 훈련 290, 292~295
배설물 처리 290~292
밴밸런, 리(Van Valen, Leigh) 21
벌리, 낸시(Burley, Nancy) 131~132
복제 19~20, 158, 361
분유 수유/젖병 수유
긴 사슬 불포화지방산과- 270~272
무해한 세균과- 262
비스페놀A와- 270
산후 우울증과- 306~308
-의 실제 264~267
-의 편리함 238
vs 모유 수유 264, 268~270, 273~278,
307
(→ 모유 수유)
불임
거세 349
생식 보조 기법과- 352~359
스트레스 39~40
온도 35~37
-의 처치 142
정자 수 24~26, 40~42
(→ 시험관 수정, 인공 수정)
불임시술 352~359
붉은 여왕 가설 21

브로카, 폴(Broca, Paul) 229
블룸, 데버러(Blum, Deborah) 301
비네, 알프레드(Binet, Alfred) 231
비만 208, 270, 276
비스페놀A(BPA) 11, 44~47, 270

ㅅ

『사랑의 발견』(할로) 301
사산 163, 173
사회 조직 100~106, 108~109, 112, 116,
  120
산도 157, 210, 213~217, 219, 222, 224
산아제한 35~36, 314~316, 323, 336~342,
  348~349 (→ 피임)
산후 우울증 194, 306~308
새커의 법칙 203, 212
생리
  경구 피임약 340~342
  교접기와- 146, 150
  배란 시기 61
  스트레스 64~65
  유산성 출혈 169 (→ 유산)
  -의 진화 54~57, 65
  임신과- 77~78, 167, 323
  정자 배출 58
  출혈 54, 56~57
  편차 61~62
  환류 이론 332
생리 주기
  계획적인 금욕 323, 325~326, 333~334
  기간 61
  배란과- 137
  불임 처치와- 352
  빛의 영향 93~94

피임과- 71
  (→ 난소 주기)
생식
  문화적 영향 102~104
  불임치료 13, 352~359
  빛의 영향 79~80, 91, 93~94
  유인원의- 99~104
  -의 미래 361~362
  의도적인 개입 315~316
  인공적 시술 342 (→ 피임)
  (→ 교미)
생식력
  가슴 크기와- 250~251
  가임기 62
  수유와- 309
  스트레스와- 39
  음낭의 온도와- 34~36
  정자 보관과- 58
  정자 수와- 25~26, 40~42
  통제 336
  피임과- 347
  (→ 불임)
생식세포 23, 127, 361, 372
생체시계 79~80
  (→ 일년주기 시계, 일주기 시계)
『성선택과 인간 교미 유형의 기원』(딕슨)
  110
성세포
  -의 목적 18
  -의 발견 17~18
  -의 발생 23~24
  -의 생산 63
  -의 진화 22
  (→ 고환, 난소, 세포)
성적 이형성 92, 112

『성적 행동유형』(포드와 비치) 104

세균 22~23, 55~56, 79, 131, 145, 241, 244, 261~263

세메노겔린 121~122, 373

세포 22~23, 270~271 (→성세포)

세포질 내 정자 주사(ICSI) 89, 359~360, 373

수란관 47~49, 55~56, 59, 61, 119, 124~126, 157, 160, 317, 322, 330, 332, 347~348, 355, 361, 373

수유기 253~254, 271 (→모유 수유)

『수유와 아기 돌보기』(홀트) 239, 293

수정

　교접기 131, 333~334

　오래된 성세포와- 327~331, 336

　유전적 복권 25

　융모성 생식선 자극호르몬(hCG) 169

　-을 막는 조치 318~319, 347~349

　-의 기작 123~124, 126

　일어나는 장소 48, 160

　체내- 22, 29

　체외- 19, 22

　vs 복제 21

　(→시험관 수정, 정자)

수태/임신

　교미와- 30

　모유 수유와- 309

　생리 주기와- 78

　실패 169, 331 (→불임)

　-의 계절성 72, 84, 88

　-의 시기 89, 136, 143, 167, 170, 332

　-확률 25~26, 72

　(→교미, 배란, 피임)

스팔란차니, 라차로(Spallanzani, Lazzaro) 18~19, 317, 353

스테로이드 호르몬

　모성과- 305

　비스페놀A(BPA) 46

　-의 복용 145, 149

　-의 분비 51

　-제제 336~342

스트라스만, 비벌리(Strassmann, Beverly) 57~58, 71, 341

스트레스 39~40, 63~65, 100, 194, 297~300, 303~305, 307~309

시험관 수정(IVF)

　계절적 편차 89

　다둥이 출산 166

　-반대 360

　배란 355

　불임과- 355~359

　유산 358

　임신 기간과- 141~143

신체 크기

　고환 크기와- 117~118

　뇌 크기 202~205, 210~214 (→뇌)

　미숙성ㆍ조숙성 새끼 187~188

　사회 조직과- 112

　수유 기간과- 254

　어미의 크기와- 214~215

　에너지 소비와- 288

　-의 성차 99~101, 112

　이유 시기와- 253~254

　임신 기간과- 180~182, 202~203, 205

　정자 크기와- 30, 119~120, 123

　출생 시- 206, 209, 211~212

　포유동물의- 76, 203~204, 206, 226~227, 253~254

　출산의 어려움과- 214~216

ㅇ

《아기 돌보기》 293

아기, 인간

　　엄마의 아기 돌보기 238~239, 285~310

　　에너지 비용 285~289

　　-의 기원 17

　　-의 뇌의 발생과 발달 (→뇌)

　　-의 머리 크기 201, 211, 213

　　-의 무력함 9, 106, 186, 205, 222

　　-의 소화 시스템 269

　　-의 언어 발달 210

　　-의 이동 210

　　-의 지방 함량 206~208

　　-의 특징 186

　　초유의 중요성 263

　　출생 시 크기 187~188, 206, 211~212

　　(→태아)

아라키돈산(AA) 271~272, 274~275, 373

아쇼프, 위르겐(Aschoff Jügen) 79~80,

　　87~88

『아이들의 배변 교육』(부키) 295

아이큐(IQ) 231~233, 275

암 42~43, 95, 145, 270, 279~281, 343~344

에스트로겐

　　-과 비스페놀A 유사성 46

　　배란과- 170

　　우울증과- 308

　　-의 생산 51

　　임신과- 170, 172

　　자녀 양육과- 305

　　정자 저장과- 60

　　피임과- 336, 344

　　환경오염 344~345

에드워즈, 로버트(Edwards, Robert) 355

에른스트 폰 베어, 카를(Ernst von Baer,

Karl) 18

에이즈(HIV) 266, 318

『여성의 가임과 피임 주기』(라츠) 324

여포기 51~52, 60, 94, 128, 136, 147~149,

　　327, 330, 334, 374

여포자극 호르몬(FSH) 51, 94, 337, 374

영아 돌연사 증후군(SIDS) 277~278, 374

영장류

　　계절성 교미 81~83, 119

　　고환의 위치 31~32, 34, 131

　　고환의 크기 117

　　교미 유형 99~103

　　난소 주기 55, 70, 128~129, 145

　　뇌 크기 203~205, 211, 218~223,

　　　225~228

　　배란 (→배란)

　　부풀어 오른 가슴 249~250

　　사회 구조 100~103

　　생리 58

　　수유 (→모유 수유)

　　스트레스 반응 299

　　신생아- 185~188, 207

　　암수 크기 차이 112

　　어미의 새끼 돌보기 237~239, 259,

　　　285~287, 290~291, 296~305

　　음경골 26~27

　　이주(移住) 114~115

　　인간과의 비교 69~70, 103~105, 127,

　　　131~132, 155, 182~183

　　일부일처 109

　　임신 (→임신)

　　자궁의 해부학적 구조 157~159

　　자위 319

　　정자 경쟁 119~121

　　젖꼭지 246~247

출산 과정 214~217

태반 27, 189

(→ 인간, 포유동물)

『영장류의 성생활』(딕슨) 319

오기노, 규사쿠(Ogino, Kyusaku) 134, 323, 352

오스트랄로피테쿠스 218~221

옥시토신 192~194, 374

온도/체온

배란과- 326~327, 335

불임과- 35~36

생식 유형과- 78

성적 욕망과- 149

정자와- 33

-조절 207

요막 175~177

우울증 (→ 계절성 우울증, 산후 우울증)

우유 (→ 모유 수유, 분유 수유, 젖)

유산

생식력 328, 331~332

성교와- 173

시험관 수정(IVF)과- 357

-의 패턴 335

-의 확인 168~169, 331

입덧과- 173

자궁 내 장치(IUD)와- 318

적절하지 않은 교접 335

율, 조지 우드니(Yule, George Udny) 117

융모성 생식선 자극호르몬(hCG) 169, 356

음경 29, 33, 42, 317

음경골 26~29

음낭 31, 33~39, 75, 345, 348, 375

이 289

이유(젖떼기) 201. 249~250, 253~258, 265, 270~271

인간

고환의 구조 31~34, 118~120 (→ 고환, 정자)

뇌의 크기 200~201, 204~206, 218~221, 226~234, 267

배설물 처리 290~292

비스페놀A의 영향 43~47

빛의 영향 91~95

생리 (→ 생리, 생리 주기)

-의 교미 유형 110~111, 117

-의 난소 (→ 난소)

-의 난소 주기 (→ 난소 주기)

-의 사회 구조 104, 113, 115

-의 성교 (→ 교미)

-의 수정 (→ 수정)

-의 스트레스 영향 39~40

-의 아기 돌보기 255, 281, 295~296, 307~308

-의 임신 유형 (→ 임신)

-의 적응력 20

-의 조상 221~225

-의 진화 218~227

-의 해부학적 구조 32~34, 47~49, 118, 158, 246~247, 250~251

이유 시기 254~256

출산의 유형 (→ 출산)

태반의 발생 (→ 태반)

(→ 생식, 아기, 포유동물)

"인간 생명: 출산의 조절에 관하여"(교황 바오로 6세) 342, 360

『인간에 대한 오해』(굴드) 230

『인간의 유래』(다윈) 247~248

인공 수정(AI) 13, 19, 42, 59~60, 89, 137, 141~143, 317, 353~354, 358~360, 376

『인구론』(맬서스) 313

일년주기 시계 80~83

일부다처제 104~105, 110~111, 375

일부일처제 102, 104, 106~107, 109~112, 115, 132

일주기 시계 79~82

일처다부제 102

임신

　가상- 53~54

　-기간 138~143, 155, 161~167, 180~182, 202, 205~206, 210~211, 213, 218, 222, 224

　교미와- 70, 127

　다둥이 출산 164

　모성애 305

　번식과- 81

　비정상 170, 328, 331

　생리 주기와- 63~64, 70

　수정과 착상 160

　영장류의- 157~158, 167~168, 174, 181~184, 200

　-의 기원 17~18, 77

　-의 신호 53, 167, 171~172

　-의 진화 154~156

　입덧 171~174

　자궁 내 장치(IUD) 318

　자궁 외- 48, 332, 348

　정자 수와- 25~26

　-중의 성교 127

　-테스트 170~171 (→ 유산)

　포유동물의- 154~155

임신 기간 (→ 임신)

임신오조 171

임신 촉진 약물 166

입덧 155, 171~174

ㅈ

자궁

　난자의 이동 47, 160, 327~328

　-내 정자의 이동 124~125, 342, 361

　다둥이 출산 158, 163~165, 182

　생리와- 54, 58, 332

　세균으로부터의 보호 55~56

　-수축 173, 193, 279

　-안 발달 154, 160, 174~178, 189~190, 205~206, 210, 222

　-암 95, 145, 343

　-의 구조 56~57, 157~159, 177~178

　-의 용량 187

　-의 진화 157~159

　인공 수정 137, 142~143, 353~358

　임신의 증상 54, 173

　적합성 문제 156

　점액질 분비 325

　정자 보관 58~61, 330

　출산 후- 193~194, 279

　피임 318

자궁 내 장치(IUD) 318~319, 376

자궁 외 임신 48, 332, 348, 376

자연선택 12~13, 20~21, 25, 28, 56, 117, 156, 176, 182, 193, 207, 211, 296, 313, 361

자연 유산 336, 376

자위 319~320

잠복고환 32, 42, 376

점액

　교접과- 146

　배란 시기 58, 325, 335

　세균 방어 56

　-의 분비 137, 325

　-의 유형 59

정자 보관 59, 330
　피임과- 342
정액
　고환의 크기와- 118
　비스페놀A와- 44~45
　알코올 섭취와- 38
　-의 질 60, 87
　전쟁 스트레스와- 39~40
　정자의 이동 29
정자
　-공여 42
　독소와 정자 수 43~44
　-사이의 경쟁 116~122
　-에 의한 세균 침입 55
　에핀(eppin)과- 347
　오줌을 통한 배출 320
　온도와- 32~36
　-의 구조 30, 119~120
　-의 기능 24~25, 320~322
　-의 발견 18
　-의 보관 29, 33~34, 59, 330
　-의 생산 24~25, 29~30, 75, 84,
　　88~89, 322, 346
　-의 수 24~26, 40~43, 322, 361
　-의 운동성 37, 39~40, 45, 88, 347
　-의 이동 119, 123~126
　-의 질 87, 327~328
　-의 크기 24, 30, 122
　-차단 316~318
　(→ 고환)
『정자 전쟁』(베이커) 322
정자 학파 321
젖
　-수유 258~261, 309
　-의 구성 242~244, 257~258,

261~263, 267~272
　-의 생산 245~249, 257
　초유 263, 378
　(→ 모유 수유)
젖꼭지(유두) 158~159, 242, 248, 252,
　245~249, 261, 279
제왕절개 307, 377
존스, 스티브(Jones, Steve) 121
주기 피임법 323~336, 352
중이염 206
『지방과 생명』(폰드) 269
진화 20~22, 69~71, 313~314
　(→ 자연선택)
『진화하는 뇌』(올먼) 226

ㅊ
착상
　막힌 수란관과- 126
　시험관 수정 89, 356, 358
　유산 168~169
　-의 과정 160
　-의 시기 167~169
　태아의 기형 332
　피임과- 342
　(→ 자궁 외 임신)
체내 수정 22, 29
체외 수정 19, 22
체지방 206
출산
　-시간 191~193
　-유형 72~75, 78, 81~86, 88~92
　-의 과정 214~217, 219
　적당한 터울 289
　포유동물의 태생 153~156

(→ 다둥이 출산, 아기)

『출산의 계절』(헌팅턴) 73

ㅋ

케틀레, 아돌프(Quetelet Adolphe) 72~74, 78, 191

코티솔 92, 305, 308, 378

크나우스, 헤르만(Knaus, Hermann) 134, 323, 325, 352

ㅌ

태반
  뇌 발달과- 200
  면역계 메커니즘 154~155, 190~191, 262
  -섭취 193~194
  -의 발생 160, 170~171, 177~180

태생 22, 154~157, 175~177, 241, 334, 378

태아
  다둥이 출산 164~166
  면역계적 도전 190
  배아 160
  비스페놀A의 영향 44
  -의 고환 위치 34
  -의 뇌 발생과 발달 201~206, 210
  -의 젖꼭지 발생 245
  -의 지방 축적 208
  -의 털 186
  초기 발생 175~176, 183, 210~212, 234
  (→ 자궁 외 임신)

『털 없는 원숭이』(모리스) 104, 132, 186, 240, 364

테스토스테론
  -생산 86~87
  억제 345
  영장류의- 34
  정자 생산과- 30, 39, 348

트라우트, 허버트(Traut, Herbert) 145

ㅍ

파파니콜라우, 조르지오스(Papanicolaou, Georgios) 145~146

팝 도말 145

포드, 클렐런(Ford, Clellan) 104, 194

포르트만, 아돌프(Portmann, Adolf) 181~184, 187, 205, 209

프로이트, 지그문트(Freud, Sigmund) 53, 113

포유동물
  계절성 번식 81~82
  고환의 크기 117~118
  골반 212~213
  교미 (→ 교미)
  교미 유형 52, 101~103, 108~109, 121~122
  근친교배 114
  내부 생체시계 79
  뇌 크기 76, 201~205, 225~228
  미숙성- 181~188, 204~205, 259~260, 268, 290
  발정기 144~145
  배란 (→ 배란)
  분식 290~292
  사육- 17, 265~267
  사회 조직 114
  새끼 크기 187~188 (→ 아기)

생리 (→ 생리)
세균 문제 55
세포 구조 23
수유 (→ 모유 수유)
스트레스의 영향 39
신체 크기 76, 203, 205, 225~227, 253
어미 · 아비 역할 106, 237~239,
    295~298
음경골 26~29
-의 인공 수정 353
-의 특징 240~242
-의 해부학적 구조 31~34, 47~48,
    212~213, 245
-의 효율성 288~290
임신 유형 (→ 임신)
자위 319
정자/난자 생산 29~30, 48~49
정자/난자 크기 18, 122~124
젖 생산 (→ 젖)
젖꼭지 발달 245~247
조숙성- 181~188, 204~206, 260, 268,
    291
체내 수정 22, 29
체온 32
태반의 발생 (→ 태반)
태생 153~154
    (→ 영장류, 인간)
『포유동물의 생식 유형』(애스델) 130
프로게스테론
    배란 54, 170
    산후 우울증 308
    -생산 51, 54, 338~339
    -수치 305, 329
    양육과- 305
    우울증 307~308

정자 보관 60
피임 336~341
프로락틴 92, 94, 308, 379
프로스타글란딘 194, 379
피임
    경구 피임제 71, 336, 340~344
    -과 계절성 78
    남성 피임법 345~348
    달력 피임법 335~336
    모유 수유와- 309
    식물을 이용한- 337~339
    여성 피임법 348~349
    인구 증가와- 313~314
    장벽 피임법 19, 317~319
    (→ 금욕, 주기 피임법)

ㅎ
하트먼, 칼(Hartman, Carl) 83~85,
    132~134, 168
할로, 해리(Harlow, Harry) 301~303
헌팅턴, 엘즈워스(Huntington, Ellsworth)
    73, 78, 90
호르몬
    계절성 우울증과- 92~93
    배란과- 354
    산후 우울증과- 307~308
    생리 주기와- 146, 329
    성적 욕구와- 146~148
    수유와- 297
    임신과- 170~171
    젖 생산과- 247
    -처치 116, 354
    체온과- 51, 327
    출산과- 213

　　피임과- 336~337, 340~341

호모 사피엔스(Homo sapiens) 224~225

호모 에렉투스(Homo erectus) 222~224,
　　226

호모 하빌리스(Homo habilis) 221~222

호문쿨루스 320~321

혼외정사 110

홀스트, 디트리히 폰(Holst, Dietrich von)
　　39, 63, 297~298

홀트, 루서 에멧(Holt, Luther Emmett) 239,
　　293

환류 이론 332

황체기 51, 54~55, 57, 59, 134, 136, 148,
　　327, 330, 332, 380

황체형성 호르몬(LH) 51~52, 94, 329, 337,
　　380

훅, 어니스트(Hook, Ernest) 334

기타

『Y 염색체: 남성의 유래』(존스) 121

우리는 어떻게 태어나는가

1판 1쇄 찍음 2015년 8월 10일
1판 1쇄 펴냄 2015년 8월 17일

지은이 로버트 마틴
옮긴이 김홍표

주간 김현숙
편집 변효현, 김주희
디자인 이현정, 전미혜
영업 백국현, 도진호
관리 김옥연

펴낸곳 궁리출판
펴낸이 이갑수

등록 1999. 3. 29. 제300-2004-162호
주소 110-043 서울시 종로구 자하문로 17길 27, (통인동 우남빌딩 2층)
전화 02-734-6591~3 **팩스** 02-734-6554
E-mail kungree@kungree.com
홈페이지 www.kungree.com
트위터 @kungreepress

ⓒ 궁리출판, 2015. Printed in Seoul, Korea.

ISBN 978-89-5820-328-5 03470

값 22,000원